科学出版社“十四五”普通高等教育本科规划教材
卓越工程师教育培养计划食品科学与工程类系列教材

食品环境学

冯宪超　陈　琳　张建新　云雪艳　主编

科学出版社
北　京

内 容 简 介

本书是食品科学与环境科学交叉融合的新兴学科著作，系统解析人类活动、食品生产与环境间的相互作用。全书以环境污染对食品安全的挑战为核心，探讨水、土壤及大气污染对食品原料的影响，阐述食品加工环境监测方法及污染防控要求，并剖析食品工厂微环境（选址、工艺、人员等）与安全品质的关联机制。同时，关注食品工业的环境责任，提出包装废弃物、废水等资源化利用措施，结合 ISO 14000 等环境质量管理标准，构建食品环境质量评价框架（涵盖污染物检测、危险性分析等）。书中还涉及食品产地环境监测、清洁生产等前沿议题，倡导从源头减少污染，推动食品安全与生态保护的协同发展。通过理论与实践结合的内容体系，助力读者掌握食品环境学的核心知识，提升在食品安全管理、环境风险评估及可持续生产等领域的专业能力。

本书适合作为食品质量与安全、食品科学与工程等专业本科生的教材，也可为食品科研机构、监管部门技术人员及食品企业管理者提供实践参考。

图书在版编目（CIP）数据

食品环境学 / 冯宪超等主编. -- 北京 ：科学出版社, 2025. 6. -- (科学出版社“十四五”普通高等教育本科规划教材) (卓越工程师教育培养计划食品科学与工程类系列教材). -- ISBN 978-7-03-082483-7

Ⅰ. TS201.6

中国国家版本馆 CIP 数据核字第 20253FX191 号

责任编辑：席　慧　林梦阳　韩书云 / 责任校对：严　娜

责任印制：肖　兴 / 封面设计：金舵手世纪

科学出版社 出版

北京东黄城根北街 16 号

邮政编码：100717

http://www.sciencep.com

北京天宇星印刷厂印刷

科学出版社发行　各地新华书店经销

*

2025 年 6 月第　一　版　开本：787×1092　1/16

2025 年 6 月第一次印刷　印张：16 3/4

字数：410 000

定价：69.80 元

（如有印装质量问题，我社负责调换）

《食品环境学》编委会名单

主　　编　冯宪超（西北农林科技大学食品科学与工程学院）
　　　　　陈　琳（西北农林科技大学食品科学与工程学院）
　　　　　张建新（西北农林科技大学食品科学与工程学院）
　　　　　云雪艳（内蒙古农业大学食品科学与工程学院）
副 主 编　龙芳羽（西北农林科技大学食品科学与工程学院）
　　　　　汪雪娇（昆明理工大学食品科学与工程学院）
　　　　　戚　军（安徽农业大学食品与营养学院）
　　　　　康壮丽（扬州大学旅游烹饪学院）
参　　编　郭超凡（昆明理工大学食品科学与工程学院）
　　　　　李胜杰（大连工业大学食品学院）
　　　　　韩敏义（南京农业大学食品科学技术学院）
　　　　　吕远奇（河南工业大学粮油食品学院）
　　　　　白　云（南京农业大学食品科学技术学院）
　　　　　赵　靓（中国农业大学食品科学与营养工程学院）
　　　　　王光宇（南京财经大学食品科学与工程学院）
　　　　　张玉龙（凯里学院大健康学院）
　　　　　余小领（河南农业大学食品科学技术学院）
　　　　　王蓉蓉（湖南农业大学食品科学技术学院）

前　言

环境科学已经成为21世纪科学研究关注的热点，与时代的发展需求紧密贴合。人口增长、资源利用、环境保护和可持续发展构成了当今社会的四大核心挑战。随着信息技术、新能源技术、先进材料科学及生物科技的迅猛发展，人类赖以生存与发展的环境正在经历前所未有的变化，同时环境科学领域也出现了诸多新兴议题与使命。人类食物链安全性正在遭受严峻考验，在环境科学与农业环境科学持续深化的基础上，食品环境学作为一门新兴学科应运而生。在全球范围内，复杂的食品质量与安全挑战，以及人民物质生活水平的显著提高，促使食品质量与安全控制议题超越了传统范畴，深度融入了环境科学与农业环境科学的基本原理。没有稳固的环境安全基石，食品安全便无从谈起。在此背景下，绿色食品、有机食品等概念被提出并实施，它们强调“从农田到餐桌”全链条质量的控制管理，这不仅是针对食品安全问题的直接回应，更是从食品的生产源头所处的自然环境出发，采取一系列关键性技术措施。通过这一综合管理体系，力求在保障食品质量与安全的同时，促进环境的可持续发展，实现人与自然和谐共生的美好愿景。

食品质量与安全专业，作为适应现代社会发展需求的新兴专业，其教材体系的构建与优化显得尤为重要且紧迫。本书是编者为积极响应这一领域的迫切需求，专门针对食品质量与安全专业编写的适用教材。本书结构严谨、逻辑清晰，具有富有吸引力与趣味性的教学框架，旨在为学生提供既符合时代发展趋势，又能够激发学习兴趣与学习动力的知识体系。这一教学成果标志着食品质量与安全专业的教材建设向着更加科学化、现代化、实用化的方向不断迈进。

本书共9章。第一章绪论，主要介绍人类、食品与环境的关系，以及食品环境学的研究任务、研究内容、对象及方法；第二章环境科学基础，主要介绍环境对食品安全的影响，以及食品生产加工中的环境问题；第三章环境与食品原料，主要介绍水、土壤、大气等环境污染的种类，以及环境污染物对食品原料、食品安全的影响；第四章环境中的有害物质对食品安全的威胁，主要介绍天然食品原料在生长及加工、运输过程中由环境的有害物质引入而导致的污染，以及对人体健康的危害；第五章加工环境与食品工业，主要介绍食品加工对环境的要求及其对食品安全的影响，以及其相关污染监测项目及检测方式；第六章食品工业环境保护与废弃物综合利用，主要介绍食品工业对环境的影响及污染，包括水体、包装及微生物污染，并阐述食品工业各类废弃物的综合利用；第七章食品工厂微环境，主要介绍食品工厂微环境的概念、分类、与食品质量安全的关系及其要求与控制方法；第八章食品生产环境标准与认证管理，主要介绍环境标准，提出食品生产环境标准与认证管理（含无公害、有机、绿色食品），并介绍ISO 14000环境质量管理标准及认证程序；第九章食品环境质量评价体系，主要介绍环境质量评价，提出食品环境质量评价体系，涵盖评价因子，检测方法，质量评价及化学、生物污染物危险性分析。

本书依托环境科学与农业环境科学的基础理论，围绕食物链构成与食品安全性，紧密结合食品原料生产和食品加工环境的特色，强调继承与创新并重，理论与实践深度融合，展现高度的系统性、实用性和逻辑性。在编写过程中，编者汲取了国内外环境科学领域专家和学者的智慧，深受启发，拓宽了编写视野，在此对这些专家和学者深表感谢。同时，本书的出版得到了科学出版社、西北农林科技大学教务处及食品科学与工程学院等单位的领导和同行的鼎力支持，在此对他们致以诚挚的谢意。

本书不仅适合作为食品质量与安全专业本科生的教材，也可作为食品科学与工程专业的本科生、研究生及食品质量与安全管理部门技术人员和食品加工企业等相关人员的宝贵参考书。

鉴于食品环境学为新兴多领域交叉学科，融合了环境科学、社会科学和食品科学与工程的精髓，构建了一个复杂而综合的学科体系，本书中难免有不足之处，诚邀同行和读者批评指正，以便我们在未来教学实践中持续优化。

编　者

2024 年 12 月

目　　录

《食品环境学》教学课件索取单

凡使用本书作为授课教材的高校主讲教师，可获赠教学课件一份。欢迎通过以下两种方式之一与我们联系。

1. 关注微信公众号“科学EDU”索取教学课件

扫码关注→“样书课件”→“科学教育平台”

2. 填写以下表格，扫描或拍照后发送至联系人邮箱

<table>
<tr><td colspan="2">姓名：</td><td colspan="2">职称：</td><td colspan="2">职务：</td></tr>
<tr><td colspan="2">手机：</td><td colspan="2">邮箱：</td><td colspan="2">学校及院系：</td></tr>
<tr><td colspan="3">本门课程名称：</td><td colspan="3">本门课程选课人数：</td></tr>
<tr><td colspan="6">您对本书的评价及修改建议：
食品专业教材
最新目录</td></tr>
</table>

联系人：林梦阳 编辑　　电话：010-64030233　　邮箱：linmengyang@mail.sciencep.com

第一章 绪论

内容摘要： 本章主要讲述人类与环境、食品与环境、环境与食品安全的关系；食品环境学的研究任务、研究内容、对象及方法。

教学目标： 通过本章的学习，要求学生掌握人类与环境、食品与环境的辩证关系，了解环境问题产生的原因，熟悉世界公害事件，理解食品环境学的研究任务及其与环境科学、食品科学的关系。

关键词： 食品环境学　环境科学　食品科学

人类自诞生以来，就一直不断地向自然环境索取资源，自然环境也为人类提供了丰富多彩的物质基础和广阔的活动舞台。早期，由于人口稀少，人类对环境没有造成明显的影响和损害，自然环境主宰着人类的命运。然而到了“刀耕火种”时代，为了生存和发展，人类开始在一定程度上破坏环境，出现了人为因素造成的环境问题。由于当时的生产力水平低下，人类对环境的影响并不明显。人类是地球环境发展到一定阶段的产物，要依赖自然环境才能生存和发展；同时，人类也是环境的改造者，通过社会性生产活动来利用和改造环境，使其更适合人类的生存和发展。在人类社会的初期，人们并没有充分认识到环境问题的危害，直到环境的反馈作用已严重威胁到人类的生存和发展时，环境问题才逐渐受到重视。随着科学技术和现代工业的不断发展，人类利用和改造自然环境的能力逐步提高，规模逐渐扩大，人类的足迹遍布全球，甚至延伸至遥远的太空。此时，人类已经成为主宰全球生态系统的一支重要力量。然而，人类在开发、利用和改造自然环境的同时，也给自然环境带来了一定的负面影响，导致“公害”发生。自 20 世纪以来，人类一直面临着“公害”的威胁，教训深刻，损失惨重。进入 21 世纪后，环境污染对食品安全构成的挑战日趋严峻。根据世界卫生组织（WHO）和联合国儿童基金会（UNICEF）的数据，全球每年约有 20 亿腹泻病例发生，其中 5 岁以下儿童中每年约有 190 万死于腹泻，其中约 70%的病例是由各种致病微生物污染的食品和饮水所致。即便在发达国家，每年仍有 30%的人口遭受至少一次食源性疾病侵袭。而发展中国家的卫生与医疗条件相对落后，食源性疾病的危害更为突出。据美国疾病控制与预防中心（CDC）统计，美国每年约有 7600 万食源性疾病病例发生，其中 32.5 万人入院治疗，5000 人死亡，直接由化学污染物引起的食物中毒病例超过其总数的 6%。因此，研究环境因素对人类的危害程度及其防控技术，建立以食品环境学为核心学科的食品安全控制技术是今后解决食品安全问题的主要措施。

第一节　食品与环境

一、人类与环境

环境（environment）是指生物有机体周围一切元素的综合体，包括空间中直接或间接影响生物有机体生活和进化的各种因素，涵盖物理、化学和生物环境。环境的定义是相对的，取决于具体的研究主体。不同的研究目的和尺度会影响对环境的理解和描述，从整个宇宙到细胞和分子级别都可能涵盖其中。例如，对于地球上的动植物来说，环境可以是整个地球表面，而对于特定的生物群落来说，环境则包括影响该群落生长、发育的所有自然和社会因素。

在以人类为中心时，环境是指人类赖以生存和发展的物质条件的综合体，主要包括地球表面与人类活动相关的各种自然要素。随着人类社会的发展，环境的范畴也会发生相应变化。因此，要用不断发展的眼光来认识环境和界定环境的范畴。例如，《中华人民共和国环境保护法》所称的环境包括大气、水、海洋、土地、矿藏、森林、草原、湿地、野生生物、自然遗迹、人文遗迹、自然保护区、风景名胜区、城市和乡村等。实际上，环境的涵盖范围应更为广泛，内容更加全面。

人类自诞生起便持续构建着人与环境、人与人、人与社会的关系，这些关系在人类发展的历史进程中互动交织。在这些互动关系中，人类既是主体又是中心。在人类不断地朝着自由而全面发展的进程中，随着人类能动性的提高和创造力的发挥，人与环境的关系问题一直都是人类所必须关注的，生态环境是人类存在的物质前提，不仅为人类的发展提供了所需的物质资源，而且提供了空间和机遇。因此，人类的发展离不开生态环境的基础支持。与其他生物不同，人类不仅以自身生存为目的来影响环境、使自身适应环境，还要通过劳动来改造环境，把自然环境转变为新的适合自己的生存环境。据估计，原始土地上的绿色植物及其供养的动物只能为1000万人提供食物，随着人类对环境的利用和改造、自然灾害的控制、土壤的改良、野生动植物的驯化、优良品种的培植、化肥和农药的施用及现代农业机械化的实现，地球能够为几十亿人提供食物。由此可见，人类可通过生产和消费活动从自然界获取生存资源，然后将经过改造和使用的自然物与各种废弃物返还给自然界，从而参与了自然界的物质循环和能量流动过程。人类不断地改变地球环境，而且通常社会生产力水平越高，人类对环境的作用就越大。

人类活动对整个环境的影响是综合性的，而环境系统也从各个方面反作用于人类，其效应也是综合性的。人类通过外界环境获取物质和能量，经过一系列的新陈代谢过程后，将废弃物排放到外部环境中。从环境的角度来看，环境提供了人类需要的资源和能源，然后再分解并净化人类排放的废弃物。因此，人类与环境密不可分。从狭义角度讲，生命以蛋白质为重要依托，并以新陈代谢的特殊形式运动着，从机体的新陈代谢过程也可以看出人类与环境的关系是非常密切的。

人体通过新陈代谢和周围环境进行物质交换。物质的基本单元是化学元素。人体血液中含有60多种化学元素，其含量比例与地壳中各种化学元素的含量比例十分相似。这表明人类是环境的产物。人体通过新陈代谢，吸入氧气、呼出二氧化碳，摄入清洁的水和丰富的食物来维持生长、发育和遗传，这就使人体的物质和环境中的物质进行着交换。自然界是不断变化的，人体则通过内部调节来适应这种变化，与地壳中的物质保持平衡。然而，这种平衡关系一旦被破坏，将会对人体健康造成危害。

人类在发展过程中对环境的影响具有两面性，一方面能使生态环境焕发生态之美，但另一方面也可能对生态环境造成严重的破坏，如出现气候异常、环境污染、自然资源枯竭、植被破坏、物种濒临灭绝等现象。目前，此类环境问题已成为国际上普遍关注和协力解决的问题。为了缓解和解决环境问题，人类提出了“保护环境”和“可持续发展”等解决方案。

在历史发展过程中，人类与环境形成了复杂的相互作用关系，相互渗透、相互制约、相互依存、相互转化，呈现出一种对立统一的态势。人类通过生产活动不断地从环境中获取物质、能量和信息，最后将转化后的物质和能量排入环境，同时伴随着大量污染物的排放。这些相互作用关系始终维持在动态平衡中，即人类与环境供给的平衡、排放与环境自净之间的平衡。这种动态平衡一旦被打破，就会导致环境污染，甚至使环境质量恶化。

当人类消耗自然资源的速度超过资源可再生的速度，或者向环境排放废弃物的数量超出环境的自净能力时，就会导致环境问题的发生。环境问题是指人类为自身生存和发展，在利用和改造自然界的过程中，对自然环境造成的破坏和污染，从而对人类生存和健康产生直接或间接的负面影响。人类环境问题根据成因可分为自然环境问题和人为环境问题两类。自然环境问题是指自然灾害问题，如洪水、旱灾、地震、台风、沙尘暴、火山爆发等造成的环境破坏，这类问题在环境科学中称为原生环境问题或第一环境问题。人为环境问题则是指人类不恰当的生产活动所造成的环境污染、生态破坏、人口膨胀和资源浪费、枯竭等问题，这类问题也称为次生环境问题或第二环境问题。因此，环境科学着重研究人为环境问题，即次生环境问题，而不是自然灾害问题。

事实上，环境问题在古代就已存在。西亚的美索不达米亚、中国的黄河流域等都是人类文明的发源地，人们大规模地毁林垦荒，又忽视了对林木的培育，造成了严重的水土流失，导致原本肥沃的土地逐渐沦为贫瘠之地。直至今日，已经出现了多个威胁人类生存并得到广泛认识的环境问题，主要包括全球气候变暖、臭氧层的耗损与破坏、土地荒漠化、生物多样性减少、大气污染、水体污染、危险废物越境转移等。这些环境问题直接关系到与人类健康相关的食品安全性问题。尽管人类科技进步和物质文明的发展为社会和经济生活带来繁荣，但也会带来越来越严重的环境问题。若不及时采取措施，人类将面临灭绝的危险境地。

人类的生存依赖于环境，而且人类对环境的破坏最终会危及自身。因此，必须要坚持人与自然和谐发展的理念。最初人类需要通过劈山开荒、围湖填海、砍树伐林、种植放牧、养殖捕捞、捕鸟猎兽等活动对自然进行改造，满足自身生存和发展的需要；随着社会生产力的提升，进而通过建设工厂、开采矿藏、修建水库、铺设铁路、建造桥梁、修筑公路等活动进一步满足人类全面而自由的发展。但在这一过程中，由于对自然环境的重要性认识相对不足，人类不仅是环境的建设者和修复者，还是环境的破坏者和污染者。工业革命后，人类生产活动中化学燃料燃烧释放的二氧化碳、一氧化碳及甲烷等气体大量排放，导致温室效应加剧，全球气候变暖，环境质量恶化，甚至引发严重的环境事故。震惊世界的八大公害事件（表 1-1）充分说明了环境问题的严重性和危害性。令人担忧的是，若不加以重视和保护环境，全球环境污染范围不断扩大，危害将日益加剧。

表 1-1 世界八大公害事件

事件	发生时间、地区和危害	主要污染物
马斯河谷事件	1930 年 12 月 1～5 日，工厂排出了有害气体和煤烟粉尘，当时的大气中 SO_2 浓度高达 25～100mg/m^3，在近地大气层中积聚导致气温逆转，一周内导致 60 多人及许多家禽死亡	粉尘、SO_2、CO
多诺拉事件	1948 年 10 月 26～31 日，美国宾夕法尼亚州的多诺拉小镇持续有雾，导致 17 人死亡，全镇 43%的人口（5911 人）相继发病。这次事件是由二氧化硫与金属元素、金属化合物相互作用所致	SO_2、CO、As、Pb 等

续表

事件	发生时间、地区和危害	主要污染物
伦敦烟雾事件	1952 年 12 月 5～8 日，素有“雾都”之称的英国伦敦突然暴发多起呼吸系统疾病病例，导致 4000 多人相继死亡。随后两个月，死亡人数进一步增加至 8000 多人。这起事件是由空气中超常浓度的尘粒和 SO_2 引起的，大气中尘粒浓度高达 4.46mg/m^3，达到了平时的 10 倍，SO_2 浓度高达 1.34mg/m^3，是平时的 6 倍	SO_2、粉尘
米糠油事件	1968 年，日本九州爱知县一带在生产米糠油的过程中，由于生产失误，将多氯联苯混入了米糠油之中，导致 1400 多人误食中毒，4 个月间，中毒人数急剧增加到 5000 余人，并造成 16 人死亡。同时，用生产米糠油的副产品黑油作为家禽饲料又造成了数十万只鸡死亡	多氯联苯（PCB）
洛杉矶光化学烟雾事件	自 1936 年洛杉矶开采出石油资源后，当地汽车业迅速发展。至 20 世纪 40 年代初期，洛杉矶市已有 250 万辆汽车，每天消耗约 1600 万 L 汽油，但由于汽车的气化率低，每天有大量碳氢化合物被排入大气，经光合作用形成了浅蓝色的光化学烟雾。这种烟雾会刺激人的眼、喉、鼻，从而引起眼病、喉头炎和头痛等症状，导致当地死亡率增加；同时也导致百里之外的柑橘减产，树木枯萎	光化学烟雾、O_3、NO、NO_2
水俣病事件	自 1908 年起，日本九州南部水俣市的一家生产氮肥的工厂将生产流程中产生的甲基汞化合物直接排入水俣湾，造成水体污染。从 1950 年开始，发现该地的猫、人等生物出现了罕见的怪病，医生无法确诊，因而称之为“水俣病”。经过多年的调查发现，该病是食用了水俣湾中受废水排放污染的鱼而引起的，大量的甲基汞化合物在鱼的体内形成高浓度的富集，猫和人食用了受污染的鱼类就会中毒生病	甲基汞（CH_3-Hg）
富山事件	20 世纪 50 年代，日本三井金属矿业公司在富山平原的神通川上游开设炼锌厂，该厂排放至神通川的废水中含有金属镉，而含镉的水又被用来灌溉农田，致使稻米中富集了镉。许多人因食用含镉的大米和饮用含镉的水而中毒，出现了全身疼痛的症状，故称“痛痛病”。据统计，1963 年至 1968 年 5 月，共有 258 名确诊患者，死亡人数高达 128 人	Cd 等
四日哮喘事件	20 世纪五六十年代，日本东部沿海四日市成立了多家石油化工厂，这些工厂在生产过程中大量排放含有 SO_2、金属粉尘的废气，导致许多居民患上哮喘等呼吸系统疾病，严重者甚至死亡。1967 年，有些患者因无法忍受痛苦而自杀。到 1970 年，受影响的患者已达 500 多人	SO_2、粉尘

在我国虽未发生过上述公害事件，但由于对环境保护的认识不足，相关环境问题也曾发生。例如，1998 年，由于未合理利用长江上游生物资源，大量砍伐树木，长江中下游地区洪水泛滥，造成了严重的经济损失。湖北省荆州地区因紧邻长江被誉为“水袋子”，于 1998 年发生洪水灾害，但于 2000 年却出现持续干旱现象，导致“水袋子”见底。我国北方部分地区自 1999 年以来发生扬沙和沙尘暴天气，空气受到污染，严重影响了人们的出行和健康，造成的经济损失达数亿元。土地沙化在加剧环境恶化的同时，进一步威胁人们的生存和发展空间。此外，极端天气的频繁出现也给人们的生活和生产带来了严重的负面影响。这些问题的出现往往是人类不合理的生活和生产活动所致。

我国在发展过程中出现的生态赤字问题主要表现为以下几方面。

（1）水土流失严重　根据中国第二次水土流失遥感调查，20 世纪 80 年代末，中国水土流失面积 356 万 km^2，其中水蚀面积 165 万 km^2，风蚀面积 191 万 km^2，在水蚀、风蚀面积中，水蚀风蚀交错区水土流失面积 26 万 km^2。水土流失的危害主要表现在：土壤耕作层被侵蚀、破坏，使土地肥力日趋衰竭；淤塞河流、渠道、水库，降低水利工程效益，甚至导致水旱灾害发生，严重影响工农业生产；水土流失对山区农业生产及下游河道造成严重威胁。黄土高原是中国水土流失治理的重点区域之一，总面积 64 万 km^2，水土流失 45 万 km^2，约占总面积的 70%，也是黄河泥沙的主要来源地。2024 年 6 月 18 日，水利部发布的数据显示，十年来治理水土流失面积 62 万 km^2。

（2）土地荒漠化发展　1992 年联合国环境与发展大会对荒漠化作了这样的定义：“荒

漠化是由于气候变化和人类不合理的经济活动等因素，干旱、半干旱和具有干旱灾害的半湿润地区的土地发生了退化。”中国荒漠化形势十分严峻，根据1998年国家林业局防治荒漠化办公室报道，中国是世界上荒漠化严重的国家之一。全国沙漠、戈壁和沙化土地普查及荒漠化调研结果表明，中国荒漠化土地面积为262.2万km^2，占国土面积的27.3%，近4亿人口受到荒漠化的影响。

（3）草原退化加剧　草原退化是土地退化的一种特定形式，特指草地生态系统功能衰退，主要表现为土壤有机质下降、氮素流失及微生物活性降低。作为全球分布最广的陆地生态系统，草原兼具生态屏障维护和畜牧生产双重功能。中国拥有4亿公顷天然草地（占国土42%），但近半世纪受自然气候变化与过度放牧等人为因素影响，超半数草原已呈中重度退化，尤以生态脆弱的北方和西部牧区为甚。尽管当前保护措施已初步遏制生态恶化，草地资源质量和生产力恢复仍面临挑战。

（4）森林资源锐减　森林是地球上最重要的生态系统之一，对于维持生物多样性、调节气候和保护环境具有重要意义。然而，由于人类活动的不可持续性和过度利用，全球森林面临着严重的锐减和破坏。由于森林采伐量和消耗量超过林木生长速度，我国主要林区森林面积不断减少。

（5）生物物种加速灭绝　中国是濒危植物分布大国，据不完全统计，仅列入《濒危野生动植物种国际贸易公约》附录的原产于中国的濒危植物就有120多种，列入《国家重点保护野生动物名录》的有257种，列入《中国濒危动物红皮书》的鸟类、两栖爬行类和鱼类有400种，列入各省、自治区、直辖市重点保护野生动物名录的还有成百上千种。随着经济的持续快速发展和生态环境的日益恶化，中国的濒危植物种类还在不断增加。

（6）地下水位下降　随着地下水的过度开发，北方地区形成了8个总面积达1.5万km^2的超产区，导致华北地区地下水位每年平均下降12cm。自1949年以来，中国的湖泊减少了500多个，面积缩小了约1.86万km^2，占现有面积的26.3%，湖泊蓄水量减少513亿m^3，其中淡水量减少340亿m^3。

（7）水体污染明显加重　1987年典型城市监测调查结果显示，有42%的城市饮用水源地受到严重污染；63%的城市饮用水受到不同程度的污染。在调查的532条河流中，有82%的河流受到不同程度的污染。全国约有7亿人口饮用大肠杆菌（大肠埃希菌）超标水，约有1.7亿人的饮用水受有机物污染。生态环境部于2024年4月28日向媒体公布了2024年1～3月长江、黄河、珠江、松花江、淮河、海河、辽河等七大流域及西北诸河、西南诸河和浙闽片河流水质优良（Ⅰ～Ⅲ类）断面比例为91.5%，同比上升1.2个百分点；劣Ⅴ类断面比例为0.5%，同比上升0.1个百分点。主要污染指标为化学需氧量、高锰酸盐指数和氨氮含量。

（8）大气污染严重　中国大气污染主要是煤烟型污染，中国85%的煤炭是通过直接燃烧使用的，主要包括火力发电、工业锅（窑）炉、民用取暖和家庭炉灶等。高耗低效燃烧煤炭向空气中排放出大量SO_2、CO_2和烟尘，造成了中国以煤烟型为主的大气污染。

（9）环境污染向农村蔓延　20世纪70年代以来，我国开始改革开放，国家鼓励乡镇企业发展，乡镇企业数量迅速增加。但乡镇企业一般规模小，只注重经济效益，忽视环境效益和社会效益，政府对乡镇企业生产监管不力，致使工业生产过程中产生的大量污染物不加治理，任意排放，造成了严重的环境污染。因此，自1978年以后乡镇企业成为农村主要污染源，而1978年以前农村环境污染主要是化肥、农药等造成的。

环境作为一种特殊资产，一旦遭到破坏就会造成直接或间接的经济和财富损失。生态指标恶化不但已经直接影响了现期经济指标，而且会间接影响未来经济发展。因此，保护生态环境刻不容缓。保护环境和保证食品安全是我们不可推卸的责任，同时也是人类生存和发展的必要条件。食品环境的概念目前没有权威解释，但有关研究早已涉及这一领域，如化学肥料对小麦品质的影响，废弃物在农业生产中的应用。我们可以从食品原料生产环境和食品加工环境这两方面来理解食品环境。食品原料生产环境是指原料产地环境条件（土壤、大气、水质）、设施农业条件（日光温室、设施养殖）及农业生产资料投入（农药、农膜、化肥）等对农产品有显著影响的环境因素的总和。食品加工环境是指食品加工和流通过程（包装、运输、贮存）中环境因素的总和，包括加工场地的环境卫生与布局、人员卫生状况与管理、生产用水、加工工艺、加工设备环境等。食品环境学囊括了自然环境和社会环境两个方面的内容。

目前世界上的人口已经突破 80 亿，并且每年仍然在增长。面对巨大的人口压力和人们对食品日益增长的需求，我们怎样对环境资源进行深度开发，如何使人类社会继续发展而对环境的破坏降低到最小已成为环境科学研究的重大课题，也是摆在全人类面前的一大难题，保护环境也就成为更加紧迫的任务。鉴于此，为促进世界环境保护运动的发展，联合国人类环境会议把每年的 6 月 5 日定为世界环境日。从 1974 年起，联合国环境规划署在每年的 6 月 5 日都要进行各种纪念活动，且每年纪念活动都有一个主题，如水——生命的重要源泉（1976 年）；保护地下水和人类食物链，防止有毒化学物污染（1981 年）；管理处理有害废弃物，防止酸雨破坏和提高能源利用率（1983 年）等，都与食品环境有关。

二、食品安全与环境污染

食品安全有三个方面的含义：一是国家和社会的食物保障（food security），即确保食物供应充足和稳定；二是食品中有毒、有害物质影响人体健康的公共卫生问题，即食品安全（food safety）；三是食品的可持续安全，即在食品的获取过程中需要注重生态环境的保护和资源的可持续利用。在我国，“食品卫生”（food hygiene）通常与食品安全等价。在食品环境学中所涉及的食品安全通常是指第二方面的含义。食品安全是指食品无毒、无害，符合应当有的营养要求，不会对人体健康造成任何急性、亚急性或者慢性危害。根据倍诺食品安全定义，食品安全是“食物中有毒、有害物质对人体健康影响的公共卫生问题”。

人类活动和自然因素使得物理、化学、生物因子进入大气、水体、土壤环境，超过了环境的自净能力，破坏了生态平衡，导致直接或间接地对人体健康造成危害，这就是环境污染。环境污染有多种不同的分类方式：按照构成环境的要素，可分为大气污染、水体污染和土壤污染；按污染物性质，可分为化学性污染、物理性污染和生物性污染；按污染产生的原因，可分为生活污染和生产污染（如工业污染、农业污染、交通污染等）等。造成环境污染的原因也是多方面的，既有自然因素，也有人为因素。

随着人类开发利用自然资源能力的增强，开发范围不断扩大，导致人类活动对自然环境的影响逐渐增大，环境受“三废”（废气、废水、废渣）的污染日渐显著。尽管我国地域辽阔、资源丰富，是世界上少数几个资源大国之一，但人口众多、资源相对不足、环境承载能力弱是我国的基本国情。我国自然地理条件复杂，资源种类齐全，但资源质量不高，自然生产力低。随着国民经济高速发展、人口急剧增加和人民生活水平不断提高，矿产资源消耗量大幅增加。我国矿产开发，特别是煤炭资源的开发，给国家提供了大量的原材料、能源和巨大的物质财富，为国民经济的快速发展提供了巨大的能源保障。但煤炭开发的同时也给环境带来了严重的破坏和污染。

在食品生产、加工、贮存和分配的过程中，可能存在污染食品的因素，导致食品安全问题。环境污染物主要影响动植物（即食品的原料）的生产过程，使得食品安全受到威胁。天然的动植物食品原料一般较少含有有害物质，但在它们的生长过程中，呼吸、吸收（或摄食）会使环境污染物进入并积累在其体内，从而影响食品的安全。环境污染物引发的“毒大米”事件，以及亚洲的“禽流感”及欧洲的“口蹄疫”等疫情，均是威胁食品安全的典型案例。国内发生过毒米、毒油、瘦肉精、精苏丹红、“大头娃娃奶粉”、毒胶囊等事件。据世界卫生组织统计，全球每年有几十亿的食源性疾病案例，其中2000年由食品和饮用水污染引起的腹泻就造成210万人死亡，绝大多数为儿童。全球食品安全形势不容乐观。

目前我国的食品安全问题主要体现在以下三个方面：一是市面上出现的问题食品数量越来越多，给人民群众的生命健康造成了极大威胁。问题食品不仅限于常见的米、面、粮、油、肉、蛋、蔬菜、水产品和豆制品等，还逐渐向水果、干货、炒货和奶制品等方向发展，食品安全问题涉及的范围越来越广泛。二是目前的食品安全问题不再局限于变质、过期等方面，农药残留量超标、食品添加剂过多等问题屡见不鲜，对人体的伤害程度逐渐加剧，食品安全问题的严重程度已经超乎人们想象。三是受金钱和利益的驱使，部分商家非法生产各种有毒、有害的垃圾食品或造假食品，但从食品的外观及包装看不出任何异样，给人们的饮食安全造成极大的威胁。食品质量安全问题与日俱增，食品中毒和伤亡事件时有发生。例如，2011年4月，台湾昱伸香料有限公司被查出将塑化剂邻苯二甲酸二(2-乙基己基)酯（DEHP）当作乳化稳定剂的配方长达30年；2015年6月1日，长沙海关破获一起特大走私冻品案，查扣来自美国等国家约800t、价值约1000万元的走私冻牛肉、冻鸭脖、冻鸡爪等；2017年1月16日，《新京报》报道天津市静海区独流镇调味品造假窝点聚集，假冒劣质调味品流向多地；2020年7月16日，知名洋快餐“汉堡王”被曝在江西南昌多个餐厅存在偷工减料，篡改过期面包、肉制品等产品生产日期标签等行为；2020年有17批次老字号食品被检为不合格，其中含11批次“中华老字号”和6批次“地方老字号”食品，不合格原因有微生物超标、氧化变质、防腐剂超标、添加禁用增香剂等。

民以食为天，食以安为先。食品安全问题向人类的生存提出了巨大的挑战，因此，强化食品环境管理势在必行。严重的环境问题——环境污染因素正成为威胁食品安全的主要因素之一，这引起了较大危机。环境污染加剧导致的全球气候变暖、生物多样性减少、水土流失和臭氧层的耗损与破坏，以及农业生产过程中农药、化肥、农用塑料薄膜等过量使用而导致的“白色污染”问题，食品在加工、包装和运输过程中的污染问题，已引起世界各国政府的高度重视和消费者的极大关注。

1993年，英国科学家C. E. Fisher提出，现代食品安全问题主要涉及六大影响因素：自然毒素、致病微生物、营养失调、其他不确定的饮食风险、人为加入食物链的有害物质和环境污染物。食品安全问题与环境有直接或间接的关系，环境污染物和人为加入食物链的有害物质（包括农药残留、化肥激素及食品添加剂）为两个主要因素，并且直接与环境相关，环境中的致病微生物和自然毒素与食品安全间接相关。

在食品整个生命周期链中都可能产生由环境因素导致的食品不安全问题。因此，食品安全是一个相对的概念。我国古时就有“病从口入”的理念，但食品中有毒、有害物质对人体的危害程度取决于其种类和数量。因此，环境因素对食品安全的影响也是相对的。在食品生命周期链中，环境因素对食品安全的影响程度在不同环节或形态上也有很大差异。换言之，同一种环境因素在食品原料生产环节和食品加工环境中对食品安全的影响截然不同。

食品作为环境中物质和能量交换的产物，其原料生产、加工、流通和消费等过程处于完全开放的系统中。从某种意义上讲，环境直接影响着食品的安全，因此食品安全性与环境安全性密不可分。目前，人们对环境因素如何影响食品安全问题的研究主要集中在基础层面上。例如，某些环境污染物对食品安全的影响，主要表现在农药残留、化肥残留、污水灌溉、饲料污染、重金属污染、微生物污染等进入食品链，导致食品污染，进而影响人体健康。尽管这些研究在一定程度上能够解决问题，但难以从事物的本质上帮助我们解决实质性的问题。因此，有必要建立一个把环境对食品安全影响作为独立范畴进行研究的学科——食品环境学。

食品环境学是食品科学、环境科学和社会科学相互交叉的新兴学科，它揭示了食品与环境之间相互影响、相互依存的内在规律。在食品质量与安全问题研究中，食品环境学具有重要地位，是确保食品质量安全的关键问题。

三、食品与环境之间的关系

食品与环境的关系构成了一个极其复杂的系统。在探讨两者之间的关系时，可以分食品资源环境、食品原料生产环境和食品加工环境三个部分进行研究。

（一）食品资源环境

食品资源环境主要涵盖大气、水体、土壤和放射性环境等自然环境条件。这些环境条件直接影响到食品的质量和安全。在开发新的食品资源时，需要考虑该资源的开发对环境的影响，以及对子孙后代造成的影响，尤其要注意保护野生生物资源、生态系统和生物多样性，确保人类环境的协调友好。

社会经济发展的历史与实践充分证明，环境问题一直伴随着人类的活动而存在和发展。人体通过新陈代谢与周围环境进行着物质和能量的交换，如吸收氧气、排放二氧化碳、摄取水源和食物等，这体现为人体物质组成与环境物质组成之间的一致性。人与环境之间的物质和能量交换主要依赖于复杂的食物链来实现。因此，这种食物链的平衡关系主要依赖于食品资源环境的维持。谚语“一方水土养一方人”“靠山吃山”充分说明了人类对食品资源环境的依赖性，或者说食品资源环境对人的生存方式起决定作用。

（二）食品原料生产环境

食品原料生产环境是指食品生产所需的资源环境，如土地质量、灌溉用水、大气污染物的含量等。食品原料的生产与环境之间存在着相互依存又相互影响的对立统一关系。换言之，环境对食品原料生产具有双重性，既有有利的一面，也有不利的一面。

首先，环境对食品原料生产具有积极的一面。例如，国酒茅台只能在贵州省茅台镇的水和自然条件下生产，其他生产环境无法复制其独特的风味。榆林以其独特的“桃花水”生产的豆腐，其香味和质地与众不同，传统说法是榆林的豆腐可以用绳子绑起来都不会掉落。类似的，新疆的库尔勒香梨，陕西渭北的苹果、延安的小米、陕南的紫阳富硒茶，吉林长白山的人参及安徽的砀山梨等都与其生长环境密切相关，其品质和口感也因此独具特色。

其次，环境对食品原料生产也存在不利的一面。例如，由地球结构元素过多而导致的某些地方病，主要表现为慢性中毒，如地方性氟病、慢性砷中毒和慢性硒中毒等。其中，由元素过少而引起的典型地方病为碘缺乏病。在远离海洋和有高山阻隔的地区，土壤含碘少或易流失，常常为缺碘土壤。缺乏碘的土壤会导致水和食物中碘含量不足，从而使人体摄碘量不足；同时，不合理的膳食结构（营养缺乏）也会影响人体对碘的吸收，进而导致人体碘缺乏，最常见的疾病为甲状腺肿大和克汀病（主要表现为生长发育阻滞、痴呆和聋哑）。通过加碘盐的使用，我国已逐步控制碘缺乏病的发生。此外，缺硒还常常引起克山病和大骨节病。

（三）食品加工环境

食品加工环境是指食品加工和贮运过程中的环境因素。确保原料在加工过程中既保持应有的营养价值，又不被加工环境污染，这是对食品加工环境和管理最基本的要求。影响加工环境的因素主要有以下 5 种。

1）加工用水：是食品加工的关键，其作用在各种饮料酒类生产中最为显著。因此，应注重加工用水质量，并且在处理污水时应达到国家环境保护标准的要求。

2）加工厂的建设布局：应按照食品卫生规范进行消毒处理，人员健康应满足规定的要求，否则就会对产品安全造成影响。

3）加工工艺：选择的加工工艺应满足产品生产的需要，加工环境应有防鼠、防虫、防蚊蝇的设施，关键部位应设有消毒设备，并定期检查消毒设备的消毒效果，确保其正常运行。

4）大气环境：也是影响加工产品安全的重要因素，特殊车间的空气也应有一定的处理措施。

5）包装和贮运环境：对产品的影响也十分显著。虽然加工过程前期在消毒等方面进行有效的控制，若后期不能有效控制包装和运输的环境，也会对产品安全产生严重影响。因为这些食品即将进入销售环节，随后将进入消费者手中，一旦出现问题就很难控制。

我国食品市场准入制度对食品加工环境有明确的规定，有关质量的标准和规定非常详细，特别强调了产品质量检测手段的必要性，这些都是从食品加工环境等方面确保食品安全的重要手段。

第二节　食品环境学的研究任务、研究内容、对象及方法

一、食品环境学的研究任务

食品环境学主要运用环境科学、农业环境科学的理论及应用技术，揭示食品、环境与人类之间的本质联系，研究三者间的相互关系及其发展规律；控制食品与环境之间的物质和能量交换过程，维护环境与人类健康的交互作用；合理利用资源环境，生产安全、优质的食品，保障食品加工业的可持续发展；研究环境条件对食品质量安全的直接或间接影响，并探讨不同环境因素对预测最佳食品质量安全的影响；研究食品加工过程中环境和食品质量安全的相互需求，提出必须遵循的活动准则以确保环境保护与食品工业可持续发展。食品环境学的主要研究任务包括以下三个方面。

1）了解环境变化对食品质量安全的动态影响及其变化趋势，揭示“食品-环境-人类”三者之间固有的内在规律，并探讨三类要素间的交互关系，规避环境变化引发的食品质量安全

问题，生产安全、优质的食品，以满足人类生存与发展的需要。

2）研究食品加工与人类活动的关系，系统协调社会经济发展对食品供给的需求，维护食品资源环境及加工环境，保持人类、社会经济和环境的协调发展。

3）研究食品污染物对食品安全及人体健康的危害及其作用机制，并提出防范及治理食品污染物的技术与途径，为国家实行食品环境区域综合治理与环境管理提供理论依据和技术支持。

二、食品环境学的研究内容和特点

（一）食品环境学的研究内容

作为食品领域的一门年轻学科，食品环境学的研究范围广，综合目前环境科学与农业环境科学的研究范畴，食品环境学是研究不同食品环境质量变化规律的学科，重点在于食品安全性与环境质量关联的动态变化及起因、转化和后果分析，并强调着眼环境与食品的内在关系，提出基于改善环境污染的角度解决食品安全问题的技术和措施。这是食品环境学研究的核心内容之一。

食品环境学的研究内容主要有以下 5 个方面。

1）食品环境质量基础理论的完善。包括改善食品环境的原理、方法与技术，食品环境综合评价体系与危险性分析，不同类型污染物在环境和食品加工过程中的迁移、转化、消长规律，生态、环境与食品的内在关系和交互作用，环境自净化能力的研究与利用，不同类型食品对加工环境的要求等。

2）食品环境污染控制与防治。包括食品环境质量综合治理措施，不同食品污染物的净化处理技术，合理开发、利用和保护食品资源，区域食品生产环境维护与整治技术等。

3）食品环境监测与分析技术。包括水质分析技术，工业“三废”监测技术，食品加工厂环境监测技术，有毒污染物如农药残留量、重金属元素等检测技术。

4）食品污染与人体健康危害。包括农药污染、重金属污染、肥料过量污染、环境富集元素的污染、工业废物污染等引发的生物效应及对人体危害的程度与防治措施。

5）食品加工废弃物的处理与再利用。包括避免资源浪费及不合理使用，不同食品加工厂废物如果渣、薯渣、醋糟、酒糟等的处理和再利用。

（二）食品环境学的特点

1. 综合性

食品环境学是研究食品安全与环境交互作用的学科，是食品科学、环境科学与社会科学交叉形成的一门新学科，通过对食品安全与环境关系的探讨，揭示食品与环境之间相互作用、相互依存的规律。它是一门综合性很强的学科，要解决的问题均具有综合性的特点，特别是在进行具体课题的研究时，需要对生产过程进行优化与监控，对环境风险进行评估与管理，建立健全的法律法规体系和政策措施，必然体现出跨学科、多学科交叉和渗透的特性，需要应用其他科学的理论和方法，进行跨学科的研究合作，以促进环境科学、食品科学、经济学、社会学等多领域知识的整合，为解决复杂的食品环境问题提供综合性解决方案。

2. 整体性

我国从 20 世纪 90 年代起，国家环境保护总局开始进行生态省、生态市、生态县建设，提出了一整套的技术体系和具体指标，把环境问题与社会经济、人类文明、资源利用、环境保护等有机结合起来，促进了环境问题的有效解决。从整体性角度来考虑和研究环境问题，大到整个宇宙，小到一个国家、地区或者一个工厂，在确保食品质量与安全的同时，促进环境保护和可持续发展。食品环境学的整体性是其不同于其他学科的一个显著特点。

3. 实践性

食品环境学是人类在进行食品生产和加工过程中研究对环境质量的要求及食品加工与环境的相互影响而逐渐发展起来的，食品加工与环境密切相关，食品质量安全与环境交互相关。食品安全与环境作用的基础理论支持来源于实践经验的总结，离开了实践，食品环境学将会成为无本之木、无源之水。因此，实践性是食品环境学的一个显著特点。就我国环境科学而言，其研究领域和内容都是从人类生活的需要出发而产生的，如我国水土流失、湖泊富营养化、大江大河的污染治理问题，城市生态问题，大气环境质量问题，环境污染与人类疾病问题，自然资源的合理利用和保护问题，无公害食品产地环境问题等都是环境科学研究的重要领域。

4. 理论性

食品环境学的理论基础属于环境科学的范畴，其三大任务是非常明确的，主要揭示环境中事物的发展规律和作用机制。其理论的发展会促进食品安全及环境安全问题的有效解决，并更好地指导环境污染治理、食品安全控制等实践工作。

三、食品环境学的研究对象及研究方法

（一）研究对象

根据国家自然科学基金项目指南，环境科学研究的核心在于人类环境的质量结构与演变。环境科学的研究对象范围广泛，而食品环境学的研究对象与环境科学、农业环境科学的研究对象有相似之处，但在研究范围和主要问题方面又存在一定的差异。总体来看，食品环境学的研究对象主要包括食品环境与人类之间的相互关系，以及环境变化对食品安全的影响等。此外，食品环境学还探讨人类社会经济发展对食品环境的影响。

（二）研究方法

1. 生态学方法

在生态学方法中，生态模拟是一种常见的方法。通过收集实际生态数据和资料，在此基础上建立生态模型，用以概括和总结实际问题，并指明未来研究方向，再进行实际模拟实验和预测。生态学研究已经建立了许多符合实际情况的生态模式，近几年来已提出了300多种农业生态模式，有的取得了显著的经济效益和社会效益，为生态学的发展提供了强有力的支撑。在食品环境学领域，生态学方法是一种高效的研究方法，在开发无公害农产品、有机食品和绿色食品的过程中，广泛采用生态学方法有助于避免污染物对农产品和食品的危害，从而提高食物链的安全性。据初步统计，经过5年生态县建设工程，我国100多个生态农业试点县的生态环境得到了显著改善，土壤沙化和水土流失明显减少，其中土壤沙化治理面积达到30.5万hm^2，治理率为60.5%，水土流失率达到73.4%，林草覆盖率平均提高3.7个百分点。

2. 系统分析法

系统论是在20世纪发展起来的一种现代科学方法，已被广泛应用于各个学科领域。它允

许在对系统信息不完全掌握的情况下进行系统分析，并预测系统在某些参数变化时可能发生的响应，从而为系统设计、系统决策、系统实施提供关键数据支持。

系统是指任何现象中，无论是结构还是功能，都包含至少几个组分，这些组分之间形成网络结构，彼此相互作用、相互联系、相互制约，并具有规律性的变化。在一个系统中，某一组分的变化必然会影响其他组分，最终导致整个系统的相应变化。系统可分为亚系统，而亚系统又可分为亚-亚系统，也可描述为组分、单元、环节、要素及因子等。研究系统的目的，主要在于通过分析系统的结构与功能，以及两者之间相互适应的关系，寻求发挥最佳功能的适宜结构，以管理、修建、改进系统，以及根据人类的利益创建新的系统。

生态系统的系统分析具有整体性、结构性、联系性及预测性等特点。这种分析实质上是对所研究的生态系统建模的过程。系统论是用数学的概念和方法，从整体性的角度概括事物的结构，舍弃其特定的性质和用途，深入研究其结构和因果关系上的共性，得到具有普遍意义的结果。系统论的核心包括可预测性、可观察性、可控制性及稳定性和最佳方案设计等。采用系统分析法来研究食品环境学是一种常用的有效方法。

3. 数学模型法

数学模型是对客观事物规律的抽象表达，它扮演着理论抽象思维与客观现实之间的中介角色。模型的主要要求是能够完全符合现实，有效地反映和复制客观世界的客体、现象及其结构与功能的适应性。模拟是通过简化形式再现被研究的客体或者过程的方法。

根据食品环境学不同的研究对象和目的，可采用不同的数学模型法。一般常用的方法有以下几种。

（1）*矩阵法*　矩阵法是美国地质调查所的研究人员 L. Leopold 等研究人类活动和环境特征时采用的方法。他们把关于人类活动的 100 个项目定为横坐标，把 88 种环境特征列为纵坐标，把人类活动的影响分为 10 级。通过这种方法可以清晰地看出某一项人类活动对各种自然环境的影响程度。在食品环境学研究中，运用这种方法是十分有效的，得出的结论能够反映研究对象之间的本质联系。

（2）*叠加法*　叠加法即把个别环境因素制成透明图，然后互相叠加起来，用以评估环境质量。目前，这种方法正在向计算机自动化制图方向发展。

（3）*数学模式法*　这是当前自然科学研究中迅速发展起来的新研究方法之一。在环境数学模式的研究中常用的有：①战略环境分析系统，此模式可以通过改变实验因素，评估该实验因素对环境质量指标的影响。②能源系统的参与矩阵，这种模式将能源系统，即大气污染的主要来源，由开采、选矿、提炼、运输到使用的每个环节联系起来，分析它们对环境质量的影响。这一模式主要反映了污染物在生产全过程中各个步骤的变化。

利用数学模型，可以把错综复杂的环境问题概念化、系统化，使其接近事物的本质，从而更好地了解和评价环境各个要素，以提出优化方案，进而帮助人们作出科学的环境决策。总而言之，食品环境学在未来社会经济发展中将占有重要地位，诸多现有或潜在的食品环境问题正等待我们去深入研究，同时也需要进一步探索新的理论和方法，以便应对未来食品环境问题的挑战和需求。

思考题

1. 简述人类与环境的关系。

2. 世界著名的八大公害事件有哪些？
3. 简述食品安全与环境之间的关系。
4. 食品环境学的主要任务是什么？
5. 简述食品环境学的研究对象和方法。

参考答案

第二章　环境科学基础

内容摘要：本章主要讲述环境对食品安全的影响，食品生产加工中的环境问题。

教学目标：掌握环境及其相关名词的概念；了解全球及中国主要的环境问题；熟悉生态系统的概念、功能及生态平衡的调控；掌握生物多样性的含义和价值，了解我国生物多样性受损原因及保护生物多样性的主要措施；了解环境与经济发展的关系，掌握可持续发展的概念与内涵，明确中国可持续发展的战略方针与措施。

关键词：环境　环境科学　生态系统　生态平衡　生物多样性　环境与经济　可持续发展

第一节　环境与环境系统

一、环境及相关概念

（一）环境的定义

环境（environment）的定义是相对的，同时也是具体的，每个研究对象都有其特定的含义。例如，以地球上的所有生物为主体进行研究时，环境包括大气、水、土壤、岩石等自然因素；而以人类为研究主体时，还应考虑整个生态系统及社会和经济因素的影响。

环境科学以人类为主体，将环境定义为人类生存和发展的物质支撑系统，特指地球表层自然要素的总和，其内涵随社会发展动态拓展。例如，《中华人民共和国环境保护法》界定环境涵盖自然资源（大气、水、森林等）与人文景观（城乡、遗迹等）两大维度。整体来看，实际上环境涉及的内容和范围更加广泛。人类生存的环境包括自然环境和社会环境两个方面，自然环境为人类提供物质基础，包括空气、水、阳光、土壤、矿物质、植物、动物、高山、森林、草原、海洋、江河、湖泊等。而社会环境是以人类精神为基础，在自然环境中长期缓慢形成的，影响着人类的行为、思维、想象、风俗习惯、情绪、道德观念、法律意识等方面。

（二）环境科学

1. 环境科学的定义

环境科学是研究人类活动如何影响环境质量变化，以及这种规律及这种变化如何反过来对人类产生影响的科学。它的研究对象是人类与环境构成的系统，以探讨这一系统的发展过程、调节机制、控制方法及优化改善的科学方法。环境科学的最终目标在于寻求实现人类发展与生态环境之间最佳平衡的路径和策略。

2. 环境科学的产生

环境科学的研究起步较晚，距今仅有 60 年左右的历史。不断浮现的环境问题促使环境科学产生和发展。1950 年前后出现的第一次世界性环境问题使得当时包括生物学家、化学家、地理学家、社会学家在内的各个学科的科学家，分别从各自角度对环境问题进行大量的调查和研究，以探索环境问题的成因和解决方法。随着这些研究的不断积累，环境化学、环境工程学、环境经济学、环境管理学、环境物理学、环境行为学、环境监测、环境法学和环境规划学等新兴的与环境变化有关的边缘学科开始逐渐形成，到20世纪70年代，系统的环境科学形成了。

3. 环境科学的特点

环境科学的综合性很强，这种综合性是由环境问题的性质和特点，也就是其形成过程和研究对象所决定的。自然环境的变化是多种因素共同作用的结果，并不是孤立的，其变化涉及物理、化学、生物、地理等多个学科及领域。此外，人类的经济政策和社会行为是环境问题产生的根本原因，而这些人类行为受到其本身运行规律和法则的影响。因此，难以仅靠科学技术和手段解决环境问题，还需依靠自然科学、社会科学和经济学等学科的相互融合。

（三）环境的分类

环境可分为自然环境、人工环境和社会环境。自然环境是指未经人工改造的环境，如大气环境、水环境、土壤环境、生物环境、地质环境等。自然环境是人类出现之前就存在的，是人类生存、生活和生产所必需的自然条件与自然资源的总称，是直接或间接影响到人类自然形成的物质、能量和现象的总和。人工环境是在自然环境的基础上经过人工改造或人为创造形成的环境。人工环境与自然环境的区别在于人工环境对自然物质做了较大的改变，使其失去原有的面貌。社会环境是指各种社会关系所形成的环境，由经济、政治和文化组成，如聚落环境、生产环境、交通环境、文化环境等。然而，人类活动的产物又成为人类活动的制约条件，是影响人类与自然环境的决定性因素。按环境分类时，若以人为主体，则其他生命和非生命物质为环境要素；若以生物为主体，则其他非生命物质为环境要素。

（四）环境要素及环境系统的特性

1. 环境要素

环境要素也称环境基质，是指构成人类环境的各个独立的、性质不同的且服从演化规律的基本组成要素，分为自然要素和人工环境要素。环境要素具有以下特性。

1）最差限制律：整体环境的质量不是由环境诸要素的平均状态决定的，而是受环境诸要素中那个与最优状态差距最大的要素所控制。

2）等值性：是指各个环境要素之间，无论它们本身在规模上或数量上差异如何，只要是一个独立的要素，那么对环境质量的限制作用并无质的差别。

3）整体性大于个体总和：是指环境诸要素相互联系、相互作用产生的集体效应，是在个体效应累加基础上质的飞跃。

4）先后出现，相互联系，相互依赖：是指环境诸要素在地球演化史上的出现虽然有先后之别，但又是相互联系、相互依赖的。

2. 环境系统的特性

环境系统由时、空、量、序变化的动态系统和开放系统组成，系统内外存在着物质和能量的交换。

1）环境的整体性：环境的洁净很重要，局部污染可以对其他地区造成影响和产生危害。

2）环境资源的有限性：地球的容量有限，并且地球的自净也会消耗一部分资源。

3）环境的差异性：是自然环境的基本特征，由经纬度不同导致。

4）环境的变化性和相对稳定性：环境要素的状态和功能始终在变化，但在一定时间段内，环境是相对稳定的。

5）危害作用的时滞性：造成环境灾难隐患和遗传变异风险的因素，其后果显现需要过程。

二、环境问题

环境问题从广义上讲是由自然力或人力引起生态平衡破坏，最终直接或间接地影响人类的生存和发展的一切客观存在的问题；狭义上讲是由于人类的生产和生活活动，自然生态系统失去平衡，反过来影响人类生存和发展的一切问题。当人类向环境索取资源的速度超过资源再生的速度，或者向环境排放废弃物的数量超过环境的自净能力时，就会出现环境问题。

环境问题按成因的不同，可分为自然环境问题和人为环境问题两类。前者是指自然灾害问题，如火山爆发、地震、台风、洪水、旱灾、沙尘暴、地方病等造成的环境破坏问题，这类问题在环境科学中称为原生环境问题或第一环境问题。后者是指人类不恰当的生产活动和人口急剧增加所造成的环境污染、生态破坏和资源的破坏与枯竭等问题，这类问题也称为次生环境问题或第二环境问题。环境科学中着重研究由人为因素造成的次生环境问题。由于环境为人类生存和发展提供物质基础，其问题的出现及日益严重的演化趋势，引起了人们普遍关注和高度重视，同时也促进了环境科学的发展。

环境问题是在发展的过程中产生的，也必须在发展的过程中解决，因此环境问题的本质是发展问题。联合国列出的威胁人类生存的全球十大环境问题包括：全球气候变暖、臭氧层的耗损与破坏、生物多样性减少、酸雨蔓延、森林锐减、土地荒漠化、大气污染、水体污染、海洋污染、危险废物越境转移等。

（一）全球气候变暖

20 世纪 80 年代后，全球平均气温上升趋势明显。预计未来 50～100 年，全球人类将进入一个完全变暖的世界。在人类活动的影响下，21 世纪温室气体和硫化物气溶胶浓度的增加将导致未来 100 年全地球尤其是东亚地区和我国平均气温上升。随着世界人口的增加及人类生产活动的不断扩大，大气中二氧化碳、甲烷、一氧化二氮、一氧化碳等气体浓度不断增加，引起大气的组成发生变化，进而影响大气质量，导致全球气候发生逐渐变暖的趋势。全球气候变暖会对地球产生多种影响，进而影响生态系统及人类生产活动，如降雨和大气环流的变化、海平面升高、旱涝灾害，最终使生态系统发生改变。

（二）臭氧层的耗损与破坏

臭氧层在距离地球表面 25km 处，是由臭氧气体形成的厚度约 3mm 的臭氧集中层。臭氧层能够吸收太阳的紫外线，保护地球上的生命体，在上层大气贮存能量并将其用于调节气候。氟氯烃类等有害气体可以与臭氧发生化学作用，释放反应物并破坏臭氧层，并使地面受到的紫外线强度增加。臭氧层的破坏是当前全球面临的环境问题之一。1985 年，英国科学家首次在南极上空发现臭氧层空洞，当年 9～10 月南极上空平均臭氧含量减少 50%左右，并呈周期性出现，北极臭氧层也发生显著耗损。在全体人类的不懈努力下，南极臭氧层空洞于 2012 年降至 1989 年以来的最小面积，但 2014 年 9 月 11 日南极臭氧层空洞还是达到了年度峰值。

过量的紫外线辐射，不仅能破坏生物蛋白质和组成基因的脱氧核糖核酸，造成细胞死亡，并且能穿透 10m 深的水域，杀死浮游生物和微生物，可以潜在影响水中生物的食物链和氧的来源，破坏生态平衡和水体的自净能力。臭氧层的耗损也会严重危害人类健康及生存环境，人类受到大量紫外线直接照射会使人类皮肤癌、白内障发病率增高，抑制人体免疫系统的功能，同时过量的紫外线照射还会导致农作物减产，影响粮食生产和食品供应；破坏海洋生态系统的食物链，对海洋生态平衡产生影响。美国的环境科学家曾预测：人类如果不采取措施，到 2075 年，全世界将有 1.5 亿人患皮肤癌，其中有 300 多万人死亡；1800 多万人患白内障；农作物减产 7.5%；水产品减产 25%；材料损失达 47 亿美元；光化学烟雾的发生率增加 30%。

（三）生物多样性减少

生物多样性是指所有来源的形形色色的生物体，包括陆地、海洋和其他水生生态系统及其所构成的生态综合体；它包括物种内部、物种之间和生态系统的多样性。生物多样性是不断动态变化的。近百年来，世界人口的急剧增加和人类对资源的不合理开发使环境污染问题不断出现，地球的生态系统遭受极大的冲击，生物多样性也受到了很大的威胁。有关研究报道，在未来的 20～30 年内，灭绝的危险将笼罩全球 25%的物种。目前，世界上每年至少有 5 万个物种灭绝，平均每天灭绝的物种高达 140 个。鉴于我国在发展过程中，人口增长和经济发展导致对生物资源的过度开采和不均衡使用，生物多样性减少的严峻形势不容忽视。据估计，近年来约有 5000 种植物和 398 种脊椎动物处于濒危状态，分别约占中国高等植物总数的 20%和脊椎动物总数的 7.7%。中国本土多个特有物种面临着灭绝的威胁。所以，保护并恢复生物的多样性和它们赖以生存的生态环境任重道远。

（四）酸雨蔓延

酸雨是空气中二氧化硫（SO_2）和氮氧化物（NO_x）等酸性污染物引起的 pH 小于 5.65 的酸性降水。受酸雨危害的地区，出现了土壤和湖泊酸化，植被和生态系统遭受破坏。酸雨对生态环境的效应广泛且深远，当酸雨降落在水体（如江河湖泊）时，会对鱼类和甲壳类生物构成威胁，可能导致种群数量锐减甚至消失。此外，酸雨还会引起土壤酸化，侵蚀土壤原有的养分结构，使其变得贫瘠，从而对植物生长造成负面影响，直接导致农作物产量下降，并对森林生态系统的健康发展构成挑战。目前，我国酸雨区主要分布在东北地区东南部、华北大部、西南和华南沿海地区及新疆北部地区，大体呈“东北—西南”走向。长江以南地区是全球强酸雨中心，迄今为止仍未实现全面的治理。

（五）森林锐减

森林是人类赖以生存的生态系统中的一个重要组成部分。地球上曾经有 76 亿 hm^2 的森林，到 21 世纪时下降为 55 亿 hm^2。随着世界人口的增长，人类对耕地、牧场、木材的需求量日益增加，导致对森林的过度采伐和开垦，使森林受到前所未有的破坏。森林能够调节气候、防风固沙、涵养水源、保持水土、净化空气，并且为人类提供资源，同时也是众多生物的理想栖息地。森林大规模破坏将不可避免地引起全球生态危机。

水土流失是森林退化的严重后果之一。据测定，在自然力的作用下，形成厚度 1cm 的土壤需要 100～400 年的时间；降雨量为 340mm 时，每公顷林地的土壤冲刷量仅为 60kg，而裸地则达 6750kg，流失量比有林地高出 110 多倍。若地表有 1cm 厚的枯枝落叶层，就可以把地表径流减少到裸地的 1/4 以下。然而森林被严重破坏，全球 1/3 的土地受到严重侵蚀，水土流失日益加剧。同时，森林可以涵蓄降水，缓解干旱缺水的问题。《濒临失衡的地球》中举例，在过去 40 年间，埃塞俄比亚的林地所占面积由 40%下降到 1%，降雨量大幅度下降，出现了长期的干旱、饥荒。其中 1984～1985 年，埃塞俄比亚近 100 万人因此丧命。森林锐减及水污染，造成了全球性的水荒。目前，全球有超过 100 个国家正面临水资源短缺的问题，缺水严重的国家达 40 多个，20 多亿人处于饮用水紧缺状态。因此，森林有很强的截留降水、调节径流和减轻涝灾的功能，能够起到良好的调节降水的作用。破坏森林，必然导致无雨则旱，有雨则涝。

此外，有研究显示，森林覆盖面积如果下降 10%，其中能够维系生存的物种数量大约会削减一半，因此森林面积的下降会降低生物多样性，导致物种出现濒危或灭绝的风险。森林具有碳汇功能，每公顷森林平均每生产 10t 干物质将吸收 16t 二氧化碳并释放 12t 氧气。科学家猜测，若森林从地表上完全消失，陆地九成的生物将完全消亡；全球 90%的淡水将白白流入海洋；生物固氮将减少 90%；生物光合作用释放氧将减少 60%；此外，大面积地区的风速将增加 60%～80%。因此，保护森林是遏制温室效应的重要策略之一。

（六）土地荒漠化

简单地说，土地荒漠化就是指土地退化。1992 年，联合国环境与发展大会对荒漠化作了这样的定义："荒漠化是由于气候变化和人类不合理的经济活动等因素，干旱、半干旱和具有干旱灾害的半湿润地区的土地发生了退化。"1996 年 6 月 17 日第二个世界防治荒漠化和干旱日，联合国防治荒漠化公约秘书处发表公报指出：当前世界荒漠化现象仍在加剧。全球现有 12 亿多人受到荒漠化的直接威胁，其中有 1.35 亿人在短期内有失去土地的危险。荒漠化已经不再是一个单纯的生态环境问题，而演变为经济问题和社会问题，它会给人类带来贫困，使社会不稳定。

到 1996 年为止，全球荒漠化的土地已达到 3600 万 km^2，占到整个地球陆地面积的 1/4，相当于俄罗斯、加拿大和中国国土面积的总和。联合国粮食及农业组织于 2022 年 12 月 5 日发布的报告指出，全球约 1/3 的土壤已出现退化现象，导致土地荒漠化加剧、肥力流失及生产力下降。全世界受荒漠化影响的国家有 100 多个，尽管各国人民都在进行着同荒漠化的抗争，但荒漠化却以每年 5 万～7 万 km^2 的速度在扩大，相当于爱尔兰的面积。根据 2011 年国家林业局发布的《中国荒漠化和沙化状况公报》，截至 2009 年底，我国荒漠化土地面积为 262.37 万 km^2，沙化土地面积为 173.11 万 km^2。与 2004 年相比，虽然荒漠化土地面积减少的速度变慢了，但荒漠化面积仍在扩大。在人类当今诸多的环境问题中，荒漠化是最为严重的灾难之一。对于受荒漠化威胁的人们来说，荒漠化意味着他们将失去最基本的生存基础——有生产能力的土地。

（七）大气污染

大气污染是指大气中污染物的浓度达到有害程度，以至破坏生态系统和人类正常生存与发展的条件，对人和物造成危害的现象。其成因有自然因素（如火山爆发、森林灾害、岩石风化等）和人为因素（如工业废气、燃料燃烧、汽车尾气和核爆炸等），尤以后者为甚。大气污染物既包括粉尘、烟、雾等小颗粒状的污染物，也包括二氧化硫、一氧化碳等气态污染物。目前，已知的大气污染物有 100 多种。

当前，我国大气污染形势严峻，以可吸入颗粒物（PM10）、细颗粒物（PM2.5）为特征污染物的区域性大气环境问题日益突出，损害人民群众身体健康，影响社会和谐稳定。随着我国工业化、城镇化的深入推进，能源资源消耗持续增加，大气污染防治压力继续加大。自2002年以来，我国出台了各项政策，加大了节能减排的力度，如2002年1月30日发布的《燃煤二氧化硫排放污染防治技术政策》，其从能源合理利用、煤炭生产加工和供应、煤炭燃烧、烟气脱硫、二次污染防治等方面进行了详细的规定。2012年8月，我国发布了《节能减排"十二五"规划》，其中对电力与非电力行业脱硫脱硝效率提出了具体的发展目标。以上各项节能减排政策对我国大气污染防治起到了一定的推动作用。

（八）水体污染

水是生命的源泉，是生命存在与经济发展的必要条件，同样是构成人体组织的重要部分。然而，水污染对人类的生命安全构成了严峻挑战，不仅对人们的健康构成直接威胁，还阻碍经济的繁荣和社会的可持续发展进程。水污染是指有害化学物质损害水质功能并破坏生态环境的水体退化过程。水体污染主要来自人为污染源的大量排放，涵盖工业废水、生活污水及农业污染径流等多元污染途径。工业废水是水体最重要的污染源，它具有量大、面广、成分复杂、毒性大、不易净化、难处理等特点。生活污染源主要是生活中各种洗涤水，最大特点是含氮、磷、硫多，含细菌多，用水量具有季节变化规律。农业污染源包括牲畜粪便、农药、化肥等，具有两个显著特点：一是有机质、植物营养素及病原微生物含量高；二是农药、化肥含量高。

污水中的酸、碱、氧化剂，铜、镉、汞、砷等化合物，以及苯、二氯乙烷、乙二醇等有机毒物，会毒死水生生物，影响饮用水源、风景区景观。污水中的有机物被微生物分解时消耗水中的氧，影响水生生物的生命，水中溶解氧耗尽后，有机物进行厌氧分解，产生硫化氢、硫醇等难闻气体，使水质进一步恶化。水体污染是疾病之源。水是人们生活和生产中不可缺少的物质，化学物质容易进入人体，并产生致病性，因此水的质量将直接影响人们的身体健康。一项调查显示，在全世界自来水中，测出的化学污染物有2221种之多，其中有些被确认为致癌物或促癌物。含重金属和有机物的污染水，不仅影响以鱼类为主的水生生物的生长发育，而且有致癌、致畸、致突变作用，致使水域生态环境进一步恶化，并通过食物链直接危害人体健康。水体污染会影响工业生产和产品质量，增大设备腐蚀度，甚至使生产无法进行，严重影响人们的生活。

（九）海洋污染

海洋污染是指人类改变了海洋原来的状态，使海洋生态系统遭到破坏。有害物质进入海洋环境而造成的污染，会损害生物资源，危害人类健康，妨碍捕鱼和人类在海上的其他活动，降低海水质量和环境质量等。由于人口密集和工业发达，大量废水和固体废弃物被排入海洋，加上曲折的海岸线导致水流交换不畅，海水温度、pH、盐度、透明度及生物特征等发生变化，对海洋生态平衡造成严重威胁。目前，海洋污染主要表现为石油泄漏、赤潮、有毒物质积累、塑料污染和核辐射等问题。受污染最严重的海域包括波罗的海、地中海、东京湾、纽约湾及墨西哥湾等地区。我国的渤海湾、黄海、东海和南海的环境污染问题同样不容忽视，已存在局部地区的重金属如汞、镉、铅浓度超标情况。特别是渤海地区的污染最为严峻，由此造成的负面影响包括渔场外迁、鱼群种群灭绝、反复发生赤潮、滩涂养殖场荒废及珍贵海洋资源的丧失。随着世界工业的发展，海洋的污染也日趋严重，并有继续扩展的趋势。

（十）危险废物越境转移

根据《中华人民共和国固体废物污染环境防治法》的规定，危险废物是指列入《国家危险废物名录》或者根据国家规定的危险废物鉴别标准和鉴别方法认定的具有危险特性的固体废物。《国家危险废物名录》将危险废物定义为：具有毒性、腐蚀性、易燃性、反应性或者感染性中一种或几种危险特性的和其他对生态环境或人体健康造成有害影响的固体废物和几种固体的混合物。危险废物的越境转移量有多少尚难统计，但显然是正在增长。绿色和平组织的调查报告显示，发达国家正在以每年 5000 万 t 的规模向发展中国家转运危险废物，从 1986 年到 1992 年，发达国家已向发展中国家转移总量为 1.63 亿 t 的危险废物。据《阿拉伯新闻》报道，2020 年 5～7 月，多艘意大利籍货船通过突尼斯苏塞港卸载了约 7900t 危险废物。

危险废物的越境转移对发展中国家乃至全球环境都具有不可忽视的危害。首先，由于废物的输入国基本上都缺乏处理和处置危险废物的技术手段与经济能力，危险废物的输入必然会导致对当地生态环境和人群健康的损害。其次，危险废物向不发达地区的扩散实际上是逃避本国规定的处置责任，使危险废物没有得到应有的处理和处置而扩散到环境之中，长期积累后必然会对全球环境产生危害。

危险废物的越境转移已成为严重的全球环境问题之一，如不采取措施加以控制，势必对全球环境造成严重危害。1989 年 3 月，在联合国环境规划署（UNEP）主持下，在瑞士的巴塞尔通过了《控制危险废物越境转移及其处置的巴塞尔公约》，该公约于 1992 年 5 月生效。我国是该条约的签约国。

第二节 生 态 系 统

一、生态系统的基本概念、组成和结构

（一）生态系统的基本概念

人们采用自然科学系统的方法研究生态学，顺势提出了生态系统的概念。生态系统是在一定空间中共同栖居的所有生物群落与其环境之间不断进行物质循环和能量流动而形成的统一整体。地球上的森林、草原、荒漠、湿地、海洋、湖泊、河流等生态系统的生物组成各有其特点，并且生物和非生物构成了一个相互作用、物质循环、能量流动的生态系统。种群是指一个生物物种在一定范围内所有个体的总和，而在一定的自然区域内许多不同种生物的总和称为群落。在生物群落的基础上加上如阳光、土壤、各种有机或无机的物质等非生物成分，就构成了生态系统。

人类生存所处的生物圈内有无数个大大小小的生态系统，大至整个生物圈、海洋、大陆，小到一个池塘、一片草地。一个大型复杂的生态系统中往往包含很多小的生态系统，各种各样的生态系统组成了一个整体，即我们现在生活的自然环境。生态系统概念的提出，为研究生物与其生活环境之间的关系提供了新观点，并作为研究生物与环境之间关系的基础。

（二）生态系统的组成

生态系统由非生物部分和生物部分组成。非生物部分包括气候因子（光、温度等其他物理因子）、无机物质（H_2O 及 N、P、K、Ca 等矿质元素）和有机物质（糖、蛋白质、脂类、

腐殖质等)。生物部分包括生产者、消费者和分解者。其中生产者一般为自养生物，将太阳能输入生态系统。消费者包括草食动物（一级消费者)、肉食动物、杂食动物和寄生动物。其中肉食动物包括一级肉食动物（以草食动物为食，统称二级消费者)、二级肉食动物（大型肉食动物）和三级肉食动物，后两者统称三级消费者。分解者主要是指以动植物残体及其他有机物为食的小型异养生物，包括微生物和腐食性动物。生态系统的能量流动是单向的，而且在通过各个营养级之后能量会逐渐减少，一是因为各营养级消费者不能百分之百地利用前一营养级的生物量，二是因为生物维持自身活动需要消耗一部分能量。

（三）生态系统的结构

1. 形态结构

生态系统的生物种类、种群数量、种的空间位置、种的时间变化等构成了生态系统的形态结构。

2. 营养结构

生态系统的各组成部分之间建立起来的营养关系，构成了营养结构（图 2-1)。

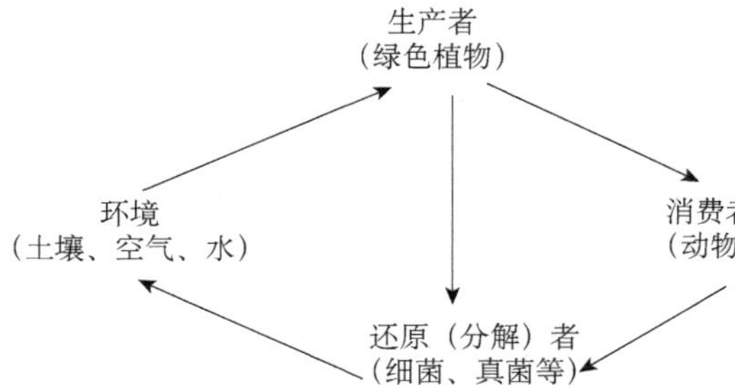

图 2-1　生态系统的营养结构

二、生态系统的功能

（一）生态系统的生产功能

生物生产是把太阳能转变为化学能，再经过动物的生命活动转化为动能的过程，是生态系统的基本功能之一。生物生产经历了两种过程：植物性生产和动物性生产，两者彼此联系，进行能量和物质交换的同时，又各自独立进行。生态系统通过初级生产与次级生产，合成人类生存所必需的有机质及其他产物。初级生产是指绿色植物通过光合作用累积能量，提供营养物质的生产活动；次级生产是异养生物对初级生产的营养物质进行取食加工和再生产而形成次级营养物质的生产活动。

（二）生态系统的服务功能

1. 生物多样性的维护

生物多样性不仅使实现生态系统的服务功能成为可能，也是开发新食品、药品等的基因库。生物多样性还提供了缓冲和保险功能，以减小生态系统受灾后的损失。生物多样性也是维持生态系统稳定性的基本条件。由生物多样性衍生的人类文化多样性，具有巨大的社会价值，是人类文明中重要的组成部分。

2. 传粉、传播种子

大多数显花植物需要动物传粉才得以繁衍，在全世界已记载的24万种显花植物中，有22万种需要动物传粉。农作物中，大约70%的物种需要动物传粉，传粉动物（主要是野生动物）约10万种，包括蜂、蝇、蝶等昆虫及鸟类和蝙蝠等。仅靠蚂蚁传播的有花植物的种子就达3000种以上。很多植物依赖动物贮存和埋藏食物的行为来传播种子。

3. 生物防治

全世界因病虫害每年损失的粮食为10%～15%，棉花为20%～25%，还有成千上万种杂草直接与农作物争夺水、光和土壤等资源。在自然生态系统中，这些有害生物会受到天敌的控制。利用天敌或是某些生物的代谢物去防治有害生物，称为生物防治。生物防治在自然生态系统中发挥着控制有害生物、限制生物数量的作用。

4. 生物净化

陆地生态系统的生物净化作用包括植物对大气污染和土壤污染的净化作用。湿地在水循环系统中发挥着重要作用。绝大多数的水生植物对多种污染物具有很强的吸收净化能力。在生态环境的自净方面，人类不能通过技术手段脱离对生态系统的依赖。例如，即使复杂的污水处理工艺设备，最后的处理阶段还是要依赖生态系统（河流、湖泊、海洋、湿地等）中微生物的生物降解来完成。

5. 土壤的形成及改良

土壤是植物生长的基质和营养库，为植物提供生长的空间、水分和矿质元素。微生物在土壤有机质的还原中起着关键作用。许多废弃物如肥皂、农药、油和酸等，能被生态系统中微生物无害化降解。有机质能够被还原成简单的无机物，最终作为营养物质返回到植物中。土壤肥力即土壤为植物提供营养物质的能力，其很大程度上取决于土壤中细菌、真菌、藻类和原生动物等各种生物的活性。植物通过根系吸收土壤中的氮、碳、硫等大量营养元素，这些生物对营养元素的循环起着关键作用。土壤中的节肢动物还会把有机物运到较深的土壤中，起到维持空隙、改善土壤性质的作用。

6. 减缓干旱和洪涝灾害

生态系统能依靠其复杂的组成与结构涵养水分，减缓旱涝灾害。降雨过程中覆盖于植被树冠与地表的枯枝落叶能减缓地表径流。植物生长有深广多层的根系，这些根系和死亡的植物组织维系和固着土壤，并且吸收和保持水分。雨季过后，植被与土壤中保持的水分又缓缓流出，在旱季为下游地区蓄水供水。森林、草原等自然生态系统是天然蓄水库，被称为“水利的屏障”。

7. 净化空气，调节气候

植物每年向大气释放的氧气大约有2.7×10^{22}t。生态系统中的绿色植物通过固定大气中的二氧化碳而减缓地球的温室效应。森林能够防风，植物蒸腾可保持空气的湿度，从而改善局部地区的气候。森林对气温具有良好的调节作用，使昼夜温度不致骤升骤降，夏季减轻干热，秋冬减轻霜冻。

三、生态平衡及调控

（一）生态平衡的概念

生态平衡是指生态系统在特定时间内，其结构和功能相对稳定，物质与能量输入输出接近平衡的状态。在外来干扰下，通过自然调节或人为调控，生态系统能恢复初始的稳定状态。

生态平衡是动态的平衡，其主要特征包括物种数量保持相对稳定，物质和能量的输入与输出保持相对稳定，物质与能量的循环和流动保持合理的比例与速度；生态系统具有良好的自我调节能力，生态系统结构越复杂，组成越多，物质与能量的循环途径越多，调节能力越强，平衡越易保持，反之，调节能力越弱，平衡越难以保持；生态系统的变化与发展，是在动态平衡的物质与能量流动中进行的，最终达到相对稳态。

在自然条件下，生态系统的演替总是向生物种类多样化、结构复杂化、功能完善化的方向发展，最终生态系统中群落的数量、种群间的相互关系、生物产量达到相对平衡，从而增强系统的自我调节、自我维持和自我发展的能力，提高系统的稳定性及抵御外界干扰的能力。因此，在相对稳定的环境条件下，生态系统的演替最终会进入成熟的稳定阶段。那时，生态系统的生物种类最多，种群比例适宜，总生物量最大，生态系统的内稳定性最强。

（二）生态平衡失调的原因及解决对策

1. 生态平衡失调的原因

生态系统的调节能力是有一定限度的，超出这个限度，即生态学上所称的阈值，调节就不再起作用，生态平衡就会遭到破坏。如果自然环境受到剧烈变化后超过自然生态系统调节能力，那么就会破坏自然生态平衡。生态平衡的破坏因素主要有自然因素和人为因素。自然因素主要指自然界发生的异常变化，或自然界本来就存在的对人类和生物的有害因素。自然因素对生态系统的破坏是严重的，甚至可使其彻底毁灭，并具有突发性的特点。但这类因素出现的频率并不高。例如，秘鲁海面每隔6～7年就发生一次海洋变异现象，结果使来自寒流系的鱼大量死亡，进而以鱼为食的海鸟失去食物无法生存。人为因素主要指人类对自然资源不合理的开发利用，以及工农业生产带来的环境污染等。人为因素对生态平衡的影响往往是渐进的、长效性的。在人类生活和生产过程中，导致生态系统失去平衡的主要原因有以下几个。

（1）物种改变　人类造成生态系统中生物消失或引入新物种，可能对整个生态系统造成影响，甚至破坏生态系统。例如，秘鲁盛产磷肥，曾一度因大量捕捞鲳鱼，使秘鲁农业中磷肥的施用量大大减少，其外贸也遭受重大损失。其原因是海鸟和鸬鹚都以该种鱼类为生，而海鸟和鸬鹚的粪便则是磷肥的基本来源。由于大量捕捞鲳鱼，食物链被打乱，海鸟、鸬鹚数量锐减，它们的粪便少了，磷肥自然也大大减少了。

（2）环境因素的改变　工农业生产的迅速发展，使大量污染物进入环境，从而改变环境因素，影响整个生态系统，破坏生态平衡。由于埃及的阿斯旺水坝未修筑时没有充分考虑尼罗河的入海口、地下水、生物群体等多方面的生态影响，尽管得到发电、灌溉的成果，但同时致使农田盐渍化、红海海岸被侵蚀、捕鱼量锐减、寄生血吸虫的蜗牛和传播疟疾的蚊子增加等不良后果，这是生态平衡失调的典型例子。

（3）信息系统的破坏　许多生物在生存及繁衍过程中，能释放出某种信息素（特殊的化学物质）以驱赶天敌、排斥异种。例如，某些雌性动物在生殖时期，个体会排出一种性信息素，以吸引雄性个体来繁衍后代。但是，如果人们排放到环境中的某些污染物与某一种动物排放的性信息素发生反应，使其丧失引诱雄性个体的作用时，就会破坏它们的繁殖，进而改变生物种群的组成结构，使生态平衡受到影响。

2. 生态平衡失调的解决对策

保持生态平衡，促进人类与自然界协调，已成为当代急需解决的重要课题。人类与自然及生态系统的关系是一种动态平衡和协调发展的关系。人类是受自然约束的生物，其生存和繁衍也必须受到自然资源的限制和环境的约束。人类想要与自然协调发展，保持生态平衡，就需保证人类的一切活动都必须遵守自然规律，按生态规律办事，否则人类就会遭受自然的惩罚。事实证明，人类只有在生态平衡的条件下，才能谋求生存和发展。解决生态平衡失调的主要对策如下。

1）自觉地调和人与自然的矛盾，以协调代替对立，实行利用和保护兼顾的策略。其原则是：①收获量要小于净生产量；②保护生态系统自身的调节机制；③用养结合；④实施生物能源的多级利用措施。

2）积极提高生态系统的抗干扰能力，建设高产、稳产的人工生态系统。

3）通过加强政府的宏观调控，利用标准法规和政策来调节经济活动，减少对环境的负面影响，同时辅以公众环保意识提升工程，推动全社会共同参与生态环境保护。

四、生物多样性

（一）生物多样性的概念

生物多样性是指地球上形形色色的生物体及其与环境所构成的有机整体的多样性和变异性。《生物多样性公约》中将“生物多样性”定义为所有活生物体中的变异性，这些来源包括陆地、海洋和其他水生生态系统及其所构成的生态综合体，这种多样性包括遗传多样性、物种多样性和生态系统多样性。遗传多样性是指生物体内决定性状的遗传因子及其组合的多样性。物种多样性是指生物多样性在物种上的表现形式，也是生物多样性的关键，它体现了生物之间及环境之间的复杂关系和生物资源的丰富性。地球上已知生物有200多万种，这些形形色色的生物物种就构成了生物物种的多样性。生态系统多样性是指生物圈内环境、生物群落和生态过程的多样性。

（二）生物多样性的价值

1. 生物多样性价值概述

生物多样性是地球生命的基础，它在维持气候、保护水源和土壤及维护正常的生态学过程中做出的贡献巨大。对于人类来说，生物多样性具有直接价值、间接价值和潜在价值。

1）直接价值：为人类提供食物、纤维、建筑和家具材料及其他生活、生产原料。

2）间接价值：具有重要的生态功能。在生态系统中，野生生物之间具有相互依存和相互制约的关系，它们共同维系着生态系统的结构和功能，为人类生存提供基本条件。野生生物一旦减少，生态系统的稳定性就会遭到破坏，人类的生存环境也会受到影响。

3）潜在价值：人类对野生生物只做过极少数的充分研究，大量野生生物的使用价值目前还不清楚。若一种野生生物从地球上消失就无法再生，它的潜在价值也不复存在。

2. 生物多样性对于人类社会的重要作用

生物多样性是人类赖以生存的基础，它提供了人类生存所需的食品、药物和工业基本原料。生物多样性对于人类社会的重要作用主要包括以下几方面。

1）食用价值：多样性的生物为人类提供食物，如作为人类基本食物的农作物、家禽和家畜等。

2）药用价值：多样性的生物为人类提供药物资源。传统医学在诸多发展中国家的初级卫生保健体系中至关重要。以印度和埃塞俄比亚为例，其人口中分别有70%和80%依赖传统医药进行疾病防治，这些医药多是动植物，用到的动植物有5100多种。世界上现有药品配方的一半药材来自野生生物。

3）生态价值：平衡的生态系统能维系自然界能量流动、物质循环、改良土壤、涵养水源。生物多样性是维持生态系统平衡的必要条件，某些物种的消亡可能引起整个系统的失衡，甚至崩溃。

4）工业价值：人类利用生物多样性获取各种工业原料，如木材、纤维、橡胶、造纸原料、淀粉、油、树脂、染料、醋、蜡、杀虫剂和许多其他化合物。

5）新品种培育价值：野生物种是培育新品种不可缺少的原材料，特别是随着近代遗传工程的兴起和发展，物种的保存有着更深远的意义。目前野生大熊猫数量不足2000只，保护它们的遗传基因多样性成了当务之急。

6）艺术价值：多姿多彩的自然环境与生物给人类带来了美的享受，是艺术创造和科学发明的源泉。艺术家以生物为创意源头，创作出大量的艺术作品。

7）科研价值：物种多样性对科学技术的发展是不可或缺的。仿生学的发展离不开丰富而奇异的生物世界。例如，飞机来自人们对鸟类的模仿，船和潜艇来自人们对鱼类和海豚的模仿，火箭升空采用了水母、墨鱼的反冲原理。

8）娱乐和旅游价值：人们通过多种方式开发生物资源进行娱乐活动和旅游活动，如参观动物园和保护区、野外观鸟、赏花、森林浴等。

（三）生物多样性受到威胁的原因

生物多样性的丧失既有自然发生的，也有非自然发生的。就目前而言，人类活动（特别是近两个世纪以来）无疑是造成生物多样性损失的最主要原因。此外，制度（特别是法律制度）的不健全，是引起生物多样性损失的另一主要原因。

1. 自然原因

自然原因包括物种本身的生物学特性和环境突变：①是物种本身的生物学特性决定的。物种的形成与灭绝是一种自然过程，化石记录多数物种存活于世的平均时间为100万～1000万年。物种对环境的适应能力或变异性较差，难以适应发生较大变化的环境，因此面临灭绝的危险。例如，大熊猫濒危的原因除气候变化和人类活动以外，与其本身食性狭窄、生殖能力低等特征有关。②环境突变（天灾），由地震、水灾、火灾、暴风雪、干旱等自然灾害造成。

2. 人为原因

由于人类过于重视经济发展，对生物多样性的重要性认识不够，环境破坏事件时有发生。对生物资源开发过度（甚至是掠夺式开发）、环境污染严重、对外来物种入侵问题重视不够及制度的不健全等，都是导致生物多样性减少的主要原因。

（四）生物多样性保护

我国幅员辽阔，地势起伏显著，河流湖泊众多，海岸曲折绵长，岛屿星罗棋布，地貌类型复杂，横跨多个气候带，造就了丰富的生物多样性，使我国成为世界上生物多样性最为丰富的国家之一。党中央、国务院高度重视生物多样性保护，采取了一系列政策和措施，生物多样性保护工作取得积极进展。部分区域生态功能得到一定恢复，80%以上的国家重点保护野生动物野外种群稳中有升，生物多样性急剧下降的趋势得到缓解。

1. 发布实施一系列生物多样性保护法规、政策、规划

颁布实施了野生动物保护、野生植物保护、自然保护区管理等生物多样性保护相关法律法规。编制并实施了《全国生态功能区划》《全国主体功能区规划》《全国生物物种资源保护与利用规划纲要》《中国水生生物资源养护行动纲要》《全国畜禽遗传资源保护与利用规划》。国务院办公厅印发了《国务院办公厅关于做好自然保护区管理有关工作的通知》，经国务院批准发布了《中国生物多样性保护战略与行动计划》，这是我国生物多样性保护的纲领性文件，确定 10 个优先领域、30 个优先行动和 39 个优先项目。这些法规、政策、规划的实施有力地推动了我国生物多样性保护。

2. 就地保护与迁地保护成绩显著

为有效开展就地保护，我国建立了以自然保护区为主体，以风景名胜区、森林公园、湿地公园、海洋特别保护区等为补充的就地保护体系。改革开放 40 多年来，中国自然保护区建设与管理发展迅速，已建立了较为完善的管理体制和运行机制，如自然保护区类型多样化，就地保护了中国 85%的陆地生态系统类型和 85%的国家重点保护野生动植物种群。科学开展迁地保护，建立各类植物园 230 多个，收集保存了古中国植物区系 2/3 的 2 万个物种；建立了 240 多个动物园、250 处野生动物拯救繁育基地，畜禽遗传资源保护体系和农作物遗传资源的收集与保存设施建设也得到加强。

3. 开展了生物多样性基础调查和编目

组织开展了全国生物多样性基础调查、评价和编目，初步了解了全国生物多样性重点区域和重点物种的基本状况，建立了中国生物多样性数据库，编制了《中国植物志》《中国动物志》《中国孢子植物志》《中国生物多样性红色名录》等一批志书，建设了一批标本馆。

4. 生物多样性保护机制进一步加强

成立由 25 个部门组成的“中国生物多样性保护国家委员会”，是研究部署生物多样性的重大决策，统筹协调保护工作，指导“联合国生物多样性十年——中国在行动”。生物物种资源保护部际联席会议、中国履行《生物多样性公约》工作协调组运行良好。多省级人民政府成立生物多样性保护跨部门协调机制，有关部门也逐步完善了生物多样性保护机制。

5. 国家合作与行动

世界各国认为生物多样性问题是全球性的问题。联合国有关组织、世界科学界和各国政府部门认为国际合作是推进生物多样性保护的重要方面。为了更好地保护生物多样性，应积极开展国际合作，并制定相关的实施计划与细则，在必要的情况下制定相关行政法规或规划。

6. 增强宣传

保护生物多样性，需要人们共同努力。要想实现生物多样性的可持续发展，应更多地加强民众教育，广泛、通俗、持之以恒地开展与环境相关的文化教育、法律宣传，培育本地化的亲生态人口，利用当地文化、习俗、传统、信仰、宗教和习惯中的环保意识和思想进行宣传教育。

【案例 2-1】我国自然保护区

总之，一个物种的消亡往往是由多个因素综合作用的结果。因此，生物多样性的保护工作是一项综合性的工程，需要各方面的参与。

第三节　环境与经济发展

一、环境与经济的关系

环境与经济发展，是当今国际社会普遍关注的重大问题。自产业革命以来，人类在改造自然和发展经济方面取得了辉煌的成绩。在人类社会生产力和生活水平提高的同时，也给环境带来了质量恶化、生态失衡、资源匮乏、能源枯竭等负面影响。因此，环境与经济发展二者协调统一，也相互矛盾。

经济与环境的协调统一表现在两个方面：①经济发展要以保护环境为条件，环境系统的生产力（物质和能量的转化效率）是社会劳动生产率和价值增值的基础。只有环境系统源源不断地为经济系统提供物质和能量，才能使经济增长成为可能。②保护环境也离不开经济发展，因为良好的环境质量只有在适宜的经济结构和经济秩序条件下才能达到，反之则会出现滥垦滥伐、过度放牧和捕捞等掠夺式经营活动，导致生态协调失衡。同时，治理污染和保持良好的环境需要技术和资金，这就必须依靠经济实力的支撑。

当然，经济与环境之间也存在着矛盾，主要表现为：经济增长对资源的需求无限，而自然环境生产力的供给却有限；经济发展会带来一定程度的环境污染，而治理环境问题必然占用一定的资源，也会在一定程度上影响经济发展。

鉴于此，人们认识到通过资源、能源的高消耗来片面追求经济数量的增长和“先污染后治理”的传统发展模式已不再适应当今及未来发展的要求，而是必须努力协调人口、经济、社会、环境和资源的相互关系，探寻既能够满足当代人的需求，又不对后代人构成危害的可持续发展模式。

二、可持续发展理论

（一）可持续发展的产生

可持续发展概念的明确提出，最早可以追溯到1980年由世界自然保护联盟（IUCN）、联合国环境规划署（UNEP）和世界自然基金会（WWF）共同发表的《世界自然保护大纲》。1987年，以布伦特兰夫人为首的世界环境与发展委员会（WCED）发表了报告——《我们共同的未来》。这份报告正式使用了可持续发展概念，并对之做出了比较系统的阐述，产生了广泛的影响。有关可持续发展的定义有100多种，但被广泛接受、影响最大的仍是世界环境与发展委员会在《我们共同的未来》中的定义。该报告中指出“可持续发展是指在不损害未来几代人需要的情况下，满足我们当代人需要的发展”，它包括两个重要概念：需要的概念，尤其是世界各国人民的基本需要，应将此放在特别优先的地位来考虑；限制的概念，技术状况和社会组织对环境满足眼前和将来需要的能力施加的限制。涵盖范围包括国际、区域、地方及特定界别的层面，是科学发展观的基本要求之一。

1980年，世界自然保护联盟发表的《世界自然保护大纲》指出：“必须研究自然的、社会的、生态的、经济的以及利用自然资源过程中的基本关系，以确保全球的可持续发展。”1981年，美国Lester R. Brown撰写的《建设一个可持续发展的社会》，提出以控制人口增长、保护资源基础和开发再生能源来实现可持续发展。1992年6月，联合国在里约热内卢召开的环境与发展大会，通过了以可持续发展为核心的《里约环境与发展宣言》《21 世纪议程》等文件。随后，中国政府编制了《中国 21 世纪人口、环境与发展白皮书》，首次将可持续发展战略纳入我国经济和社会发展的长远规划。1997 年党的十五大把可持续发展战略确定为我国“现代化建设中必须实施”的战略。可持续发展主要包括社会可持续发展、生态可持续发展和经济可持续发展。

（二）可持续发展的概念与内涵

可持续发展是既满足当代人的需求，又不对后代人满足其需求的能力构成危害的发展。它们是一个密不可分的系统，既要达到发展经济的目的，又要保护好人类赖以生存的大气、淡水、海洋、土地和森林等自然资源与环境，使子孙后代能够永续发展和安居乐业。

1. 可持续发展的主要内容

可持续发展涉及经济可持续、生态可持续和社会可持续三方面的协调统一，要求人类在发展中讲究经济效率、关注生态和谐和追求社会公平，最终达到人类全面发展。这表明，可持续发展虽然缘起于环境保护问题，但作为指导人类走向 21 世纪的发展理论，它已不只是单纯的环境保护。它将环境问题与发展问题有机地结合起来，成为有关社会经济发展的全面性战略。

（1）经济可持续发展　可持续发展不仅要重视经济增长的数量，更要追求经济发展的质量。可持续发展要求改变传统的以“高投入、高消耗、高污染”为特征的生产模式和消费模式，需实施清洁生产和文明消费，以提高经济效益、节约资源和减少废物。从某种角度上可以说集约型的经济增长方式就是可持续发展在经济方面的体现。

（2）生态可持续发展　可持续发展要求经济建设和社会发展与自然承载能力相协调。发展时必须保护和改善地球生态环境，以可持续的方式利用自然资源和环境成本，使人类的发展控制在地球承载能力之内。因此，可持续发展强调了发展是有限制的，没有限制的发展就无法持续。生态可持续发展同样强调环境保护，但不同于将环境保护与社会发展对立，而是要求通过转变发展模式，从人类发展的源头根本上解决环境问题。

（3）社会可持续发展　可持续发展强调社会公平，是环境保护得以实现的机制和目标，可持续发展指出世界各国之间的发展阶段、发展目标不相同，但发展的本质应为改善人类生活质量，提高人类健康水平，创造一个保障人们平等、自由、教育、人权和免受暴力的社会环境。这就是说，在人类可持续发展系统中，经济可持续是基础，生态可持续是条件，社会可持续才是目的。21 世纪人类共同追求的应该是以人为本位的自然、经济、社会复合系统的持续、稳定、健康发展。

2. 可持续发展原则

可持续发展是一种新的人类生存方式。这种生存方式不但要求在以资源利用和环境保护为主的环境生活领域，更要求在作为发展源头的经济生活和社会生活中实现。贯彻可持续发展战略必须遵循以下三个基本原则。

（1）公平性原则　可持续发展强调发展应该追求两方面的公平：一是本代人的公平，即代内平等。可持续发展要满足全体人类的基本需求和满足他们要求较好生活的愿望。当今世界一部分人富足，而占世界 1/5 的人口处于贫困状态。发达国家占全球 26%的人口，却耗用全球 80%的能源、钢铁和纸张等。这种贫富悬殊、两极分化的世界不可能实现可持续发展。

因此，要给世界以公平的分配和公平的发展权，把消除贫困作为可持续发展进程优先考虑的问题。二是人际间的公平，即世代平等。要认识到人类赖以生存的自然资源是有限的。本代人不能因为自己的发展与需求而损害人类后代需求的自然与环境。

（2）持续性原则　持续性原则的核心思想是指人类的经济建设和社会发展不能超越自然资源与生态环境的承载能力。这意味着，可持续发展不仅要求人与人之间的公平，还要顾及人与自然之间的公平。资源和环境是人类生存与发展的基础，一旦离开资源和环境，就无从谈及人类的生存与发展。可持续发展主张建立在保护地球自然系统基础上的发展，因此必须有一定的限制因素。人类发展对自然资源的消耗速率应充分顾及资源的临界性，以不损害支持地球生命的大气、水、土壤、生物等自然系统为前提。换句话说，人类需要根据持续性原则调整自己的生活方式、确定自己的消耗标准，而不是过度生产和过度消费。发展一旦破坏了人类生存的物质基础，发展本身也就衰退了。

（3）共同性原则　不同的国家历史、经济、文化和发展水平不同，可持续发展的具体目标、政策和实施也就不同。但是，可持续发展作为全球发展的总目标，所体现的公平性原则和持续性原则应该共同遵从。要实现可持续发展的总目标，就必须采取全球共同的联合行动，认识到地球作为人类生存家园的整体性和相互依赖性。从根本上说，贯彻可持续发展就是要促进人类之间及人类与自然之间的和谐，保持互惠共生的关系，从而实现可持续发展。

（三）中国的可持续发展行动

中国作为发展中国家，受人口、资源、环境、贫困等全球性问题的困扰。“控制人口，节约资源，保护环境，实现可持续发展”是中国环境与生态学者及中国政府为应对全球性发展过程中资源锐减、生存环境污染和破坏提出的一个科学而鲜明的行动纲领。同时还对可持续发展给出了完整的定义：不断提高人群生活质量和环境承载力，满足当代人需求又不损害子孙后代满足其需求的能力，满足一个地区或一个国家人群的需求，又不损害别的地区或别的国家的人群满足其需求能力的发展。联合国环境与发展大会举行之后，中国政府更加重视自己承担的国际义务，积极参与全球可持续发展理论的建设和健全工作。中国制定的第一份环境与发展方面的纲领性文件是 1992 年 8 月中共中央、国务院批准转发的《环境与发展十大对策》。当前，保护生态环境，实现人与自然的和谐共生，已成为全党和全国人民的共识，成为社会主义现代化建设进程中的迫切任务。以马克思列宁主义、毛泽东思想、邓小平理论、“三个代表”重要思想、科学发展观、习近平新时代中国特色社会主义思想为指导，高度重视环境保护问题，并将其摆在事关经济社会发展全局、事关中华民族长远利益的重要战略位置，为我国保护生态环境、实现经济社会可持续发展指明了方向，具有重要的现实意义和历史意义。

1. 中国可持续发展的战略方针

可持续发展是以保护自然资源环境为基础，以激励经济发展为条件，以改善和提高人类生活质量为目标的发展理论与战略。它是一种新的发展观、道德观和文明观。其内涵如下。

1）突出发展的主题，发展与经济增长有根本区别，发展是集社会、科技、文化、环境等多项因素于一体的完整现象，是人类共同的和普遍的权利，发达国家和发展中国家都享有平等的不容剥夺的发展权利。

2）发展的可持续性，人类的经济和社会的发展不能超越资源与环境的承载能力。

3）人与人关系的公平性，当代人在发展与消费时应努力做到使后代人有同样的发展机会，同一代人中一部分人的发展不应当损害另一部分人的利益。

4）人与自然的协调共生，人类必须建立新的道德观念和价值标准，学会尊重自然、师法自然、保护自然，与之和谐相处。中国共产党提出的科学发展观把社会的全面协调发展和可持续发展结合起来，以经济社会全面协调可持续发展为基本要求，指出要促进人与自然的和谐，实现经济发展和人口、资源、环境相协调，坚持走生产发展、生活富裕、生态良好的文明发展道路，保证一代接一代地永续发展。从忽略环境保护受到自然界惩罚，到最终选择可持续发展，是人类文明进化的一次历史性重大转折。

2. 中国可持续发展的能力建设

如果说，经济、人口、资源、环境等内容的协调发展构成了可持续发展战略的目标体系，那么，管理、法制、科技、教育等方面的能力建设就构成了可持续发展战略的支撑体系。可持续发展的能力建设是可持续发展的具体目标得以实现的必要保证，即一个国家的可持续发展很大程度上依赖于这个国家的政府和人民通过技术的、观念的、体制的因素表现出来的能力。具体地说，可持续发展的能力建设包括管理、法制、科技、教育和公众参与等内容。

（1）*可持续发展的管理体系*　实现可持续发展需要有一个非常有效的管理体系。历史与现实表明，环境与发展不协调的许多问题是决策与管理不当造成的。因此，提高决策与管理能力就构成了可持续发展能力建设的重要内容。可持续发展管理体系要求培养高素质的决策人员与管理人员，综合运用规划、法制、行政、经济等手段，建立和完善可持续发展的组织结构，形成综合决策与协调管理的机制。

（2）*可持续发展的法制体系*　与可持续发展有关的立法是可持续发展战略具体化、法治化的途径，与可持续发展有关的立法的实施是可持续发展战略付诸实现的重要保障。因此，建立可持续发展的法制体系是可持续发展能力建设的重要方面。可持续发展要求通过法制体系的建立与实施，实现自然资源的合理利用，使生态破坏与环境污染得到控制，保障经济、社会、生态的可持续发展。

（3）*可持续发展的科技系统*　科学技术是可持续发展的主要基础之一。没有较高水平的科学技术支持，可持续发展的目标就不能实现。科学技术对可持续发展的作用是多方面的。它可以有效地为可持续发展的决策提供依据与手段，促进可持续发展管理水平的提高，加深人类对人与自然关系的理解，扩大自然资源的可供给范围，提高资源利用效率和经济效益，提供保护生态环境和控制环境污染的有效手段。

（4）*可持续发展的教育系统*　可持续发展要求人们有高度的知识水平，明白人的活动对自然和社会的长远影响与后果，要求人们有高度的道德水平，认识到自己对子孙后代的崇高责任，自觉地为人类社会的长远利益而牺牲一些眼前利益和局部利益。这就需要在可持续发展的能力建设中大力发展符合可持续发展精神的教育事业。可持续发展的教育体系应该不仅使人们获得可持续发展的科学知识，也使人们具备可持续发展的道德水平。这种教育既包括学校教育这种主要形式，也包括广泛的潜移默化的社会教育。

（5）*可持续发展的公众参与*　公众参与是实现可持续发展的必要保证，因此也是可持续发展能力建设的主要方面。这是因为可持续发展的目标和行动，必须依靠社会公众和社会团体最大限度的认同、支持和参与。公众、团体和组织的参与方式和参与程度，将决定可持续发展目标实现的进程。公众对可持续发展的参与应该是全面的。公众和社会团体不但要参与有关环境和发展的决策，特别是那些可能影响到他们生活和工作的决策，而且更需要参与对决策执行过程的监督。

思 考 题

1. 目前全球的环境问题主要有哪些？
2. 破坏生态平衡的因素有哪些？解决措施是什么？
3. 什么是生物多样性？如何保护生物多样性？
4. 如何理解环境与经济发展的关系？
5. 什么是可持续发展？可持续发展应遵循哪些原则？
6. 简述中国可持续发展的战略任务。

参考答案

第三章 环境与食品原料

内容摘要：本章主要介绍水、土壤、大气等环境污染的种类及环境污染物对食品原料、食品安全的影响。

教学目标：掌握环境污染的分类；了解大气污染物、水体污染物、土壤污染物等对食品安全的影响；熟悉环境中的主要污染物及其对食品安全的影响。

关键词：环境污染　水体污染物　土壤污染物　大气污染物　食品安全　污染物富集作用　动物福利

人类生存所需能量都来自太阳，植物通过光合作用直接或间接地为人类提供食物。据估计，原始土地上光合作用所产生的食物只能使1000万人存活。而人类对环境进行了改造和利用，如对自然灾害的控制、土壤的改良、野生动植物的驯化、优良品种的培育、化肥和农药的施用及现代农业机械化的应用等，加上各种资源的开发利用和制造加工业的发展，人类创造了现代高度发达的物质和精神文明。但人类对资源的过度开发给洁净的环境带来了各种污染，而污染物造成的食品安全性问题主要发生在动植物的生产和生长过程中。通常天然的动植物食品原料很少含有有害物质，但在这些动植物的生长过程中，由于呼吸吸收（或摄食）、饮水而使环境污染物或多或少地进入并积累在动植物体内，从而影响食品原料的质量。有毒、有害物质在食品原料中富集并通过食物链危害人体健康。

第一节　水与食品原料

一、水污染的概念及主要原因

水污染是指水体由于某种物质的介入，其化学、物理、生物或者放射性等特性发生改变，从而造成水质恶化的现象，危害人体健康或者破坏生态环境。

我国每年排放废水约310亿t，其中工业废水占77%，生活污水占23%，随废水排出的有毒、有害物质达13万t左右。造成水污染的原因有两类，一类是自然因素，如岩石的风化和水解、火山喷发、水流冲蚀地面、大气降尘的降水淋洗等；另一类是人为因素，主要是工业废水、生活污水和农业污水。由人类不断砍伐、排污造成的水污染占2/3，因此水污染主要是人为因素造成的。

（一）工业废水

工业废水是水体的主要污染源，具有面广、量大、污染物种类多、组成复杂、处理困难等特点。例如，电力、矿山等产生的废水主要含无机污染物，而造纸、纺织、印染和食品等工业部门在生产过程中不合理排放的废水中含有有机污染物，均会造成水体污染。

（二）生活污水

生活污水中含有大量有机物，如纤维素、淀粉、糖类、脂肪和蛋白质等，也常含有病原菌、病毒和寄生虫卵，无机盐类的氯化物、硫酸盐、磷酸盐、碳酸氢盐和钠、钾、钙、镁等。这些生活污水的有机物含量高，易造成腐败。此外，在厌氧条件下，生活污水易产生恶臭物质，如硫化氢、硫醇等。

（三）农业污水

我国是农业大国，大量的农药、化肥残留物随雨水或灌溉水流入江河湖泊，其中的氮、磷元素易造成水体富营养化。牲畜、家禽的排泄物是农业污水的另一主要来源，使用未合理灭菌的粪尿液灌溉蔬菜和水果，会污染土壤，若被雨水冲入池塘、河流中则会造成水污染。

二、水体污染物及反映水体污染物的主要指标

（一）水体污染物及其分类

水体污染物是指造成水体水质、水中生物群落及水体底泥质量恶化的各种有害物质。污染物进入水体后，可能在化学、物理和生物的作用下，转变成新的危害更大的污染物，也可能降解成无害物质。

1. 水体污染物

水体污染物按其性质主要分为物理性污染物、化学性污染物和生物性污染物三类。

（1）*物理性污染物*　主要有固体悬浮颗粒和放射性物质。固体悬浮颗粒可使水的浊度增加，恶化水的感官性状，还可吸附水中的病原体如细菌、病毒等。当浊度较高的水体作为饮水水源时，会加大净化饮用水的难度，影响消毒效果，从而增加以水为媒介的传染病的传播风险。水体中的放射性物质分为天然和人工两类。人工放射性物质主要来自核生产废物、各类医疗和研究单位的排水等。放射性物质通过接触或饮水进入人体产生外照射或内照射，引发肿瘤等多种疾病。

（2）*化学性污染物*　化学性污染物种类繁多，据估计有2200种以上。常见的无机污染物有铬、汞、铅、镉、砷、氰化物、磷、氮及各种酸、碱等，有机污染物有酚类化合物、苯类化合物、卤烃类化合物及各种油类。当水中的化学性污染物超过容许浓度时，其含量通过食物链的富集作用可在生物体内千百倍地增加，最终进入人体。

【案例 3-1】云南曲靖铬渣污染

（3）*生物性污染物*　生物性污染物主要来自人畜粪便，其次为生活污水，如医院及屠宰、制革、生物药品、食品工业产生的废水。水体受到生物性污染后可通过饮用、接触等途径在人群传播。

2. 主要污染物

引起水体污染的物质有很多种，主要有以下5种污染物。

（1）*需氧污染物*　生活污水和某些工业废水中所含的碳水化合物、蛋白质、脂肪和木质素、纤维素等有机化合物可在微生物作用下最终分解为简单的无机物质，在分解过程中需要消耗大量氧气，故被称为需氧污染物。需氧污染物是水体中普遍存在的一种污染物。

（2）*植物营养物*　主要是指氮、磷、钾、硫及其化合物。从农作物生长的角度看，植物

营养物是宝贵的物质，但过多的营养物质进入天然水体，会使水体质量恶化，影响渔业的发展。

（3）重金属　主要是指汞、镉、铅、铬及砷等生物毒性显著的金属元素，也包括具有毒性的重金属锌、铜、钴、镍、锡等。重金属元素以汞毒性最大，镉次之，与铅、铬、砷并称为“五毒”。采矿和冶炼是向环境中释放重金属最主要的污染途径。重金属元素污染物最主要的特性是在水体中不能被微生物降解，只能发生各种形态之间的相互转化，以及分散和富集，进行重金属迁移。通过食物链，重金属可以在较高级生物体内富集，然后通过食物进入人体，积累在人体某些器官中造成慢性中毒。

（4）放射性物质　大多数水体在自然状态下有极微量的放射性。放射性物质主要有三个来源途径：核电站会带来放射性污染问题；放射性废水经浓缩后用混凝土固化装入容器内投入到海中，容器破损导致放射性污染物漏出，可造成水体污染；放射性同位素在化学、冶金医学、农业等部门的广泛应用，会随污水进入水体造成放射性污染。

（5）病原微生物和致癌物

1）病原微生物：水体中的病原微生物主要来自生活污水和医院废水，制革、屠宰、洗毛等工业废水，以及牧畜饲养产生的污水。其传染病的发病率和死亡率很高。病原微生物有三类：①病菌，是指可引起疾病的细菌，如大肠杆菌、痢疾杆菌、绿脓杆菌等。②病毒，是指一般没有细胞结构，但有遗传变异、共生、干扰等生命现象的微生物，多数用电子显微镜才能观察到，如麻疹病毒、流行性感冒病毒、传染性肝炎病毒等。③寄生虫，是动物寄生物的总称，如疟原虫、血吸虫等。

2）致癌物：癌症是当前人们谈之色变的问题，环境污染带来的致癌物已引起广泛关注。前面讲的污染物中大部分含有致癌物质。例如，炼焦废水中的焦油含有多种致癌芳香烃；印染废水中的染料含有多种芳香胺类致癌物；植物营养物中的亚硝基化合物有强烈的致肝癌性；农药中的有机氯化合物，如滴滴涕（DDT）、六六六等，在小鼠动物实验中证明可导致肝癌。

（二）反映水污染的主要指标

为反映水体被污染的程度，要用污水的多种水质指标来表示其污染程度和主要污染物类型，以便我们采取有效的控制措施。反映污水水质的指标主要有下列几项。

1. 悬浮物

悬浮物，或称悬游物，是指污水中呈固体状的不溶解物质，是水体污染的基本指标之一。

2. 废水中有机物浓度

有机物浓度也是反映污水水质的一个重要指标。由于有机物的组成比较复杂，分别测定各种有机物的含量比较困难，一般采用下面几个指标来表示有机物的浓度。

1）生化需氧量（biochemical oxygen demand，BOD）：表示水中的有机污染物经微生物分解所需的氧量（即单位体积的污水所消耗的氧量，mg/L）。生化需氧量越高表示水中需氧有机物质越多。

2）化学需氧量（chemical oxygen demand，COD）：是指利用化学氧化剂氧化水中有机污染物时所需的氧量。COD 值越高，表示有机物质越多。目前常用的氧化剂主要是重铬酸钾或高锰酸钾。以高锰酸钾作氧化剂时测得的 COD 值也称耗氧量。

3）总有机碳（total organic carbon，TOC）：碳是有机物的基本元素，通过有机物分解产生

CO_2的原理可得到有机物的绝对量，通常采用TOC分析仪中的红外线分析装置来测定有机碳在燃烧时产生的CO_2量，再利用得到的CO_2量来计算。

4）颗粒有机碳（particulate organic carbon，POC）：是富营养化湖泊中藻类现存量的测量指标，通过测定藻类细胞的方法，可以大概知道水体富营养化的程度。

5）总需氧量（total oxygen demand，TOD）：是指有机物经热分解所需的总氧量。

由于目前应用BOD测试时间长，不能快速反映水体被需氧有机物质污染的程度，一般常用COD、TOC、TOD指标来评价水体污染。

3. 酸碱值

酸碱值又称pH，污水的pH对污水处理及综合利用、水中生物的生长繁殖、排水管道等都有很大影响，被列为检验污水水质的重要指标之一。一般内陆水的pH接近7，而海水的pH稍高，通常为8左右。生活污水的pH为7.4左右，工业污水的pH较复杂。

4. 污水的细菌污染指标

1mL污水中的细菌总数以千万计，其中大部分寄生在已丧失生活机能的机体上，这些细菌是无害的。另一部分细菌，如霍乱弧菌、伤寒杆菌、痢疾杆菌等则寄生在活的有机体上，对人、畜禽有害。对污水进行细菌分析是一项很复杂的工作。水处理工程中用两种指标表示水体被细菌污染的程度，即1mL水中细菌（杂菌）的总数与水中大肠菌群的数量。大肠菌群是流行病学上评价潜在危险性的重要因素。我国饮用水标准规定，水样中不得检出大肠菌群。

5. 污水中有毒物质指标

污水中可能存在各种有机和无机的微量有毒成分，如各种重金属、氰化物等无机物及多氯联苯、多环芳烃、有机农药等。我国已制定出“地面水中有毒物质的最高容许浓度”标准，列出了40种有毒物质。

以上5个指标是表示水体污染情况的重要指标。此外，温度、颜色、放射性物质浓度等也是反映水体污染情况的技术指标。

三、水体污染物对食品原料的影响及控制措施

（一）水体污染物对食品原料的影响

1. 污染物对农产品的影响

废水中的有机物通常指碳水化合物、蛋白质和油脂类等较容易被微生物氧化分解的物质。这类污染物主要来自食品制革、造纸、畜禽养殖等企业排放的废水。灌溉水中有机物的含量不太高时，对农作物的生长一般无不良影响。通常认为水田土壤有机质含量在3%左右最适合水稻等作物的生长。若大量有机物随废水进入水田，由于有机物分解时会消耗大量氧气，土壤氧化还原电位不断下降，使水田土壤处于强还原状态，土壤中原先存在的硫酸盐、高价铁和锰等物质会被转化成硫化物、二价铁、二价锰等对水稻根系有毒害作用的还原性物质。同时，在强还原性条件下，有机物厌氧分解会产生硫化物和有机酸等对水稻有毒害的物质，抑制水稻根系生长。若利用有机物含量较高的污水灌溉，可采取清水、污水轮灌或混灌的方法，减少有机物进入农田。改善土壤氧化条件，促进有机物分解。浅水灌溉，或在水稻生长后期或收割后进行排水、翻耕、晒田。

（1）酸碱类物质对农产品的影响　作物生长需要适宜的pH，大部分作物最适土壤pH为5.5～8.0。一些工业废水中常含有大量的酸、碱类物质。例如，造纸和制革废水的碱性较强，矿山尾矿废水和一些化工废水的酸性较强。由于土壤有较强的缓冲能力，pH为5.5～8.5的酸碱废水不会对农作物产生不良影响，而酸性或碱性较高的废水会使土壤pH发生较大变化，对农作物产生危害。长期用酸性较强的污水灌溉农田会发生土壤酸化，使土壤中金属离子的含量增加，重金属离子会随植物对水分和营养物质的吸收进入营养器官并富集。另外，酸化土壤会进一步加强磷的固定作用，引起植物磷营养的缺乏。长期用碱性废水灌溉农田会发生土壤碱化，使植物生长所需的许多微量元素的溶解度降低，导致作物发生营养缺乏症，产生缺锌症，不利于作物生长。此外，土壤碱化时钙离子含量往往会有所增加，会与有效态磷生成难溶性的磷酸钙。酸性污水污染了土壤后，土表常呈红褐色。水稻受酸性污水损害后，叶片上会出现褐色斑点，并自叶尖开始卷缩，根也会变为深红褐色。土壤受碱性污水损害后，水稻生长受抑制，稻叶常呈浓绿色。有时土壤碱化引起的缺锌也可使作物生长发育停滞，叶片上出现赤枯状斑点。

（2）盐类对农产品的影响　含盐量高的废水和海水对作物产生的危害称为盐害，其中以氯化钠最为常见。用盐分含量较高的水灌溉水稻后的主要表现为叶片枯萎，分蘖减少。若灌溉水中盐分很高，在短时间内能使全部叶片失水干枯至死。水稻发生盐害的浓度因生育时期和环境条件等因素的不同而异。大部分试验及现场调查结果显示，水稻发生可见危害的临界浓度（以土壤水分中氯离子浓度计算），返青期为700～5000mg/L，分蘖期为700～1000mg/L。一般情况下，使用含氯离子500mg/L以下的废水灌溉不引起危害。据调查，用含氯化钠的废水灌溉，植物体内氯离子的含量会明显增加，尤其在根系中最为明显。

（3）酚类物质对农产品的影响　酚类物质种类很多，化学结构上凡是芳香烃和羟基直接连接的化合物都称为酚。酚类污染物来源广泛，主要来源于炼焦化工、煤气、炼油、树脂、制药等工厂排放的废水，且浓度较高。水中含酚0.022mg/L即可闻到明显的臭味，灌溉水和土壤里过量的酚会使粮、菜带有酚臭味。酚类化合物对农作物的毒性并不是很强，因为植物具有多种降解酚类物质的酶，能将本身存在或吸收的酚类物质进行分解，最后代谢为二氧化碳。

各种作物对酚类物质的耐受性不同。小麦、玉米在含酚类物质200mg/L的环境中仍能正常生长，而黄瓜宜在25mg/L以下环境中生长。灌溉水含酚类物质达50mg/L以上时，便开始抑制水稻生长。适当浓度的酚类物质虽不会影响作物的生长，但会在作物体内积累，使农产品产生异味，影响产品的品质和食用安全性，对蔬菜作物品质的影响较大。当灌溉水的酚类物质含量为5～20mg/L时，黄瓜、番茄、萝卜等蔬菜有异味，不符合卫生要求；利用含1mg/L酚类物质的污水浇灌土壤后，粮、菜中检不出酚类物质残留，但废水中酚类物质含量高于1mg/L时，田间操作人员即能感受到异臭味。酚类物质在植物体内的分布不同，一般茎叶含量较高，种子较低。

（4）氰化物对农产品的影响　氰及其化合物主要来自电镀、化纤、炼焦煤气、制药、矿石浮选等工矿排放的废水。氰化物对人和动物有很强的毒性，且具有强挥发、易溶于水的特性，有苦杏仁味，0.1g即可致人死亡。研究表明，氰化物在浓度30mg/L以下时即可刺激植物生长，浓度在50mg/L以上时则抑制植物生长。氰化物是植物本身固有的化合物，在植物体内自然氰化物种类有几百种，因品种而异。植物对氰化物有一定的同化能力，污水中的氰化物可被作物吸收，其中一部分通过自身解毒作用形成氰糖苷，储藏在细胞里，另一部分分解成无毒物质，吸收量随污水浓度的增大而增大，但一般累积量不高。用含氰 30mg/L 的污水灌溉水稻、油菜时，产品的氰残留量很少；用含氰 50mg/L 的污水灌溉时，米、菜中氰化物的含量比清水增加 1～2 倍；只有当灌溉水中氰化物的浓度达到 50mg/L 以上时，才使水稻、小麦明显受害，产量下降。受害时，水稻植株变矮，分蘖减少，抽穗时间推迟，每穗粒数减少，空秕率增加，千粒重下降。水稻植株水浸部分的叶鞘和茎秆上还出现明显的褐色斑点。当浓度为 100mg/L 时，作物出现死亡现象或氰含量迅速增加。用含氰污水灌溉时，蔬菜中的氰残留量随灌溉水浓度的增大而增大，但其残留率一般不到万分之一，而且氰在蔬菜体内消失得很快，一般在 24～48h 后，其含氰量即可降到清灌时的含氰水平。我国规定，灌溉水中的氰含量在 0.5mg/L 以下时，对作物、人畜安全。应禁止使用含氰废水灌溉蔬菜和含氰饲料作物，以免危害人体和家畜。对水稻等粮食作物在生长前期可用含氰废水灌溉，在生长后期则不能用其灌溉。

（5）*氟化物对农产品的影响*　高氟地区的生活用水及氟化工厂和萤石矿排放的废水中含有较多的氟化物。含氟废水进入农田，对作物叶片的危害症状与含氟废气的危害症状相似。当灌溉水氟浓度在 100mg/L 以上时，对水稻根系生长有明显的抑制作用，并且水稻叶边缘出现褐色条斑。玉米对灌溉水中氟化物的毒害最为敏感。当水中氟浓度达到 10mg/L 以上时，玉米根系生长就会受到抑制。当水中氟浓度在 6～9mg/L 时，玉米籽粒中氟含量有明显增加。通常灌溉水中氟的浓度在 5mg/L 以上时，作物体内氟的积累量会明显提高，其中以根部提高最多，从大到小的顺序依次为根、叶、茎、果实或籽粒。以作物茎叶作饲料时，应注意氟的残留量，若其过高会毒害牛、羊等家畜动物。

（6）*氮素对农产品的影响*　氮肥的过量使用和化肥厂排放的废水都会使当地水质氮含量增加。由于农作物正常生长发育需要一定量的氮素，在氮素不足的情况下，灌溉含氮废水会提高农作物产量。但若废水中氮含量过多，会对作物造成氮素过剩的危害。氮素过剩会引起水稻徒长、倒伏、贪青、晚熟，且易发生病虫害，最终导致水稻产量降低。

（7）*石油类对农产品的影响*　石油类污染物主要是指原油或石油产品和其他矿物油等。目前引起灌溉水中石油类污染的主要污染源是油田和炼油厂排放的含油废水。用高浓度的石油废水灌溉生产的稻米和蔬菜均含有汽油味，人们食用后会感到恶心，身体不适。石油类污染物进入农田后，能引起土壤障碍并对作物产生直接危害。

2. 污染物对畜产品和水产品的影响

（1）*重金属的危害*　水体重金属污染对水产品的影响较为深远。重金属可直接毒害水产品，进而通过富集作用，最终以较高浓度进入人体，对人体造成严重伤害。前文所提水中影响农产品的各种污染因素也会不同程度地影响畜产品、水产品的质量和食用安全性。污水中的酚类物质对鱼类也有影响，低浓度可使鱼类洄游繁殖，高浓度能引起鱼类大量死亡。当水体中酚类物质的浓度达到 0.1～0.2mg/L 时，鱼肉会有酚味。而水体中游离氰含量超过 0.03mg/L 时就会引起鱼类中毒。含高浓度石油类污染物的废水也能引起鱼虾死亡。浓度较低时，石油中的油臭成分能从鱼、贝的鳃黏膜侵入。研究表明，当海水中石油浓度达 0.01mg/L 时，能使鱼虾产生石油臭味，从而降低海产品的食用价值。水体中的重金属可在微生物作用下转化为毒性更大的金属化合物，如汞的甲基化作用，对水生生物具有毒性。另外，生物从环境中摄取的重金属经过食物链，可在生物体内富集，通过食物链进入人体，造成人体慢性中毒。

【案例 3-2】2013 年上海黄浦江死猪事件

（2）*水体富营养化的危害*　富营养化也是水体污染的一种表现。当总磷含量超过

20mg/m³ 或无机氮含量超过 300mg/m³ 时，即可认为水体富营养化。富营养化会对水体造成严重危害，特别是湖泊水库、内海、河口等水体，由于水流缓慢，既适于植物营养素的积聚，又适于水生植物的繁殖。在未发生富营养化的湖泊水域内生长的藻类主要以硅藻和绿藻为主，是各种鱼类的食物。各种藻类将光合作用固定的太阳能通过水生食物链传递给鱼类等生物，使水体保持良好的生态平衡。富营养化水体的水质较肥，导致水中各种藻类大量增加，为以浮游生物和碎屑为主要食物的鲢鱼、鳙鱼、鲤鱼、鲫鱼和虾等提供了充足的食料，进而使鱼产量提高。因此，一定程度的水体富营养化对渔业来说是有利的。但当水体富营养化进一步发展后，原来不占主导地位的蓝藻迅速增长，在与其他藻类的生存竞争中获胜，导致其他藻类逐渐衰落或者消亡。然而，湖泊中许多有价值的鱼类不食用蓝藻，因此鱼类种群结构也随之发生明显变化，导致对人们有利的鱼类种群（小虾、鳟鱼和黑鱼）被价值小的种群所替代（鲢鱼、鳙鱼），水生生态系统发生变化，生态平衡遭到破坏。更为严重的是，由于藻类过量繁殖，富营养化水域充斥的大量藻类在白天进行光合作用，使上层水溶解氧增加，达到饱和水平。而夜间光合作用停止，藻类的呼吸作用及浮游生物残体的分解会消耗溶解氧，使水中溶解氧迅速降低，到早晨日出前水体中溶解氧几乎全部耗尽，影响鱼类生物的生存直至死亡。严重的富营养化水域，一般在春夏季节凌晨期间最容易发生缺氧，导致鱼死亡的情况。

【案例 3-3】太湖蓝藻暴发

水体富营养化的另一个不利影响是某些优势藻类大量繁殖后可分泌释放有毒性的物质。例如，不定腔球藻、微囊藻等分泌有毒的藻青蛋白，能导致鱼类死亡，引起家畜肠胃消化系统紊乱，产生疾病，甚至死亡。有些以藻类为食的蛤、贝类虽然本身没有异常表现，但能将藻类毒素累积在体内，人一旦食用这种蛤、贝就会发生中毒现象。

（二）食品中水体污染物的控制措施

食品中的水体污染物来自环境被污染的水体，要控制食品中水体污染物含量，必须从治理水环境着手。

1. 加强管理

为防治水体污染，保证水资源的有效利用，我国于 1984 年和 1988 年分别制定了《中华人民共和国水污染防治法》和《中华人民共和国水法》。在制定经济发展规划时应考虑到水体环境问题，采取预防措施。通过调整产业结构和工业布局来解决各城市的水体环境问题。

2. 控制污染

要依靠科学技术减少水体污染。当前我国水资源十分短缺，同时又存在严重的浪费。单位产品的耗水量多，加重水体环境的污染。因此，努力开发新技术，采用少用水或不用水的生产工艺。此外，尽量采用水重复利用的方法，以节约水源，控制污染。对污染物的排放要规定限制的总量。

3. 宣传教育

水是生命之源。通过各种宣传教育活动，使大家认识到保护水体环境的重要性。在日常生活中不将生活污水、垃圾等倒入河流、湖泊。只有人人行动起来，才能全面、有效地保护水体环境。在治理水环境的基础上，加强农业灌溉用水和养殖用水的管理与监控，将其中的污染物控制在限量范围之内，从而减少或杜绝水污染物进入食品原料。

第二节　土壤与食品原料

一、土壤污染

（一）土壤污染的概念

土壤污染是指污染物通过多种途径进入土壤，其数量和速度超过土壤自净能力，导致其组成、结构和功能发生变化，有害物质或其分解产物逐渐积累，通过“土壤—植物—人体”或“土壤—水—人体”间接被人体吸收，危害人体健康的现象。土壤自净能力是指土壤对进入其中的污染物通过物理、化学及生物化学过程，使污染物浓度降低、毒性减轻或者消失的性能。土壤自净能力是有限的，如果利用不当，就会导致土壤污染。

（二）土壤污染的特征

土壤污染具有隐蔽性、滞后性、富集性和不可逆转性等特点。土壤污染与水污染和大气污染不同，土壤污染在污染初期没有明显的现象，具有隐蔽性，直到对土壤样品进行分析和农作物的残留检测时才能确定。日本富山县神通川流域由镉超标而引起的“痛痛病”经过了十几年才被人们发现原因。污染物在土壤中不易迁移和扩散，随着时间累积在土壤中难降解，造成长期污染。重金属对土壤的污染基本是一个不可逆过程。此外，土壤与大气、水等自然资源相互作用，加快了污染的速度，扩大了污染的范围，导致土壤治理难度大、成本较高。

（三）土壤污染物的类型

土壤污染物包括病原微生物、重金属、放射性元素和有机物。

1）病原微生物污染是指土壤中的病原菌、寄生虫等有害微生物破坏土壤生态平衡，造成土壤质量退化。土壤病原微生物污染主要是由人畜粪便及工业和医院废水等造成的。

2）重金属污染是指重金属元素如汞、镉、铅、铬等在土壤中过量沉积而污染土壤。土壤重金属污染主要是由工业“三废”及农药污染等造成的。

3）土壤放射性元素污染是指富含放射性元素如锶、铯、钚等的物质进入土壤而导致土壤污染。土壤放射性元素污染主要是由核电站事故、核医学、核原料开采等造成的。

4）土壤有机物污染是指由有毒、有害的有机物质如有机农药、三氯乙醛、多环芳烃、多氯联苯、石油、甲烷等进入土壤而导致土壤污染。土壤有机物污染主要是由有机化学农药、工业“三废”等造成的。

（四）土壤污染的主要原因

造成我国土壤污染的主要原因有以下几种。

1. 化肥污染

化肥是指用化学或物理方法制成的含有农作物生长需要的营养元素的肥料。化肥是农业生产的重要物资，对农作物产量的提高具有巨大作用。但种植户为追求高产，长期超量施用化肥，导致化肥残留，造成土壤板结酸化、耕作层变薄，破坏土壤生态环境。

2. 农药污染

农药是指用于预防、控制或消灭危害农业、林业的有害生物，有目的地调节植物、昆虫生长的化学合成物或者天然物质及其制剂。农药是农业生产过程中不可缺少的重要生产资料，对防治农作物的病虫危害起到至关重要的作用。但由于缺乏农药的科学选用方法，农药剂量过多、浓度过高、时间不当，造成农药残留，降低土壤对残留农药的吸收、降解能力，破坏土壤自身生态系统。

3. 固体废弃物污染

土壤中的固体废弃物主要来源于工业生产中的固体废物、禽畜养殖的垃圾、生活垃圾等。固体废弃物在处理过程中没有得到彻底有效的处理，只能以填埋的方式进行简单处置。这些废弃物对周围土壤环境质量造成严重破坏，若长期得不到有效处理，将会造成更加严重的土壤污染。

4. 重金属污染

我国土壤面临严重的重金属污染问题。例如，燃煤发电、矿山开采等工业生产中排放的“三废”物质进入土壤环境，大多数废弃尾矿在雨水淋溶及自然风化过程中向土壤环境释放，造成重金属污染。此外，畜禽粪便中也会含有一定的重金属，长期不合理使用畜禽粪便也会造成土壤重金属污染。

5. 污水灌溉污染

据统计，我国由污水灌溉所造成的农用土地污染面积高达 200 万 hm^2，污水中氮、磷、钾等成分虽然能在一定程度上让农作物增产，但未经专业处理的污水被直接用于农田灌溉后，会使无机盐、病原体、重金属等在土壤中逐年累积，最后导致土壤毒性不断增强。

6. 大气中气体溶胶与有毒雨水的侵蚀

我国遭受大气污染的农用耕地面积达 500 多万公顷，大多数污染是空气中放射性颗粒物及重金属物质随风霜雨雪降落至地面造成的。此外，大气中存在的二氧化硫及氮氧化物，可以与水滴进行融合转化成硫酸与硝酸，形成酸雨降落至土壤，不仅降低土壤的缓冲能力，还会直接腐蚀农作物。

（五）土壤污染的主要途径

引起土壤污染的因素有很多种，危害严重的主要有以下几种。

1. 水体污染

利用工业废水和城市生活污水进行灌溉时，成分复杂的污染物随水进入土壤，造成土壤污染。

2. 固体废弃物污染

垃圾、矿渣、污泥等工业和城市固体废弃物的堆放，污水处理产生的污泥，都会由地表水的径流进入农田，使土壤受到污染。

3. 大气污染

一些厂矿排放的粉尘经大气传播沉降到地面，引起土壤污染。由各种金属粉尘、硫氮化物造成的酸雨，也会破坏土壤原有的生态平衡。

4. 农事操作

不合理的农事操作，如化肥、农药的滥用，使污染物进入土壤。土壤中的污染物与大气和水体中的污染物有很多是相同的，其污染物质的种类常常与所处的环境相关联，且种类复杂。

（六）土壤污染的特点

1. 蓄积性

土壤污染与河流、大气污染不同，河流、大气不停息地运动，使污染物不断地扩散稀释。但污染物在土壤中的运动速度比较缓慢，很多污染物都能被土壤胶体所吸附。因此，某些化学性质稳定的污染物可以在土壤表层不断蓄积，污染越来越严重。这种“蓄积性”是土壤污染的显著特点。

2. 不可恢复性

土壤对污染物具有自净化能力，这种能力是指污染物进入土壤后，与土壤固相、液相、气相物质之间发生物理、化学等一系列反应，或经土壤微生物的分解，使污染物、致毒作用减弱或被分解成无害物质。但土壤的自净能力是有一定限度的，当污染物数量超过土壤本身的自净化能力时，特别是一些不能被分解的重金属会使土壤受到严重污染，此时治理十分困难，并且难以恢复。

3. 隐蔽性

土壤污染与大气和水污染不同，土壤污染比较隐蔽，一般不能通过感官观察，往往通过对农作物生长产生影响，或通过吃食物的人或动物的健康状况才能反映出来。

二、农产品与土壤污染

近几年，由土壤污染造成的农产品质量安全事件频发。据初步统计，我国至少有 1500 万 hm^2 耕地受到农药污染，每年因土壤污染减产的粮食约 1000 万 t，造成的各种农业经济损失合计约 200 亿元。有关专家指出，不断恶化的土壤污染已经成为影响我国农业可持续发展的重大障碍，将阻碍我国经济的高质量发展。“镉大米”事件让土壤污染开始走进公众视野。镉大米的产生是土壤污染和土壤退化的综合结果，这不仅反映出土壤污染牵涉的环境污染与生态破坏问题，更直接地反映出土壤污染导致的食品安全事故。土壤环境是食品生产与加工的前提条件，也是食品安全体系中的首要环节，因此防治土壤污染十分必要。

（一）农药与农产品

据调查，我国的农药残留主要集中在粮食、蔬菜、水果等农产品中，残留农药的种类和数量持续增加，其中以有机磷农药问题最为突出。

农药的使用能够有效减少病虫害的发生，对于增产增收也有很大的促进作用。但农药使用过程中剂量过多、时间不当等都会造成农药残留。农药残留是指农药使用后一定时期内没有被分解而残留于生物体、收获物、土壤、水体、大气中的微量农药原体、有毒代谢物、降解物和杂质的总称。农药富集在生物体内，随着食物链进行传递富集，传递到食物链最高级时毒性可能会比最初高出万倍。

土壤中农药的迁移转化主要包括吸附、迁移与扩散和降解过程。吸附是农药与土壤基质间相互作用的过程，直接或间接地影响农药的降解、残留等。一旦农药的吸附条件被破坏，农药又可释放到土壤中，导致土壤的再污染。农药的迁移与扩散是指农药从施药区向周围环境扩散的物理行为。在田间喷洒农药时，直接黏附在农作物上的是少部分，而大部分飘落于土壤之中，并不断从施药区向四周扩散，进而污染水体、大气及生物圈。一些持久性农药甚至会通过迁移与扩散影响全球环境。农药的降解可分为生物降解和非生物降解。在动植物体内或微生物体内的降解作用属于生物降解；而在光、热及化学因子作用下发生的降解现象为非生物降解。其中生物降解在农药降解中占据了主导地位。

（二）化肥与农产品

相关统计显示，我国每年的化肥使用量已经超过了4100万t。但长期以来，我国农田管理施肥单一、过量、偏向等，对环境造成严重污染。化肥中污染物的含量与工业“三废”和城市垃圾等其他污染物相比尽管较低，但其生物有效性却相对较高，更容易被植物吸收而积累于体内，影响农产品品质。

土壤中过量施用氮肥会导致蔬菜硝酸盐或亚硝酸盐积累，还会导致稻米外观和口感变差。土壤中过量使用磷肥，会使农产品中的锌、镉、铅等重金属严重超标。有毒磷肥，如三氯乙醛磷肥施入土壤后将转化为三氯乙酸，二者对植物产生毒害，受害严重时作物颗粒无收。

化肥的滥用不仅会导致农作物无法正常吸收养分或者摄入养分不均，还会导致土壤盐分积攒，营养失调，降低农作物的产量和质量。此外，过量使用化肥还会导致农作物的抗病性下降，易引发虫害。

（三）重金属与农产品

重金属污染不仅在大中型城市出现，在郊区、矿区和污水排放区也存在。其中城郊蔬菜的重金属污染问题较为严重，很多农田保护区中的粮食也存在不同程度的重金属污染。重金属污染具有危害性广、留存时间长、隐蔽性强的特点。重金属进入土壤后不易被生物体分解转化，会随食物链逐级传递，在生物体内浓缩到较高含量时，会对生物产生毒性效应。我国耕地受重金属污染的面积较大，其中砷、镉、汞的污染比例最大。

土壤受铜、镍、钴、锰、锌、砷等元素的污染时，能引起植物的生长发育障碍。镉、汞、铅等元素一般不引起植物生长发育障碍，但它们能在植物可食部位蓄积。当土壤中含锌量较高时，会导致一些农作物器官的外部形态发生变化，如花色、叶形改变，植株变得矮小或硕大。当土壤中含砷量较高时，植物叶片卷曲枯萎，进一步导致根系发育受阻，最后植物根、茎、叶全部枯死。当土壤中含铜量较高时能严重抑制植物的生长和发育。

食品受砷污染并致危害的情况比较常见，主要以砒霜、雄黄等形式存在。砷中毒会导致皮肤癌、肺癌、结肠癌、膀胱癌等，还可导致胎儿畸形，角质皮肤色素沉着、发冷、黑脚病等病症。镉中毒后会损害肾，影响呼吸系统健康，并造成钙等营养元素的流失。人体汞中毒会增高血压，增加心脏病突发的危险，还是引起免疫系统疾病的根源之一，孕期、哺乳期妇女汞中毒会间接影响胎儿及婴儿的身体健康。

汞是一种对动植物及人体有毒的元素。土壤中汞的存在形态可分为金属汞、无机化合态汞和有机化合态汞。在各种含汞化合物中，甲基汞和乙基汞的毒性最强。土壤中汞的迁移转化比较复杂，主要有以下几种途径：①土壤中汞的氧化还原；②土壤胶体对汞的吸附；③配位体对汞的配合整合作用；④汞的甲基化作用。金属汞易被作物根系吸收，其次是有机汞，而无机汞很少被吸收。汞进入植物体内主要集中于其根部。粮食作物中吸收积累汞能力的顺序为：水稻＞玉米＞高粱＞小麦。水稻比其他作物容易吸收汞，由于水田在淹水还原条件下，无机汞会转化成金属汞，水田土壤中金属汞含量高于旱地土壤。

镉的污染主要来源于含铅、锌、铜的矿山，冶炼厂的废水、尘埃和废渣，电镀、电池和涂料工业的废水等。农业上，施用磷肥也可能带来镉的污染。土壤受镉污染后，受害表现症状为：叶片发黄、退绿，叶脉呈褐色斑痕，叶绿素含量降低，光合作用减弱。用放射性同位素研究镉在农作物体内吸收、转移的分配规律，结果表明作物生育前期根系从土壤中吸收的镉，少部分向作物穗部输送。而在作物抽穗期间，特别是在水稻灌浆膨大期，根系吸收的镉可直接向籽粒中输送富集。

铅是人体的非必需元素。土壤中铅污染主要来自大气的铅沉降，如铅冶炼厂含铅烟尘的沉降和含铅汽油燃烧所排放的含铅废气的沉降等。另外，其他铅应用工业的“三废”排放也是污染源之一。植物从土壤中吸收的铅主要以可溶性铅形式存在。植物吸收的铅绝大多数积累于根部，而转移到茎叶、种子中的则很少。

铬是人类和动物的必需元素，但其浓度较高时会对生物有害。土壤中铬的污染主要来源于工业，如铁、铬、电镀、铬酸盐和三氧化铬工业的“三废”排放及燃煤、污水灌溉或污泥施用等。微量铬对植物的生长有促进作用，但当环境中铬的含量较高时则会危害作物生长。从毒性来看，六价铬的毒性要强于三价铬。

砷是类金属元素，不是重金属。但从其环境污染效应来看，常被作为重金属来研究。土壤中砷的污染主要来自化工、冶金、炼焦、火力发电及电子等工业排放的“三废”。土壤中的砷主要以正三价和正五价存在。其存在形式可分为水溶性砷、吸附态砷和难溶性砷。一般认为，砷不是植物、动物和人体的必需元素。但植物对砷有强烈的吸收积累作用，砷在植物中主要分布在根部。在浸水土壤中生长的作物，其砷含量也较高。所以，为有效防止砷的污染及危害，可提高土壤氧化还原电位，以减少三价亚砷酸盐的形成，降低土壤中砷的活性。

【案例 3-4】镉大米

三、食品中土壤污染物的控制措施

土壤是人类最基本的生产资料，也是生产人类食物的场所。土壤污染物对食品的安全影响极大。必须根据土壤污染的类型，采取适当措施，控制土壤污染物造成的危害。

1）对水体污染造成的土壤污染，必须整治水体环境，加强管理，污水要达标排放，从而减少污染。

2）对大气污染造成的土壤污染，要从治理大气环境入手，加强金属粉尘和烟尘的排放管理，防止酸雨的形成，改善大气环境。

3）对农业污染造成的土壤污染，要合理使用化肥和农药，对污泥、城市垃圾造成的污染必须从源头上加以治理，控制其中有害物质的含量。

4）固体废弃物的堆积和填埋，要注意加强垃圾渗漏水的处理，减少有害物对土壤长期、累积性的危害。目前土壤污染的危害还未受到人们的关注。有关土壤污染的报道也很少，因此有必要呼吁全社会的关注和努力，警惕土壤污染带来的巨大隐藏性危机。

第三节　大气与食品原料

一、大气污染

（一）大气污染概述

大气污染是指进入大气中的污染物浓度达到有害程度，对人类生活、生产和身体健康造成不良影响的现象。随着我国社会经济的不断发展，大气污染日益严重。我国发达城市的大气污染问题更为严重，占全球大气污染最严重城市的 2/3。对我国城市空气质量进行检测，有 140 多个城市超过《环境空气质量标准》的二级标准，被列入严重污染性城市。

（二）大气污染的主要原因

造成大气污染的原因有两类：一类是自然因素，如火山爆发、地震、森林火灾等产生的烟尘、硫氧化物、氮氧化物等；另一类是人为因素，如燃料燃烧、工业生产、交通运输排放和农业活动排放等。我国的大气污染主要是由人为因素造成的。

1. 燃料燃烧

燃料燃烧排放的污染物包括二氧化碳、一氧化碳、硫氧化物、氮氧化物等。因为煤的发热量低，灰分含量高，燃煤造成的污染更严重。在大气污染排放物中，煤炭燃烧所产生的二氧化碳、烟尘所占比例分别约为 85.6%和 69.2%。

2. 工业生产

造成大气污染最主要的因素是工业生产中大量废气的排放。工厂在生产过程中产生烟、粉尘、硫化物、硝化物等大气污染物，导致工业聚集生产地域的空气质量严重下降，生活在该地域的居民受到较大的影响。

3. 交通运输排放

随着我国人民物质生活水平显著提高，至 2017 年汽车保有量已经超过 2 亿辆，汽车尾气已经是城市大气污染的主要污染源之一。据统计，90%～95%铅碳化合物和 60%～70%氮氢化合物都是来源于城市公路交通，对大气环境造成了严重影响。

4. 农业活动排放

使用化肥或农药残留的农作物秸秆燃烧做饭，除了会产生大量浓烟污染大气，在燃烧过程中残留的化肥或农药还会氧化分解释放硫化物、硝化物等大气污染物。

（三）大气污染物及其危害

大气污染物是大气中对环境或人产生有害影响的物质。目前受到人们关注的大气污染物有 100 多种，按照它们的存在状态可分为气溶胶污染物和气体污染物。气溶胶污染物是指直径为 0.002～100μm 的液滴或固态粒子，主要有粉尘、烟液滴、雾、降尘、飘尘、悬浮物等。气体污染物主要有硫氧化物、氮氧化物、碳氧化合物、碳氢化合物及含卤素化合物。这些污染物都会给生态系统和人类社会造成不同程度的危害。

1. 硫氧化物的危害

二氧化硫是具有强烈刺激性的无色气体。二氧化硫能刺激人的眼睛和呼吸系统，诱发或者加重呼吸系统疾病。二氧化硫在空气中可以氧化为三氧化硫，然后形成硫酸雾或硫酸盐等气溶胶，随大气的运载、汇集降落至地面形成酸雨。酸雨通常指 pH 小于 5.6 的酸性降水，大气中的 SO_2 和 NO_x 是酸雨物质的主要来源，可导致土壤酸化，诱发植物病虫害，使农作物大幅度减产，使非金属建筑材料表面硬化，出现空洞和裂缝，损坏建筑物。

2. 氮氧化物的危害

含氮氧的大气污染物主要是 NO 和 NO_2，会诱发人体呼吸系统疾病，甚至导致肺部细胞癌变。NO_2 在空气中与其他物质反应形成的光化学烟雾比一次污染更严重。它将直接危害人体健康和环境，使植物机能衰退，产生落叶、落花和落果的现象。氮氧化物与挥发性有机物在紫外线照射下会形成臭氧，影响农作物的产量和我国的食品供应。

3. 碳氧化合物的危害

碳氧化合物主要包括 CO 和 CO_2，来源于化石的大量燃烧。CO_2 能吸收地面的长波辐射，对地球起着保温的作用（温室效应）。大气中 CO_2 含量增加，温室效应也随之增强，导致全球变暖、海平面上升、缺氧。

4. 颗粒物的危害

大气中的颗粒物主要包括粉尘、烟、飞灰、灰霾和雾。人们日常生活中经常关注的颗粒物污染主要是 PM10 和 PM2.5。人的鼻子只能阻挡粒径大于 10μm 的颗粒物进入人体，PM10 的吸入会引发呼吸道感染，诱发心脑血管疾病。PM2.5 进入肺部后，可以通过肺泡进入血液，从而会引起支气管炎、哮喘、心脑血管疾病等。此外，PM2.5 的比表面积较大，物化活性较高，易与空气中其他物质结合，如挥发性有机物、细菌、病毒和有毒重金属等，使其危害更大。

5. 挥发性有机物的危害

挥发性有机物是指以气体形式存在或易蒸发的有机化合物，如苯、甲醛、甲苯、二甲苯、乙苯、乙烷及多环芳香烃等，绝大多数属于烃类，大多具有致癌作用。城市中挥发性有机物主要来自工业生产中煤、油等燃料的不完全燃烧及汽车尾气等。

【案例 3-5】唐山某公司烟气颗粒物超标

二、大气质量对食品原料的影响

（一）大气污染对植物的危害

在生物界中，植物的叶可与空气接触进行活跃的气体交换，因此植物比动物更易受到大气污染的影响。植物不像高等动物那样具有优异的循环系统，而且植物是固定不动的，无法通过移动避开污染。

大气污染会伤害植物的细胞和细胞器。细胞膜系统被大气污染破坏，引起水分子和离子平衡失调，造成代谢紊乱，严重时细胞内分隔作用消失，细胞器崩溃，最后死亡。例如，臭氧能使膜类脂发生过氧化，干扰其生物合成；叶绿体的膜结构在臭氧和 SO_2 的联合作用下可被破坏。

大气污染还能对植物体的酶系统产生影响，从而导致原有正常代谢平衡的破坏。例如，氟化物是多种酶的抑制剂，对糖醇降解途径中的烯醇化酶抑制作用特别显著；臭氧和过氧乙酰硝酸酯是强氧化剂，能使许多酶蛋白中的巯基被氧化而失去活性。

大气污染对植物的危害表现为三种情况：①在高浓度污染物影响下产生急性危害，使植物叶表面产生伤斑或直接使植物叶片枯萎脱落。②在低浓度污染物的长期影响下产生慢性危害，使叶片褪绿。③在低浓度污染物影响下产生不可见伤害，但生理机能受到影响，导致食品产量下降、品质变坏。

大气污染会导致植物组织、器官组织坏死和器官脱落等。植物遭受大气污染物急性伤害的症状是叶面点、片状斑和叶组织坏死。植物接触大气污染物，体内产生应激乙烯或伤害乙烯，造成叶、蕾、花、果实等器官脱落。

大气污染还影响植物的个体发育和群落发展。大气污染使得植物个体生长减慢、发育受阻、失绿黄化、早衰等。发生急性伤害时叶面部分坏死或脱落，光合面积减少，植株生长减慢，产量下降；慢性伤害导致植物代谢失调，生理过程不能正常进行，生长发育受阻。在大气污染物的长期作用下，一些敏感的植物种群将会减少甚至消亡。

大气污染物对植物的危害十分严重，SO_2对植物的影响很大。空气中少量的SO_2经叶片吸收后可进入植物的硫代谢中，促进植物生长。但当SO_2吸收速度超过细胞对它的氧化速度时便会引起急性伤害。再继续不断地吸收并氧化SO_2或SO_3时，其积累量超过细胞耐受程度，会造成慢性伤害。SO_2的典型伤害症状出现在植物叶片的叶脉，呈不规则的点状、条状或块状坏死区，颜色以灰白色和黄褐色居多。

大气中的氟污染物主要是氟化氢，是一种强酸，可对植物产生酸型烧灼状伤害，同时是烯醇化酶的强烈抑制剂，可抑制糖酵解及与纤维素合成有关的葡萄糖磷酸变位酶的活性。氟化物在植物组织内还能与金属离子如钙、镁、铜、锌、铁和铝等结合，引起这些元素的缺乏症。氟化物的排放量和污染范围比SO_2小，但对植物的毒性却更强。植物受氟害的典型症状是叶尖和叶缘坏死，伤区与非伤区之间常有一条红色或深褐色界线。

（二）大气污染对农业的影响

1. 酸雨

酸雨是二氧化硫和氮氧化物在大气或水滴中转化为硫酸和硝酸等所导致，我国的酸雨属硫酸型。酸雨对农业的危害主要是：①加快土壤酸化。我国南方土壤以酸性为主，加剧土壤酸化和土壤矿物质营养元素流失，会改变土壤结构，不利于农作物正常生长发育。②影响农作物产量和品质。酸雨导致农作物出现黄色斑点、抗病能力减弱、生长不良、产量减少等。③改变土壤微生物种群。酸雨会降低细菌个体生长及繁殖速率，改变土壤微生物种群结构。如果土壤中分解有机质和蛋白质的微生物减少，会影响营养元素良性循环，不利于土壤微生物硝化和氨化作用，会阻碍农作物正常生长。

2. 温室效应

地球的大气本来就存在温室效应，使地球保持适于人类生存的正常温度环境。由于人类向大气排放过量的温室气体，温室效应增强，从而在全球范围内引发环境问题。研究表明，CO_2的增加是造成全球变暖的主要因素。温室效应对农业的危害主要有影响农作物的产量和质量及引发农作物病虫害等，导致农业成本和投入大幅度增加。肥效对环境温度的变化十分敏感，温度越高时，能被农作物直接吸收利用的就越少。因此，要想保持原有的肥效，就必须加大施肥量，从而会使农业投入和生产成本提高，而农药残留会对土壤环境造成污染。

三、食品中大气污染物的控制措施

大气是人和动植物重要的营养来源，而大气污染物会对食品安全构成威胁，因此控制大气污染物的危害对保证食品安全十分重要。控制大气污染物的危害，需从以下几方面着手。

1）健全法律法规，预防大气污染。人类的生活、生产必然会产生大气污染物，必须严格控制排放数量，使其对人体和食品安全的影响降到最低。燃料燃烧和机动车尾气是大气污染物的主要来源，因此必须注意燃料和锅炉、窑炉、机动车污染达标排放。另外，采用无铅汽油，可以减少大气中铅的污染。

2）采用新技术，控制大气污染。采用新型的烟尘治理技术、排烟脱硫工艺和排烟脱氮技术，可以减少二氧化硫、氮氧化物和烟尘的排放量，从而减少酸雨、煤烟粉尘和金属飘尘的形成，控制大气污染。

3）做好绿化工作。提高林木、植被的覆盖率，美化环境，提高大气的自净能力，减少大气污染物对食品安全的影响。

4）控制苯并[a]芘（B[a]P）的污染：①加强环境治理，减少环境对食品的污染；②改良食品烟熏剂，不使食品直接接触炭火熏制、烘烤，使用熏烟洗净器或冷熏液；③粮食、油料种子不在柏油路晾晒，以防沥青沾污；④机械化生产食品，防止润滑油污染食品，或改用食用油作润滑剂。

5）控制大气中的二噁英（dioxin）污染，必须从其产生的源头着手：①限制有机氯化合物的使用，消除滴滴涕（DDT）、脱叶剂的污染，禁止有机氯化学武器的生产和使用；②将肉削去脂肪和采用低脂奶粉可以减少二噁英的摄入，膳食平衡，适当增加蔬菜、水果和谷物摄入也可相应地减少动物性脂肪摄入量。

【案例 3-6】二噁英污染事件

大气环境保护事关人民群众根本利益，事关经济持续健康发展、全面建成小康社会、实现中华民族伟大复兴的中国梦。当前，中国大气污染形势严峻，随着中国工业化、城镇化的深入推进，能源资源消耗持续增加，大气污染防治压力继续加大。为切实改善空气质量，特制定出《大气污染防治行动计划》。

【案例 3-7】大气污染防治行动计划

以马克思列宁主义、毛泽东思想、邓小平理论、“三个代表”重要思想、科学发展观、习近平新时代中国特色社会主义思想为指导，以保障人民群众身体健康为出发点，大力推进生态文明建设，推动产业结构优化、科技创新能力增强、经济增长质量提高，实现环境效益、经济效益与社会效益多赢，为建设美丽中国而奋斗。

第四节　环境干扰与食品原料

一、环境干扰

（一）环境干扰的概念

环境干扰是指人类活动所排出的能量对环境产生的不良影响，待干扰源停止排能后干扰立即或很快消失。环境干扰与环境污染的区别在于，环境干扰是由能量产生的局部性、区域性的物理问题，当污染源停止作用后污染也就立即消失，因此环境干扰治理会很快。环境污染是指人类活动直接或间接地向环境排放超过其自净能力的物质或能量，从而使环境的质量降低，对人类的生存与发展、生态系统和财产造成不利影响的现象。而当环境污染排出的污染源停止作用后，不良影响不会立即消失，还将存在较长时间。

（二）环境干扰的类型

环境干扰包括噪声干扰、热干扰和电磁干扰等。

1. 噪声干扰

噪声干扰是指噪声对人及周围环境造成的不良影响。噪声是发声体做无规则振动时发出的声音，凡是妨碍人们正常休息、学习和工作的声音，以及对人们要听的声音产生干扰的声音都属于噪声。按照噪声的来源，可以将其分为交通运输噪声、工业机械噪声、建筑施工噪声、社会生活噪声。目前，我国约有70%的城市人口受到高噪声的危害，在全国监测的70个城市中仅有60%的城市达标，一般仅有33%的城市达到噪声控制标准。在我国城市噪声源中有30%以上来自交通运输噪声，27%来自工业机械噪声，社会生活噪声在城市噪声源中占比达40%以上。2020年，31个直辖市及省会城市和5个计划单列市，昼间共有2045个监测点次达标，达标率为92.8%，夜间共有1600个监测点次达标，达标率为72.6%，由此可见城市白天噪声影响差异不大，但居民想睡安稳觉较难，社会生活噪声呈显著上升趋势。

噪声干扰对人体的危害：①影响人们的睡眠和休息。实验表明，60分贝的噪声可使70%的人从睡眠中惊醒。②噪声干扰对神经系统的影响。大量流行病学调查结果表明，噪声会让人产生头痛、脑胀、耳鸣、失眠、全身疲乏无力及记忆力减退等神经衰弱症状。长期在高噪声环境下工作的人高血压、动脉硬化和冠心病的发病率提高。③噪声干扰对听觉系统的影响。一般情况下，85分贝以上则可能损伤听力。研究表明，长期在90分贝以上的噪声环境中工作的人，其耳聋发病率明显增加，如果听觉疲劳不能及时恢复，内耳器官会发生器质性病变，形成噪声性耳聋。当噪声作用于听觉器官时，也会通过神经系统的作用而波及视觉器官，使人视力减弱，出现色觉、色视野异常现象。④噪声干扰对心理的影响。噪声能影响人的心理健康，烦躁感会随着噪声声压级的升高而增加，女性对噪声的变化更敏感。⑤噪声干扰导致的暂时性脑缺血、缺氧变化抑制人体神经细胞的正常活动，从而使短期记忆向长期记忆的转化过程受阻。噪声抑制海马CA_3区神经元的电活动，同时突触超微结构也发生变化，突触小泡不再集中于突触前膜而影响递质的释放，最终影响人类的学习能力。

2021年3月公布的《中华人民共和国国民经济和社会发展第十四个五年规划和2035年远景目标纲要》明确提出“加强环境噪声污染治理”，这是环境噪声污染治理有关内容首次纳入国民经济和社会发展规划。

2. 热干扰

热干扰是指现代工业生产和生活中排放的废热对环境产生的不良影响。常见的热干扰有：①城市热岛效应。城市热岛效应是指城市的气温高于周围郊区的现象，城市的年平均气温一般比周围郊区高1℃左右，在夏季的城市局部地区的气温有时比郊区高出6℃以上。热岛效应是人们改变城市地表而引起小气候变化的综合现象，冬季最为明显，夜间也比白天明显，是城市气候最明显的特征之一。气候条件是造成城市热岛效应的外部因素，而城市化才是热岛效应形成的内因。热岛效应形成的内因主要是城市下垫面（混凝土、柏油路面、建筑墙面等）表面温度的升高和人工热源（工厂生产、交通运输及居民生活燃烧等）排放的热量。②水体热干扰。受人工排放的影响，大量热能排入水体，使水中溶解氧减少，促使水生植物繁殖，鱼类生存条件变坏。水体热干扰的主要来源首先是动力工业，其次是冶金、化工、造纸、纺织和机械制造等工业，使水温上升、水质恶化。水体热干扰区域可分为强增温带、适度增温带和弱增温带。热干扰的有害效应一般局限在强增温带。③温室效应。甲烷、三氯乙烷、氮氧化物、臭氧和二氧化碳等物质可强烈吸收红外辐射，形成所谓的“温室效应”。这类物质以二氧化碳为主，但随着化石燃料的不断利用，大气中二氧化碳的含量不断增多，加上全球森林覆盖面积的不断减少，森林等植物吸收二氧化碳的能力满足不了要求，致使大气中二氧化碳的聚集越来越严重，使大气温度增高，引起气候的变化。

热干扰对人体的危害：①全面降低人体正常免疫功能，同时致病病毒和细菌对抗生素的耐药性越来越强，使各种新、老传染病大为流行。热污染使温度上升，为传染病昆虫及病原体微生物等提供了最佳的滋生繁衍条件和传播机制，形成“互感连锁效应”，导致疟疾、血吸虫病、流行性脑膜炎等病毒病原体疾病的扩大和反复流行。②热干扰会使城市热岛效应集中，温度的持续增高会增加冠心病、高血压等疾病的发生率。

3. 电磁干扰

电磁干扰是指干扰电缆信号并降低信号完好性的电子噪声，以及电磁辐射对环境造成的电磁干扰和对人体有害的现象。电磁干扰有传导干扰和辐射干扰两种。传导干扰是指通过导电介质把一个电网络上的信号耦合（干扰）到另一个电网络。辐射干扰是指干扰源通过空间把其信号耦合（干扰）到另一个电网络。电磁干扰源可分为自然干扰源和人为干扰源两种。自然的电磁干扰是某些自然现象引起的，如雷电、火山喷发、地震和太阳黑子活动引起的磁爆等都会产生电磁干扰。自然的电磁污染对短波通信的干扰极为严重。人为的电磁干扰包括：①脉冲放电。如切断大电流电路时产生的火花放电，其瞬变电流很大，会产生很强的电磁。②工频交变电磁场。例如，在大功率电机、变压器及输电线等附近的电磁场，并不以电磁波的形式向外辐射，但在近场区会产生严重的电磁干扰。③射频电磁辐射。例如，无线电广播、电视、微波通信等各种射频设备的辐射频率范围宽，影响区域也较大，能危害近场区的工作人员。射频电磁辐射已经成为电磁污染环境的主要因素。

电磁干扰对人体的危害：人类正在被各种电子设备所包围，并暴露于电磁辐射干扰之中。当电磁辐射干扰强度超过人体所能承受的限度时就构成电磁辐射干扰污染，甚至导致健康风险。电磁干扰对人体的危害主要表现在三个方面：热效应、非热效应和累积效应。热效应是高频电磁波对人体细胞造成的“加热”现象。热效应导致人体升温，干扰人体器官正常工作，对生育系统、视觉系统、心血管系统等造成一定威胁。例如，可使人的眼睛患白内障，男性还可因体内水分的变化产生不育现象。电磁波伤害人体的程度与电磁的强弱有很大关系。非热效应是指低频电磁波对人体造成的影响。低频电磁波辐射人体后，身体本身的微弱电磁场已受干扰，保持人体平衡的电磁场被打破，使得细胞、淋巴液、血液等发生变化，将会导致遗传基因突变、脱氧核糖核酸受损，最终导致婴儿畸形、肿瘤、白血病等。电磁干扰会使人的感觉系统迟钝，对声音判断不清楚，嗅觉能力下降；电磁干扰还会损害人体的神经系统、内分泌系统等，造成行动缓慢，对外界刺激不能及时反应，反射活动受约束，使内分泌系统失调。累积效应是指热效应和非热效应作用于生物体后，造成的伤害没有得到有效的恢复，又再次受到电磁辐射导致伤害累积的现象。

二、环境干扰对食品原料的影响

（一）噪声干扰对食品原料的影响

噪声干扰所产生的危害并不只局限于人类，还严重影响动物的生长繁殖。长此以往，噪声干扰不仅影响人类畜牧业的发展，还影响野生动物的正常生活。噪声干扰对动物的影响主要包括：①噪声能使动物的听觉器官、视觉器官、内脏器官及消化系统和中枢神经系统发生病理性变化。②动物长期处于高噪声环境时调节自身生长机能的激素会失衡，使得动物食欲下降，唾液和胃液分泌减少，消化液酸度降低，胃肠蠕动频率和幅度下降，消化过程减慢，严重影响动物的正常生长。③噪声可使动物失去行为控制能力，出现烦躁不安、斗殴等现象，强噪声甚至会引起动物死亡。④噪声会影响动物的繁殖。噪声使雄性动物精子的质量下降，雌性动物的生殖激素产生速度变慢，卵子数目减少，降低动物出生率。此外，受孕雌性动物处于噪声环境中，不利于胎儿的成长。

（二）热干扰对食品原料的影响

热干扰主要通过大气和水体环境来间接影响食品原料。

1. 热干扰对农作物的影响

随着全球人口数量的增长和经济的飞速发展，城市排放到大气中的热量也逐渐增多，降低地球大气层抵御太阳辐射的能力，形成“温室效应”。根据热力学的相关定律，人类社会使用的全部能量最终会全部转化为热量传入大气，使地面对太阳热能的反射率增高，降低太阳辐射的吸附量、减弱上升气流，影响降雨，从而造成部分地区干旱，影响农作物生长。

2. 热干扰对水生生物的影响

火力发电场、核电站、钢铁厂的循环冷却系统排出的热水，以及石油、化工、铸造、造纸等工业排出的废水中含有大量废热，排入地面水体之后导致水温急剧升高。水温上升会使水生生物新陈代谢加快，同时水温的上升会使水中溶解氧含量降低，导致水体缺氧，从而引起鱼类和其他水生生物的死亡，影响周边环境和生态平衡。

（三）电磁干扰对食品原料的影响

电磁干扰对食品原料的影响主要是：①电磁干扰影响植物的新陈代谢。②电磁干扰影响动物的生长繁殖、方向感和运动。电磁干扰会影响周围环境内植物的正常生长，而动物误食被电磁辐射的植物后，会增大动物发生变异的概率。受到电磁干扰的动植物被人们误食以后，就会引发一系列的疾病。因此，电磁干扰易造成整个食物链发生变化，并影响到生态环境的平衡。

第五节　动物福利及其对食品原料的影响

一、动物福利

（一）动物福利的概念

动物福利是指动物适应所处的环境，能满足基本的生存需求。科学证明，如果动物营养充足、安全、能够自由表达天性，并且不受痛苦、恐惧和压力威胁，则符合动物福利的要求。高水平的动物福利则需提供安全的疾病免疫和兽医治疗，并给动物提供适宜居所、管理、营养、人道对待及人道屠宰。当前，动物福利主要是动物的生存状况，而动物所受的对待则有其他术语加以描述，如动物照料、饲养管理和人道处置。

动物福利由 5 个基本要素组成，即生理福利、环境福利、卫生福利、行为福利、心理福利。1992 年，英国农场动物福利委员会提出了动物福利的五大自由，这五大自由是欧盟国家动物福利立法的基础：①享有不受饥渴的自由，保证动物保持健康和精力所需要的食物和饮水；②享有生活舒适的自由，提供适当的房舍或栖息场所，让动物得到舒适的睡眠和休息；③享有免于痛苦、伤害和疾病的自由，保证动物避免额外的疼痛、预防疾病并对患病动物进行及时治疗；④享有表达天性的自由，有足够的空间、适当的设施，以及与同类在一起；⑤生活无恐惧和悲伤，提供避免动物遭受精神痛苦的各种条件。通俗来说，动物福利是指人类在饲养、管理、运输、屠宰及利用动物时，应符合动物天性、遵循社会道德，避免动物遭受不必要身心痛苦的技术标准和准则。

（二）动物福利基本原则

国际公认的动物福利的基本原则主要为“5F”和“3R”原则，“5F”原则即上述的五大自由。“3R”原则包括：替代（replacement），是指避免在研究实验或测试中使用动物，或者进行替代；提升（refinement），是指对相应的住宿、照料和程序进行改进，从而减少事实上或潜在的疼痛、痛苦、不幸和持续的伤害；减少（reduction），是指用以减少使用动物的方法，以及使研究者能够以更少的使用动物来获得更多的有用信息，从而减少对动物的使用。

（三）动物分类

按照国际公认标准，动物被分为农场动物、伴侣动物、实验动物、工作动物、野生动物和娱乐动物 6 类。其中农场动物具有商业性和可食用性等特点，与人类经济生活密切相关。世界动物卫生组织强调农场动物的福利，指出农场动物在成为食品之前，在饲养和运输过程中或因卫生原因遭到宰杀时，其福利都不容忽视。“6 类动物”的表述出现在世界动物保护协会《世界动物福利宣言》中：要深入发展和制定动物福利的适当原则，诸如规范和管理农场动物、伴侣动物、实验动物、工作动物、野生动物和娱乐动物的动物福利原则。

（四）我国动物福利的现状

目前，我国动物福利面临的问题如下。

1. 动物福利理念的普遍缺失

2014 年调查研究表明，在 6006 份有效问卷中，超过一半的受访者表示从未听说过动物福利。我国民众普遍缺乏动物福利理念，这是受我国文化传统、风俗习惯及历史发展影响的结果。动物福利理念的先天欠缺，对我国动物福利的立法产生了消极影响。即使作为农场动物福利的基本法《中华人民共和国畜牧法》，草案中昙花一现的“动物福利”在最终通过时也删除了，保护农场动物福利仅局限在畜禽养殖、运输和管理方面。

2. 法律不完善，未形成独立的法律体系

我国动物福利的立法起步较晚且进展缓慢，专门针对动物福利的法律法规少之又少，未形成完整的法律体系。我国目前只有《中华人民共和国野生动物保护法》《实验动物管理条例》《中华人民共和国动物防疫法》等动物保护法律法规，主要是以维护人类自身利益为立法目的，并非以保护动物福利及权利为根本。《中华人民共和国野生动物保护法》中只针对野生动物进行保护，《上海市养犬管理条例》中只针对伴侣动物进行保护等。关于农场动物，在《中华人民共和国畜牧法》中涉及农场动物福利，主要从畜禽遗传保护、畜禽养殖、交易与运输及法律责任等层面提出。2008 年，国家质量监督检验检疫总局和国家标准化管理委员会发布《生猪人道屠宰技术规范》，规定实施生猪人道屠宰的管理和技术要求，直到 2009 年才开始正式启动动物福利立法程序。2014 年发布的《农场动物福利要求　猪》是中国首部农场动物福利标准，填补了空白。2017 年，我国首部农场动物福利的行业标准《动物福利评价通则》出台，其以保护农场动物福利为宗旨，涵盖畜禽科学管理、疾病预防、兽医诊疗和人道屠宰等，有利于维护动物健康，保障动物源性食品安全。

（五）动物福利壁垒

动物福利壁垒是指在国际贸易活动中，一国以保护动物或维护动物福利为由，制定一系列动物保护或维护动物福利的措施，以限制甚至拒绝外国货物进口，从而达到保护本国产品和市场的目的。动物福利壁垒的技术壁垒需要相关的生物化学技术检测，执行成本较高，而道德壁垒的执行成本低、波及范围广，多数发达国家采用道德壁垒来限制发展中国家的动物性产品出口。因此，动物福利壁垒的主要特点为：表面上的合法性和合理性、实际上的隐蔽性和歧视性、操作上的有效性和针对性、处理上的复杂性和争议性。

动物福利成为贸易壁垒的原因有：①人们安全意识的增强。随着经济的快速发展，人们总体的生活水平逐渐提高，消费者越来越注重食品的生产过程是否符合相关规定、安全卫生。②人们对生态环境的关注增加。人类越来越重视环境保护和生态平衡，对国际贸易中的畜牧类农产品提出更高的新要求。③为保护本区域的畜牧类农产品市场。相对于欧盟本土的畜牧类农产品，来自中国的产品更具有价格优势，因此欧盟为限制外国畜牧类产品对本区域的出口，以自身先进的动物福利体系为支撑，实施动物福利壁垒。

（六）动物福利壁垒对我国出口贸易的影响

1. 出口市场准入限制

欧盟通过制定较为严格的动物福利标准，限制我国畜牧类农产品的出口。欧盟动物福利的法律体系正在不断完善，而我国相关的法律体系的健全程度还落后于欧盟，这导致我国畜牧类农产品的国际市场占有率大幅度下降，也限制相关企业进一步开拓海外市场。

2. 产业竞争力减弱

由于经济水平、技术标准、消费观念等因素的限制，我国在动物福利的意识观念和相关法律法规的健全度方面，离欧盟仍有很大距离。想达到欧盟的要求，恢复我国畜牧类农产品的出口，就必须改善我国的动物福利现状，跨越动物福利壁垒。然而，跨越动物福利壁垒必然会导致生产要素成本增加，产品价格上升，进而削弱我国畜牧类农产品的国际竞争力。

3. 国际声誉受损

动物福利壁垒抓住公众关爱动物的心理，易获大众的呼吁和支持。近年来，一旦我国畜牧类农产品的出口遭遇动物福利壁垒，便会遭到国外民众和国际组织的强烈抵制，从而使得我国畜牧类农产品的出口量下降。

（七）我国应对欧盟动物福利壁垒的策略

1. 发挥政府的主导作用

加大宣传力度，增强动物福利意识。政府应倡导保护动物，提高动物福利的意识。

2. 加快我国动物福利立法

我国的动物福利法律体系还是空白，使得我国企业不可避免地遭受欧盟的动物福利壁垒。我国有关动物福利的法律迫在眉睫，应结合我国实际情况，才能更好地建立中国特色的社会主义动物福利保护法律体系。

3. 建立福利产品标识，调动福利养殖积极性

清晰和信息丰富的福利产品标签，可有效地向消费者传达产品信息，同时也能调动养殖者改善动物福利水平的积极性。目前，消费者对于畜牧类农产品质量的判断，逐步从以外观为主的经验判断转向以品牌为主的质量判断。

4. 发挥企业的主体作用

认真研究欧盟动物福利壁垒的发展趋势，对近年来发生的相关案例进行深入评估，从中汲取有益的经验教训，进而调整企业内部的生产标准。我国企业要想进军欧盟市场，必须调整产品的出口结构，从低附加值产品向高附加值产品转化，提高畜牧类农产品的动物福利水平。

二、动物福利对食品原料的影响

近年来，农场动物福利问题比较突出，如“瘦肉精”事件、牛奶中添加亚硝酸盐事件、不规范的饲养、环境卫生差、长途运输产生应激反应、不合理的屠宰方式等。动物性食品安全问题使人们进一步认识到动物福利对食品原料的影响。农场动物福利是指依据动物的生长特点，采用先进的生产技术和现代化管理办法，改善动物的生长环境，通过人道的饲养方式使动物保持健康的生理和心理状态。注重农场动物福利，有助于提升畜牧业生产效率，改善畜牧类农产品品质，从源头保障动物性食品的安全。在2019年世界农场动物福利大会上，农业农村部总畜牧师马有祥表示，中国畜牧业发展已经跨越了解决供给问题、解决质量安全问题两个大台阶，稳步迈向高质量发展阶段。伴随着畜牧业的持续健康发展，农场动物福利事业也同步发展，取得了显著成效。规模化、标准化、设施化养殖水平不断提升，有效改善了农场动物的生产条件。全面推进畜禽养殖废弃物资源化利用，农场动物生存环境更加适宜、良好。动物防疫体系和措施不断强化，明显改善了农场动物的健康状况。屠宰行业规范化发展，有力保障了农场动物在屠宰环节的基本福利。

（一）提升畜牧业生产效率

20世纪中叶，为提高生产效率，人们发明了蛋鸡笼养的饲养模式。母鸡被限制在狭小的空间内，不能自由活动。实行笼养后不久，人们便发现这些母鸡普遍发生一种被称为“笼养蛋鸡疲劳症”的疾病，患病的鸡表现消瘦，容易发生骨折甚至死亡。所产的鸡蛋味道差，蛋清浑浊，蛋黄色泽不正，煮熟后蛋白有不规则纤维。欧盟规定市场上出售的鸡蛋必须在标签上注明是“自由放养母鸡所生”还是“笼养母鸡所生”。中国正处于传统畜牧业向现代畜牧业转型的重要时期，与实现高质量发展要求还存在一定差距。规模化、集约化的饲养模式在促进畜牧业快速发展的同时，引发了各种动物福利问题（如畜禽养殖密度大、活畜禽流通频繁、动物疫病防控形势严峻等），影响了畜牧业的生产效益，制约了畜牧业的健康可持续发展。同时，经济发展步入新时代，居民消费更倾向于优质、安全、绿色无污染的畜产品，而传统的畜禽养殖方式已经难以满足居民的需求。注重生产过程中的农场动物福利，是满足城乡居民消费需求、实现中国畜牧业现代化的必然要求。

重视动物福利，为其提供舒适的生长环境，给予营养全面的饲料，不仅能提高饲料利用率，加快动物的生长速度，还能提高动物的机体免疫能力，降低动物感染疫病风险。产业兴旺是乡村振兴战略的重点，奶业是关系国计民生的大产业，是食品安全的代表性产业，是农业现代化的标志性产业和协调发展的战略性产业。动物福利化养殖对奶牛遗传生产力、生产性疾病防控和奶牛利用年限等方面产生了积极影响，可提高规模化奶牛养殖业整体的经济效益和推动其可持续发展。农场动物福利提倡健康、安全、高效的养殖方式，让动物保持健康活力、提升生长速率、降低动物死亡率，从而有效增强畜牧业生产能力，促进畜牧业高质量发展。

（二）改善畜产品品质

随着社会经济条件的改善，居民消费需求更加多元化。生产高质量畜牧类农产品已成为市场消费的主流。动物福利的缺失不仅会造成畜禽发病率高，还会对动物性食品的质量、口感、安全造成影响。按照动物福利标准的要求，屠宰食用动物必须避免或减少动物的恐惧、痛苦与刺激。大量研究表明，动物遭受恐惧时会处于高度紧张状态，易产生严重的应激反应，分泌大量肾上腺素等激素和毒素，出现免疫力下降、胃溃疡、疲惫、肉质酸度上升。人食用这样的肉制品会对人体健康带来危害。因此屠宰食用动物时，采用人道的方法会大大提高肉制品的质量。在运输、屠宰等环节减少动物的痛苦，既可以保障动物的基本行为、心理福利，也能够带来肉制品的连锁反应。合理的运输和屠宰方式可以最大限度地保存肉中的肌糖原，缓冲肉的pH，保持肉的色泽和持水力。

（三）保障畜牧类农产品质量安全

动物福利的基本要求之一是给动物提供符合营养需要的饲料，不能影响动物健康。在农场动物饲养过程中，部分养殖者忽视动物福利，在饲料中添加违禁药品，使得事故频繁出现、食品安全失去保障。从食物链的角度看，有毒、有害成分一般通过环境污染和生物富集作用进入饲料中，进而影响产品品质。改善动物福利，是从源头上保障动物性食品的质量安全，以满足居民消费需求。

良好的动物福利是发展有机养殖的前提。有机养殖是指在畜禽养殖过程中，按照有机产品国家标准《有机产品　生产、加工、标识与管理体系要求》（GB/T 19630—2019）饲喂有机饲料，严格限制使用常规兽药、抗生素、饲料添加剂等物质，关注动物福利健康，满足动物自然行为和生活条件。有机养殖作为有机农业的重要组成部分，在整个生产过程中限制使用化学合成药物，减少药物对动物、环境和人类的危害，提高畜产品的质量安全，最大限度地利用自有资源。发展有机养殖可从根本上解决我国畜牧业的产品质量安全问题。

思考题

1. 试述环境污染的概念、特征及分类。
2. 水体污染物、土壤污染物、大气污染物对食品安全的影响有哪些？

参考答案

第四章 环境中的有害物质对食品安全的威胁

内容摘要： 通常天然的动植物食品原料很少含有害物质，但在这些动植物的生长过程中，由于呼吸、吸收（或摄食）、饮水等活动，环境中有毒、有害化学物质或致病性微生物等直接或间接地通过食物链进入动植物食品原料中，造成食品污染。环境污染物按其性质可分为无机污染物、有机污染物和微生物污染物三类。此外，在食品的生产、加工、贮存和运输过程中，有可能存在食品污染的因素，因而引起食品安全问题，危害人体健康。环境中的污染物进入食品的途径如图 4-1 所示。

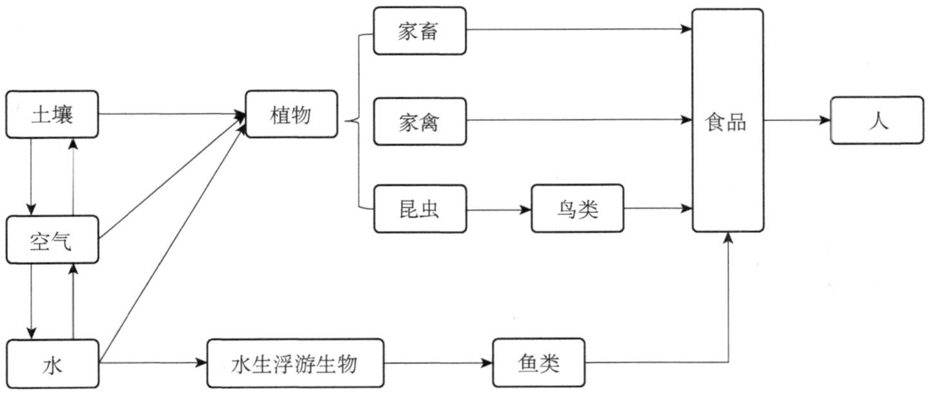

图 4-1 环境中的污染物进入食品的途径

教学目标： 了解环境中不同性质污染物的来源及其对食品的危害；理解环境污染与人体健康的关系；了解污染物迁移和转化的概念，理解无机污染物在环境中迁移与转化的方式。

关键词： 食品污染物 环境污染 食品安全 食物中毒

第一节 无机污染物对食品安全的影响

环境中的无机污染物种类广泛，如酸、碱、盐、重金属及一些放射性物质等，它们在环境中普遍存在。这些污染物在一定程度上受食品原料产地地理条件的影响，但工业、采矿、能源、交通、城市排污及农业生产等带来的污染更为普遍，并通过环境及食物链危及人类健康。

一、无机污染物的来源

无机污染物是由无机物构成的污染物，根据其化学性质可以分为硫氧化物、氮氧化物、氯气、氟化物、氰化物和放射性物质等。

（一）硫氧化物的来源

硫氧化物主要是指 SO_2 和 SO_3。大气中的 SO_2 不稳定，有颗粒物存在时可迅速地被氧化成 SO_3。大气中近一半的硫氧化物是人为因素造成的，主要是燃烧含硫煤和石油等燃料所产生的。此外，有色金属冶炼厂、硫酸厂等也会排放出大量的硫氧化物。

硫在煤中以三种形式存在，即有机硫、硫铁矿硫和硫酸盐硫。根据煤中的含硫量，可将其分为高硫煤、中硫煤和低硫煤。煤中含硫量大于 3%的为高硫煤，在 1%～3%的为中硫煤，小于 1%的为低硫煤。通常 1t 煤中含有硫 5～50kg，1t 石油中含有硫 5～30kg。燃料中的硫多以化合物的形式存在，在燃烧时主要生成 SO_2。其中，只有 1%～5%氧化成 SO_3。SO_2 在洁净干燥的大气中氧化成 SO_3 的过程是非常缓慢的，但当在相对湿度较大的环境中有颗粒物存在时，可发生催化氧化反应加快生成 SO_3。

2019 年，绿色和平组织分析了全球 500 多个二氧化硫污染热点，从排放量来看，二氧化硫总排放量的 60%由人为产生，其中燃煤电厂和工业燃煤、冶炼厂、油气的提炼或燃烧分别占 31%、10%和 19%。化石燃料的燃烧使用与二氧化硫污染严重程度密切相关。据调查，每年污染源排放至大气中的 SO_2 约有 2.5 亿 t，其中人为污染源排放的 SO_2 约占总排放量的 41%。因此，减少 SO_2 污染已成为当今大气环境治理的当务之急。在化石燃料燃烧前脱去硫分及烟道废气排放前去硫处理都是防治大气污染的重要技术措施。我国的 SO_2 排放量在 2007 年达到峰值，而 2017 年 SO_2 排放量比 2007 年下降了 72%，表明我国自 21 世纪初以来采取的脱硫措施、制定的减排目标和排放标准等政策卓有成效。

（二）氮氧化物的来源

氮氧化物（NO_x）包括 NO、N_2O、NO_2、NO_3、N_2O_3、N_2O_4 等，其中 NO、NO_2 是主要的大气污染物。大气中的 NO_x 主要源自燃料燃烧和工业生产过程。天然污染源包括闪电、平流层注入、NH_3 氧化、物质燃烧和土壤排放等。在非城市地区大气中，NO_2 平均浓度为 4μg/L，NO 平均浓度为 2μg/L。燃料燃烧时，空气中的部分氮与氧化合成一定量的 NO 和少量的 NO_2。工业生产排放的 NO_x 主要来源于硝酸制造厂、氮肥厂、炸药制造厂等，其中硝酸制造厂排出气体的 NO 浓度可达 0.10%～0.69%（体积比），火力发电厂排出的煤烟中 NO 含量也可达 200～1500mg/L。另外，汽车尾气中含有一定量的 NO，其浓度可达 3000～6000mg/L，喷气机中 NO_x 的浓度为 100～400mg/L。

空气中的氮氧化物与水结合，最终转化成硝酸和硝酸盐。膳食中硝酸盐和亚硝酸盐来源广泛。除作为食品添加剂外，大气、水、土壤的硝酸盐污染会直接影响到地下水和食物，其中主要是由农业生产过程中对农作物施用大量化肥引起的，作物中硝酸盐积累进入氮循环从而造成食品中硝酸盐的累积。

（三）氯气的来源

氯气是一种黄绿色气体，具有强烈臭味，易溶于水，化学性质活泼，易与其他元素化合，在自然界很少以游离态存在，多以化合物形式存在。氯碱工业是氯气的主要来源之一，电化厂、化工厂、制药厂、农药厂、冶炼厂、玻璃厂、塑料厂、自来水净化工厂及游泳池的氯气处理常有氯气排放。纸浆和造纸工业也常用氯气漂白，因此也有氯气排出。由于生

【案例 4-1】江苏省常州市横山桥氯气泄漏

产过程中管理不善，大量氯气被排入大气中，导致环境污染，还可能造成急性中毒事件。

（四）氟化物的来源

氟是自然界中活泼的非金属元素，常温下能与多种物质发生化学反应。氟在自然界通常不以单质形式存在，大气中气态氟化物主要有 HF 和 SiF_4。自然界普遍存在的氟化物有萤石、冰晶石和磷灰石，工厂在生产过程中使用萤石、冰晶石和磷灰石及氢氟酸和有机氟均有氟化物排放，造成环境的污染。

人体内氟化物大部分来自每日摄入的水和食物。水是人体内氟的主要来源，易被人体吸收，约占人体内氟来源的65%。动植物中均含有氟，一般情况下动物性食品中的氟高于植物性食品，海洋动物中的氟高于淡水及陆地食物。人体中25%的氟来源于每日膳食摄入的食物。

（五）氰化物的来源

氰化物是一类含有氰基的剧毒化合物，其毒性主要来自氰基。常见的氰化物主要有氢氰酸（HCN）、氰酸盐（KCN、NaCN）、黄血盐[$K_4Fe(CN)_6$]、硫氰酸（HCNS）和有机氰化物（RCN）。

氰化物广泛存在于自然界中，动植物体内都有氰化物的存在，有些植物如白果、果仁、木薯、高粱等都含有相当量的含氰糖苷，含氰糖苷经过水解后产生氰化物。土壤中氰化物含量为0.003～0.130mg/kg，主要来源于土壤腐殖质。土壤中氰化物含量与其有机质含量有密切关系，氰化物含量随土壤深度的增加而逐渐减少。在工业生产中，凡生产中使用氰化物或以氰化物为副产品均可能产生含氰化物的废水、废气、废渣等。

（六）放射性物质的来源

放射性污染主要源于现代核动力工业和人工裂变核素应用，一些国家的核试验也成为放射性污染物的另一来源，使环境中放射性物质的污染增加。天然放射性核素分成两大类：一类由宇宙射线粒子与大气中物质相互作用产生，如 ^{14}C、^{3}H 等；另一类是地球在形成过程中存在的核素及其衰变产物，如 ^{238}U、^{232}Th、^{40}K 和 ^{87}Rb 等。天然放射性物质在自然界中广泛存在于矿石、土壤、天然水、大气和动植物的组织中。核工业的生产环节、核装置材料的运输、核废物的贮存释放和放射性核素生产等过程中均有放射性物质排入环境，特别是核燃料再生处理装置。核燃料设备排出的 ^{3}H 和 ^{85}Kr 在环境中很难消除。^{3}H 被稀释于水中会污染水源，可能造成遗传因子突变；^{85}Kr 虽不与动植物组织结合，但能混入空气中进入人体或在体外形成放射线浴。

二、无机污染物的危害

（一）SO_2 的危害

在食品工业中，作为漂白剂和防腐剂的 SO_2 被广泛应用，尤其是干果蔬菜类食品，用 SO_2 漂白的植物性食品可发生变色。而在加工过程中往往会残留过量 SO_2，使食品带有臭味，严重影响质量。加工的海产品中经常残留有亚硫酸盐，西班牙研究人员分析了4批来自当地不同小贩的虾产品，这些虾的可食部分亚硫酸盐含量平均为182～579mg/kg，而食品中总 SO_2 最大允许含量为100mg/kg。SO_2 及其各种亚硫酸盐制剂在允许使用的限量下是安全的，过量则会产生各种毒害作用。例如，吸入过量 SO_2 后，人体会产生各种中毒症状，甚至死亡。此外，研究表明亚硫酸盐制剂可威胁对其敏感人群的生命，依赖类固醇的哮喘患者在食用含亚硫酸盐的食品后可患危及生命的病症。

我国《食品安全国家标准 食品添加剂使用标准》（GB 2760—2024）中明确规定了各类食品中 SO_2 类物质的使用量及最大残留量，如腌渍的蔬菜中 SO_2 残留量不大于 0.1g/kg，高出国外标准。因此要按规定严格控制添加剂用量，并进行检测。SO_2 超标会对人体造成伤害，人内服 4g 亚硫酸钠即可出现中毒症状，内服 5.8g 则呈现胃肠刺激症状。亚硫酸钠每日容许摄入量（ADI）为 0.0～0.7mg/kg 体重（以 SO_2 计）。

1. 对呼吸道的影响

SO_2 为刺激性气体，能刺激眼结膜和鼻咽膜等黏膜，具有腐蚀作用，与水结合形成亚硫酸后刺激作用增强。由于 SO_2 不断地刺激呼吸道黏膜，削弱并破坏了呼吸道的防御功能，降低机体的免疫力，从而可产生一系列的功能受损害反应，同时又增加了机体对病毒、病菌的易感性，易产生各种呼吸系统疾病。当空气中 SO_2 浓度为 0.3～1.0mg/L 时，能被健康人感知；为 6～12mg/L 时，对呼吸道黏膜有强烈的刺激作用。由于 SO_2 为水溶性物质，在到达咽部之前有 90%以上被黏膜吸收，因此 SO_2 主要刺激上呼吸道。但由于空气中各种微粒的吸附作用，SO_2 可进入呼吸道深部，使深部呼吸道受害，其中直径为 1μm 或稍小一些的微粒，对人体危害最严重。长期呼吸 SO_2 可损坏肺泡，引起呼吸道炎症，还可引起肺气肿、支气管炎和哮喘等疾病。吸入高浓度的 SO_2 可引起急性支气管炎，极高浓度的 SO_2 可造成肺气肿和呼吸道麻痹等疾病。

2. 致突变和促癌作用

动物实验证明了 SO_2 有促癌作用，浓度为 10μg/L 的 SO_2 可以加强苯并[a]芘的致癌作用。近年来，SO_2 还被证实可增加由紫外线引起的真核、原核细胞的突变频率。研究人员发现硫酸厂工人的外周血淋巴细胞有染色体畸变，说明 SO_2 可引起染色体断裂，具有潜在的致突变效应。

【案例 4-2】甘肃成县二氧化硫逸出事故

3. 影响新陈代谢

SO_2 能与血液中维生素 B_1 结合，使体内维生素 C 的平衡失调。通常维生素 B_1 与维生素 C 能形成结合型维生素 C，使之不易被氧化而维持稳定，但 SO_2 与维生素 B_1 结合后会破坏维生素 C 平衡。此外，SO_2 还能影响某些酶的活性。例如，SO_2 可使肺组织中的糖分解酶活性增加，三磷酸腺苷含量显著下降，使蛋白质和酶的代谢发生紊乱，从而影响机体的正常生长发育。

（二）硝酸盐、亚硝酸盐的危害

氮是生命所必需的元素之一，可支持人体正常发育和生命活动。而一些含氮产品，如过量用于农业生产的化肥、农药、药物等，则会引起氮污染，影响人类的生活环境，并且通过食物链影响人体的健康。含氮有机物氧化分解的最终产物是硝酸盐氮（NO_3-N）。水中硝酸盐氮含量过高会对人体造成危害。若长期饮用被硝酸盐氮或亚硝酸盐氮污染的水，会导致儿童智力下降、反应迟钝等疾病。人体内硝酸盐在微生物作用下可还原为亚硝酸盐，并与含蛋白质食物中的仲胺合成亚硝基化合物（NOC）。亚硝基化合物是一种强致癌物，能损害人的遗传因子而导致患癌。由于硝酸盐和亚硝酸盐来源的多重性及它们对人体的危害，目前已引起全世界对于膳食中硝酸盐和亚硝酸盐的普遍关注。

食品是人体硝酸盐和亚硝酸盐的主要来源，人体通过蔬菜摄入的硝酸盐含量占硝酸盐总摄入量的70%～90%。体内60%～80%外源性硝酸盐来源于食物，其中菠菜、甜菜等绿叶蔬菜提供饮食中80%～90%的硝酸盐。成年人从蔬菜中摄取的硝酸盐随季节、食物的加工方法和膳食习惯而不同，通常为40～80mg/kg。硝酸盐通过食物和饮水摄入，口腔唾液中的微生物活动可将硝酸盐还原为亚硝酸盐。另外，经研究发现人体对硝酸盐摄入及排出保持平衡，说明人体内具有合成硝酸盐的能力。因此，通过食物摄入的硝酸盐、亚硝酸盐和人体内自身合成的硝酸盐可形成一定的内源性亚硝基化合物。硝酸盐急性毒性试验大鼠经口半数致死剂量（LD_{50}）为3236mg/kg，ADI为0～5mg/kg体重。亚硝酸盐是一种急性毒性最强的“剧毒剂”，小鼠经口LD_{50}为200mg/kg，人中毒剂量为0.3～0.5g，致死量为3g，ADI为0.0～0.2mg/kg体重。硝酸盐和亚硝酸盐对人体的危害主要表现如下。

1. 引发婴儿高铁血红蛋白症

过量硝酸盐的摄入能诱发婴儿高铁血红蛋白症，经常发生在饮水中硝酸盐含量高的地区。由于人体内大量的亚硝酸盐与血液中血红蛋白结合，高铁血红蛋白含量上升并造成人缺氧，出现高铁血红蛋白症。通常表现为皮肤出现发绀，人感到疲乏，过量摄入将导致死亡。

2. 引起胎儿先天畸形

孕妇摄入大量硝酸盐后会引起胎儿先天畸形，形成中枢神经瘤。一旦奶粉的硝酸盐超标，在人体中可还原为亚硝酸盐，与蛋白质代谢的中间产物发生仲胺反应，形成具有一定致癌性的亚硝胺。《食品安全国家标准 食品中污染物限量》（GB 2762—2022）规定，生乳中亚硝酸盐（含量以亚硝酸钠计）含量不得大于0.4mg/kg，乳粉及特殊膳食用食品中亚硝酸盐含量不得大于2mg/kg，特殊膳食用食品（婴幼儿配方食品、婴幼儿谷类辅食、孕妇及乳母营养补充食品等）中硝酸盐含量不得大于100mg/kg。若奶牛饮水、饲料、牛乳添加剂及奶牛的生长环境中硝酸盐和亚硝酸盐含量过高，则牛乳中硝酸盐和亚硝酸盐含量可能超标。

3. 引发癌症

在适当条件下，亚硝酸盐的衍生物能和多种有机成分反应，如使用亚硝酸盐发色时由于肉中含有大量的胺和氨基酸，亚硝酸盐可与肉中的胺和氨基酸发生反应，生成亚硝基化合物（亚硝胺、亚硝酰胺），这些亚硝基化合物均是致癌因子。

（三）氯气对人体的危害

氯气是一种具有刺激性气味和剧毒性的黄绿色气体。人体接触氯气的机会主要是工业生产事故。例如，化工厂、水处理厂（自来水消毒环节）或造纸企业在氯气贮存、运输过程中发生泄漏。该气体可经呼吸道侵入人体，对黏膜组织产生直接破坏作用；接触眼睛引发灼痛、视力模糊；刺激皮肤导致红肿溃烂；吸入后优先攻击呼吸系统。

1. 急性毒性效应

氯气溶解于呼吸道黏液后生成盐酸和次氯酸，造成化学灼伤。暴露于1～3ppm①浓度时，出现咳嗽、咽部烧灼感；浓度升至30ppm以上时，支气管剧烈收缩、肺泡积液引发肺水肿，严重者可因窒息性呼吸衰竭而死亡。高浓度吸入会突破血脑屏障，引发头痛、意识障碍及全

① ppm. 百万分之一

身抽搐，极端情况下导致多器官功能障碍。

2. 长期健康风险

持续接触低浓度氯气（如职业暴露）会破坏气道纤毛结构，诱发慢性支气管炎、肺纤维化，患者肺活量呈不可逆下降，哮喘发作频率显著增加。动物实验证实氯气代谢产物可干扰甲状腺激素合成，虽缺乏人体直接证据，但流行病学显示相关从业者免疫功能异常发生率高于普通人群。

（四）氟化物对人体的危害

氟化物污染主要来源于铝的冶炼、磷矿石的加工、磷肥生产、钢铁冶炼和煤炭燃烧过程的排放物，其中以大气污染最为严重。许多工厂排出的氟化物主要是 SiF_4 和 HF 气态污染物，它们易溶于水，具有毒性。氟化物污染农作物不仅会使污染区域的粮食和蔬菜的食用安全性受到影响，还会通过禽畜食用牧草后进入食物链，对整个食品工业造成污染。我国现行《生活饮用水卫生标准》（GB 5749—2022）中规定，水中检测氟化物不得超过 1.0mg/L，食品中含氟化物卫生标准为：大米、面粉、豆类、蔬菜、蛋类中不得超过 1.0mg/kg，水果中不得超过 0.5mg/kg，肉类中不得超过 2.0mg/kg。

地方性氟病是地球上分布最广的地方病之一，世界上 50 多个国家都有此病的存在。地方性氟病是由于一定地区的外环境中氟元素过多，生活在该环境中的居民长期摄入过量氟化物所引起的一种全身性慢性疾病。该病因为具有明显的地区性而得名，又称地方性氟中毒。

无论是人还是实验动物，摄入的氟化物主要通过胃肠道吸收，吸收率取决于食品中氟化物在水中的溶解性。氟化物吸收后很快散布至全身，每天吸收的氟化物有 50%于 24h 内沉积在钙化组织，另外有 50%通过肾排泄，吸收的氟化物 99%最终沉积在牙齿和骨骼中。由于氟化物取代了骨骼和牙釉质中羟基磷灰石的羟基，形成氟磷灰石。虽然氟化物对骨骼有高度的亲和力，但氟化物与骨骼的结合并非不可逆，而是形成一种可逆的代谢。氟在微量水平具有预防龋齿的作用，过量就会造成氟中毒，主要表现为氟斑牙和氟骨症，这一剂量范围相当窄。发生骨氟中毒时，可使关节周围的组织和韧带（特别是脊柱和骨盆）钙化，肋骨表面和长骨表面发生骨性突出：上肢和下肢骨骼的某些部位过度钙化，而另外一些部位则钙化不完全，可使脊柱变形，并产生神经障碍。此外，还会出现骨质疏松，骨的脆性增加，导致骨折。我国有关的调查证明，每天摄入 6mg 氟会发生氟斑牙和氟骨症，每天摄入 14mg 氟会使骨折的危险性增加；而每天摄入 3.3mg 以下氟时，龋齿发生率减少，氟斑牙发生率降低。根据动物实验和流行病学调查，我国《人群总摄氟量》（WS/T 87—2016）规定，8～16 周岁人群每人每日总氟摄入量≤2.4mg；16 周岁以上人群，每人每日总氟摄入量≤3.5mg。

（五）氰化物对人体的危害

自然水体中一般不含氰化物，如果发现水体中存在氰化氢，那一定是人类活动所引起的。水中氰化物的主要来源为工业污染。氰化物是被广泛应用的工业原料，采矿提炼、摄影冲印、电镀、金属表面处理、焦炉、煤气、染料、制革、塑料、合成纤维及工业气体洗涤等行业都排放含氰废水。氰化物对人和动物有很强的毒性，具有强挥发性，易溶于水，有苦杏仁味，0.1g 即可致人死亡。研究表明，氰化物在低浓度时，可刺激植物生长（30mg/L 以下），高浓度则抑制生长（50mg/L 以上）。含氰污水灌溉时，蔬菜中的氰残留量随灌水浓度的增大而增大，但其残留率一般不足万分之一，而且氰在蔬菜体内消失明显，一般在24～48h后，其含氰量即可降到清灌时的含氰水平。我国规定，灌溉水中含氰0.5mg/L以下时，对作物、人畜安全。世界卫生组织规定鱼的中毒限量为游离氰0.03mg/L。

氰苷的毒性较强，对人的致死量以体重计为18mg/kg。氰苷的毒性主要来自HCN和醛类化合物。氰苷所形成的HCN被人体吸收后，随血液循环进入组织细胞，并透过细胞膜进入线粒体，与线粒体中细胞色素氧化酶的铁离子结合，导致细胞的呼吸链中断，造成组织缺氧，体内的CO_2和乳酸含量增高，机体陷入窒息状态。同时，氢氰酸还能作用于呼吸中枢及血管运动中枢，使之麻痹，严重者可导致死亡。HCN在体内吸收后，部分经肺呼出；大部分则经硫氰酸酶等作用，与硫结合形成毒性较低的硫氰酸盐，随尿排出。氰苷的急性中毒症状包括心律失常、肌肉酸痛麻木和呼吸急促。HCN的口服最小致死剂量以体重计为0.5～3.5mg/kg。

氰苷引起的慢性氰化物中毒现象也比较常见。在一些以木薯为主食的非洲和南美洲地区，就存在慢性氰化物中毒引起的疾病。含氰苷植物的毒性虽然取决于氰苷含量的高低，但还与摄食速度、植物中氰基水解酶的活力及人体对氢氰酸的解毒能力大小有关。动物实验表明，长期经口摄入微量氰化钾（0.92mg/kg），对小鼠繁殖有影响，染毒动物的子代死亡率升高，妊娠次数明显下降，死胎增多。急性毒性试验表明氰化钾的大鼠经口LD_{50}为6.4mg/kg；小鼠经口LD_{50}为8500μg/kg。

【案例4-3】 天津港危险品仓库火灾爆炸

（六）放射性物质的危害

地球上的植物和矿物几乎都含有少量的放射性物质，通过食物链进入人体。因此，人体内含有可测出的放射性物质，主要是^{3}H、^{14}C、^{40}K和^{226}Ra，可与从大气吸入的Rn和Tn形成对体内的内照射。放射性物质对人体的效应表现，取决于放射性物质造成的照射是否可在短期内大剂量暴露或长期中小量接触。

1. 放射性物质对作物的危害

环境中的大部分放射性物质会直接沉降到地面，污染地面的土壤和水源，然后通过作物、水产品、饲料牧草等进入食品，最终进入人体。放射性物质在植物中的分布取决于植物的种类、器官，也和植物的生长期有关。实验表明，^{90}Sr在叶部含量最多，而在果实和种子部分较少；^{137}Cs的分布要比^{90}Sr均匀；^{90}Sr含量在谷类的外壳比可食部分高。植物不同生长期的放射性物质含量也有一定的差异。

若食物表面受放射性物质污染，可通过清洗等方法对其部分清除。对核试验放射性碘的污染调查表明，青菜经清洗后可去除50%的放射性碘，牛奶通过消毒可大大减少放射性碘的含量。值得注意的是，甲状腺对碘的蓄积能力较强，羊在远离核试验场几千米的地方，其甲状腺仍可富集37Bq/g鲜重以上的放射性碘。放射性物质也可对水体进行污染，水域面积占地球面积的2/3以上，是核试验放射性物质的主要受纳体，也是核动力工业放射性物质的受纳体。水体中的水生生物可富集放射性核素，富集系数可达10^3～10^4。例如，海洋生物体内^{210}Po的含量要比海水中高几百倍甚至上千倍。

2. 放射性物质对人体的危害

一般来说，放射性物质主要经过消化道进入人体（其中食物占94%～95%，饮用水占4%～5%），而在核试验和核工业泄漏事故地区，放射性物质可经消化道、呼吸道和皮肤这三条途径进入人体而造成危害。

海洋生物和陆生动植物都是人类主要的食物来源，不同的放射性核素通过吸收、富集和转移，最终经食物链进入人体。大部分放射性核素不被人体吸收而排出体外，被吸收部分参与人体代谢。进入人体的放射性物质可继续发射多种射线而引起内照射。当放射性物质达到一定浓度时，便能对人体产生损害，可引起恶性肿瘤、白血病或损坏其他器官。放射性污染的特点是影响或危害程度大，消除影响所需时间长。放射性环境污染主要是低剂量长期作用。在低剂量长期作用下，可引起免疫系统抑制或刺激性（兴奋）的效应，其中以后者为主。此外，动物实验表明，妊娠期暴露于放射性物质引起胚胎发育不良效应的最低剂量为 0.01Gy/d，可引起寿命缩短及生殖器等其他脏器发育缺陷；小猎犬接受 1.05×10^{-3}Gy/d 照射，精子的生成受轻度抑制。

【案例 4-4】 日本福岛核泄漏

三、环境污染物的迁移与转化

外源性污染物进入环境后，受其自身的物理化学性质和环境因素的影响，空间位置或形态特征等方面会发生一系列复杂的变化，污染物可直接或间接作用于人体或其他生物体。发生作用时污染物距离污染源可能很远，而且污染物的状态、浓度、组分等都可能已发生了巨大的变化。从污染源释放出的污染物在环境中发生的变化过程称为污染物的迁移与转化（transport and transformation of pollutant），也可称为污染物的环境行为（environmental behavior）或环境转归（environmental fate）。

（一）环境污染物的迁移

污染物的迁移（transport of pollutant）是指污染物在环境中发生空间位置相对移动的过程。例如，从烟囱或汽车尾气排放的大气污染物可在空气中扩散至大气平流层；气态污染物会吸附在空气颗粒物上或溶解在降水中再沉降到地面；植物能黏附和吸收气态污染物，主要取决于植物表面积的大小和粗糙程度，如氰化物作为大气污染物能通过叶片气孔或茎部皮孔进入植物；水体中的污染物会吸附在悬浮的颗粒物上沉降到水底或流入江海。在大气、水体和土壤中的污染物可进入生物体内随食物链迁移，甚至在生态系统中周而复始地循环，从而对人类健康和整个生物圈构成严重的危害。

（二）环境污染物的转化

污染物在环境中通过物理、化学或生物的作用改变形态或者转变成另一物质的过程称为污染物的转化（transformation of pollutant）。通常把污染源直接排入环境产生的污染物称为一次污染物（primary pollutant），在环境中发生各种反应转化形成的污染物称为二次污染物（secondary pollutant）。污染物的转化类型取决于其本身的理化性质和所处的环境条件。根据其转化形式可分为物理转化、化学转化及生物转化和生物降解三种类型。

1. 物理转化作用

物理转化是指污染物通过蒸发、渗透、凝聚、吸附及放射性元素的蜕变过程实现的转化作用。此作用与污染物迁移运动之间存在着较密切的伴随关系。例如，某些有机污染物通过蒸发作用转为气态从而易散入空气中，这一过程中既有物理转化作用，也有迁移变化发生。土壤、泥沙、木炭等物质吸附某些污染物时，污染物既有分子微观形态上的改变，又有空间位置上的变化。

2. 化学转化作用

化学转化是指污染物通过各种化学反应发生的变化，如氧化还原反应、水解反应、络合反应、光化学反应等。通过化学转化发生原有化学键的断裂和新化学键的生成。例如，光化学转化是大多数有机物和某些无机物的一种重要环境转化行为，会不可逆地改变反应分子，强烈影响大气及表层土壤、水体等环境介质中外源化合物的消减和归趋。

3. 生物转化和生物降解作用

生物转化和生物降解是指污染物通过相应酶系统的催化作用而发生的变化过程。污染物在有关酶系统的催化作用下，可由生物化学反应改变其化学结构和理化性质。污染物生物转化或降解的结果，一方面可使大部分有机污染物的毒性降低，形成更易降解的分子结构；另一方面可使一部分污染物的毒性增强，形成更难降解的分子结构。

四、无机污染物的种类

土壤中的无机盐浓度可能会因为施肥、灌溉或蒸发而上升。土壤盐分可能会被土壤胶体吸附并沉淀，通过淋溶作用进入地下水或通过水土流失离开原地。过量的盐分可用硫酸钙溶液从土壤中淋溶移走。大气中的羟自由基（·OH）、超氧自由基（$\cdot O_2^-$）、原子氧和臭氧等可将 CO 转化为 CO_2。此外，某些土壤对 CO 具有明显的吸附作用，其中沙漠土壤的吸附能力最小，贫瘠土壤的吸附能力也较差。

植物的光合作用能吸收大量的 CO_2，同时海洋能溶解 CO_2，这是大气中 CO_2 浓度保持动态平衡的重要原因。但由于全球发生的毁林事件和矿物燃料燃烧的增加，对 CO_2 的自然交换平衡进行破坏，因而使大气中 CO_2 的浓度逐年增加。虽然 CO_2 对人类的生理方面没有明显的毒害作用，但它对环境的影响，特别是对气候的影响却是不容忽视的。

SO_2 在大气中主要被氧化成 SO_3，在高温和较高湿度的条件下可发生催化氧化反应。在白天、光照和低温条件下以光化学氧化为主，SO_2 氧化后产生的 SO_3 可瞬时与水反应，生成硫酸水溶液，若有氨存在时便生成硫酸铵。因此，不论通过何种途径，大气中大多数 SO_2 最终都被氧化成硫酸和硫酸盐（主要为硫酸铵和硫酸氢铵），所以大气中 SO_2 的最终归宿是硫酸和硫酸盐。

重金属在水体中的迁移主要有以下几种物理化学作用：①沉淀作用，重金属生成氧化物、磷化物或碳酸盐等而沉淀，并大量聚集在排水口附近的底泥中，成为长期二次污染物。②吸附作用，天然水体中含有丰富的胶体（黏土矿物、可溶性和不溶性的腐殖质等），能强烈吸附重金属离子。重金属在河流中的迁移主要以吸附在悬浮物上的方式被流水搬运，这是许多微量重金属转向固态的重要途径。除此之外，还有氧化还原作用（如三价铬被氧化为六价铬，六价铬的毒性远大于三价铬）、络合作用等。

第二节　有机污染物对食品安全的影响

有机化合物种类繁多，数量巨大，并以惊人的速度增长。国民经济各部门的运作及人民的日常生活都在产生和排放大量的有机化合物。有机化合物与人类息息相关，但也是污染自然环境的罪魁祸首。碳水化合物、蛋白质、脂肪和维生素是人类生命过程中不可或缺的营养物质，但若其过量排入水中，则使水中氮、磷的含量增加，导致水体富营养化，成为污染物。

一、有机污染物的来源

美国国家环境保护局提出 129 种对人体构成潜在威胁的有机化合物。中国环境监测总站根据我国国情也提出了有机氯化合物、芳烃及其衍生物、多环芳烃、有机农药等 58 种主要的环境有机污染物。

（一）多环芳烃的来源

多环芳烃（PAH）是一类分子中至少含两个苯环的烃，包括萘、蒽、芘。PAH 的种类多、数量大、分布广，对环境质量有明显影响。目前已知的几百种致癌物中，有 200 多种多环芳烃。由于其种类繁多且分析复杂，多以苯并[a]芘为代表，作为环境受多环芳烃污染的指标。

各种食品都可能受到苯并[a]芘的污染，在熏肉、烘烤食品、果蔬、粮谷类、植物油、动物性食品、海产品及酒中均检出了苯并[a]芘。熏肉中的苯并[a]芘含量可达 107g/kg，高于其他食品。食物一旦被苯并[a]芘污染，想去除是相当困难的。概括起来，食品中的苯并[a]芘主要来自以下两方面。

1. 食品加工过程中苯并[a]芘的污染

食品加工过程中苯并[a]芘的污染主要存在于烟熏和烘烤食品中。熏制过程产生的烟是食品中致癌性烃类的主要来源。碳氢化合物在 800～1000℃供氧不足的条件下燃烧生成苯并[a]芘。因为在烘烤时温度较高，食品中的脂类、胆固醇、蛋白质、碳水化合物发生热解后经环化和聚合可形成大量的多环芳烃，其中以苯并[a]芘最多。而当食品在烟熏和烘烤过程中发生烤焦或炭化时，苯并[a]芘的生成量将显著增加，特别是当熏烟温度为 400～1000℃时，苯并[a]芘的生成量会随温度的上升而急剧增加。烟熏时产生的苯并[a]芘大部分直接附着在食品表面，随着保藏时间的延长而逐步深入食品内部。

食品的苯并[a]芘污染与食品种类及加工方法有关。在烤制过程中，动物性食品所滴下的油滴中苯并[a]芘含量比动物性食品本身高达 10～70 倍。通常食品中苯并[a]芘含量有如下顺序：烧烤油>熏红肠>叉烧>烧鸡>烤肉>腊肠。加热方法不同，苯并[a]芘含量的差异也很大，通常是煤炭>柴>山草>电炉>红外线。通过对熏制食品的品种、时间和温度进行综合分析，发现食品的熏制时间、温度与苯并[a]芘的生成量成正比。

食品的苯并[a]芘污染还与加工过程中的容器和材料有关。使用含苯并[a]芘的容器、管道、设备、机械运输材料、包装材料及用含多环芳烃的液态石蜡涂渍的包装纸等均会使食品受到苯并[a]芘污染。

2. 环境中苯并[a]芘的污染

苯并[a]芘广泛存在于自然界中。人类社会活动造成大量的环境污染，如工农业生产、交通运输和日常生活中会大量使用煤炭、原油、汽油、木柴等燃料，以及在柏油路上晾粮食或油料种子等，均会使食品受到苯并[a]芘污染。燃料燃烧产生的大量苯并[a]芘将污染环境，所排出的苯并[a]芘量为：煤炭 67～137mg/kg，木柴 61～125mg/kg，原油 40～68mg/kg，汽油 12～50.4mg/kg。因此，大气、土壤、水中都不同程度地含有苯并[a]芘，使农作物和水生生物等进一步受苯并[a]芘的污染，通过食物链富集和生物浓缩使食品中含有不同程度的苯并[a]芘。

【案例 4-5】茶油致癌物超标

（二）酚类化合物的来源

酚类化合物是芳香烃苯环上的氢原子被羟基取代所生成的化合物，是一种环境污染物，含酚废水已成为世界上主要有害废水之一。从对环境污染的程度来看，危害性较大的有苯酚、甲酚、五氯酚等。根据酚的羟基数目，可将酚类化合物分为单元酚（苯酚、甲酚等）和多元酚（如间苯二酚、邻苯三酚等）。按其挥发性大小可以分为挥发酚和不挥发酚，其中挥发酚（如苯酚等）的沸点在230℃以下，不挥发酚（如间苯二酚等）的沸点在230℃以上。根据其在生物体内、外的存在形式，可将其分为内源酚和外源酚。内源酚是指结合在生物体内的酚，生物体外的酚称为外源酚。

水体中酚类化合物的主要来源有：煤气发生站、焦化厂、石油精炼厂、煤炼油厂和页岩油厂、石油化工厂；化学工业和有机合成工业生产酚的企业，以及用苯酚和其他酚类化合物作原料的各种工业，如生产树脂、塑料、合成纤维、染料、涂料洗涤剂、香料、医药、农药、炸药、消毒剂、玻璃纤维、浮选剂、化学试剂、油脂等的工厂；木材加工工业的木材防腐、木材干馏；轻工业方面的造纸、纺织和印染等。管理不善等原因会造成酚挥发，污染大气。大气中的酚经雨水淋洗也可进入水体。用被酚污染的水体灌溉农田，也可使土壤受酚污染。此外，粪便和动植物体的腐解也会产生少量酚类化合物，故而在城市粪便污染水中也含有酚。

（三）二噁英的来源

二噁英是一类氯苯氧基化合物，已被世界卫生组织（WHO）列为剧毒化合物，被国际癌症研究机构（IARC）列为人类一级致癌物。二噁英来自氯化物及含氯农药生产时的副产物，特别是聚氯乙烯（PVC）制品及电线、电缆外皮、大棚残膜的焚烧，生活垃圾、农作物的焚烧及火灾事故；造纸工业中木质素的去除和漂白工序；冶金工业中炼钢、炼铁、炼铜生产过程；内燃机燃料的不完全燃烧等。大气中的二噁英通过沉降落到土壤及水源中，经作物根系吸收污染植物、浮游动植物、食草鱼及食鱼类鸭、鹅等食物链。曾有人对加拿大人进行调查：大气中的二噁英通过呼吸系统摄入的量不到总摄入量的3%；通过食物摄入的量为总摄入量的95%，其中26.9%来自牛奶和奶制品，54.4%来自肉制品，极少部分来自蔬菜。

（四）多氯联苯的来源

多氯联苯（polychlorinated biphenyl，PCB）是人工合成的有机物，由于其具有良好的绝缘性、抗热性和化学稳定性，从20世纪30年代开始，美、英、日等发达国家大量生产，被广泛用作蓄电池、变压器、电力电容器的绝缘散热介质，以及绝缘油、油漆、墨水等产品的添加剂。多氯联苯是一种难以降解的有毒物质，可长期蓄积在环境和人体内，代谢极为缓慢，危害性很大。目前，我国已将多氯联苯列入重点污染物控制名单，并着手清理含多氯联苯的产品。

多氯联苯在使用过程中通过泄漏、流失、废弃、蒸发、燃烧、堆放、掩埋及废水处理而进入环境，直接或间接污染水源、大气和土壤，通过各种渠道进入生物体。在污染的水体中，多氯联苯能很快被小球藻吸收，通过生物富集使鱼类、动物、家畜体内含高浓度多氯联苯。在陆地上，通过植物、农作物将多氯联苯迁移到食草和食肉动物体内，最后经食物进入人体。一般情况下，多氯联苯在陆生植物中残留量低，在水生植物和家畜中残留量一般也低，而在水生动物和鸟类中残留量较高。

（五）*N*-亚硝基化合物的来源

N-亚硝基化合物是亚硝胺和亚硝酰胺的总称，是一类致癌物质。环境中值得高度重视的生成 *N*-亚硝基化合物的前体——胺类、亚硝酸盐和硝酸盐，广泛存在于环境中，也可在人体内合成各种 *N*-亚硝基化合物。

环境中的硝酸盐和亚硝酸盐广泛分布于水、土壤和植物中。在硝酸盐的形成过程中，由于生物系统的作用，常伴随亚硝酸盐的存在。通过生物链的作用，大气中的氮被转化为可以利用的形式，最终再返回大气，构成氮循环（图 4-2）。在氮循环中，大气中的氮与周围环境发生交换，包括水、土、微生物、植物、动物和人。大气中富含氮氧化物，矿物燃料可产生 NO，随之氧化成为 NO_2。天然水中含氮化合物大多来自沉降物，由雨水或雪水带入土壤，使水中氮含量增加 2 倍。此外，岩石也是土壤中氮的主要来源，使水体中硝酸盐含量增加。直接使用含氮肥料及工业与生活污水的排放，也会使环境中的氮增加。微生物的根瘤菌及植物的固氮作用是硝酸盐的重要来源。人们已经发现了在土壤中 *N*-亚硝基化合物合成的可能性，而且证明了在被污染的水体中也能产生 *N*-亚硝基化合物。

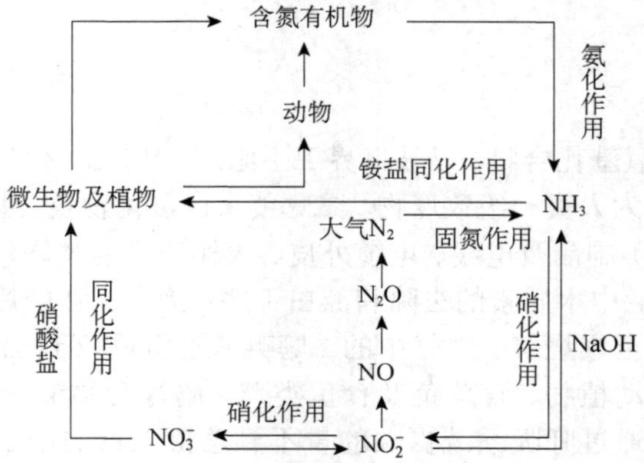

图 4-2　自然界中的氮循环

（六）有机农药的来源

农药是土壤中最常见、最普通的污染物。它们在土壤中有不同程度的残留，长期使用会使作物产生慢性中毒。同时它们在各种食品中不断蓄积，也会对人体健康产生危害。目前正在使用的化学农药有上千种，除部分为无机化合物外，绝大部分是人工合成的有机化合物，主要分为有机氯、有机磷、氨基甲酸酯农药和有机汞、有机砷等重金属农药。

施用农药对食品的直接污染是在施用农药的同时，部分农药黏附在作物根、茎、果实的表面，进而转运到植物体内。农药对食品的间接污染主要是施用的农药造成大气、水、土壤的农药污染，使农作物从受污染的环境中吸收农药，引起动植物食品中的农药残留。食物链和生物的富集作用是农药对食品的另一个主要污染途径，通过食物链转移并经食物链的逐级富集，使进入人体的农药残留数量呈现上万倍的增加，从而严重影响人体健康。另外，在运输及贮存时农药与食品的混放也可造成食品农药污染。

二、有机污染物的危害

（一）多环芳烃的危害

已用动物实验证明，多环芳烃主要导致三种癌症发生，即皮肤癌、肺癌和胃癌。多数多环芳烃为前致癌物质，它们本身不具有生物学活性，必须在生物体内经过代谢酶的作用，被活化后再转化成有反应活性的亲电子终致癌物质，并与细胞内的大分子（DNA、RNA、蛋白质等）结合才能表现出致癌性。多环芳烃在生物体内的代谢过程是在微粒体中多功能氧化酶（MFO）的参与下进行的，其代谢产物如环氧化合物或过氧化合物具有致癌性。

（二）酚类化合物的危害

1. 酚类化合物对植物的危害

焦化厂、城市煤气厂、炼油厂和石油化工厂等会产生大量含酚浓度高的废水。水中含酚类化合物 0.022mg/L 时可闻到臭味，灌溉水和土壤中过量的酚类化合物会在粮、菜中蓄积，使其带有酚臭味。酚类化合物在植物体内的分布是不同的，一般茎叶较多，种子较少；不同植物对酚类化合物的积累能力也有差别。研究表明，蔬菜中以叶菜类较高，其排列顺序是：叶菜类>茄果类>豆类>瓜类>根菜类。植物本身含有一定量的酚类化合物，同时从含酚污水和土壤中吸收外源酚类化合物。植物具有多种能分解酚类化合物的酶类，当酚类化合物进入植物体后会被分解，合成或代谢为 CO_2。因此，植物在积累酚的同时，也能代谢酚类化合物。当灌溉水的酚类化合物浓度在 1mg/L 以下时，对作物、人畜安全。因此收获前，要尽可能停灌污水。

2. 酚类化合物对人体健康的影响

酚类化合物是一种原浆毒物，可通过皮肤、黏膜、呼吸道和消化道进入人体。它与细胞中的蛋白质接触时，可形成不溶性蛋白质，从而使细胞失去活力。酚类化合物为神经毒物，对皮肤有刺激和腐蚀性，可引起皮炎或过敏。酚类化合物被人体吸收后，可使中枢神经系统失去控制，肺、肾充血和水肿。中毒者脸色苍白，头冒冷汗，口唇发绀，体温和血压下降，呼吸和脉搏减慢，进而神志不清，反射消失，最后因呼吸中枢麻痹而死亡。

【案例 4-6】江苏盐城某化工公司污染环境

（三）二噁英的危害

二噁英已被世界卫生组织列为剧毒化合物。它不仅具有致癌性、致畸性，还具有内分泌毒性和免疫抑制作用，可引起肝损伤，对人类生长发育、生殖功能和繁衍具有恶劣影响。

1. 急性毒性作用

二噁英的毒性相当于氰化物的 130 倍、砒霜的 900 倍。大量动物实验表明，只要很低浓度的二噁英就可使动物表现出致死效应。

2. 致癌性

美国国家环境保护局的报告确认，二噁英是致癌物质，是已知毒性最强的有毒化学品之一。世界卫生组织的国际癌症研究机构于 1997 年认定，二噁英是人类一级致癌物。

3. 对生殖系统的影响

研究表明，作为实验模式动物的猴子在接触二噁英后，雄性会出现精子数量减少、激素水平下降，雌性则表现为生育力降低及子宫内膜异位等生殖系统异常。在美国，妇女子宫内膜异位症发病率上升，有调查显示这可能与二噁英饮食暴露有关。

4. 对内分泌的影响

二噁英作为一种环境激素，可扰乱人的内分泌系统，抑制精子产生，影响性行为和黄体化激素分泌。孕鼠接触少量二噁英就可引起子代雄性激素水平的改变。

5. 对免疫系统的影响

二噁英可同时抑制体液免疫和细胞免疫。例如，人体长期接触二噁英可对免疫细胞产生影响，引起胸腺萎缩，影响 T 细胞和抗体的免疫应答。

6. 对胎盘及婴幼儿的影响

发育中的个体，尤其是胚胎期，对二噁英尤为敏感，在未产生母体毒性的情况下即可引起死胎流产、胎儿生长发育畸形或发育迟缓，影响胎儿中枢神经系统的性别分化等。

【案例 4-7】德国北莱茵-威斯特法伦州养鸡场饲料遭二噁英污染

7. 对皮肤黏膜的损害

二噁英可以改变皮肤分泌途径，使皮肤增生，过度角化。

8. 对机体的其他影响

二噁英暴露还可能与心血管系统、呼吸系统疾病有关。肝受损是二噁英常见毒性作用的表现。

（四）多氯联苯的危害

食用被多氯联苯污染严重的食品可引起多氯联苯食物中毒。多氯联苯中毒典型的临床症状表现为眼皮肿胀、视力障碍、指甲和黏膜有色素沉着、胃肠系统症状伴有恶心呕吐、腹痛和肝功能紊乱，部分患者的手臂和腿部会出现水肿。成年患者的中毒症状可缓慢消退，病程延长，多氯联苯的代谢和排泄缓慢。

多氯联苯中毒的怀孕妇女，由于多氯联苯可经胎盘转移并在胎儿皮肤中积累，分娩的婴儿体重较轻、皮肤变色。目前，多氯联苯残留人体后能否引起致畸、致癌和致突变还不十分清楚。据调查，食用多氯联苯污染的油 120d［0.07mg/（kg 体重 · d）］就会产生中毒症状，可见人体对多氯联苯相当敏感，因此要严防多氯联苯污染食品。

（五）*N*-亚硝基化合物的危害

许多亚硝胺的急性毒性症状表现相似，肝是最先的靶器官，通常伴有出血性肺水肿，此外还会发生骨髓和淋巴组织的损伤。许多 *N*-亚硝基化合物都具有潜在致癌性，目前已经测试了 300 多种 *N*-亚硝基化合物的致癌性，其中有 80%以上的结果为阳性。无论是采用经口摄入、呼吸道吸入、皮肤注射或皮肤接触，均可诱发肿瘤。无论是单次大剂量染毒，还是反复多次小剂量染毒，都能诱发肿瘤。迄今为止未发现一种实验动物对 *N*-亚硝基化合物具有抵抗致癌作用。器官特异性是 *N*-亚硝基化合物致癌的重要特征，不同化合物有不同的靶器官。亚硝胺在代谢器官发生作用。例如，对称性亚硝胺（如 *N*-亚硝基二甲胺）主要诱发肝癌，而不对称性亚硝胺（如 *N*-亚硝基甲基苄胺）主要诱发食管癌。直接致癌物（如 *N*-亚硝基甲基脲）除了诱发接触部位肿瘤外，在高剂量时还可以通过血-脑屏障和血-胎盘屏障诱发中枢神经系统肿瘤和胎儿肿瘤。

在遗传毒性研究中发现许多 *N*-亚硝基化合物可以通过机体代谢或直接作用，诱发基因突变、染色体异常和 DNA 修复障碍。在亚硝胺的代谢过程中，与氨氮相连的 α-碳原子上的氢在

肝微粒体细胞色素 P_{450} 作用下可氧化为羟基，产生不稳定的烷基偶氮羟基化合物，具有高度亲电性。亚硝酰胺类是不稳定的化合物，在生理条件下可与组织中的水生成烷基偶氮羟基化合物，形成的亲电性活性成分可与 DNA 上的碱基形成加合物，使 DNA 修复损伤能力下降。*N*-亚硝基化合物在动物实验和人体接触中毒事故中出现的中毒症状、癌前病变、DNA 加合物与遗传毒性方面相似。因此，有理由推测 *N*-亚硝基化合物可使人患癌。

【案例 4-8】复旦大学投毒事件

（六）有机农药的危害

有机氯农药随食物进入人体内，经过肠道吸收，主要在脂肪含量较高的组织和脏器中蓄积，可对人体产生慢性毒性作用。当人体摄入量达到 10mg/kg 时即可出现中毒症状，不仅引起肝和神经细胞的变性，而且常伴有不同程度的贫血、白细胞增多等病变。动物实验表明有机氯农药可诱发肝癌。

人体长期摄入有机磷农药可表现出一系列病理变化，如肝功能下降、血糖升高、白细胞吞噬功能减退等，有机磷农药也具有致畸、致癌、致突变的作用。有机磷农药随食物进入人体，被机体吸收，通过血液系统和淋巴系统转运到全身各个脏器，以肝最多，其次是肾、骨、肌肉和脑等。

氨基甲酸酯类农药一般无特殊气味，在酸性环境中稳定，遇碱分解，可使人发生急性中毒和慢性中毒。发生急性中毒可出现流泪、颤动、瞳孔缩小等胆碱酯酶抑制症状，慢性中毒可致癌、致畸和致突变，但具体作用机制还有待研究。*N*-氨基甲酸酯可在弱酸性条件下与硝酸盐结合，生成强致癌性的亚硝基化合物类物质，但目前还没有氨基甲酸酯类农药引起癌症的有关流行病学报告。

【案例 4-9】海南“毒豇豆”事件

在我国，反季节蔬菜是保证全年蔬菜供应的有效途径，但种植难度大，必须采取防寒防虫措施。由于反季节蔬菜生长季节错位，种植时往往要用更多的农药杀虫，因此其农药残留超标的可能性大于正季蔬菜。

三、有机污染物的迁移与转化

多氯联苯（PCB）在使用和处理过程中通过挥发进入大气，然后经干湿、沉降转入湖泊和海洋。转入水体的多氯联苯极易被颗粒物吸附，成为沉积物。虽然近年来多氯联苯的使用量大大减少，但沉积物中的多氯联苯由于化学惰性，仍然是食物链污染的主要来源。它在环境中的主要转化途径是光化学分解和生物转化。

地表径流及生物体富集是水体中二噁英的重要迁移方式。大气中的二噁英主要附着在大气颗粒物上，随降水沉降到水体成为沉积物后，进入食物链中进行生物富集。光化学分解是二噁英在环境中转化的主要途径，其产物为氯化程度较低的同系物。二噁英类化合物无论在生物体或是非生物体介质中都不易自然降解，因此不断循环。

多环芳烃（PAH）主要来源于各种矿物燃料及其他有机物的不完全燃烧和热解过程，随着烟尘、废气被排放到大气中。释放到大气中的多环芳烃经常和固体颗粒物及气溶胶结合在一起。在大气中，多环芳烃可通过干湿沉降进入土壤、水体及沉积物中，最终进入生物圈。多环芳烃在紫外线（300nm）的照射下很容易被光解和氧化。消除沉积物中的多环芳烃主要靠微生物降解。

当气温较高或农药挥发性较大时，农药进入大气的含量会增多，农药蒸气会随气流带到很远的地方。进入大气中的农药，一部分随蒸气冷凝落入土壤和水体，另一部分与空气中的氧和臭氧发生氧化分解反应，然而环二烯类农药等化合物分解较慢。少量农药可从地表渗入深层地下水中，农药的溶解度越大则向土壤下层移动的速度越快，因而进入地下水的可能性越大。在大多数情况下，农药在水中的含量远远低于其在水中的溶解度。水生生物较易富集有机氯农药，某些高等植物的浓集系数高达 10^6。土壤中的农药迁移性不大（图 4-3）。

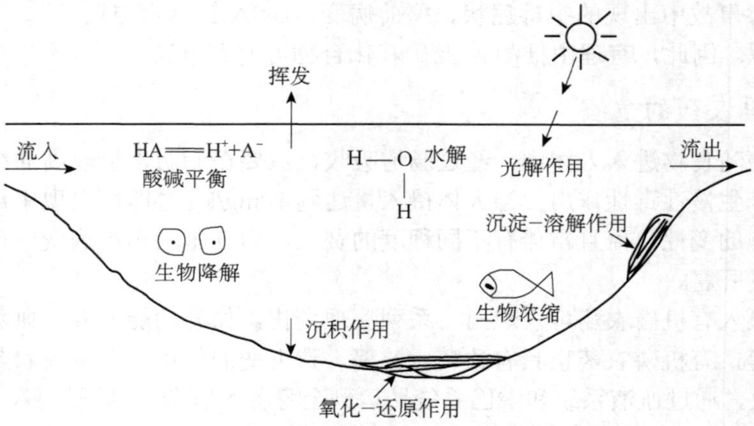

图 4-3　有机污染物在水环境中的迁移与转化

第三节　重金属对食品安全的影响

人类生活的地球，其地壳和岩石中含有 80 多种金属和类金属元素，人体可通过食物、饮水等摄入这些元素。有些元素是人体代谢所必需的，一般膳食情况下不至于对机体造成危害，但诸如镉、汞、铅、砷等重金属元素对人体已有明确的毒害作用，因此被称为有害重金属。这些有害重金属在环境中不能被分解，可通过食物链对人类造成食源性危害。

一、重金属的来源

（一）镉的来源

工厂高烟囱所排出的镉被颗粒物所吸附，通过大气沉降和降水污染表层土壤，农作物又通过根部吸收使镉进入食物；利用含镉废水灌溉农田会使土壤中的镉积累，进而在植物体内富集；污泥施肥或含镉肥料的使用会直接引起土壤中的镉积累。不同作物对土壤中镉的吸收能力不同，一般蔬菜含镉量比谷类作物的籽粒高，蔬菜中的叶菜、根菜类高于瓜果类。

动物性食物中的镉也来源于环境，水产品中的镉含量尤其高。由于污染的水体具有较大的迁移性，水体中浮游植物含有较高水平的镉，造成以浮游植物为食的水生动物蓄积大量的镉。乳品饮料中镉含量一般低于 1μg/L，其他饮料和饮用水中镉含量取决于饮料的加工和贮存条件。采用电镀（含镉）的容器、蓄水池及水管是污染水中镉含量高的主要原因。曾报道有人饮用电镀杯装的水而造成镉中毒。

人体主要通过食品摄入镉。人体镉的摄入与食品的含镉量有直接关系。一般情况下，大多数食品含有镉，主食如米面粉的含镉量小于 0.1mg/kg，蔬菜和水果中含镉量较低，肉中含镉量较高，一般为 5～10mg/kg 湿重，动物内脏如肝、肾可高达 1～2mg/kg 湿重。生活在含镉工业废水中的鱼、贝类含镉量可增加 450 倍。人体通过饮食摄入的镉在非污染区人群为 10～

40μg/d，在污染区人群为150～200μg/d。

（二）汞的来源

食品中的汞以单体汞、二价汞化合物和烷基汞三种形式存在。通常食品中的汞含量很少，但由于环境污染的加重，食品中汞的污染也越来越严重，少部分食品的汞含量已超过限量标准。烷基汞对食品的污染比金属汞和二价汞化合物更为严重。水体中汞可转化为甲基汞化合物，并在鱼体中蓄积。由于水体污染残留的汞相对较多，水产品中汞含量较高。

植物本身含有微量汞，大多数植物体的汞含量为1～100mg/kg，粮食作物为1.0～8.2mg/kg。蔬菜类作物的汞含量相对较低，以叶菜类最高，汞含量为1.2～10.75mg/kg，果菜类为0.3～9.0mg/kg，块茎、块根和鳞茎类为0.23～2.00mg/kg。在受汞污染的土壤中，粮食作物的汞含量依次为：稻谷>高粱>玉米>小麦；蔬菜作物为：根菜类>叶菜类>果菜类，一般辣椒、茄子、黄瓜吸收累积汞含量较少，而菠菜、韭菜、菜花根、胡萝卜积累汞含量较多。饮用水中的汞主要以无机形式存在，即使水受到严重污染，汞含量一般也不会超过0.03mg/L。调查表明，我国饮用水中汞的浓度通常低于0.001mg/L。

（三）铅的来源

饮水中的部分铅来自河流、井、岩石、土壤、大气沉降和被工业污染的含铅废水，大部分铅来自含铅管道系统，大多数天然水中含铅约5mg/L。我国颁布的《生活饮用水卫生标准》（GB 5749—2022）中对铅的限值为0.01mg/L。大气中的铅经雨水及城市街道径流可污染地面水，从而污染饮用水。此外，含铅废水、废渣等排放及含铅农药的使用均可严重污染局部地面水或地下水。

乙醇饮料普遍存在铅污染，尤其是用传统酿造方法时更易受铅污染。过去的酒厂所使用的铅管和其他含铅设备常会引起铅污染，而现代酒厂由于采用不锈钢或其他无铅的材料，铅污染程度降低。

（四）砷的来源

由于农业上广泛使用含砷化合物，特别是含砷农药，土壤中吸收砷的量和农作物的含砷量加大。食品中的微量砷主要来自土壤。例如，在水稻抽穗期后施用有机砷农药，可使稻米的砷含量高达8mg/kg。砷酸铅作为农药施用于烟草，可使烟叶上残留砷，致使吸烟人的砷摄入量远高于普通人。含砷的杀虫剂施用于果树可使大量砷残留在果皮上，又慢慢渗入果肉中，引起水果及其饮料受砷污染。

不同地区饮用水中的砷含量不同。未受污染的淡水中，砷的浓度通常低于10μg/L。温泉和矿泉水中砷含量一般较高，达到0.5～1.3mg/L，若家庭常饮用此类水，会导致人体摄入砷过多而产生慢性中毒。

二、重金属的危害

（一）镉对人体的危害

镉主要从消化道和呼吸道进入机体，消化道吸收率一般在10%以下，呼吸道吸收率为10%～40%，此外皮肤也可以吸收少量镉。进入人体的镉在体内会形成镉硫蛋白，通过血液而到达全身，主要分布于肾和肝中。据报道，50岁左右的健康男性人体含镉总量为30mg，其中

10mg 分布在肾中，其余分布在肝、脾、胰、甲状腺、睾丸和毛发中。镉主要由粪便、尿排出，经口摄入的镉有 80%以上经粪便排出，约 20%随尿液排出。

金属镉的毒性很小，然而其化合物的毒性较大。镉可与机体内含羟基、氨基、巯基的蛋白质分子结合，从而抑制许多酶的活性，影响肝、肾的正常功能。镉会影响肾小管的重吸收功能，使人出现糖尿、蛋白尿和氨基酸尿等症状，并使尿钙和尿酸的排出量增加。肾功能的损害也可影响维生素 D_3 的活性，使骨骼发育受阻，造成骨骼疏松、变形等。镉能在骨中大量积累，取代其中的钙质造成骨损伤的中毒症状。从动物实验和人群流行病学调查中还发现镉可使温血动物（包括人）的染色体发生畸变。此外，镉的致畸、致癌作用在动物实验中已得到证实，对人体的影响尚未得到证实。

【案例 4-10】日本大米镉超标（"痛痛病"）

从消化道摄入大剂量的镉可使人出现呕吐、胃肠痉挛、腹泻、腹痛等症状。从呼吸道吸入高浓度的镉可引起严重的呼吸道疾病症状，如肺水肿、肺炎、呼吸困难等。慢性中毒时可引起肾功能障碍，并在器官组织内蓄积，引起骨痛病或骨软化症。

（二）汞对人体的危害

1. 无机汞的危害

目前对无机汞的中毒机制还不清楚。金属汞氧化成的二价汞离子可与蛋白质中的巯基结合，从而抑制多种含巯基酶的活性，进而影响机体的正常代谢。此外，汞还可作用于细胞膜蛋白的巯基，增大细胞膜的通透性。金属汞极易进入脑部被氧化为二价汞离子，使脑组织受损。

急性汞中毒时可出现食欲不振、恶心、腹痛、腹泻、尿汞升高，并伴有头晕、乏力、发热等症状；慢性汞中毒时，最早出现神经衰弱综合征，主要表现为易兴奋、激动，情绪不稳定，急躁、易怒、思维紊乱、抑郁，肢体麻木和疼痛。汞药性震颤在早期以手指微颤为典型症状，严重时可发生意向性震颤，并波及全身。少数患者表现为肾损害。

2. 有机汞的危害

有机汞的毒性远比无机汞大，且易被人体肠道吸收。本书以甲基汞为代表介绍。甲基汞和其他烷基汞较易透过生物膜，并广泛散布全身。有机汞在血液循环中可与红细胞结合，然后慢慢扩散进入和破坏调节动作平衡的脑细胞。著名的日本水俣病就是甲基汞破坏了人的神经系统而引起的。

甲基汞中毒的特征是小脑和脑皮质的脑细胞萎缩，最初症状是手指和唇舌麻木、口齿不清、步态不稳和吞咽困难，随后患者会产生耳聋、视觉模糊和视野缩小的病症。一旦停止汞吸收，以上症状可逐渐消失。中毒晚期患者最常见的特征是末梢感觉减退，视野向心性缩小，听力障碍和共济性运动失调。甲基汞还可通过胎盘使胎儿发生先天性汞中毒，也会通过母乳传给婴儿，影响婴儿发育。

【案例 4-11】日本水俣病事件

（三）铅对人体的危害

成人膳食中铅的吸收率在 10%以下，3 个月到 8 岁的儿童对铅的吸收率最高可达 50%。人体内 90%的铅蓄积于骨骼中，在各脏器也可检出铅，以肝最高；血铅仅占人体铅负荷的 1%左右，并受近期膳食铅摄入量和骨骼铅水平的影响，然而血铅却是慢性铅中毒、急性毒性发作的原因。人体内的铅主要经由肾和肠道排泄。铅在人体内的生物半衰期为 4 年，若以骨骼计算则达 10 年，因此铅进入人体后较难排出。

铅主要侵入人体神经系统、造血器官和肾。铅中毒常见症状有食欲不振、胃肠炎、口腔金属味、失眠、头昏、关节肌肉疼痛、腹痛及便秘、腹泻、贫血等。慢性铅中毒是由于铅影响凝血酶活性，使凝血时间延长，在后期出现急性腹痛或瘫痪。除了可造成中枢神经系统疾病，铅还可引发周围神经疾病。

【案例 4-12】青海拆迁工程队出现铅中毒

（四）砷对人体的危害

食品中的微量砷主要源自土壤。近年来我国的食品含砷量为：稻谷 0.28mg/kg，米 0.14mg/kg，蔬菜 0.004mg/kg，畜肉 0.013mg/kg，95%的调味品（酱、酱油、醋）样品含砷量小于 0.5mg/kg。由于农业上广泛使用砷类化合物，特别是含砷农药的使用，农作物含砷量提高。砷酸铅作为农药施用于烟草，致使吸烟人的砷摄入量提高。含砷的杀虫剂被施用于果树，可引起水果及其饮料中的砷污染。如果家庭中常饮用含砷水，会导致砷摄入过多而产生慢性中毒。

砷主要由消化道、呼吸道及皮肤进入人体。五价砷易由消化道吸收，二价砷易经皮肤吸收，进入机体后大部分砷会迅速与细胞内血红蛋白结合，24h 内便可分布至肝、肾、肺等各器官和组织。在人体内的砷主要以相对无毒的二甲基砷和甲基砷酸形式随尿液排出，其余通过粪便、汗液、乳汁、呼气等排出。三价砷化物的排出比五价砷化物慢，毒性也更高。砷的毒性机制会影响机体内酶的正常功能。砷为原浆毒物，可与人体内参与细胞代谢的含巯基酶结合，使酶失去活性，导致细胞死亡。例如，机体内的丙酮酸氧化酶、α-谷氨酸氧化酶及延胡索酸酶、DNA 聚合酶、胆碱氧化酶等都受砷的抑制。急性中毒的主要表现为咽部红肿、恶心、呕吐、腹痛、腹泻、头痛、咳嗽、胸痛、呼吸困难、痉挛，甚至昏迷死亡。当水中砷含量在 20mg/L 以上时，就存在急性中毒的风险。慢性中毒是由于长期摄入少量的砷化物，在人体内蓄积而达到致害水平，主要表现为食欲不振、胃痛、恶心、肝肿大、神经衰弱、多发性神经炎和皮肤病变等。砷化氢的毒性主要表现为强烈的溶血性，砷能使红细胞的钠-钾泵作用受到破坏，导致细胞膜膨胀、变形及破裂，细胞内容物消失，大量红细胞遭到破坏，氧运输受阻。

【案例 4-13】湖南石门河水砷超标事件

三、重金属的迁移与转化

重金属主要通过水在环境中迁移，同时也可通过复杂的食物链进行转移，而且在此转运过程中还有逐级富集放大的作用。

日本对水俣病的病因研究表明，海水中汞含量约为 1×10^{-4}mg/L，生活在此海水中的浮游生物体内汞含量为海水的 10～20 倍，吸食浮游生物的小鱼体内汞含量为浮游生物的 200～500 倍，吞食小鱼的大鱼体内汞含量为小鱼的 5～25 倍。因此，由上述食物链的三级生物富集，使大鱼体内汞含量为海水的 1 万～5 万倍。

陆生植物可从土壤中吸收重金属盐类，通过水介质运送到叶和果实，再以“植物→动物（肉、内脏、蛋、乳等）→人”的方式进入人体，大大提高了人对重金属的接触量，增加有毒重金属对人体健康的潜在危害性。

第四节　微生物污染对食品安全的影响

微生物对环境的影响具有双面性。有害微生物通过污染大气、水体、土壤，直接或间接地影响食品安全性，危害人类健康，这种污染称为微生物污染。据世界卫生组织估计，在全世界每年有数以亿计的食源性疾病患者，其中70%的病例是由各种致病性微生物污染的食品和饮用水引起的。微生物污染是影响我国食品卫生和安全的最主要因素，近些年来发生的重大食物中毒事故中，由微生物引起的重大食物中毒事故起数和人数均有增加。我国的全国污染源监测数据管理与共享系统数据也显示，沙门菌、肠出血性大肠埃希菌和单核细胞增生李斯特菌这三种常见食源性致病菌的阳性检测率逐年上升。

本章中所指的微生物并非生物系统分类学中的名词，而是所有形体微小、单细胞或个体结构较为简单的细胞，甚至没有细胞结构的低等生物的统称。因此，微生物类群十分庞杂，包括单细胞的细菌、单细胞藻类、原生动物、真菌及不具有细胞结构的病毒。

一、微生物污染物的分类及来源

微生物污染包括细菌、病毒和真菌及其毒素的污染，是主要传染性疾病的源头。微生物污染按照被污染的对象，可分为大气微生物污染、水体微生物污染和土壤微生物污染。根据危害方式可分为微生物病原体污染、水体富营养化和微生物代谢物污染。微生物病原体污染是最主要的微生物污染。例如，水体常由于生活污水、医院污水、畜禽食品加工废水、皮革加工废水等而受到微生物病原体的污染。

（一）真菌的来源

真菌种类繁多，数量庞大，广泛分布于自然界，与人类关系十分密切。有许多真菌对人类是有益的，而有些真菌对人类有害。例如，各种有毒蘑菇本身含有毒性物质，有些真菌（如麦角）可寄生于麦类等粮食作物，人摄食有毒的蘑菇或混有麦角的粮食就会中毒，甚至死亡。

霉菌在自然界中分布极广，阴暗、潮湿和温度较高的环境非常有利于它们生长。由于霉菌的营养来源主要是糖、氮和无机盐，因此其极易在粮食、水果和各种食品上生长，引起食品的腐败变质。此外，有些霉菌可产生毒素，引起食物中毒。在食品热加工时，虽然可杀死霉菌的菌体和孢子，但它们产生的毒素一般不能被破坏。产生霉菌毒素大多是由于禾谷类作物收获时遇阴雨天气，未能及时晒干、脱粒，而较高的温度和湿度有利于霉菌的生长和产毒。此外，存放粮食的仓库中湿度大，通风不畅，未及时翻晒及粮食皮壳受损也易导致霉菌产生霉菌毒素。

据统计，目前已知的霉菌毒素有200多种，可引起食物中毒的霉菌毒素种类则较少。产生毒素的霉菌主要有曲霉属（*Aspergillus*）、青霉属（*Penicillium*）、镰刀菌属（*Fusarium*）中的菌种。

（二）细菌的来源

细菌是一种单细胞原核生物，根据其形态可分为球菌、杆菌和螺旋菌。常见球菌的直径为0.5～1.0μm，杆菌为0.5～1.0μm。根据其大小、排列方式、内部构造和生理、生态等特征可进一步区分。细菌的种类很多，因此生理特性也多种多样，无论环境中是否有氧、温度高低、酸碱程度，都有适合该种环境的细菌存在。

当细菌以食品为培养基进行生长繁殖时，可使食品腐败变质。此外，有些细菌可在体内产生耐高温芽孢，一般的煮沸方法不能将其除去，降温后芽孢会萌发出新的菌体。部分产生毒素的细菌可通过食品对人体产生不利影响。影响细菌生长速率的主要外部环境因素有温度、氧气和相对湿度。环境温度决定了细菌的繁殖速率、种类及其活动程度。例如，只要温度变化几摄氏度，细菌的最适体系将完全改变，导致另一种类型的食品腐败和食源性疾病。绝大多数细菌的最适宜繁殖温度为14～40℃，但也有细菌能够在高于100℃或低于0℃的环境中生长。氧气决定体系中能够生存的细菌种类和数量。有些细菌需要氧气，这种需要游离氧的细菌称为需氧菌（如假单胞菌）；有些细菌只能在无氧环境中生长，称为厌氧菌（如梭状芽孢杆菌）；有些细菌不论游离氧存在与否均能够生长，称为兼性细菌（如乳杆菌）。细菌所要求的湿度比酵母和霉菌高，最适相对湿度大于92%；酵母的最适相对湿度为90%或更高；霉菌的最适相对湿度为85%～92%。

环境中细菌污染食品的途径主要有以下4种。

1. 水污染食品

在食品的生产加工过程中使用了不卫生的水，或在生产工艺中不注意卫生操作，则会通过水污染食品。例如，食品厂在屠宰牲畜时使用的水是清洁的，但在宰杀、除毛、拉肠等工序中，细菌通过水可引起畜体之间相互污染。宰后牲畜体表的沙门菌检出率常高于未宰杀前的粪便。

2. 空气污染食品

空气中的细菌随灰尘的飞扬或沉降附着在食品上，人的唾沫、口腔分泌物带有细菌，在讲话、咳嗽、打喷嚏时会直接或间接地污染食品。据测定，人讲话或咳嗽时，距人体1.5m以内是直接污染区。

3. 人及动物污染食品

人体作为媒介接触食品时，体表所带的细菌可造成食品的污染。鼠、蝇、蟑螂、螨类的体表或消化道内均带有大量的细菌，而食品正是这些动物频繁活动的场所。

4. 用具及杂物污染食品

食品及原料的包装、运输、生产加工等设备如果不进行严格的卫生处理，其所带的细菌能够污染食品。

可通过食品传播疾病的常见细菌有芽孢杆菌、链球菌属、李斯特菌属、丹毒丝菌属、分枝杆菌、沙门菌属、志贺菌属、大肠埃希菌、克雷伯杆菌属、副溶血性弧菌、假单胞菌属、变形杆菌属、耶尔森菌属、布鲁菌属等。

（三）病毒的来源

在食源性微生物危害因素中，除真菌、细菌及其产生的毒素外，还包括更具严重危害性、以食物为传播载体和经粪口途径传播的致病性病毒。一般情况下，病毒只能在活细胞中复制，因此人和动物是病毒复制与传播的主要载体。对大多数病毒来说，患者是重要的传播源，尤其在临床症状表现明显时，其病毒传播能力最强。此外，有些病毒携带者处于传染病的潜伏期时没有明显的临床症状，在一定条件下可向外排毒，因而具有隐蔽性。

在畜牧业快速发展的今天，人畜共感染病毒不仅给养殖业造成了巨大损失，而且可通过多种途径传播给人，大多通过污染的动物性食品感染给人，如偶蹄动物的口蹄疫病毒、禽流感病毒等。有些病毒粒子在土壤、水、空气中的存活期较长，因此造成谷物、蔬菜等食品的污染。例如，引起小儿麻痹症的脊髓灰质炎病毒可在污泥和污水中存留 10d 以上。贝类对海水中肠道病毒具有非常强的浓缩能力，当食用这些贝类时，如果不彻底加热，就会引起食源性中毒。

来源于污染源的病毒，可通过各种途径污染食品，主要传播途径有以下几种。

1）携带病毒的人和动物通过粪便、尸体直接污染食品原料和水源，如细小病毒、呼吸道肠道病毒等。

2）带有病毒的食品从业人员通过手、生产工具、生活用品等在食品加工、运输、销售等过程中对食品造成污染，如乙肝病毒。

3）携带病毒的动物与健康动物相互接触后，使健康动物染毒，导致动物性食品的病毒污染，如牛、羊肉中污染的口蹄疫病毒，禽肉和禽蛋中污染的禽流感病毒等。

4）蚊、蚁、鼠类、跳蚤等作为某些病毒的传播媒介造成食品污染，如乙肝病毒、流行性出血热病毒等。

5）污染食品的病毒被人和动物吸收并在体内繁殖后，又通过生活用品、粪便、唾液、动物尸体等对食品造成再次污染，导致恶性循环。

二、微生物污染物的危害

（一）真菌毒素的危害

1. 黄曲霉毒素的危害

黄曲霉毒素（AF）是黄曲霉（*Aspergillus flavus*）和寄生曲霉（*A. parasiticus*）等菌种产生的次生代谢产物，该毒素是毒性和致癌性最强的天然污染物之一。黄曲霉毒素种类较多，主要有 B_1、B_2、G_1、G_2、M_1 和 M_2，因其结构式不同，其毒性也有很大差异，其中以黄曲霉毒素 B_1 的毒性最大。黄曲霉毒素对动物肝有很强的毒性，大剂量摄入黄曲霉毒素会直接造成死亡，亚致死剂量将导致慢性中毒，长期接受低剂量则会引发癌症。对所有真菌毒素而言，黄曲霉毒素最引人关注，因为它们的毒性大，致癌作用强。

【案例 4-14】猪食霉玉米中毒事件

防霉是防止饲料被黄霉菌毒素污染的最根本措施。主要的防霉措施是控制温度和湿度，即控制饲料中水分及饲料贮存环境中的温度和湿度。谷物被收获后应尽快脱水干燥，并放置在通风、阴凉、干燥处，拣除霉变颗粒。加碱或高压反复清洗、水冲可除去 85.7%的毒素。

2. 杂色曲霉毒素的危害

杂色曲霉毒素（ST）主要是杂色曲霉（*Aspergillus versicolor*）和构巢曲霉（*A. nidulans*）的最终代谢产物，同时也是黄曲霉和寄生曲霉合成黄曲霉毒素过程后期的中间产物。

杂色曲霉毒素主要污染小麦、玉米、大米、花生、大豆等粮食作物，人畜进食被杂色曲霉毒素污染的谷物可引起食欲减退、拒食、进行性消瘦、精神抑郁、虚弱、死亡等中毒症状，并有致畸、致突变和致癌作用。将玉米、花生、大米和小麦等谷物贮存于干燥、通风、清洁的地方是防止杂色曲霉毒素污染的有效措施。

3. 赭曲霉毒素 A 的危害

赭曲霉毒素 A（OTA）是曲霉属和青霉属的菌种产生的二次代谢产物。赭曲霉毒素 A 是一种肾毒，并具有致畸、致癌及免疫毒性作用。该化合物与家畜肾病相关的病例在许多国家均有报道。调查表明，泌尿系统肿瘤高发病率与巴尔干肾病明显相关。因此，赭曲霉毒素 A 在食品用和饲料用的谷物、猪肉制品及猪血中的残留水平对人体健康的影响受到普遍关注。

谷物在贮存期间应注意通风，防止食物发霉变质。如若发现发霉、变质的大豆、玉米籽粒应立即除去。此外，发现动物中毒首先要停止饲喂霉变饲料，并更换易消化且富含维生素的饲料。

4. 展青霉素的危害

展青霉素是青霉属和曲霉属的若干菌种产生的真菌毒素。展青霉素可在许多水果、谷物和其他食物中存在，多存在于霉烂的苹果和苹果汁中。在急性和短期试验中，展青霉素可引起动物胃肠道充血扩张、水肿、出血和黏膜溃疡。动物实验表明展青霉素中毒可导致肝、肾和肠组织中的二磷酸果糖酶浓度降低，说明展青霉素可抑制肝中二磷酸果糖酶的生物合成。展青霉素可抑制大脑半球、小脑和延髓中的乙酰胆碱酯酶活性，并伴随胆碱酯酶活性升高。大鼠喂饲含展青霉素的饲料可导致空腹血糖增高，并使胰岛素分泌减少，说明展青霉素具有致糖尿病性。由于展青霉素对于巯基具有很强的亲和性，因此可抑制多种酶的活性。

水果和谷物应放在低温、阴凉、通风环境中贮存；水果食用前应进行清洗或削皮，以避免摄入展青霉素。

5. 伏马菌素的危害

伏马菌素是一组由串珠镰孢（*Fusarium moniliforme*）、轮状镰孢（*F. verticillioides*）、多育镰孢（*F. proliferatum*）和其他一些镰孢菌种产生的真菌毒素。串珠镰孢是玉米的一种致病菌，是在玉米中分布最广泛的一类真菌。从该菌种的培养物中分离到的伏马菌素对马具有神经毒性，可引起猪肺水肿，诱发大鼠肝癌。伏马菌素 B_1 和伏马菌素 B_2 是自然界中最普遍且毒性最强的两种毒素。动物实验表明，伏马菌素可抑制神经鞘脂类的生物合成，导致组织、血、尿中二氢神经鞘氨醇/氢神经鞘氨醇（Sa/So）值升高。因此，动物尿或血清中 Sa/So 值的升高可作为评价伏马菌素的生物指标。

防止伏马菌素中毒的措施包括加强通风、防潮、防霉管理，及时对田间和贮存的玉米、麦类、稻谷等粮食和饲料原料进行干燥处理，防止串珠镰孢等产毒真菌的污染、繁殖和产毒。

6. 玉米赤霉烯酮的危害

玉米赤霉烯酮（ZEA）是由镰刀菌属的若干菌种产生的有毒代谢产物。玉米赤霉烯酮是温带地区主要的真菌毒素，主要污染玉米、大麦、小麦、高粱、小米和大米，在面粉、麦芽、啤酒、大豆及其制品中也被检出。玉米赤霉烯酮是非固醇类真菌毒素，具有雌性激素性质。玉米赤霉烯酮主要作用于生殖系统，母猪对该毒素最敏感，牛对玉米赤霉烯酮的敏感性比猪小，但可导致牛的不育症、产奶量降低等。国际癌症研究机构对玉米赤霉烯酮潜在的致癌性进行评价，结论是玉米赤霉烯酮对实验动物致癌的证据有限，因而根据人类致癌性标准，玉米赤霉烯酮不属于人类致癌物。

【案例 4-15】猪场玉米赤霉烯酮中毒事件

为防止玉米赤霉烯酮中毒，应对田间和贮存的玉米及其他谷物进行脱水干燥，贮仓要通风防潮、防霉，避免霉菌生长繁殖和产毒；不食用发霉变质的玉米及玉米制品，减少摄入玉米赤霉烯酮的可能性。

（二）细菌的危害

食物中毒以细菌性食物中毒最多，并在夏秋两个季节发生率增多，因为此时气温较高，易于微生物生长繁殖。细菌性食物中毒的患者一般表现出明显的胃肠炎症状，其中腹痛、腹泻最为常见。细菌性食物中毒可分为感染型食物中毒和毒素型食物中毒。食用含有大量病原菌的食物引起消化道感染而造成的中毒称为感染型食物中毒；食用细菌繁殖而产生大量毒素的食物所造成的中毒称为毒素型食物中毒。

1. 沙门菌的危害

沙门菌（*Salmonella* spp.）是细菌性食物中毒中最常见的致病菌。常见的引起沙门菌中毒的食品有各种肉类、鱼类、蛋类和乳类，其中以肉类占多数。当沙门菌随食品进入人体后可在肠道内大量繁殖，经淋巴系统进入血液内，平均潜伏期为12～24h，有时可长达2～3d。感染型食物中毒的症状表现为急性胃肠炎症状。细菌毒素可引起中枢神经系统症状，如体温升高、痉挛等。一般病程为3～7d，死亡率较低，约为0.5%。

防止沙门菌中毒的措施包括加强食品卫生检验，在肉类检疫加工、运输、销售等各个环节严格把关；控制各类食品贮存的适宜条件；对污染沙门菌的食品进行加热灭菌。

2. 肠致病性大肠埃希菌的危害

肠致病性大肠埃希菌（enteropathogenic *E. coli*）的种类有数百个，引起的中毒症状也不相同。肠致病性大肠埃希菌能产生一种与痢疾志贺菌毒素相似的毒素；肠侵袭性大肠埃希菌不产生毒素，但会使结肠肠壁溃疡；肠出血性大肠埃希菌的毒力最强，如大肠埃希菌O157：H7可产生强毒素，造成肠出血，少部分可发展成肾出血，主要症状为突发性腹痛，并损伤肝、肾。在小儿中常导致溶血性尿毒综合征，威胁生命。许多食物都可引起肠出血性大肠埃希菌发病，如非全熟肉、奶、汉堡包、果汁、发酵肠、酸奶、蔬菜等。主要预防措施是不吃生食，在肠出血性大肠埃希菌产毒前将其杀灭。

【案例 4-16】日本埼玉县大规模食物中毒事件

3. 肉毒梭菌的危害

肉毒梭状芽孢杆菌简称肉毒梭菌（*Clostridium botulinum*），在自然界广泛存在，如土壤、霉干草、畜禽粪便，可引起严重的毒素型食物中毒。就目前已知的毒素中，由肉毒梭菌产生的肉毒毒素是毒性最强的一种，对人的致死量为10^{-9}mg/kg，其毒力比氰化钾高1万倍。引起肉毒梭菌中毒的食品主要为民间自制的发酵豆制品，如臭豆腐、豆酱、面酱、豆豉等，少数是吃熟肉制品引起的。肉毒梭菌中毒属于毒素型食物中毒，其毒素与神经有较强的亲和力，经肠道吸收后作用于颅脑神经和外周神经。毒素能阻止乙酰胆碱的释放，导致肌肉麻痹和神经功能不全。一般在进食污染毒素食物的24h以内发生中毒症状，也可能在两三天后发生，主要与进食毒素的量有关。症状初期是胃肠病，随后出现全身无力、头晕、视力模糊、眼睑下垂、瞳孔放大、复视、吞咽困难、言语障碍等症状，最后因呼吸困难、呼吸麻痹而死亡，死亡率可达30%～50%。该菌引起的中毒在食物中毒中所占比例不大，但症状较严重，死亡率较高。

为避免肉毒梭菌中毒，在自制发酵酱类食品时盐量要达到14%以上，并提高发酵温度以抑制肉毒梭菌产毒；经常日晒，充分搅拌，氧气

【案例 4-17】食用自制腌猪肉食物中毒事件

供应充足，会抑制肉毒梭菌的生长繁殖。

4. 副溶血性弧菌的危害

副溶血性弧菌（*Vibrio parahemolyticus*）是分布极广的海洋细菌。在沿海地区的夏秋季节，人们常因食用大量被此菌污染的海产品而出现暴发性食物中毒。在非沿海地区，食用此菌污染的腌菜、腌鱼、腌肉等也常有中毒事件发生。副溶血性弧菌所产生的耐热性溶血毒素除有溶血作用外，还有细胞毒、心脏毒、肝毒等作用。国家对水产品中副溶血性弧菌污染的主动监测对于提高食品安全管理水平具有重要作用。我国食品国家标准规定水产品副溶血性弧菌在定性检测中为无检出类型；在定量检测中，致病菌可接受水平的限量值为100MPN/g，最高安全限量值为1000MPN/g。

引起海产品中毒的常见食物主要是海鱼和贝蛤类。而海产品生熟不分，交叉感染而引起的中毒事例也很多。副溶血性弧菌的潜伏期为2～24h，发病急，以腹痛为主，并有腹泻、恶心、呕吐、畏寒发热等症状。腹泻可呈黄水样便，有时出现洗肉水样血水便或转为黏液、脓血便。部分病例先轻后重，易被误诊为痢疾。重者因脱水、皮肤干燥及血压下降而休克。少数患者有意识不清、痉挛、面色苍白或发绀等现象。抢救不及时则呈虚脱状态，最后可导致死亡。

防止副溶血性弧菌中毒的措施包括：对海产品及其他食品低温保存；烹调加工各种鱼、虾、蟹、贝壳类海产品应烧熟煮透；凉拌食品预先清洗干净，在食醋中浸泡1min或在凉拌食品中加适量食醋，以杀死该菌或抑制其生长繁殖。

5. 金黄色葡萄球菌的危害

葡萄球菌广泛分布于自然界，如空气、水、土壤饲料中均含有该菌，常见于人和动物的皮肤及与外界相通的腔道中。葡萄球菌以腐生葡萄球菌数量最多，一般不致病。表皮葡萄球菌的致病力较弱，金黄色葡萄球菌的致病力最强，可产生肠毒素、杀白细胞素、溶血素等毒素，其中肠毒素可引起食物中毒。金黄色葡萄球菌（*Staphylococcus aureus*）可引起毒素型食物中毒，主要症状为急性胃肠炎，这是由于肠毒素进入人体消化道后被吸收进入血液，刺激中枢神经。

防止金黄色葡萄球菌中毒的措施包括：对食品加工人员、餐饮从业人员、保育员定期进行健康检查，禁止金黄色葡萄球菌产毒菌株的带病者从事食品加工和供应工作；禁止病畜禽肉流入市场，加强对健康奶牛乳房的检查，防止金黄色葡萄球菌对奶源的污染；防止肠毒素的形成，食物应冷藏或放置在阴凉通风的地方。

【案例 4-18】金黄色葡萄球菌引起食物中毒事件

（三）病毒的危害

病毒是微生物中的一个类群，需要在电子显微镜下才能看见。近几十年来，病毒学研究突飞猛进，有关病毒污染食品的报道也越来越多，如非洲猪瘟病毒、小儿麻痹病毒、流感病毒、肠道病毒等。任何食品都可作为病毒的运载工具，许多病毒疾病的发生是食源性的。人类因食品污染而感染的胃肠道病毒种类有细小核糖核酸病毒、呼吸道肠道病毒、细小病毒、乳多孔病毒和腺病毒等。当人和动物摄入带有病毒的食品后，即可引起病毒性传染病。患者常常表现头痛、发热、乏力等，在病毒侵害部位常发生不同程度的病理变化，并导致机体功能的改变。例如，乙型肝炎病毒可导致机体患乙型肝炎，常常呈慢性发展，患者可表现出乏力、消化功能减退、厌食消瘦、肝区疼痛等临床症状。若不能控制病情，病毒在肝细胞大量复制会导致肝组织变性，转变为肝硬化。病情进一步发展后可导致死亡。

1. 非洲猪瘟病毒的危害

非洲猪瘟病毒可在蜱虫体内繁殖，蜱虫成为其主要的传播媒介。病毒可以从受感染猪的血液、组织液、内脏和其他排泄物中鉴别出来。猪和野猪是该病毒的易感动物，该病毒目前尚未发现除猪以外的易感动物，但人和其他动物会成为该病的传播媒介。经调查发现，受感染的家猪和胎儿的粪便、患病猪组织和被喂食受污染饲料的家猪均是该病毒传播的途径，发病率和死亡率可高达 100%。

非洲猪瘟的潜伏期会因感染途径、易感染动物及病毒株的不同而有所不同，一般为 5～19d，目前发现的最长潜伏期可达 21d 左右。发病时体温可升至 41℃，在猪体无毛及毛少部位会有紫色斑，耳朵的紫斑肿胀，中心有深暗色出血斑，边缘颜色相对较浅，特别是在腿部和腹壁皮肤上可观察到明显症状。解剖胸腔、腹腔、心包、胸膜、腹膜可观察到透明、带血色或黄色液体，内脏浆膜可见浅红色瘀斑，尤其是小肠更为明显。

防止非洲猪瘟病毒污染的措施包括：加强养殖户防疫监督管理，严格动物防疫制度，加强种猪场监管力度；进一步推进规模化、集约化饲养模式，逐步降低散养猪比例，提高养猪场和散养户的疫苗防护力度，采取全面消毒、无害化处理等措施；规范生猪产地检疫，按照检疫程序依法在原产地合理分布检疫场所，动物卫生监督机构应当严格执行检疫程序；加强厨余垃圾管理，明确规定禁止直接利用厨余垃圾饲喂生猪，完善相关法律法规。

2. 猪水疱病病毒的危害

猪水疱病病毒的传播源是病猪或处于潜伏期的病毒携带猪，一年四季均可发病。病毒通过粪、尿、水疱液和乳传播，直接使猪感染或通过污染食品和水源使人感染，也可经污染的车船、用具和饲养人员传播。饲养密度高的猪场传播较快，发病率高，可达 70%～80%，但死亡率很低。猪水疱病病毒可引起人畜共患性水疱病。由于此病流行迅速，发病率高，在国际上受到重视，因此世界动物卫生组织将其列为 A 类传染病。常见的症状有轻微发热，流感样症状；在手指、足趾处发生水疱等；重者可发生非化脓性脑炎。

防止食品猪水疱病病毒污染的措施包括：发现感染猪后应立即封锁疫区，销毁已感染的猪，对环境进行彻底消毒；养猪场对未出栏的猪做好预防接种；猪肉加工容器要分开放置，避免交叉污染。

3. 口蹄疫病毒的危害

口蹄疫病毒的主要传染源为患病或携带病毒的牛、羊、猪、骆驼等偶蹄动物。发病初期的病畜是最危险的传染源，排毒量大、毒力强、传染性高。破溃的水疱、唾液、粪、乳、尿、精液和呼出的气体将大量病毒排向外界后会污染食品和水源。另外，处于潜伏期和痊愈后的病毒携带动物均可向外排毒，也是病毒的重要传染源。口蹄疫是一种急性发热、高度接触性传染病，主要侵害偶蹄类动物。当人接触感染口蹄疫病毒的动物或食用了被病毒污染的食品后可发病。人感染口蹄疫病毒的潜伏期一般为 2～8d，表现出发热、头痛、呕吐等症状。2～3d 后口腔内有干燥和灼烧感，唇、舌、齿龈及咽部出现水疱。另外，手指间、足趾间、鼻翼和面部皮肤上也会出现水疱。水疱破裂可排出含有大量病毒的水疱液，而后结痂，逐渐愈合。有的形成溃疡，愈合快，不留疤痕。有的患者有咽喉痛、吞咽困难、脉搏迟缓、低血压等症状，重者可并发细菌性感染，如胃肠炎、神经炎、心肌炎，以及皮肤、肺部感染，可因为继发性心肌炎而死亡。

防止食品口蹄疫病毒污染的措施包括：养殖场人员对易感动物定期进行预防接种；严禁从疫

区引进易感动物，防止病毒传入；加工生肉的刀、菜板、容器等要与熟食分开，避免交叉污染。

4. 禽流感病毒的危害

禽流感病毒的主要传染源为家禽及其尸体，病毒存在于病禽的所有组织、体液、分泌物和排泄物中，常通过消化道、呼吸道、皮肤损伤和眼结膜传染。吸血昆虫可传播该病毒，病鸡的鸡蛋也可带毒。禽流感病毒流行期间各种禽类均易被该病毒感染。感染病毒后，在禽类肌肉、内脏、蛋中可检出大量的禽流感病毒。人因食用此禽类食品而被禽流感病毒感染会产生多方面危害。患者的潜伏期一般为3～5d，多表现感冒症状，体温升高、疲倦、消化功能减弱，眼睑肿胀，角膜发炎，呼吸不畅，呼吸道分泌物增加。该病毒可通过血液进入全身组织器官，严重者可引起内脏出血、坏死，造成机体功能降低，若进一步被细菌感染，有导致死亡的危险。

防止食品禽流感病毒污染的措施包括：对家禽定期进行预防接种，防止感染禽流感病毒；注意饮食卫生，防止感染禽流感病毒，食用禽类食品时加热煮熟。

【案例 4-19】各国接连暴发禽流感疫情

5. 牛海绵状脑病病毒的危害

牛海绵状脑病病毒的两条主要传染途径是受孕母牛通过胎盘传染给牛犊和食用染病动物肉加工成的饲料。感染牛海绵状脑病病毒之后的发病牛大多烦躁不安，行为反常，对声音或触摸过分敏感，常由于恐惧、狂躁而表现出攻击性。少数病牛出现头部和肩部肌肉震颤与抽搐。组织器官的病理变化与人的克-雅病极其相似。人可因为接触患病牛、羊或食用病牛、羊肉及其制品而发病。一些国家的牛饲料加工工艺中允许使用牛、羊等动物的内脏和肉制作饲料，致使此病迅速蔓延。

防止食品被牛海绵状脑病病毒污染的措施包括：禁止进口和销售来自牛海绵状脑病发生国家的以牛为原料生产制成的食品；对已进口或销售的来自牛海绵状脑病发生国家的产品，应立即停止销售，并公告收回已售出的食品作销毁处理。

6. 狂犬病毒的危害

狂犬病毒最易感的是犬、狼、猫。该病毒存在于患病的动物神经系统及唾液中，主要由疯犬、疯狼等咬伤人和其他动物而传播。但可能存在非咬伤性的传播途径，人和动物都有经由呼吸道、消化道和胎盘感染狂犬病毒的病例。所以对患狂犬病死亡的动物一般不作剖检，更不允许剥皮食用。

此病对人的潜伏期为10d或数年。病毒可进入人的神经系统繁殖并发病，开始时患者焦躁不安，咬伤部位疼痛难忍，随后发生兴奋症状，对光、声极度敏感，瞳孔放大，流涎增加。人的狂犬病又称恐水症，这是因为发病到一定阶段，患者咽肌痉挛，吞咽困难，以致不能咽下自己的唾液，表现出想饮水而又不能饮入的神经异常症状，最后出现全身麻痹。由于此病患者中枢神经系统受到感染，脑、脊髓受到严重损害，所以对被狂犬咬伤的人，除处理伤口外，还应立即免疫注射，以使其免疫力产生于发病之前。由于病毒在咬伤部位的肌肉细胞中增殖并存留一定时间后才入侵神经系统，故疫苗接种可取得预防的效果。

【案例 4-20】恶犬伤人事件

第五节　寄生虫对食品安全的影响

自然界中生物之间的关系复杂而多样，寄生关系是指一种生物生活在另一生物的体表或体内，使后者受到危害。受到危害的生物称为寄主或宿主，寄生的生物称为寄生物或寄生体。寄生物从寄主中获得营养而生长繁殖并使寄主受到损害，甚至死亡。寄生物和寄主可以是动物、植物或微生物。动物性寄生物称为寄生虫。

一、寄生虫的分类及来源

寄生虫的种类很多，其形态和生理特征各异。寄生虫以生物种类分类包括：①原生生物，此类寄生虫很广泛，常见的如疟疾原虫（*Plasmodium* sp.）、蓝氏贾第虫（*Giardia lamblia*）等；②无脊椎动物，此类寄生虫从数量和种类上看都是最多的，甚至许多无脊椎动物是专性营寄生，常见的如营内寄生的扁形动物猪带绦虫（*Taenia solium*）、中华肝吸虫（*Clonorchis sinensis*），以及营外寄生的节肢动物阴虱（*Phthirus pubis*）、头虱（*Pediculus humanus capitis*）等；③脊椎动物，此类寄生虫很罕见，盲鳗（*Hagfish*）是脊椎动物中唯一的内寄生动物。根据寄生虫在寄主体内的发育阶段，可分为终寄主（寄生虫在寄主体内能发育到成虫或有性生殖阶段）和中间寄主（寄生虫在寄主体内为幼虫阶段或无性生殖阶段）。有的寄生虫可有多个寄主，以人和动物为寄主的寄生虫可诱发人畜共患病，损害人体健康。另外，还可通过携带寄生虫的肉类或肉制品传染给人类，引起疾病。所以寄生虫是食品卫生检验的重要项目，与食品安全性关系密切。一般以蠕虫、寄生虫最为常见，如吸虫、绦虫、线虫等。食源性寄生虫病的传染源是感染寄生虫的人和动物，包括患者、病畜、带虫者转续寄主和保虫寄主。寄生虫从传染源通过粪便排出，污染环境和食品。食源性寄生虫病的传播途径为消化道。人体常因生食含有感染性虫卵的蔬菜或未洗净蔬菜和水果感染（如蛔虫），或者因生食或半生食含感染期幼虫的畜肉和鱼虾而感染（如旋毛虫、华支睾吸虫）。

二、寄生虫的危害

影响食品安全性的寄生虫主要是食源性寄生虫。易感个体因摄入污染病原体（寄生虫或其虫卵）污染的食物而感染，经过一定潜伏期后可表现出肠道寄生虫病的症状，是一类重要的食源性疾病。其暴发流行时与食物中毒有相似的特点。由于多数患者在近期内食用相同的食物，发病集中且短时间内可能有多人发病，患者有相似的症状。

（一）畜肉中常见的寄生虫

1. 蛔虫

蛔虫属于线虫纲，其发育不需要中间寄主。各种蛔虫的生活史基本相同，成虫寄生于寄主的小肠内，虫卵随粪便排出体外，在适宜的环境中单细胞卵发育为多细胞卵，再发育为第一期幼虫，经一定时间的生长变为第二期幼虫，再经 3～5 周变成感染性虫卵。感染性虫卵一旦与食品、水等经口被人体摄入，在小肠内可孵出第二期幼虫，通过小肠黏膜及黏膜下层进入淋巴管或微血管，再经胸导管或静脉到达心脏，随血液到达肝、肺，然后经支气管、气管、咽喉再返回小肠内寄生，逐渐长大为成虫。成虫在小肠里能生存 1～2 年，有的可长达 4 年以上。

蛔虫病呈世界性分布，一般春夏季节为蛔虫的感染季节。当灰尘、水、土壤或蝇、鼠及带虫卵的手污染蔬菜及水生生物后，若食用未洗净的污染食物可导致感染。人体感染蛔虫发病时，早期危害主要是幼虫在肺内移行造成的，多表现为发热、咳喘、蛔虫性肺炎。幼虫滞留在肝内可造成小点出血，使肝细胞混浊肿胀、脂肪变性或坏死。后期危害主要是由成虫在小肠内生活造成的，轻者不表现症状，严重时可致消瘦、贫血、腹痛便秘或腹泻呕吐等症状。蛔虫数量大时互相扭结成团，可引起肠梗阻。蛔虫喜欢钻孔，所以还可引起肠穿孔、腹膜炎、阑尾炎；钻入气管可引起窒息；钻入胆管可引起胆管阻塞、化脓性胆管炎或胆管破裂，胆汁外流，胆囊内胆汁减少，导致肝黄染和变硬等病变。蛔虫在寄生生活中所分泌的有毒物质和排出的代谢产物可作用于寄主的中枢神经和血管，引起过敏症状，如烦躁、荨麻疹、夜间磨牙、低热、兴奋和麻痹等。

值得注意的是，我国农村多以人畜粪便作肥料，蔬菜大多染有蛔虫卵，生食蔬菜或食用未洗净的蔬菜都有可能感染蛔虫而致病。感染率为农村高于城市，儿童高于成人。对于蛔虫感染病的预防主要是要养成良好的个人卫生习惯，不饮生水，不吃不洁净的食物，饭前便后洗手。凉菜制作中的原料一定要清洗干净，生熟分开。

2. 旋毛虫

旋毛虫属于线虫纲，是一种动物源性人畜共患寄生虫。几乎所有的哺乳动物对旋毛虫均易感，现已发现 150 多种哺乳动物可自然感染旋毛虫。旋毛虫可导致人畜以损害横纹肌为主的全身性疾病。感染旋毛虫的食物，主要是生的或半生的含有活体旋毛虫包囊的猪肉、野猪肉、狗肉和熊肉等。含有活的旋毛虫包囊的熏肉、腌肉、酸肉、腊肠等，因加工过程中肉的中心温度未能达到杀虫温度也可引起感染。另外，切生肉的刀或砧板、容器等被旋毛虫包囊污染后也可成为传播因素。

旋毛虫对机体的损害包括成虫在体内移行造成的机械性损伤和排泄物、分泌物及肌纤维坏死后产生的有毒物质对机体的毒害。其幼虫不但寿命长（有的可活 10～20 年），而且数目多（每克肌肉可高达数千条），感染率高，致病力强，危害性大。幼虫和成虫侵犯肠壁时，可致十二指肠、空肠局部出现充血、水肿等炎症病理变化，多数患者出现恶心、呕吐、腹痛和粪中带血等早期胃肠道疾病症状。幼虫可引起急性血管炎和肌肉炎症。临床上除头痛、高热、怕冷等症状外，还表现出旋毛虫病的特征症状，如全身肌肉痛痒，以四肢和腰部明显。疼痛出现后，发生眼睑、面部、四肢或下肢水肿，水肿部位皮肤发红发亮。幼虫移行至肺会损害肺毛细血管，产生局部或广泛性肺出血、水肿、支气管炎症，甚至胸腔积液。对心脏的损害，主要是心肌和心内膜充血、水肿、间质性炎症，甚至心肌坏死。患者常伴有周围神经炎，视力、听力障碍，昏迷、抽搐、半身瘫痪等症状。重症者可因毒血症或并发症而死亡。

旋毛虫可对人体感染，其暴发流行与生食肉类的习惯有关，预防的关键措施是加强肉类和食品卫生管理。

3. 猪囊尾蚴

囊尾蚴是绦虫的幼虫，寄生在寄主的横纹肌及结缔组织中呈包囊状，故称“囊虫”。猪绦虫外形呈链状，可长达 2～5m，有 800～1000 个节片。在人体内寄生的绦虫可生活多年，因而能长期排出孕卵节片，寄生绦虫的猪可患囊尾蚴病，造成人畜间的相互感染。除猪外，犬、猫、人也可作为中间寄主，而人一般是终寄主。人类患囊尾蚴病可能因食用被虫卵污染的食物，也可能由于胃肠逆蠕动把小肠中寄生的绦虫孕卵节片逆行入胃，经过消化道进入人体各组织，特别是在横纹肌中发育成囊尾蚴，使人患上囊尾蚴病。囊尾蚴的危害远比成虫大，它寄生在人体肌肉组织，使人感到酸痛、僵硬；入侵人眼中可影响视力，甚至失明；寄生于脑内会导致脑组织受到压迫而出现神经症状，如抽搐、癫痫、瘫痪等，甚至死亡。

预防人体感染猪囊尾蚴的措施包括：大力开展宣传教育，加强肉品卫生检验与管理；积极倡导食用烧熟煮透的肉类食品，不吃生肉和未熟肉品；加工工具、盛器要生熟分开，及时消毒。

4. 肝片吸虫

肝片吸虫主要寄生于牛、羊、鹿、骆驼等反刍动物的肝胆管中，在人、马和一些野生动物体内也可寄生，引起急性或慢性肝炎和胆管炎，进而引发全身性中毒现象和营养障碍问题。人和动物为肝片吸虫的终寄主，中间寄主为椎实螺。椎实螺在我国分布甚广，在气候温和、雨量充足的地区，椎实螺春夏两季均可大量产卵繁殖。成虫寄生在终寄主的肝胆管中，卵随胆汁进入消化道后随终寄主的粪便排出体外。进入螺体后以无性繁殖的方式发育为幼虫，称为尾蚴。尾蚴从螺体逸出后，在 5～120min 内浮游到植物草叶上或在水面上很快脱尾，形成囊蚴，等待动物捕食。附有囊蚴的水草被动物或人经口吃入，囊蚴进入十二指肠后蜕皮，最后进入胆管，发育为成虫。成虫在动物体内可生存 3～5 年。

当虫体进入肝后，由于长期的机械刺激和毒素作用，可引起慢性肝炎、肝组织损伤和坏死等；当经过体腔或其他器官时可产生脓包或形成结节样包囊。成虫在寄主胆管里生长，数量大时能使胆管堵塞，引起黄疸。长期刺激胆管可引起慢性胆管炎，使胆管壁变厚或扩张，早期肝肿大，后期萎缩硬化。虫体本身不断以寄主的血液和细胞作为营养，引起人和动物营养失调、贫血、消瘦、水肿。

控制食物中肝片吸虫的主要措施包括：驱虫，消灭虫卵，消灭中间寄主，注意饮食卫生。

5. 弓形虫

弓形虫是一种原虫，属孢子虫纲，可进行有性繁殖和无性繁殖。猫为弓形虫的终寄主，人、猪和其他动物（啮齿动物及家畜等）为中间寄主。弓形虫在终寄主内可进行有性繁殖，形成裂殖体、配子体和卵囊等；在中间寄主体内可进行无性繁殖，形成滋养体和包囊。无论是包囊、滋养体还是卵囊，食用后均可被感染。病畜的肉、乳、泪液、唾液、尿液中均含有虫体。除消化道感染外，也可经伤口和呼吸道感染，也存在与病畜密切接触而感染的病例。人的先天性弓形虫感染多在孕妇妊娠初期感染时发病，对母体影响不大，但可感染胎盘，进入胎儿血液循环，导致流产、早产和胎儿先天性畸形。如果妊娠晚期感染，婴儿会有急性弓形虫病的表现，如发热、皮疹、肝脾肿大等。后天获得性感染大多为隐性感染，其临床症状多为新近感染或病灶活化所致。感染者以内脏和淋巴结症状为多见，中枢神经系统受侵害时可表现为脑膜炎，也可出现癫痫或精神病症。

弓形虫病的防治极为重要，具体防治措施包括：①加强对家畜、家禽和可疑动物的监测与管理；②加强饮食卫生管理，强化肉类食品卫生检疫制度；③不吃生或半生的肉、蛋、乳制品；④感染弓形虫患者需要给予乙胺嘧啶、磺胺类药物治疗，且治疗疗程不同。免疫功能正常的急性感染者疗程为 1 个月，免疫功能低下者应适当延长疗程。

（二）水产品中常见的寄生虫

1. 华支睾吸虫

华支睾吸虫以螺蛳、淡水鱼、虾等为中间寄主，成虫寄生在人、猪、猫、犬的胆管里。虫卵随寄主粪便排出，被螺蛳吞食经过胞蚴、雷蚴和尾蚴阶段后从螺体逸出，游于水中，附在淡水鱼体上，继而进入鱼的肌肉、鳞下或鳃部发育为后囊蚴。若人或动物（为终寄主）食用含有囊蚴的生鱼虾或未煮熟的鱼肉或虾后，囊蚴可进入人体消化道，囊壁被溶化，幼虫破囊而出，然后移行到胆管和胆道内发育为成虫。成虫在人体内寄生可达15～25年。食入少量囊蚴时无症状，若食用的数量多或反复多次感染，机械性的刺激可引起胆管和胆囊发炎，管壁增厚，消化机能受影响，腹泻。由于久经刺激，可出现腹痛、肝硬化和局部坏死，产生肝细胞变性萎缩、黄疸、腹水等病症。虫体分泌毒素可引起贫血、消瘦和水肿。胆道内成虫死亡后的碎片和虫卵又可形成胆结石而引起胆石症。儿童体内大量寄生华支睾吸虫可影响其生长发育，甚至引起侏儒症。

华支睾吸虫病通常是由于生食或半生食含有囊蚴的淡水鱼、虾，预防华支睾吸虫病应自觉不吃生鱼及未煮熟的鱼肉或虾，改进烹调方法和习惯，注意生、熟的厨具分开使用。喂养的猫、狗如果粪便检查阳性应给予药物治疗，不能用未经煮熟的鱼、虾喂猫、狗等宠物，以免引起感染。加强粪便管理，不让未经无害化处理的粪便流经鱼塘。

2. 并殖吸虫

并殖吸虫主要是卫氏并殖吸虫及斯氏并殖吸虫。虫卵随终寄主（人和哺乳动物）的粪便或痰液排出体外，在水中25～30℃条件下，经18～20d发育为毛蚴，从卵盖部钻出游动，可存活1～2d，遇到第一中间寄主淡水螺（黑螺科、沼螺科等）即钻入其体内，并繁殖出许多短尾蚴，尾蚴自螺体逸出后即可侵入附近的第二中间寄主（蟹、蝲蛄或虾）体内，或含有尾蚴的螺体被第二寄主吃入体内，尾蚴在其体内形成囊蚴。人或动物因生食（或半生食）含有活囊蚴的蟹、蝲蛄、虾或食用被囊蚴污染的食物和水而被感染，囊蚴在人体小肠中经消化液作用脱囊而出，穿过肠壁进入腹腔后侵入肝或穿过横膈到达胸腔，数日后再侵入肺，经1～2周成熟并产卵。成虫在终寄主内可生存5～6年，甚至长达20年。

经口传染是此病传染的唯一途径，如我国南方地区的醉蟹、腌蟹，东北地区的蝲蛄酱、蝲蛄豆腐等都不能彻底消灭寄生虫，人食用后因而受到感染。有时因喝含有囊蚴的生水也会被感染。此外，食用含有卫氏并殖吸虫的转续寄主（如野猪、家兔及小鼠等）的肉，也可受到感染。

此病的潜伏期为数日至数月。通常分为急性期和慢性期。急性期症状较明显，如腹痛、腹泻、高热、荨麻疹、胸痛、咳嗽等。慢性期有多种类型：①胸肺型，主要症状为咳嗽、胸痛；②皮肤肌肉型，以游走性皮下结节为主；③腹型，以腹痛、腹泻、便血及肝肿大为主；④神经系统型，脑内寄生时可致癫痛、瘫痪，脊髓寄生者较少见，但可影响下肢活动。

此外，异形吸虫病是由异形科寄生虫引起的，主要有异形吸虫和横川后殖吸虫。它们的生活史中需要有两个中间寄主，第一中间寄主为淡水螺，第二中间寄主为淡水鱼或虾。其保虫寄主有犬、猫、猪及一些食鱼鸟类，是主要的传染源。人食用上述未经煮熟的动物肉或被它们污染的食品都可致病。虫体除寄生在肠道外，还可寄生于人体各种组织中，引起相应的症状。

不生食或半生食溪蟹、蝲蛄及其制品，不生饮疫区水是预防本病最有效的方法。

3. 孟氏裂头蚴

孟氏裂头蚴是孟氏迭宫绦虫的幼虫，完成其生活史需要两个中间寄主。虫卵随终寄主（猫、犬、狐、虎、豹等）粪便排出后，在水中经3～5周孵出钩毛蚴。如被第一中间寄主淡水蛲足虫（如剑水蚤、镖水蚤）吞食，便脱去纤毛，穿过肠壁入腹腔，经1～2周发育为原尾蚴。带有原尾蚴的蚤被第二中间寄主蝌蚪吞食后，失去小尾球发育为裂头蚴。当蝌蚪发育成为蛙时，裂头蚴常迁移到蛙的大腿和小腿部。如蛙被蛇类、鸟类或兽类（如鼠、猪等转续寄主）捕食，裂头蚴即在这些动物的腹腔、肌肉及皮下组织中存在，但不能发育为成虫。只有当猫、犬等终寄主吞食受感染的青蛙或转续寄主后，幼虫才在终寄主的小肠内发育成熟，约经 3 周，虫卵即可在粪便中出现。人可以作为孟氏迭宫绦虫的第二中间寄主、转续寄主或终寄主，但不是正常的终寄主，所以成虫很快就被排出。

人感染裂头蚴的途径有：①用生蛙肉或蛙皮贴敷眼部、龋齿及皮肤创面或脓肿处用以“消炎”治病，裂头蚴即可侵入；②喝生水时误食含原尾蚴的蚤，可在人体中发育为裂头蚴；③食用含裂头蚴的蛙肉、蛇肉、猪肉等被感染。

由于感染途径和裂头蚴寄生的部位不同，症状表现也不相同。在眼部表现结膜出血、红肿发痒，日久寄生部位会有硬结形成，时而呈游走性，多位于上、下眼睑深部。在皮肤伤口处表现为贴敷生蛙肉后病变扩大、溢脓，有时虫体蠕动逸出。在皮下组织表现为结节，以腹壁为最常见。在内脏比较少见，但裂头蚴可侵入肠黏膜、肾周围组织及肠壁等处，并引起各种症状。

预防措施包括：不用蛙肉外贴伤口，不食生的或未煮熟的肉类，不饮生水以防感染。

4. 异尖线虫

异尖线虫为蛔目异尖科线虫，是一类广泛分布于世界各地的海洋寄生虫。可引起人体异尖线虫病的主要有异尖线虫属、海豹线虫属、对盲囊线虫属和鲔蛔线虫属（唐艺芝等，2012）。通常认为异尖线虫的生活史分为 4 个时期：异尖线虫成虫寄生于海洋哺乳动物如海豚、海狮、鲸体内，雌性成虫产卵通过哺乳动物的粪便排出体外，虫卵在海水中孵育成第二期幼虫，该幼虫可被甲壳类动物捕食，甲壳类动物被鱼类所捕食进而在鱼体内发育为第三期幼虫，哺乳动物通过捕食被感染的鱼类感染异尖线虫幼虫，之后在其体内发育为成虫。虽然人体不是异尖线虫适宜的寄主，但是幼虫可在人体消化道各部位寄生，因此人感染异尖线虫的危害性很大。异尖线虫病是异尖线虫第三期幼虫寄生在胃肠道引起的疾病，因生食含活幼虫的海鱼而感染。急性期临床表现有恶心、呕吐、剧烈腹痛等胃肠道症状，伴嗜酸性粒细胞增高；慢性期以胃或肠道嗜酸性肉芽肿为特征，可并发肠梗阻、肠穿孔和腹膜炎。

预防异尖线虫病的最好办法是改变不良的饮食习惯，不生吃或半生吃海鱼和淡水鱼，以减少感染异尖线虫病的概率。

5. 棘颚口线虫

棘颚口线虫的终寄主一般为犬、猫、貂等动物，寄生在其胃内，虫卵随粪便排出体外，在适宜条件下经 7d 孵出第一期幼虫，被第一中间寄主剑蚤吃下后经 7～10d 发育为第二期幼虫。第二中间寄主淡水鱼吃下剑蚤后一个月发育为第三期幼虫。许多鸟类、哺乳类、鱼类及甲壳类动物吃下第二中间寄主后可作为转续寄主。终寄主吃下第二中间寄主或转续寄主后被感染。在人体内幼虫不能发育为成虫，因此人并非其适宜的寄主。其转续寄主的范围很广，已报道的有 30 多种，包括蟹、鱼、蝲蛄、蛇、龟、蛙、鸡、鸭、鼠、猪等。

棘颚口线虫（*Gnathostoma spinigerum*）的幼虫能寄生于乌鳢、泥鳅、黄鳝等鱼类中，幼虫在人体内可存活数年，长者可达 10 年以上，是人畜共患寄生虫病的重要病原体之一，在我国分布广泛。致病作用主要是幼虫在人体组织中移行，加上虫体的毒素刺激引起皮肤幼虫移行症和内脏幼虫移行症，损害部位极为广泛，表现为匐行疹或间歇出现的皮下游走性包块，局部皮肤表面稍红，有时有灼热感和水肿感，疼痛不明显。幼虫如进入脊髓和脑可引起脑脊髓炎，严重时可致死亡。预防方法是不食生的或半生的鱼类、两栖类食物。

人由于食用生的或未经煮熟的含第三期幼虫的鱼或转续寄主的肉而被感染。潜伏期一般为3～4d，有腹痛、呕吐、发热等前期症状。幼虫在皮肤和肌肉组织器官移行时，可在胸部、腹部、面部、眼等处形成界线清晰的肿块，时隐时现，伴有发痒或皮疹。幼虫移行至重要脏器如脑、眼、咽及泌尿系统时，则可产生严重后果。

预防棘颚口线虫病的措施主要为不食生的或半生的鱼类及鸡、鸭、蛙等转续寄主的肉。第三期幼虫在70℃时5min即可被杀死。

6. 肾膨结线虫

肾膨结线虫的寄主有多种淡水鱼，如犬鱼、鲈鱼、鲟鱼等。此外，蛙、泥鳅、麝鼠也可作为转续寄主。成虫主要寄生在终寄主的肾，虫卵随尿液排出，在常温下经1个月发育为含第一期幼虫的卵（温度低时需6～7个月），第一期幼虫不离开虫卵，处于静止状态可生存2～5年之久。中间寄主为寡毛环节动物，它们因吃下这些含幼虫的卵而感染。第一期幼虫在其体内经两次蜕皮发育为第三期幼虫，终寄主吃了带虫的中间寄主而被感染。人类感染主要是由于吃生蛇、蛙及泥鳅。寄生于人体肾盂中的成虫，虫体压迫肾组织造成肾实质坏死；成虫的取食活动也使肾组织遭到破坏。临床症状有腰疼、肾绞痛、血尿、尿频，出现肾盂炎、肾结石和肾机能障碍等。当虫体自尿道逸出时可引起尿路阻塞、急性尿毒症症状。

不食生的或未经煮熟的鱼、蛙，不喝生水，不食生菜，是预防肾膨结线虫感染的有效措施。

（三）农产品中常见的寄生虫

1. 姜片吸虫

姜片吸虫的中间寄主是红菱、藕等水生植物，终寄主主要是人和猪。在我国，尖口圆扁螺、大圆扁螺、半球多脉扁螺等扁螺能够作为姜片吸虫的中间宿主。虫卵随终寄主的粪便排出后，在水中适宜温度（27～32℃）下经3～7周孵化为毛蚴。当毛蚴在水中遇中间寄主扁螺后会钻入其体内，逐步发育成许多尾蚴。尾蚴从螺体逸出后可吸附在红菱、茭白、荸荠、大菱、藕、水浮莲等水生植物表面，进而发育成囊蚴。当人和猪食用带有囊蚴的水生植物后，囊蚴在小肠液及胆汁作用下可脱囊成为幼虫，吸附在十二指肠或空肠黏膜上，经1～3个月发育为成虫并产卵，继而随粪便排出。

人误食带囊蚴的食物后，一般潜伏期为1～3个月。轻者除食欲不振外，无其他明显症状。儿童长期反复感染后可出现发育障碍和智力减退，甚至造成侏儒症。姜片吸虫的口吸盘和腹吸盘可紧紧吸住肠黏膜，在吸着部位发生机械性损伤，引起肠黏膜炎。在十二指肠虫体尤其多，可引发肠炎、肠黏膜脱落，呈糜烂状，严重时微血管破裂，甚至肠壁发生脓肿。由于虫体机械性地堵塞肠道，影响消化和吸收机能，严重时可引起肠破裂或肠套叠而死亡。虫体吸取人体营养导致人体生长发育迟缓，出现贫血、消瘦和营养不良等现象。虫体的毒素被人体吸收后，可发生贫血、水肿，嗜伊红粒细胞增多，嗜中性粒细胞减少，抵抗力大大降低，最后甚至虚脱或并发其他疾病而死亡。

防治措施包括：不生吃未经刷洗或沸水烫的菱角、荸荠等水生植物；不喝河塘内的生水；加强粪便管理，使粪便无害化，严禁鲜粪下水。

2. 钩虫

钩虫是一种细小、半透明、淡红色的线虫，长约1cm。钩虫在丝状蚴时期能沿植物茎叶爬向离原地面 20～30m 处。人畜生食蔬菜后造成感染，其中人畜共患的钩虫主要有十二指肠钩虫、美洲钩虫、锡兰钩虫、犬钩虫等。钩虫为多寄主寄生虫，除感染人体外，十二指肠钩虫还可感染犬、猪、猫、狮、虎、猴等。钩虫的发育温度以 22～34.5℃为宜，在 15℃以下、37℃以上停止发育。所以我国南方地区几乎全年都可感染，北方地区感染季节较短，主要是在夏季高温期。

成虫寄生在寄主的小肠内，虫卵随粪便排出，在温暖、潮湿、疏松的土壤中于 1～2d 内第一期杆状蚴即可孵出，以后蜕皮发育为第二期杆状蚴。再经 5～6d 第二次蜕皮后发育为丝状蚴，具有感染能力，又称感染期幼虫，对外界的抵抗力强，在土壤中可生存数周，具有向湿性，接触人体时可进入血管或淋巴管，随血流经心至肺，穿破肺微血管进入肺泡，沿支气管上行至会厌部随吞咽活动经食管进入小肠，经第三次蜕皮，形成口囊，3～4 周后再蜕皮即成虫。成虫的寿命可达 5～7 年，但大部分于 1～2 年内被排出体外。人感染钩虫的主要途径有两条：一是身体外露部分接触含感染幼虫的土壤，丝状蚴可经皮肤入侵；二是生食被污染的蔬菜，幼虫可经口腔和食道黏膜侵入体内。幼虫可引起钩蚴性皮炎，成虫可引起腹痛、持续性黑便，贫血为其主要症状，部分患者有异食癖，如食用生米、泥土、瓦片等。

防治措施包括：及时治疗病犬、猫和带虫者；饲喂动物的食物要清洁卫生，不喂生食；及时清理粪便，定点堆放，并进行无公害处理；在气候较温暖的季节，应对犬、猫进行定期检查，做到及时驱虫；钩虫的幼虫不耐干燥，故保持猫舍干燥，并用硼酸盐按 0.2kg/m^2 处理，杀灭幼虫。

思　考　题

1. 举例说明无机物污染对食品安全的影响。
2. 简述无机物污染的主要来源及其危害。
3. 无机污染物在环境中是怎样迁移与转化的?
4. 有机污染物的危害主要表现在哪几个方面?
5. 简述食品中无机污染物的主要来源及其对食品安全与人体的影响。
6. 简述微生物污染的主要类别及其对食品安全的影响。
7. 简述寄生虫污染的主要类别及其对食品安全的影响。

参考答案

第五章 加工环境与食品工业

内容摘要：本章主要介绍了食品加工对环境的要求和食品加工环境对食品安全的影响。在对以上基本知识理解的基础上，进一步介绍与食品加工环境相关的大气污染、水质污染、微生物污染监测项目及检测方式。

教学目标：通过本章的学习，要求学生掌握有关环境和食品工业之间的相互关系，特别是大气污染、水体污染、土壤污染及生产加工环境对食品安全的影响；掌握食品加工过程中对环境的要求、食品加工环境的检测等内容，更进一步了解影响食品质量与安全的各种环境因素。

关键词：大气污染　水体污染　土壤污染　农药残留　食品加工　生物性污染　《中华人民共和国食品安全法》　加工车间　贮运　《食品生产许可审查通则（2022）》　环境检测　大气检测　水质检测　微生物检测

第一节　加工环境对食品安全的影响

一、食品安全的影响因素

（一）环境因素

环境因素是影响食品安全的重要因素之一，对食品的质量与安全性具有决定性作用。食品安全问题直接或间接地与生产环境和流通环境有关。环境污染对食品安全造成的危害程度因环境污染程度、污染方式和有毒、有害物质种类的不同而各有差异。影响食品安全的环境因素一方面为大气、水体、土壤及放射性物质等的污染；另一方面为食品生产投入品，如农药、化肥、食品添加剂等。因此，食品产地的环境及食品生产投入品直接或间接地影响食品的质量安全。一般情况下，天然食品（即由天然环境生产的食品）不含有害因素或含量极少。而真正影响食品安全的是人类活动造成的环境污染。

1. 大气污染对食品安全的影响

大气污染物的种类很多，其理化性质非常复杂，毒性也各不相同。对食品原料及其安全性存在危害的主要污染物有PM2.5、SO_2、NO_2和CO等。

根据我国实际情况来看，PM2.5的危害极为严重。PM2.5是指环境空气中空气动力学当量直径小于等于2.5μm的颗粒物，也称细颗粒物。《2020年中国生态环境状况公报》报道，我国2020年PM2.5年排放浓度为33μg/m^3，比2019年下降10.8%，PM2.5未达标地级以上城市平均浓度为37μg/m^3。PM2.5包括自然来源和人为来源。自然来源包括风扬尘土、火山灰、森林火灾、漂浮的海盐、花粉、真菌孢子、细菌等。但PM2.5的主要来源还是人为排放，既可直接排放PM2.5，也可排放某些在空气中转变成PM2.5的气体污染物。直接排放主要来自燃烧过程，如化石燃料（煤、汽油、柴油）燃烧、生物质（秸秆、木柴）燃烧、垃圾焚烧。在空气中转化成 PM2.5 的气体污染物主要有二氧化硫、氮氧化物、氨气、挥发性有机物。其他人为来源包括道路扬尘、建筑施工扬尘、工业粉尘、厨房烟气等。PM2.5 的来源和成分复杂，主要成分是元素碳、有机碳化合物、硫酸盐、硝酸盐、铵盐；其他常见成分包括各种金属元素，既有钠、镁、钙、铝、铁等地壳中含量丰富的元素，也有铅、锌、砷、镉、铜等主要源自人类污染的重金属元素。

SO_2 的危害也极为严重。我国 SO_2 年排放量约为 2000 万 t，包括生活 SO_2 排放和工业 SO_2 排放，前者主要源于居民生活燃煤，后者主要源于火力发电、工业锅炉、窑炉等以煤炭为燃料和原料的产业。SO_2 不仅直接影响农作物的生长发育，也可形成酸雨（pH 小于 5.6 的雨雪或其他形式的大气降水），对农作物、林业、渔业及人体健康都有危害。酸雨降落在陆地上能够使土壤酸化，使土壤中的锰、铜、铅、汞、镉、锌等元素在酸雨作用下转化为可溶性化合物，从而增加土壤中重金属浓度，通过淋溶作用转入江、河、湖、海和地下水中引起水体重金属浓度增高，通过食物链在水生生物及粮食和蔬菜中积累，从而影响食品安全。pH4.7 以下的降雨可造成蔬菜产地绝产；酸雨会损坏植物叶面，导致树木死亡；酸雨降落于水中，会影响鱼类繁殖。瑞典、加拿大和美国的研究结果揭示，酸雨地区鱼的汞含量很高，而汞会通过食物链对人类健康产生危害。饮用酸化物污染的地下水对人体有害。

大气氟化物污染也很严重，大气氟化物能引起工厂周围的土壤污染，对农产品有急性或慢性危害。氟化物具有在生物体内积累的特点，植物体内氟化物浓度比空气中氟化物浓度高百万倍。农作物可直接吸收空气中的氟化物，大部分通过叶片上的气孔进入体内，也有的从叶缘气孔进入。受污染的工厂四周土壤、水、牧草、农作物的氟化物含量很高。氟化物被人或动物吸收后 95%以上沉积在骨骼中，可引起氟斑牙和氟骨症等。

另外，环境中含有的煤烟粉尘、金属飘尘、沥青烟雾等也会给食品安全带来重大危害。受沥青烟雾污染过的作物一般不能直接食用；产生于冶炼厂、钢铁厂、焦化厂的烟尘也会危害作物，使果蔬品质下降；粒径小于 10μm 的金属飘尘能长时间飘浮在空中，并在粮食、蔬菜等作物中积累。例如，工业区上空和公路两旁上空镉、铅污染较重，这些金属飘尘沉降到地面容易污染农作物。森林火灾或生活垃圾焚烧过程中产生的二噁英对食品安全的危害更为严重。二噁英具有高度的脂溶性，容易存在于动物脂肪和乳汁中。因此，最易受二噁英污染的食物是鱼、肉、禽、蛋、乳及其制品。

【案例 5-1】PM2.5 对人类健康的影响

2. 水体污染对食品安全的影响

随着中国经济的快速增长，工业废水排放量日益增加。由于缺乏严格的环境管理和监督体系，快速城市化、工业化和城市群的形成加剧了地表水污染。据 2010 年统计，废水及其排放量以每年 18 亿 m^3 的速度在增加，每年污水（城乡污水）排放量超过 600 亿 t，城镇污水处理率达到 77.5%，而农村不到 10%。大部分未经处理的污水直接排入江、河、湖泊，导致一些流域的地表水污染显著增加，大部分水不适合饮用甚至灌溉。总体而言，华北地区地表水污染比华南地区严重，尤其是海河、黄河、淮河流域。由于水资源短缺，中国北方部分地区的污水被用于灌溉。随着废水排放量的增加，污水灌溉成为缓解水资源短缺和农业生产用水紧缺的有效措施。然而，污水中含有大量潜在有害物质，由于废水被用作低效灌溉的一部分，因此向土壤中添加污染物会导致土壤中有害物质的积累，包括持久性有机污染物和重金属。

水体污染源复杂，污染物种类繁多，各地区具体条件不同，其水体污染物的类型和危害程度也存在较大差异。对食品安全有影响的水体污染物主要有三类：①无机有毒物，包括各类重金属和氧化物、氟化物等；②有机有毒物，主要为苯酚、多环芳烃、多氯联苯等；③病原体，主要包括各类污水中的病毒、病菌、寄生虫等。水体污染引起的食品安全问题主要由污水中的有害物质在动植物体内积累造成。污染物随污水进入水体以后，通过植物的根系吸收向水上部分转移，使有害物质在植物体中蓄积，同时也能蓄积在水中的水生动物体内。有些污染物（如汞、镉），当其含量远低于引起农作物或水生动物生长发育危害的量时，就会在体内蓄积，使其可食用部分的有害物质的蓄积量超过食用标准，对人体健康产生危害。灌溉污水会污染土壤，引起农作物中有害物质含量增加。

【案例 5-2】水资源质量评估情况

【案例 5-3】安徽池州灌溉水污染事件

【案例 5-4】甘肃陇星锑污染事件

国家发展改革委、住房城乡建设部印发的《“十四五”城镇污水处理及资源化利用发展规划》明确，到 2025 年将基本消除城市建成区生活污水直排口和收集处理设施空白区，全国城市生活污水集中收集率力争达到 70%以上；城市和县城污水处理能力基本满足经济社会发展需要，县城污水处理率达到 95%以上；全国地级及以上缺水城市再生水利用率达到 25%以上，京津冀地区达到 35%以上，黄河流域中下游地级及以上缺水城市力争达到 30%；城市污泥无害化处置率达到 90%以上。

3. 土壤污染对食品安全的影响

土壤是植物赖以生存的物质基础，是污染物累积的重要介质。如果土壤受到污染，尤其是污荷超过它的自净能力时，农作物产量就会下降，甚至绝产。当进入土壤的污染物超过一定量时，土壤结构会遭受破坏，土壤中的微生物和小动物会减少或死亡。此时农作物的产量会明显下降，收获的作物体内毒物残留量很高，影响食用安全。

土壤污染的途径主要是化肥和农药的施用、污灌、化石燃料的燃烧、城市垃圾和污染物的处理；土壤作为废物（垃圾、废渣和污水等）的处理场所，会使大量的有机和无机污染物进入土壤、地下水和河流；大气或水体中污染物的迁移与转化也会造成土壤污染。土壤中的污染物与大气和水体中的污染物大体相同，污染物的种类与所处环境相关，种类复杂。土壤污染重点有以下几类。

（1）重金属污染　重金属对土壤的主要污染途径为工业废渣、废气中重金属的扩散、沉降、累积，含重金属废水灌溉农田，以及含重金属农药、磷肥的大量施用。重金属污染土壤主要分布在大中城市郊区、污灌区和一些大中型工矿企业周围。土壤中重金属大多以氢氧化物、硫酸盐、硫化物、碳酸盐、磷酸盐、铁锰氧化态、有机态及残渣态等形式存在于土壤中，不能被土壤微生物分解，因此易在土壤中积累，在农作物中残留，严重影响农作物的生长发育，导致产量和品质下降，并通过食物链在动物体内、人体内蓄积，对人体造成的危害常以慢性中毒和远期效应为主。

【案例 5-5】2005～2013 年全国土壤调查

通过各种途径进入土壤中的重金属种类很多，其中影响较大、目前研究较深入的有 Hg、Cd、Pb、As、Cr、Cu、Zn、Se、Ni 等。它们各具不同的特性，因而造成的污染危害也各不相同（表 5-1）。研究表明，重金属污染以镉最为严重，它是健康隐患的

【案例 5-6】2015 年沈阳镉污染分析

首要污染物，其次是汞、铅等，非金属砷的污染也不可忽视。重金属除了在农作物中积累，对蔬菜品质也产生严重影响，重金属元素通过抑制蔬菜植物细胞分裂和生长，刺激和抑制一些酶的活性，影响组织蛋白质合成，降低光合作用和呼吸作用，伤害细胞膜系统，进而影响蔬菜的生长和发育。重金属污染物也会随着地表径流、地下水及飘尘等移动方式而发生迁移与转化，使污染范围逐渐增大。

表 5-1　无机污染物超标情况（引自《2014 年全国土壤污染状况调查公报》）

污染物类型	点位超标率/%	不同程度污染点位比例/%			
		轻微	轻度	中度	重度
镉	7.0	5.2	0.8	0.5	0.5
汞	1.6	1.2	0.2	0.1	0.1
砷	2.7	2.0	0.4	0.2	0.1
铜	2.1	1.6	0.3	0.15	0.05
铅	1.5	1.1	0.2	0.1	0.1
铬	1.1	0.9	0.15	0.04	0.01
锌	0.9	0.75	0.08	0.05	0.02
镍	4.8	3.9	0.5	0.3	0.1

（2）*农药残留污染*　农药是指用于预防、消灭或控制危害农业、林业的病、虫、草和其他有害生物及有目的地调节植物和昆虫生长的化学合成或者来源于生物、其他天然物质的混合物及其制剂。按用途可将农药分为杀虫剂、杀菌剂、除草剂、杀螨剂、杀鼠剂、落叶剂和植物生长调节剂等类型。按化学组成及结构可分为有机磷、氨基甲酸酯、拟除虫菊酯、有机氯、有机砷、有机汞等多种类型。

农药作为农业生产中必不可少的生产资料，对农业发展和人类粮食供给做出了巨大贡献。使用农药可以减少农作物的损失，提高产量和农业生产的经济效益，增加粮食供应，世界范围内农药所避免和挽回的农业病、虫、草害损失占粮食产量的 1/3。然而近年来随着农药长期大量的施用，农药残留及污染问题日益严重，已成为农业污染的重要来源之一。据统计，农田中施用的农药仅有 30%左右附着在农作物上，其余 70%左右扩散到土壤和大气中，导致土壤中农药残留及衍生物含量增加，造成农田土壤污染。这不仅会破坏土壤中的生物多样性，对环境造成严重污染，使环境恶化，物种减少，生态平衡受到破坏，还会通过饮用水或土壤-植物系统，经食物链进入人体，对人体造成多方面的危害，如急性、慢性中毒和致癌、致畸、致突变等。

进入环境中的农药，可通过多种途径污染食品（图 5-1）。进入人体的农药据估计 90%是通过食品摄入的。食品中农药残留的主要来源有：施用农药对农作物的直接污染；农作物从污染的环境中吸收农药，尤其是从土壤和灌溉水中吸收农药；通过食物链污染食品。与其他群体相比，婴儿、儿童和孕妇可能对农药暴露更加敏感。此外，使用熏蒸剂等，粮食贮存加工和运输销售过程中的污染（如混装、混放、容器及车船污染等）及事故性污染等也会导致农药污染食品，从而造成食品安全问题。

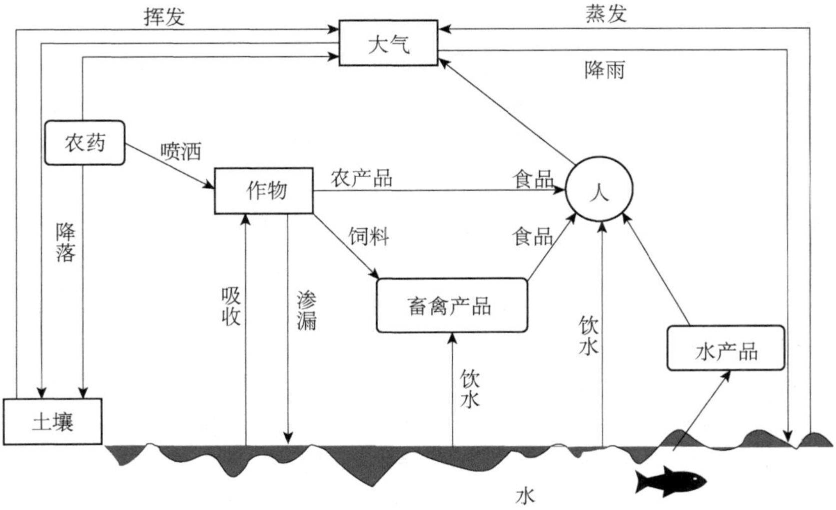

图 5-1　农药在环境中的迁移与转化及人体暴露路径

我国农田土壤农药污染十分严重，主要原因是我国农药品种结构具有高毒和“三致性”的杀虫剂占全部农药的 40%以上，尤其在不少国家已禁用或限用的甲胺磷占我国农药产量的 20%。另外，由于农药使用者缺乏农药知识和安全用药技术，长期、大量、不合理地使用甚至滥用农药，有 50%～60%的农药残留于土壤。目前，我国有 87 万～107 万 hm^2 的农田土壤受到农药污染，作物会吸收并累积土壤中的残留农药。残留农药可与土壤结合而避免被分解或矿化，但仍可因微生物或动物的活动而释放出来产生危害。

我国在粮食、油料、蔬菜、水果、茶叶、中草药等农产品中检查出了农药残留，尤其是农药对蔬菜的污染。随着我国温室大棚蔬菜种植面积的迅速发展，蔬菜病虫害不断加重，化学农药使用量逐年增加，北方蔬菜保护地用量更大。蔬菜不像水果和粮食有一定的成熟期而可规定施药时间，蔬菜自幼苗时便可食用，且部分蔬菜不能去皮，经洗涤后直接烹调食用，甚至生食。据统计，2018 年我国蔬菜产量约为 7.035 亿 t，人均占有量 0.504t。如果人们长期食用残留农药的蔬菜，会造成慢性中毒及其他不良反应。因此，加强农药的生产、经营管理和合理使用就显得尤为重要。减少农药污染的有效措施包括：综合防治病虫害，降低农药用量；科学、安全、合理地使用农药，控制污染源；制定和严格执行食品中农药残留限量标准，加强食品中农药监测；制定合适的政策，开发新品种；等等。

土壤中农药的出现已成为一个非常棘手的环境问题，由于全球农药大量使用及缺乏全面测试和修复技术，这个问题变得更加严重。早些年前，国外如美国国家环境保护局（EPA）、美国农业部（USDA）、美国食品药品监督管理局（FDA）和联合国环境规划署（UNEP）等就开始了土壤农药污染的治理与修复工作，国际社会达成了《关于持久性有机污染物的斯德哥尔摩公约》。欧美国家在土壤污染治理修复方面建立了相对完善的法律法规和治理技术体系，特别是土壤环境管理理念得到广泛接受，治理修复策略也从高能耗、高干扰的治理修复技术转向绿色可持续的修复策略。目前，德国、丹麦和荷兰在这方面的工作处于领先地位。

随着民众对农产品安全和品质需求的提升，我国土壤农药污染的治理与修复受到越来越多的重视。近年来，我国土壤污染治理修复工作逐步开展，但仍存在对土壤污染认知片面性、修复过程不科学、二次污染控制不足、重治理轻调查等问题。针对这些问题，我们应该充分

【案例 5-7】济宁市农药中毒情况调查分析

【案例 5-8】农药使用现状

借鉴国际经验，紧密结合实际，科学确定土壤污染治理修复的政策和技术路线，不走或者尽可能少走弯路。目前，农药污染已成为我国影响范围最大的一类有机污染，且具有持续性和农产品富集性。随着农药用量和使用年数的增加，农药残留逐渐增多，呈现点-线-面的立体式空间污染态势。另外，农田施用的农药还会随雨水或灌溉水向地下水和地表径流转移，在我国江苏、江西及河北等地的地下水中有六六六、阿特拉津、乙草胺、杀虫双等农药残留。

（3）化肥过量施用　修复被化肥污染的土壤是非常重要的。生态环境质量决定我国农业可持续发展的长期性和食物安全性，化肥的使用是农业获得高产的重要手段，为农业带来了巨大的经济效益。施用化肥是我国温饱工程的主要技术手段之一，受到政府关注与农民拥护。但是过量施用化肥或者偏施某一种化肥，有机肥和无机肥的配合使用不合理，或者将其直接排入水体等，均会导致局部地区出现严重的生态环境问题。

为了提高作物产量，我国仍然有地方过量使用化肥，这些化肥会迁移到土壤和水体中造成水土污染，因此化肥施用也是土壤污染的一个重要来源。过量施肥会引起土壤酸化和板结，频繁施用氮肥会直接影响土壤中硝酸盐的含量水平。植物体内积累过量的硝酸盐，经作物体内的硝酸酶作用还原成亚硝态氮，再转化为氨基酸类化合物，以维持作物的正常生理作用。但由于环境条件的限制，作物对硝酸盐的吸收往往不充分，大量硝酸盐积累于作物的叶、茎和根中，这种积累对作物本身无害，却对人畜产生危害，特别是亚硝酸盐的毒性要比硝酸盐高 10 倍。尽管硝酸盐本身毒性不大，但它在人体肠胃中经硝酸还原细菌的作用可转化成亚硝酸盐，从而引起人体血液缺氧中毒反应，导致高铁血红蛋白血症，甚至引起窒息和死亡。蔬菜是一种容易富集和残留硝酸盐的作物。人体摄入的硝酸盐有 81.2%来自蔬菜，而施入土壤中的各种氨肥是蔬菜累积硝态氮的主要来源。在新鲜蔬菜中，亚硝酸盐的含量通常低于 1mg/kg，而硝酸盐的含量却可达 600～1000mg/kg，世界各国都在研究和筛选低富集硝酸盐的蔬菜品种，并通过控制氮肥的用量、施用时间、调节营养元素平衡、制定标准和改变食用方式等措施减轻硝酸盐积累对人体的危害。各国都规定了硝酸盐和亚硝酸盐的食品限量标准，GB 2760—2024 规定硝酸盐和亚硝酸盐作为食品添加剂的限量指标为 30mg/kg。

硝酸盐和亚硝酸盐是 *N*-亚硝基化合物（NOC）的前体物，*N*-亚硝基化合物是对动物具有较强致癌作用的一类化学物质，已研究的 300 多种亚硝基化合物中 90%具有致癌性。一般蔬菜中的硝酸盐含量较高，而亚硝酸盐含量较低，但在腌制不充分的蔬菜、不新鲜的蔬菜、泡菜中则含有较多的亚硝酸盐（其中硝酸盐在细菌作用下转变成亚硝酸盐）。人类许多肿瘤可能与亚硝基化合物有关。人类接触 *N*-亚硝基化合物的途径还有化妆品、香烟烟雾、农药化学药物、餐具清洗液和表面清洁剂等。*N*-亚硝基化合物除具有致癌性外，还具有致畸性和致突变性。

此外，化肥、污泥、垃圾等物质也产生酚、镉或其他重金属，这些物质会污染土壤，使生长在土壤中的农作物籽粒中有害物质含量超过食品卫生标准，这也是影响食品安全的隐患。因此，应当针对不同土壤生态条件的特点制定相应对策。例如，科学、合理地使用化肥，充分有效地发挥其肥效，尽量减轻或避免对环境的不良影响。

当进入环境中的放射性物质增加时，放射性物质会通过本体、大气、土壤向水生生物、动植物体内转移，进而通过食物链进入人体，威胁人类健康。

通过环境因素对食品安全的影响进行分析可以看出，一为确保食品的安全性，要加强农产品产地环境安全管理，从源头上确保农产品安全；二要加强对农业投入品的安全管理，以确保所产农产品的洁净安全；三要在农产品生产过程中进行质量安全管理，即对农作物播种、生长、收获、贮运和动物性农产品在屠宰或加工前的饲养、捕获等整个过程中的质量安全进行管理。这样才能尽可能减少环境污染对食品安全的不良影响。

最新农业质量标准信息显示，美国食品药品监督管理局（FDA）宣布的对食品的新规定中对环境有更严苛的要求。“环境”之于食品企业的重要性正日益凸显，成为继“绿色”和“安全”之后，食品行业的又一个关键词。国际上，随着食品行业竞争的加剧和食品安全的放大，历来作为食品行业背景的环境因素走上前台。环境要素对食品安全的影响已引起全社会的关注。无污染的土壤、绿色的自然环境、洁净的空气、优质的水源无疑是安全、优质食品原料生产的摇篮。因此，环境在整个食品加工链上的作用愈发受到重视，已成为食品质量监控的一个重要组成部分。

【案例 5-9】来凤县“三位一体”管控措施

（二）技术因素

食品在生产、加工、包装、贮存、运输过程中，由于广泛存在设备不规范、技术落后、交叉污染等现象，食品安全问题频发。

1. 生产设备引起的污染

（1）食品生产车间设备对食品的污染　若与食品半成品或成品直接接触的零部件材质不符合安全标准（如发生化学反应、释放微粒或吸附食品成分），则可能通过化学迁移、物理污染或成分残留等途径污染食品；与食品直接接触的设备表面及工作零件表面出现台、沟及外露的螺栓连接，不易清洗、消毒；润滑部分未阻隔，在润滑、清洗中的油品、清洗水与食品原料、中间体、食品成分相接触，对食品、包装容器等造成污染。

（2）食品生产车间设备对环境的污染　设备的粉尘在生产中扩散，造成交叉污染；存在跑、冒、漏、滴等现象，对环境造成污染；在易燃易爆环境中使用的设备，无防爆、消除静电及安全保险装置；饮料、纯净水及净化压缩空气管道的设计存在死角、盲管。

2. 交叉污染引起的食品安全问题

交叉污染是指在食品的生产、加工、贮存或运输、销售过程中，原辅料、中间产品、待包装产品、成品中的生物、化学污染物或异物通过加工产品、食品加工者、食品加工环境或工具转移到后工序产品的过程。在一定条件下，污染后的半成品和成品中有害细菌会大量繁殖增长，人食用了含有这种细菌的食品可能造成食物中毒或其他食源性疾病的发生。交叉污染是食源性疾病发生的重要因素之一。下面列出交叉污染的主要来源。

（1）生熟不分　生熟不分主要包括生熟区域不分、生熟人员不分、生熟器具不分、生熟食品不分等。

1）生熟区域不分主要是由于同一区域内既有生制品或生物料，又有熟制品或半熟物料，而两种不同熟制程度的物料具有不同的卫生安全要求。因此，两种物料在同一区域内将发生严重的交叉污染。

2）生熟人员不分主要是由于加工处理生制品的员工卫生防护控制要求与加工熟制食品的操作员工截然不同，若出现生制品操作者进入熟制品加工车间，将产生交叉污染；若有熟制品车间操作员工来回穿梭于生制与熟制车间也将出现严重交叉污染。

3）生熟器具不分是指用作盛放、搬运、切分、加工等的器具同时用于生熟制品，而且其间未对器具进行彻底的清洁消毒，也无证据表明器具的清洁程度可以达到熟制品的加工要求，进而产生交叉污染。

4）生熟食品不分是将生制品与熟制品混放，盛放在同一器具或包装容器中造成严重的交叉污染。

综上所述，无论是区域、人员等造成的生熟交叉污染，还是器具等造成的交叉污染，都将造成食品的严重不安全与风险。因此，应采取有效措施预防生熟不分造成的交叉污染。

（2）设备、设施、器具等消毒不当　设备、设施、器具等消毒不当导致的卫生程度达不到规定的要求，使加工物料造成交叉污染，尤其是直接接触加工物料的设备更为严重。设备设施内部及表面的消毒不当将造成微生物的滋生及化学试剂等残留，尤其是管道、传送带、料斗、罐体等不容易清洁的死角。清洁消毒不当将造成加工产品的交叉污染及不同批次产品的混合等，对食品安全造成影响。

（3）消毒不当的裸手等接触未包装成品　加工操作者的手及其手套、大襟等是频繁接触食品的部位，如果裸手未经过严格的消毒或者消毒不当而造成手的表面、指甲等处分布有有害微生物及物理杂质等，当手接触到食品时将造成交叉污染；如果食品加工过程中员工戴手套操作，手套材质首先应是食品级，然后经过严格的消毒清洗后方可上岗。员工所穿的大襟亦然。

当员工进出车间，如进出厕所或接触非洁净部位后，必须将裸手消毒清洗干净后方可进入工作场所，否则将带入大量大肠杆菌及沙门菌等，造成交叉污染。若生产即食食品则需达到微生物卫生要求，有的中间生产过程也需要对裸手进行消毒。

（4）加工区域内废弃物存放不当　加工车间内难免会产生部分废弃物，若处理不好，这些废弃物将造成加工食品的交叉污染。例如，加工车间内包材脱除后的存放、落地食品的存放等，尤其是洁净车间内垃圾桶中垃圾废物的外溢、卫生清洁工具的不正确存放方式、裸手接触废弃物等，都将造成食品的交叉污染。

3. 包装引起的食品安全问题

食品包装可以保护食品免受外部化学、生物的污染，防止食品品质劣变和细菌滋生。但食品包装在生产过程中会添加多种化学物质，其中一些有害化学物质在与食品接触的过程中会释放出来，极易对食品造成污染，进而对人体健康产生危害。

（1）纸质包装材料　一般用于快餐食品或乳制品的包装属于一类绿色环保包装，在自然界中的降解速度比较快，对人体的危害比较小。但是在生产食品用纸包装容器等制品时，常会为增加白度而添加荧光性物质，过量的荧光性物质可能会迁移至食品中，影响食品的安全性。

（2）玻璃包装材料　虽然玻璃本身是化学性质稳定的食品包装材料，但其配套的金属密封盖（如罐头、果酱瓶盖）却可能成为污染物迁移的源头。为达到气密性要求，金属盖内侧常嵌入聚氯乙烯（PVC）材质垫圈，这类高分子材料在特定条件下会释放化学物质，直接污染内容物。

（3）复合包装材料　复合包装材料近年来被大量应用在食品包装领域，并逐步取代传统的包装材料。用于食品包装材料的典型聚合物如聚乙烯、聚对苯二甲酸乙二醇酯、聚氯乙烯、聚苯乙烯及聚碳酸酯等可组合成复合材料。为改善聚合物性能从而改善最终包装性能，常在其中加入添加剂，而添加剂将是潜在的迁移物。复合材料不仅包含不同的聚合物，还包含黏合剂、油墨等。由于存在可能迁移物的扩散及包装材料的分割过程，即使包装不与食物直接接触，其中含有的化学物质也可以迁移。此外，塑料回收材料具有特殊性，因为它们可能含有先前包装的食品残留物或回收过程中产生的污染物（化学添加剂），会直接威胁食品的安全。为此，欧洲食品安全局（European Food Safety Authority，EFSA）目前正对塑料再生实践进行评估，并明确表示用于食品包装和其他食品接触材料中的再生塑料必须安全无毒。

（4）*非有意添加物质*（non intentionally added substance，NIAS）　除了有意添加到食品中的物质，NIAS 也可能由食品包装材料迁移到食品，进而对食品产生不良影响。NIAS 是潜在的有害物质，它们可能是聚合物经过高温、高辐射后降解产生的，也可能是聚合物与食品中的某些化学物质发生反应生成的。例如，当用聚氨酯黏合剂制造的包装材料与含水食品接触时，会形成可能致癌的初级芳族胺并迁移到食物中。由于 NIAS 中迁移物的数量可能众多，并可能对食品和消费者产生不良影响，且大多数情况下 NIAS 的浓度非常低，化学性质不同，因此对 NIAS 的检测和鉴定非常关键。

【**案例 5-10**】外卖包装“美人计”

（三）人为因素

1. 原料污染

除了滥用化肥、农药等会在农产品生产过程中人为造成食品污染，兽药和饲料添加剂的不合理使用、食品生产加工过程中滥用食品添加剂、人为掺杂及掺假、不洁的食品卫生条件等因素都可能引起食品安全问题。

兽药和饲料添加剂对食品造成的污染主要是对动物性食品原料的污染，目前对人畜危害较大的兽药及药物饲料添加剂主要包括抗生素类、磺胺类、呋喃类、抗寄生虫类和激素类药物。有资料显示，世界各国因滥用饲料添加剂，食品中毒事件层出不穷。“瘦肉精”（盐酸克伦特罗）引起的食物中毒是近年来因药物残留影响食品安全的典型案例（图 5-2）。

【**案例 5-11**】河北青县瘦肉精羊肉事件

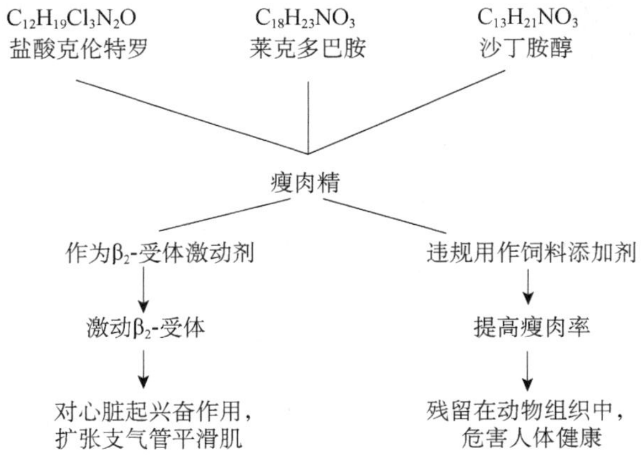

图 5-2　瘦肉精对人体的危害

2. 加工中污染

在食品加工中滥用食品添加剂造成的食品安全问题也广泛存在。食品添加剂是食品工业中的一个重要角色，可使食品色、香、味更佳，保质期更长。食品添加剂主要有着色剂、防腐剂、甜味剂、酸味剂、发色剂、漂白剂、保藏剂等。长期或超量摄入某些食品添加剂可能在人体内蓄积，干扰正常代谢功能，部分添加剂甚至可能具有致癌性或遗传毒性风险。在食品加工过程中，添加一定量的食品添加剂对人体是无害的。国家标准 GB 2760—2024 中对食品添加剂的使用量已作明确规定，但实际生活中超范围使用食品添加剂的现象仍然存在，主要是为了改善产品口感和质量，延长货架期，增加产品卖相。

（1）*超范围使用食品添加剂改善产品口感和质量*　所谓超范围使用食品添加剂是指超出了强制性国家标准《食品添加剂使用卫生标准》所规定的某种食品中可使用食品添加剂的种类和范围。例如，在饮料加工生产中超标使用化学合成甜味剂，以增加甜味；使用“吊白块”（一种化工原料，学名为甲醛次硫酸钠），以改善米粉、腐竹口感。

（2）*超范围使用食品添加剂延长货架期*　例如，在蔬菜中超范围使用苯甲酸以延长货架期；一些餐饮店、超市和菜市场所售的海蜇皮、牛百叶、鸡爪、蹄筋、海参、墨鱼、章鱼等食品中不同程度地掺入甲醛，使其色白且亮、肉厚硬脆、口感更佳，而食品中一旦添加甲醛便无法彻底清除（图 5-3）。人体长时间吸入或摄入低浓度的甲醛会出现食欲不振、头痛、失眠、乏力、视力减退等症状，以及影响肝肾功能；吸入高浓度甲醛会引起黏膜坏死、肺炎、喉头水肿、窒息，甚至危及生命。

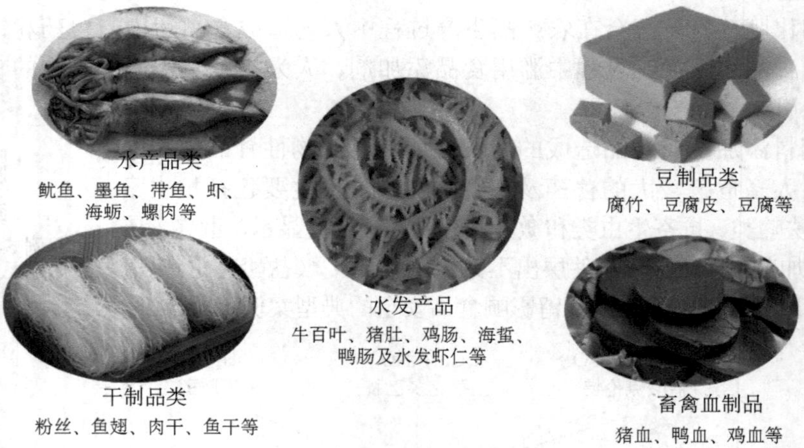

图 5-3　可能含有甲醛的食品

（3）*超范围使用食品添加剂增加产品卖相*　2013 年 5 月，在山东省潍坊市发现部分姜农用剧毒农药“神农丹”种植生姜后再喷上硫黄。2011 年，染色馒头事件中甜味剂（甜蜜素）、防腐剂（山梨酸钾）、色素（柠檬黄）、香精（玉米香精）超范围添加；有些厂家为了使面粉更白，在面粉中超限额地添加增白剂（过氧化苯甲酰）；为使大米、饼干增亮而使用矿物油；在熟食品、卤制品中过量添加人工合成色素、亚硝酸盐等。

【案例 5-12】网红饮品“日落黄”超范围添加事件

【案例 5-13】央视 3 · 15 晚会曝光土坑酸菜事件

因此，为确保食品添加剂的安全使用，必须加强对食品添加剂的管理，包括完善食品添加剂的毒理学评价，加快食品添加剂使用量标准的制定，规范食品添加剂使用标准及生产或使用食品添加剂、食品添加剂新品种等的审批手续。

（四）消费因素

部分人群的消费能力较低，多在无牌无证的饮食门店进行消费，使无牌无证食品得以流通，饮食安全难以保障，这部分人群成为发生食物中毒事件的高危人群。消费者消费观念成为食品安全隐患的促生剂。在购买农产品时往往存在误区，认为面粉越白越好、大米越亮越好、水果优劣以个体大小论等。于是一些小食品企业、家庭作坊式的食品加工场所为赚钱不择手段，压价、压级，甚至采取非法手段，如用激素催生豆芽，用吊白块增白面粉，使用死猪肉制作腊肠等，食品安全问题层出不穷。

【案例 5-14】上海彩色馒头事件

合理使用食品添加剂并无过错。我国食品添加剂的使用需要经过严格的审批管理制度，某品牌酱油要经过非常严格的食品安全风险评估，包括急性毒性、慢性毒性试验，致畸、致癌试验。中国工程院院士、北京工商大学原校长孙宝国曾公开表示，世界各国批准的食品添加剂加起来大约有15 000种，而中国对食品添加剂的管理更加严格，只批准了2300多种。只有安全可靠的食品添加剂在国内才会被批准使用，而且如果没有工艺必要，也不会批准使用。

【案例 5-15】“勾兑酱油”

（五）管理因素

我国虽已颁布各种食品安全法律法规，但并未形成威慑力。同时由于政出多门，各自为政，有法不依、管理不到位的现象屡见不鲜，客观纵容了某些食品企业的不规范行为。对食品的种植、养殖和生产环节的监控缺乏行之有效的手段，食品源头污染难以控制。为此有关专家表示，要真正杜绝食品的不安全因素，必须加强对食品源头的安全管理，健全法律法规体系，加大监管力度，提高食品生产经营企业的法治意识和社会公众的食品安全意识。

由此可见，作为食品生产第一级的种植业生产（农作物是食物链的第一营养级）是环境（因素）作用于食品安全的最主要载体；而人工投入的作为食品生产要素的环境因子（农药、化肥等）对食品安全也具有重要作用。食品安全风险因素（如人为操作、技术缺陷、消费监管及管理体系漏洞）贯穿食品从原料到消费的全链条，尤其是在生产加工与流通过程中，即主要在食品的加工环境和食品的流通环境过程中，由技术缺陷、设备故障、卫生管理疏漏或人为操作失误等问题而引发安全隐患。

二、食品加工环境对食品安全的影响

随着我国改革开放和加入世界贸易组织，经济不断发展，人民生活水平不断提高，食品工业有了更大发展。但目前我国食品行业分散，有些食品企业工业化水平较低，企业的环境条件、建筑布局、工艺、设备、人员素质、质量监测技术等较落后。因此，近年来在食品加工过程和流通过程中由各种因素造成的食品安全问题也很严峻，如苏丹红事件、在产品中加明矾及有毒的漂白物质等现象。如果食品加工用水污染，加工设备和容器中含有害金属，车间被洗涤剂、防霉剂、杀虫剂、杀鼠药等污染，则无法保障加工食品的安全。如果食品加工的配料中含有害杂质、原料在贮藏中发生霉变、包装中含有污染物，也会给成品带来安全隐患。食品在生产、加工、贮存、运输和销售的过程中有很多被污染的机会。食用被污染的食品可能引起急性短期效应的食源性疾病或慢性长期效应的长期性危害。一般情况下，食品加工环节产生的常见的食品卫生问题，主要是由食品加工过程不同环节的污染物所引起。

（一）食品生产经营环境本身对食品安全的影响

食品供给的链条越长，环节就越多。一种食品从农场到餐桌要经过生产、加工、流通等诸多环节，食品的供给体系趋于复杂化和国际化。在如此复杂的产业链条中，每一个环节都存在被污染的可能性。例如，用病死畜禽加工熟肉制品，用“地沟油”加工油炸食品等。除了原料本身和环境对食品安全有影响，食品加工环境、运输及销售环境对食品安全的影响也很大。

1. 加工类食品生产、加工、包装和贮存污染产生的食品安全问题

食品加工过程中可能会产生有毒、有害物质，进而引发污染。例如，烟熏火烤食品可能产生苯并[a]芘；腌制食品中可能产生亚硝胺等；高含油食品在高温油炸及流通过程中会发生氧化、水解、聚合、裂解等化学反应产生一系列物质，包括过氧化物、多环芳香族化合物等。这些物质进入人体后会产生危害。

在食品生产加工过程中，由于不良的加工工艺或容器使用不当，有害金属物质会溶出而污染食品，如采用电镀（含镉）的容器、蓄水池及水管是饮料（包括水）中镉含量高的主要原因，食品加工、贮存、运输等过程中使用和接触的机械、管道、容器及添加剂中含毒有害金属元素会导致食品被污染。食品中的铅来自污染原料本身、加工污染用水及接触食品的管道、容器、包装材料、器具和涂料等。例如，锡酒壶、锡箔、劣质陶瓷、马口铁罐或导管镀锡、焊锡不纯等均会使铅转移到食品中。

另外，食品的包装材料对产品质量也有一定的影响。最常用的包装材料是由高分子化合物和添加剂合成而来的塑料。有些塑料在高分子中含有反应残余的单体、催化剂残渣及添加物，包括防止劣化的抗氧化剂、紫外线吸收剂和改进其物理性质的可塑剂、润滑剂、着色剂等，这些成分与食品接触后可能转移到食品中造成食品卫生和安全问题。例如，聚乙烯可能引起人体手指和脚趾末端关节的障碍及肝、脾的病变，也有引起肝癌的风险；甲醛也是一种致癌物质；酚是酚树脂的构成成分，会引起头晕、呕吐、循环性虚脱、呼吸急促、痉挛等症状；PVC 热稳定剂本身具有强毒性，其中的铅、镉等化合物都具有强毒性；另外，可塑剂、发泡剂等大部分都具有毒性。

食品贮存过程中也可能出现有害物质的产生和生物污染，如谷物食品在贮存、熏蒸过程中引起的磷化氢污染等。

2. 散装食品生产、运输、销售环境对食品安全的影响

在我国，无包装食品占较大比例。但随着经济的发展和人们生活水平的提高，人们对食品卫生的要求也会越来越高，无包装食品将逐渐退出人们的生活。

食品运输过程中由于运输工具不洁，运输人员操作不当，或者使用装运过化工原料等有害物质的车船运输食物或化工原料与食物混运等均会造成食品污染。在一些超市的冷冻食品区，饺子、汤圆等冷冻食品大都裸放或散放在冰柜里，米面制品或半成品等也直接放置在大容器中任顾客手摸、鼻闻甚至品尝进行挑选，有的散装食品甚至没有措施来防止苍蝇等飞虫；薄薄一层保鲜膜包装的熟肉制品被散放在冷藏柜里任人挑拣；一些营业员上岗时不戴口罩和手套；散装的肘子、香肠、丸子等熟食敞开来卖；在凉拌菜柜台用来装菜的塑料碗上套着一次性塑料袋直接盛装凉拌菜。因此从销售环节来看，散装食品的食品安全不容忽视。

首先是环境差，无论是加工环境还是销售环境，卫生条件都达不到标准。一些自加工带到集市上的售卖食品，其加工场所多半是家庭作坊式，规模小、环境差、条件简陋。加工者有无传染病无从知晓。因为集市大多设立在道路两旁露天经营，过往的人群车辆不时扬起尘土，销售环境很差。其次是原辅材料质量难以控制，比如没有包装的糖果和糕点，执行的生产标准根本无从判断，所使用的白糖、蜂蜜、面粉、油类等原辅料质量全由加工者主观决定，很容易出现以次充好等质量问题。

（二）食品生产经营环境中微生物污染对食品安全的影响

食品在生产和贮存过程中会受到微生物污染。与农产品生产加工直接相关的微生物中既有有益的生产类微生物如醋酸杆菌、酵母等，也有有害的微生物如沙门菌、黄曲霉菌等。农产品加工中原料和辅料是微生物最直接和最重要的来源，土壤、空气和水体中的微生物易附着到植物上，从植物和环境中获取生长繁殖所需的营养，有益微生物（如高价值的乳酸菌和酵母）与植物病原微生物存在显著差异，后者包括细菌性病原菌（棒杆菌属、短小杆菌属、假单胞菌属、黄单胞菌属）和真菌性病原菌（如霉菌属）。有害微生物污染包括内源性污染和外源性污染两种。内源性微生物污染是农产品生物体在生长过程中带染、蓄积和残留的微生物。例如，在蔬菜果品的生长过程中，有害微生物可通过根、茎、叶、花和果实等侵入植物体内部，导致农产品内部或表面存在大量有害微生物而发生病变；屠宰前的畜禽等动物活体在生长期间，消化道、上呼吸道和体表都有大量的有害微生物，畜禽动物器官和组织内也会有相应的病原微生物存在。

目前，在各类食品安全问题中，微生物污染造成的食源性疾病（食物中毒）是我国食品安全中最突出的问题。含有害细菌、病毒、寄生虫或化学物质的不安全食品会导致腹泻、癌症等 200 多种疾病。据世界卫生组织统计，全世界每年有 6 亿人在食用受污染食物后生病，导致 42 万人死亡。腹泻是由食用受污染食物引起的最常见疾病，每年会导致 5.5 亿人患病和 23 万人死亡。据监测，我国 2021 年由食物和饮用水引起的肠道传染病发病率接近 7.42/10 万，较 2020 年下降 2.6%，报告死亡率为 0.0015/10 万，较 2020 年下降 16.7%。每年有数千人食物中毒，大部分是致病微生物引起的。据卫生部门报道，我国 1.68%的传染病为肠道传染病，伤寒、痢疾、霍乱等地方性暴发流行事件大多与食品、饮水污染及食用带菌的河、海产品有关。

1. 细菌对食品安全的影响

细菌种类繁多、分布广泛，可以通过污染食品原料本身影响食品安全；食品加工过程中原料和成品的交叉污染及车间卫生、加工设施、从业人员个人卫生等不良状况也能造成食品细菌污染；食品贮存不当、运输和销售中的污染及包装封口破损等也可能造成细菌污染。食物的细菌污染可能引起细菌性食物中毒，食品在不适当的温度下存放或食物中水分活度、pH 及营养途径适宜时可以使食物中的致病菌大量繁殖并产生毒素，病原菌及其毒素进入人体内可能造成细菌性食物中毒。引起中毒的细菌类型主要有沙门菌属（*Salmonella*）、肠致病性大肠埃希菌（enteropathogenic *E. coil*）、肉毒梭菌（*Clostridium botulinum*）、副溶血性弧菌（*Vibrio parahaemolyticus*）、金黄色葡萄球菌（*Staphylococcus aureus*）、假单胞菌属（*Pseudomonas*）等。我国国家市场监督管理总局官网发布的 2021 年上半年食品安全监督抽检情况的通告显示，微生物污染占不合格样品总量的 22.40%，主要是菌落总数、大肠菌群不符合食品安全国家标准的相关规定。有数据显示，由微生物引发的 43%的病例归因于副溶血性弧菌，且在中国沿海地区成为食源性疾病暴发的主要原因。

2. 真菌及真菌毒素对食品安全的影响

真菌在自然界中广泛存在，有些真菌被应用于食品工业中，如酿酒、制酱、面包制造等，但有些真菌也会通过食品危害人体健康。存在因食用被真菌污染的玉米、大米、花生、小麦等食物而中毒的事例。真菌可以引起食品变质，也可以产生毒素引起中毒。霉菌毒素通过被霉菌污染的粮食、油料作物及发酵食品可引起中毒现象。据统计，全世界每年平均有 2%的谷物由于霉变不能食用。霉菌毒素中毒往往表现出明显的地方性和季节性，临床表现较为复杂，有急性中毒、慢性中毒、致癌、致畸和致突变等。

霉菌及其产生的毒素对食品的污染以南方多雨地区较为多见，目前已知的霉菌毒素有 200 余种，不同霉菌的产毒能力不同，毒素的毒性也不同，按其化学性质可分为肝毒、肾毒、神经毒、细胞毒及类似性激素。与食品关系较为密切的霉菌毒素有黄曲霉毒素、赭曲霉毒素、杂色曲霉毒素、黄天精、橘青霉素、展青霉素、玉米赤霉烯酮、丁烯酸内酯等。来自动物、植物和真菌的有毒食物是造成大多数食物中毒患者死亡的罪魁祸首，尤其是误食有毒蘑菇致死的人数占死亡总人数的 55%。我国蘑菇中毒发病集中在每年 6～10 月。西南地区和华中地区是我国毒蘑菇中毒的重灾区，其次为华南、华东地区，华北、东北和西北地区最少。

【案例 5-16】云南蘑菇中毒统计数据

3. 病毒对食品安全的影响

动物性食品是人类膳食的重要组成部分，近年来在世界各地流行的动物疫病也是造成食品安全的一大隐患，口蹄疫、牛海绵状脑病、禽流感的流行几乎使人们闻之色变。一些病毒能够以食物作为载体引起病毒性疾病。例如，病毒性肠胃炎和病毒性肝炎、口蹄疫、禽流感等都可以通过食物将疾病传播到人体。根据病毒引发疾病的类型，可将其分为以下三种：①引起肠胃炎的病毒，主要是人类杯状病毒中的诺如病毒，少数为人轮状病毒 A～C 组、人星状病毒、人腺病毒 F40～F41 血清型、埃可病毒；②引起肝炎的病毒，以甲型肝炎病毒为主，其次是戊型肝炎病毒；③引起皮肤、视觉系统、神经系统等其他类型疾病的病毒，如肠道病毒。过去 30 年，中国曾发生过两次大规模食源性疾病，其中一个是由甲肝病毒污染毛蚶所引起的食源性病毒感染事件，共计约有 27 万人患病。

细菌可以通过食品原料、食品原料和成品的交叉污染、车间卫生、加工设施、从业人员卫生等不良状况造成食品污染；食品贮存、运输和销售措施不当，会造成包装破损而导致细菌污染；食品本身携带的细菌在温度、湿度、pH、营养适宜时会大量繁殖甚至产生毒素，造成食品污染。真菌被广泛应用于食品工业，有些真菌则产生毒素污染食品。霉菌污染粮食、油料作物等引起的中毒现象较为多见。霉菌中毒有明显的地方性和季节性，临床表现较为复杂，有急性中毒、慢性中毒及致癌、致畸和致突变等。动物性食品是人类膳食的主要组成部分，病毒导致的动物疫病是食品安全的一大隐患，如口蹄疫、牛海绵状脑病、禽流感、非洲猪瘟等。除了以上几类因素，寄生虫、昆虫等也能通过食品污染对人体健康造成一定的危害。

【案例 5-17】猪瘟疫情

（三）食品生产经营环境中化学性污染对食品安全的影响

食品化学性污染是由有毒、有害化学物质污染食品引起的。食品化学性污染包括：①食物农药、兽药残留；②有害金属（汞、铅、镉等）污染；③食品加工不当产生的有毒化学物质，如多环芳烃类（苯并[a]芘）、*N*-亚硝基化合物等；④滥用食品添加剂、生长促进剂和违法使用有毒化学物质（如苏丹红、孔雀石绿）等造成的食品污染；⑤放射性元素污染。

食品化学性污染主要来自环境污染。近年来，由于工业三废治理滞后于工业发展，环境污染问题突出，加上新技术、新材料、新原料的应用，食品的化学性污染呈现出多样化和复杂化。例如，违规使用呋喃丹、甲胺磷、酰胺磷、氧化乐果、敌敌畏等剧毒农药，超量使用食品添加剂和防腐剂，都会使食品中有害化学物质残留。水体污染、土壤污染、大气污染导致汞、铅、铬等重金属及有毒气体等有害化学物质沉积或附着在食品中。食品的包装物如金属包装物、塑料包装物及其他包装物都可能含有有害的化学成分而污染食品。食品化学性污染不容忽视。

【案例 5-18】浙江金华火腿事件

第二节　食品加工对环境的要求

众所周知，食品生产企业要对食品质量承担最大责任。自 20 世纪 90 年代以来，各国对食品卫生和质量的监控越来越严格，标准也越来越高，尤其是对与农产品生产和贸易有关的环保技术要求越来越高，对产品卫生安全标准的要求更加严格，食品生产的方式及其对环境的影响日益受到重视，这就要求食品在进入国际市场前由权威机构按照通行的标准加以认证，获得一张"绿色通行证"。国际标准化委员会（ISO）已制定出环境国际标准 ISO 14000，与以前制定的 ISO 9000 一同作为世界贸易标准。不同的是，前者侧重于企业的生产活动和产品对环境的影响，后者侧重于企业的产品质量和管理体系。随着世界经济一体化及贸易自由化，各国在不断降低关税，但与环境、技术相关的非关税壁垒日趋森严。2009 年，我国在原有《中华人民共和国食品卫生法》（以下简称"《食品卫生法》"）的基础上，紧急出台了《中华人民共和国食品安全法》（以下简称"《食品安全法》"），并于 2009 年 6 月 1 日起实施。其后经过 2015 年、2018 年、2021 年几次修订或修正。《食品安全法》的实施，对于规范食品生产经营行为、保障食品安全发挥了重要的作用，推动了我国食品安全工作的进步，提升了食品整体安全水平。

食品加工过程中的各个环境因素都可能影响到食品的质量和安全。因此，对从事食品加工的企业环境条件要求更加严格。

一、食品加工的环境要求

食品加工企业在建厂时要从选址、工厂的设计、设施等方面对环境进行综合考虑，食品工厂的建设不仅要求经济合理、技术先进，更要保证工厂建成后能生产出产量和质量均达到规定标准的产品，各项经济指标应达到国内同类工厂的先进指标或国际先进水平。

食品加工车间是一个食品企业的主体部分，也是整个食品加工环境中对食品安全影响最大的场所。食品加工的重要环节基本上是在加工车间完成的。因此，对食品加工车间的环境卫生必须严格控制。

食品加工对环境主要有如下要求。

1）食品加工企业周边环境应通风、日照良好，空气清新，加工企业应在地势高燥、地面平坦而又有一定坡度、土质坚实的地面建设工厂。

2）食品加工场所的建筑物与外界公路应有防护地带，其距离可根据各类食品厂的特点由各类食品厂卫生规范规定。

3）食品加工厂区要远离有害场所，食品加工周边环境不得有垃圾场、废渣场、粪渣场及其他有昆虫大量滋生的潜在场所。食品加工厂周边不得有粉尘、烟雾、灰尘、有害气体、放射性物质和其他扩散性污染源。同时食品企业也要避免生产过程中产生废气、废水、废渣、噪声等对周围居民造成不良影响的因素。

4）要有充足水源，靠近加工厂的自来水管网较好，同时考虑自来水的供给要充足，以及水压符合生产需要。食品加工车间用水必须符合国家规定的水质卫生标准。

5）食品加工企业周边要有动力电源，保证电力负荷和电压以满足食品加工的需要，冷库、电热发酵等设施不能停电，必要时考虑备用电源。周边交通运输要方便，厂址必须有相应的公路、水路或铁路运输条件。

6）食品加工车间的周边环境要便于食品生产中污水排放、废弃物处理，附近最好有承受污水流放的地面水体及污水、废弃物处理厂。

7）食品加工车间的建筑结构、场所基础设施要坚固耐用，达到卫生要求，易于维修、保持清洁；车间内要有必要的排烟、排气、防蝇、防尘、防鼠等基本设施。厂房按设备布局和生产工艺流程及所要求的洁净级别进行合理布局。

8）为确保食品加工车间环境和食品加工人员的清洁卫生，应当有相应的消毒、更衣、盥洗、采光、照明、仓储、温控、通风、防腐、防尘、防蝇、防鼠、洗涤、污水排放、存放垃圾和废弃物的设施。注意设备、器具、食品加工车间地面及空间的卫生与消毒，并保证人员的健康与卫生。

9）控制食品加工车间生产食品所采用的生产工艺对环境的污染，尽可能消除污染物。严格控制食品加工车间的生产过程，防止外来污染物污染车间环境。

10）食品加工车间对生产的直接入口食品应当有小包装或者使用无毒、清洁包装材料进行包装；食品包装材料必须符合国家卫生标准，食品生产经营者不得使用不符合标准的食品容器包装材料及设备。

11）食品加工技术装备要不断更新。食品加工车间应具备消防设施，以防意外火灾发生。

总之，食品加工场所的环境要符合无污染条件，必须与有毒、有害的污染源保持规定距离，以不造成直接或间接污染为原则。不同行业与不同污染源的间隔距离按有关规定执行。食品加工场所周边应保持环境整洁，确保无苍蝇、老鼠、蟑螂和其他有害昆虫滋生。

二、食品贮运的环境要求

食品的贮运环境关系到食品质量安全和食品保质期，不同食品对贮运环境的要求也不同。

（一）食品贮存对环境卫生的要求

1）不同食品的贮存环境不同，食品贮存场所的建筑质量及贮存条件应符合《食品安全国家标准 食品生产通用卫生规范》（GB 14881—2023）的要求。

2）贮存食品的容器、工具、设备、库房要求清洁卫生、无毒、无害，并且能够防止食品污染和交叉污染，尤其是贮存食品的工具、容器要防止被重金属氧化物污染。主副脱水食品、生熟食品、易串味食品与水含量高的食品不得混存；药品及其他有毒、有害物质不得与食品混放；水产品与其他食品同架、同箱冷藏（冻）时，应将水产品放在下层；食品生产加工企业生产的成品必须存放在专用成品库房内。

3）在食品贮存过程中要严禁受到放射性物质或潜在性有害的合成化学品污染。

4）不同食品的贮存条件不同。动物性食品应冷冻在−30～−12℃环境中，应冷藏在0～22℃环境中，相对湿度为70%～100%；蔬菜类保鲜、防腐温度为−37～−1℃，相对湿度为85%～95%；各类糖果、酒类的防霉、防沉淀温度为4～25℃，相对湿度为60%～80%；各种水果的冷藏温度为0～7℃，相对湿度为75%～96%；各种原粮及成品粮防霉、防虫蛀储藏水分含量为12%～14.5%，在相对湿度60%～70%、温度0～30℃的条件下，其平衡水分含量为8.86%～15.58%；直接食用食品应专库（橱）存放，最好在0～10℃环境中冷藏贮存。

（二）食品运输对环境卫生的要求

1）食品运输的关键环节是运输工具。运输工具不洁造成的食品污染经常发生。食品的运输工具、设备和条件必须保持清洁，防止食品污染。用非专用食品运输工具运送食品时，应对运输工具彻底清洗或消毒后才能装运，装运直接食用食品的运输工具每次用前必须消毒。

2）食品装运应轻装轻卸，运输途中有垫、篷、盖等保护措施。高温炎热季节应具备通风、遮阳、冷藏等条件，易腐食品运输不得超过4h，冷藏冷冻食品装卸货期间食品温度升高不超过3℃；寒区冬季运输蔬菜、水果等应有防冻条件；长途运输要具备防蝇、防鼠、防蟑螂和防尘措施。

3）食品运输过程卫生条件不合格也会带来严重后果。运输中容器破损、食品保存不当都可能引起食品污染。因此在食品运输过程中，食品运输装备必须有篷有盖，并有明显标志，包装不得损坏，食品不得撒漏，食品要进行严格分类，不得混装，在运输时不得将成品与污染物同车运输。

【延伸阅读5-1】
《中华人民共和国食品安全法》对食品生产经营的要求

三、《食品生产许可审查通则（2022）》对环境的要求

（一）食品卫生标准

食品卫生标准是政府主管部门根据卫生法律法规和有关卫生政策所作出的技术规定，以控制和消除食品及其生产过程中与食源性疾病相关的各种因素，包括安全、营养和保健三个方面。按《食品安全法》的规定，食品卫生标准一经《食品安全法》所认可就有了法律性质。我国食品卫生标准由国家授权国家卫生健康委员会统一制定，各种食品都必须达到统一的卫生质量要求。它反映出食品卫生科学技术的成就，符合我国当前食品卫生现状，同时采纳国外先进食品卫生标准，尤其是国际食品法典委员会（CAC）标准。采用政令和法令的形式，保证食品卫生科学应用于社会生活实践，保护人民健康。因此，食品卫生标准具有科学性、法规性、安全性、强制性的特点。在食品环境质量评价中，食品卫生标准对有毒、有害限量等的规定是评价环境安全的主要依据。

目前，国家卫生健康委员会已制定了各类国家食品卫生标准，主要包括以下8项：①食品中各种污染物限量、农药残留标准；②食品原料与产品卫生标准；③食品添加剂和营养强化剂使用卫生标准；④食品包装材料卫生标准；⑤食品生产企业卫生规范；⑥检验方法与检

验规程；⑦食品安全毒理学评价程序与方法；⑧食物中毒诊断标准。

国家和地方政府是组织、制定与批准发布中国相关食品卫生标准的主要机构。它们对食品卫生标准的制定主要按照下述原则：①健康保护原则；②以“危险性评估”结果为依据的科学原则；③和CAC标准相靠拢，尽可能和《实施卫生与植物卫生措施的协定》（WTO/SPS协定）中的条款相近原则；④与我国实际相结合原则。

我国政府十分重视食品安全问题。从粮食的统购统销到《食品安全法》的颁布，充分体现了政府对食品安全的重视。经过几十年的努力，我国的食品安全卫生状况有了明显改善。自20世纪80年代以来，我国政府制定了《食品卫生法》（后被《食品安全法》替代），先试行后确定，与之配套的有十分系统、健全的法律法规，如各类食品卫生管理办法、各种食品卫生标准，以及很多地方、行业、企业法规、标准、管理办法等，并随着国际形势的变化和市场全球化的需要不断地完善、修订。目前中国食品工业已形成了由国家标准、行业标准、地方标准和企业标准等4级标准构成的标准化体系。

（二）食品质量安全市场准入制度

食品质量安全市场准入制度，也叫市场准入管制，是为防止资源配置低效或过度竞争，确保规模经济效益、范围经济效益和提高经济效率，政府职能部门对企业的市场准入进行管理。市场准入制度是关于市场主体和交易对象进入市场的有关准则和法规，是政府对市场管理和经济发展的一种制度安排。它具体通过政府有关部门对市场主体的登记、发放许可证和营业执照等方式来体现。我国从2002年开始实施食品质量安全市场准入制度（已废止），到2006年已将35类食品、7类食品包装容器和材料等纳入监管。

首批实行食品质量安全市场准入制度的5类食品为小麦粉、大米、食用植物油、酱油、食醋。未获得“食品生产许可证”和未经检验合格而加贴（印）食品市场准入标志的这5类食品不得出厂，不得销售。2004年对肉制品、罐头、乳制品、饮料、冷冻饮品、方便面、饼干、膨化食品、速冻米面食品、调味品（糖及味精）等实施食品市场准入制度。2005年对糖果制品、茶叶、葡萄糖及果酒、啤酒、黄酒、酱腌菜、蜜饯、炒货食品、蛋制品、可可制品、焙烤咖啡、水产加工、淀粉及淀粉制品等实施食品市场准入制度。2006年对豆制品、果冻、蜂产品、酱类产品、糕点制品、挂面等所有35类食品、7类食品包装容器和材料等全部实施市场准入制度管理。

食品市场准入制度的三项基本制度：一是对食品生产加工企业实行生产许可制度。对于具备基本生产条件、能够保证食品质量安全的企业，发放“食品生产许可证”。二是对企业生产加工的食品实行强制检验制度。未经检验或经检验不合格的食品不准出厂销售。三是对实施食品生产许可制度的产品实行市场准入标志制度。对检验合格的食品要加印（贴）市场准入标志——QS标志。

“食品生产许可制度”依据《中华人民共和国工业产品生产许可证管理条例》，适用于在中华人民共和国境内从事以销售为目的的食品生产加工经营活动（不包括进口食品）。食品生产许可制度包括对符合条件的食品生产企业发放“食品生产许可证”，准予生产获证范围内的产品，并实施强制检验制度。未取得“食品生产许可证”的企业不准生产食品；未经检验或经检验不合格的食品不准出厂销售。

国家质量监督检验检疫总局《关于使用企业食品生产许可证标志有关事项的公告》（总局

2010 年第 34 号公告）明确规定自 2010 年 6 月 1 日起，新获得食品生产许可的企业应使用生产许可标志。将《食品生产加工企业质量安全监督管理实施细则（试行）》（总局令第 79 号）规定附件中的“质量安全”修改为“生产许可”。

（三）《食品生产许可管理办法》

《食品生产许可管理办法》是为规范食品和食品添加剂生产许可活动，加强食品生产监督管理，保障食品安全而制定的法规。自食品生产许可制度实施以来，对于规范企业必备生产条件、督促企业加强生产过程控制、落实食品安全主体责任、改善食品安全总体水平、推动食品工业健康持续发展都发挥了积极作用。但随着我国经济体制改革的不断深入和食品安全监管架构体系的改革完善，食品生产许可制度在制度设计和操作运行中都暴露出一些问题，需要改革和完善。为贯彻落实《食品安全法》，国务院推动简政放权、转变政府职能的工作部署，本着“放管结合、方便企业、从严监管”的原则，《食品生产许可管理办法》（2020 版）针对现行食品生产许可制度与不符合《食品安全法》、不适应现有监管体制的地方做了调整，概括起来主要是“五取消”“四调整”“四加强”。

1.《食品生产许可管理办法》（2020 版）相关条例

《食品生产许可管理办法》（2020 版）第二条规定：“在中华人民共和国境内，从事食品生产活动，应依法取得食品生产许可。食品生产许可的申请、受理、审查、决定及其监督检查，适用本办法。”第三十条规定：“食品生产许可证编号由 SC（“生产”的汉语拼音字母缩写）和 14 位阿拉伯数字组成。数字从左至右依次为：3 位食品类别编码、2 位省（自治区、直辖市）代码、2 位市（地）代码、2 位县（区）代码、4 位顺序码、1 位校验码”（图 5-4）。

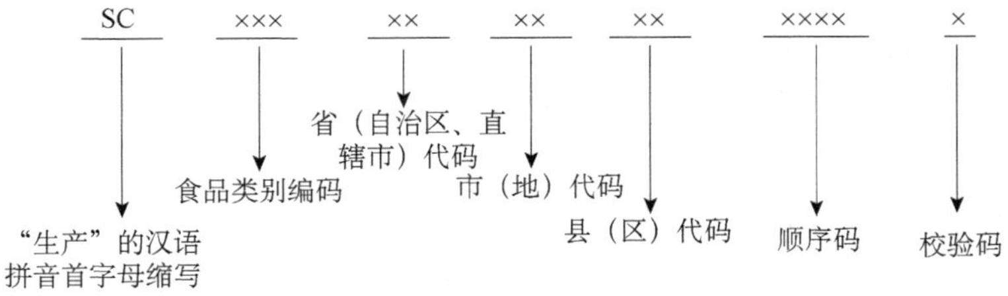

图 5-4　“食品生产许可证”编号详解

《食品生产许可管理办法》实施后，新获证食品生产者应当在食品包装或者标签上标注新的“食品生产许可证”编号，不再标注 QS 标志。2018 年 10 月 1 日及以后生产的食品一律不得继续使用原包装和标签及 QS 标志。

食品、食品添加剂类别编码用第 1～3 位数字标识，具体为第 1 位数字代表食品和食品添加剂生产许可识别码，阿拉伯数字“1”代表食品，阿拉伯数字“2”代表食品添加剂；第 2、3 位数字代表食品和食品添加剂类别编号，其中食品类别编号按照《食品生产许可管理办法》第十一条所列食品类别顺序依次标识，即“01”代表粮食加工品，“02”代表食用油、油脂及其制品，“03”代表调味品，以此类推，“27”代表保健食品，“28”代表特殊医学用途配方食品，“29”代表婴幼儿配方食品，“30”代表特殊膳食食品，“31”代表其他食品。而食品添加剂类别编号标识为“01”代表食品添加剂，“02”代表食品用香精，“03”代表复配食品添加剂。

2. SC 取代 QS 的意义

1）之前食品 QS 标注的法律依据是《中华人民共和国工业产品生产许可证管理条例》，随着食品监督管理机构的调整和现行《食品安全法》的实施，《中华人民共和国工业产品生产许可证管理条例》已不再作为食品生产许可的依据。因此，取消食品 QS 标志是严格执行法律法规的要求。现行《食品安全法》明确规定，食品包装上应当标注“食品生产许可证”编号，没有要求标注“食品生产许可证”标志。

2）“QS”对应质量安全，是由政府部门担保的食品安全，而“SC”是生产，体现食品生产企业在保证食品安全中的主体地位。监管部门从单纯发证转变成持续监管。取消 QS 标志有利于增强食品生产者食品安全主体责任意识。

3）新的“食品生产许可证”编号完全可以达到识别、查询的目的。

【延伸阅读 5-2】

【延伸阅读 5-3】食品生产许可制度变迁

（四）《食品生产许可审查通则（2022）》

根据《中华人民共和国食品安全法》及其实施条例、《食品生产许可管理办法》等有关规定，国家市场监督管理总局组织制定的《食品生产许可审查通则（2022）》于 2022 年 11 月 1 日起施行，从食品生产加工的源头上控制食品的质量安全，提高食品行业的从业门槛，防止制假造假的不法活动，保障人民身体健康。与 2016 版内容相比，2022 版新增了 8 个亮点：①明确未列入分类目录和无审查细则的食品品种实施生产许可审查的原则；②明确电子申请材料与纸质具有同等法律效力；③对于申请材料的完整性、规范性、符合性进行了归纳分类，与《食品生产许可管理办法》有效衔接；④除首次申请许可外，明确了需要组织现场核查；⑤缩短了部分现场审核的时限，简化了审批流程，提高了办事效率；⑥调整与法律法规不适应的内容，删除外设仓库、委托办理许可材料等与《食品生产许可管理办法》不适应的条款内容；⑦新增终止许可的相关规定；⑧附件增加了现场核查评分原则，修改生产场所等三项分值。

《食品生产许可审查通则（2022）》主要内容包括申请材料审查和现场核查。申请材料的审查应当以书面申请材料的完整性、规范性、符合性为主要审查内容；现场的核查以申请材料与实际状况的一致性、合规性为主要审查内容。法律法规、规章制度和标准对食品生产许可审查有特别规定的，还应当遵守其规定。

1. 申请材料审查

1）申请食品生产许可应按照以下食品类别提出：粮食加工品，食用油、油脂及其制品，调味品，肉制品，乳制品，饮料，方便食品，饼干，罐头，冷冻饮品，速冻食品，薯类和膨化食品，糖果制品，茶叶及相关制品，酒类，蔬菜制品，水果制品，炒货食品及坚果制品，蛋制品，可可及焙烤咖啡产品，食糖，水产制品，淀粉及淀粉制品，糕点，豆制品，蜂产品，保健食品，特殊医学用途配方食品，婴幼儿配方食品，特殊膳食食品，其他食品等。国家市场监督管理总局可以根据监督管理工作的需要对食品类别进行调整。

2）申请人应当具备申请食品生产许可的主体资格；申请材料应当种类齐全、内容完整，符合法定形式和填写要求；申请人应当配备食品安全管理人员及专业技术人员，并定期进行培训和考核；申请人及从事食品生产管理工作的食品安全管理人员应当未受到从业禁止；食品生产加工场所及其周围环境平面图、食品生产加工场所各功能区间布局平面图、工艺设备布局图、食品生产工艺流程图等图表清晰，生产场所、主要设备设施布局合理，工艺流程符合审查细则，所执行标准符合规定的要求。

2. 现场核查

现场核查范围主要包括人员管理、管理制度及其执行情况、设备设施、生产场所、设备布局和工艺流程，按规定需要查验试制产品检验合格报告。

（1）*人员管理方面的核查*　核查申请人是否配备申请材料所列明的食品安全管理人员及专业技术人员；是否建立生产相关岗位的培训及从业人员健康管理制度；从事接触直接入口食品工作的食品生产人员是否取得健康证明。

（2）*管理制度的核查*　在管理制度方面，核查申请人的进货查验记录、生产过程控制、出厂检验记录、食品安全自查、不安全食品召回、不合格品管理、食品安全事故处置及审查细则规定的其他保证食品安全的管理制度是否齐全，内容是否符合法律法规等的规定。

（3）*设备设施的核查*　核查申请人提交的生产设备设施清单是否与现场一致，生产设备设施材质、性能等是否符合规定并满足生产需要；申请人自行对原辅料及出厂产品进行检验的，核查是否具备审查细则规定的检验设备设施，其性能和精度是否能满足检验需要。

（4）*生产场所的核查*　核查申请人提交的材料是否与现场一致，生产场所周边和厂区环境、布局和各功能区划分，厂房及生产车间相关材质等是否符合有关规定和要求。

（5）*设备布局和工艺流程的核查*　核查申请人提交的设备布局图和工艺流程图是否与现场一致，设备布局、工艺流程是否符合规定，且能防止交叉污染。

（6）*试制产品检验合格报告的核查*　现场核查时，核查组根据食品生产工艺流程等的要求，按申请人生产食品所执行的食品安全标准和产品标准核查试制食品检验合格报告。

第三节　食品加工环境的监测

一、食品加工环境监测概述

（一）环境监测

环境监测是以环境为对象，运用物理、化学和生物技术手段，对其中的污染物及其有关的组成成分进行定性、定量和系统的综合分析，以探索研究环境质量的变化规律。

环境监测是环境保护的基础工作，其主要内容包括大气环境监测、水环境监测、土壤环境监测、固体废弃物监测、环境生物监测、环境放射性监测和环境噪声监测等。其任务是要对环境样品中的污染物的成分进行鉴定和测试，并研究在一定时空内的环境质量性质、组成和结构。

（二）食品工厂微环境监测

监测食品工厂微环境是为了将整个食品加工链上的环境因子对食品安全的影响降到最低，以确保食品安全。检测食品加工环境中食品安全的影响因子已成为现代食品质量安全监控的一个重要组成部分。

1. 食品工厂微环境监测的内容

食品工厂微环境的监测对象主要是指对环境和食品可能造成污染和危害的物质（污染物）。食品工厂微环境监测的内容以有无生命来划分，包括两类：一类是非生物，另一类是生物。非生物主要包括无机物和一般常见有机物，无机物有单质（包括金属、非金属等）和化合物（包括氧化物、酸、碱、盐和络合物等）；有机物主要为碳氢化合物，包括烃类（链烃和环烃）和烃的衍生物（包括卤代烃、酚、醛、酮、酯、胺、酰胺、硝基化合物等）。生物主要包括环境中对食品安全有影响的各类微生物。

对于影响环境的各种有害物质和因素的监测基本内容应为：无机污染物（包括金属和非金属）监测，有机污染物（包括农药、抗生素、添加剂）监测，微生物（包括细菌、病毒及毒素）监测。

此外，食品工厂微环境监测根据监测对象的状态可分为：大气监测、水质监测、土壤及固体废弃物监测和微生物监测。就食品加工环境而言，我们主要介绍的是与加工过程相关的大气、水质和微生物监测，以此来监测和评价加工环境质量。

2. 选择监测项目的原则和注意事项

（1）选择监测项目的原则

1）对污染物的性质如自然性、化学活性、毒性、扩散性、持久性、生物降解性和积累性等进行全面分析，从中选出影响面广、持续时间长、不易或不能被微生物所分解且能使动植物发生病变的物质作为日常例行的监测项目。对于某些有特殊目的或特殊情况的监测工作，则要根据具体情况选择需要监测的项目。

2）要监测的项目必须有可靠的手段，并保证能获得满意的监测结果。

3）对所获得的监测结果和数据，要有可比较的标准或能做出正确的解释和判断。如果监测结果无标准可比，不了解所获得的监测结果对人体和动植物的影响，就会使这类监测工作具有盲目性。

（2）监测注意事项　对食品加工环境监测的布点原则、布点方法、样品采集及监测分析、质量控制提出严格的技术要求。在对食品加工环境进行监测时要根据食品环境样品的含量，考虑是否受时间、温度、气候、干扰元素等因素影响，对不宜放置的大气样品应立即进行现场分析；对不能现场分析的水样，应现场按规范做好样品固定工作。对属于微量或痕量分析范畴的环境样品的监测分析，微小的差异都将严重影响分析结果的可靠性，特别是重金属等元素的测定，在技术上要求灵敏、准确。同时样品的消解过程中也应注意消化完全，以免样品未完全溶解而使分析结果偏低，影响数据准确性。要注意环境元素组分的复杂性，共存元素可能互相干扰和影响。为使分析结果准确、可靠，应当对食品加工全过程的每个环节进行质量控制。

3. 食品工厂微环境监测样品的采集与预处理

在食品工厂微环境监测中首先就是样品采集，一般要求所取得的样品同时具有代表性和有效性。采集到的样品往往是许多不同物质的混合物，所要监测的目标组分可能在样品中含量很低。所以对采集样品需进行前处理，转变为可测定状态或者对待测组分进行浓缩和除去干扰组分等，是分析检测的重要步骤。随着分析检测手段的不断更新，越来越多的分析监测新技术被用于环境分析工作中，近年来环境样品制备常采用以下新技术：超临界流体萃取技术、膜分离技术、泡沫分离技术、固相萃取技术、微波辅助萃取技术、流动注射分析技术等。样品制备好后，选择合适的方法进行监测，在分析检测环节中，精确度、灵敏度、检出限、有效测定范围等都可以用来评价监测方法选用的合理性。

二、大气污染检测

大气污染检测就是检测大气中的污染物及其含量，目前已经认识的大气污染物有100多种，主要以分子状和粒子状两种形式存在于大气中。分子状污染物的检测项目主要有SO_2、NO_x、CO、卤化氢及碳氢化合物等。粒子状污染物的检测项目有氟化物、粉尘、烟尘及尘粒的化学组成等。

（一）大气样品的采集和前处理

1. 大气样品采集

大气中的污染物具有时间分布、空间分布和扩散迁移的特点，它的浓度受风向、风速、湍流、气温、气压、湿度和地形等因素的影响，很难确定某一固定的采样位置。采集样品时应根据测定目的、污染物的理化性质、污染物的排放现状和当时的气象条件等实际情况选择妥当的采样位置。

2. 样品采集方法

（1）气体采样方法 气体样品常用的采样方法有直接采样法和浓缩采样法。直接采样法包括充气法、置换法和真空采样法，浓缩采样法主要通过吸收或吸附，将大气中污染物吸收或阻留。

（2）气溶胶采样方法 最常用的气溶胶采样方法是沉降法和过滤法。沉降法包括自然沉降和静电沉降；过滤法主要用滤纸或滤膜过滤空气，将空气中悬浮的颗粒物质阻留在滤纸或滤膜上，再对其进行分析。

（3）综合采样法 大多数情况下，空气样品气体和气溶胶不是单一存在的，因此多采用综合采样法。所谓综合采样法，就是将两种状态的污染物同时采集下来的一种方法。

3. 大气样品前处理

可以在大气样品中的一些气体（如O_2、CO_2、H_2S、SO_2等）中加入稳定剂，但大气中的污染物组成复杂，性质不稳定，容易发生转化或化学反应，难以保存，所以有时要进行样品前处理。前处理的方法很多，如溶剂提取法，选择合适的有机溶剂提取大气中的多环芳烃、酚类及胺类等污染物；大气飘尘中的多环芳烃还可以用真空升华的方法，即用有机溶剂析出在升华管上再将其解吸。此外，用超声波提取、高温灰化法、熔融分解法和湿法分解法等方法都可以对不同大气样品进行前处理。

（二）大气污染物的检测

1. 大气污染物的快速检测

由于在测定空气中的有害物质时经常需要在现场采集较大量的空气样品，使被测有害物质溶解在吸收液中或被吸附于固体吸附剂上，在化验室进行分析。由于采样和分析的时间较长，不能及时得出有害物质的浓度，因此实际操作中除了常规测定方法，还需要有能够当场测得结果的快速检测方法。目前常用的快速检测方法有以下4种。

（1）检气管 具有现场使用简便、快速、便于携带和灵敏的优点。但有些有害物质的检气管准确度较差，制作标定比较麻烦，因此最好由专门工厂生产。目前一些常见有害物质如CO、SO_2、H_2S、苯、汞等都有检气管，其灵敏度和准确度能够达到卫生学的要求。

（2）试纸法 它是用滤纸条浸渍试剂后放置在现场或置于试纸夹内抽取被测空气，呈色后比色定量，具有简便、灵敏的优点，但准确度一般都较差。

（3）溶液检测法　原理是使空气中被测有害物质与显色液作用，呈色后用标准管或人工标准管比色定量。这种方法的灵敏度、准确度一般都较试纸法高。

（4）仪器测定　利用有害物质的热学、光学、电学等特性进行测定，一般灵敏度和准确度均较高，但仪器的价格较贵。

2. PM2.5 含量的检测

目前，各国环保部门广泛采用的 PM2.5 测定方法有重量法、β 射线吸收法和微量振荡天平法三种。

（1）重量法　将 PM2.5 直接截留到滤膜上，然后用天平称重。

（2）β 射线吸收法　将 PM2.5 收集到滤纸上，然后照射一束 β 射线，射线穿过滤纸和颗粒物时由于被散射而衰减，衰减的程度和 PM2.5 的重量成正比，根据射线的衰减就可以计算出 PM2.5 的重量。

（3）微量振荡天平法　准备一头粗一头细的空心玻璃管，粗头固定，细头装有滤芯，空气从粗头进细头出，PM2.5 就被截留在滤芯上，在电场的作用下，细头以一定频率振荡，该频率和细头重量的平方根成反比，根据振荡频率的变化可以算出收集到的 PM2.5 的重量。

3. CO 和 CO_2 含量的检测

（1）化学测定法　CO 可以用硫酸钯-钼酸铵检气管比色法测定；CO_2 可以用百里酚酞检气管比长度法测定。

（2）红外线气体分析仪法　将空气中的 CO 和 CO_2 抽入红外线气体分析仪，基于其对红外线的选择性吸收，在一定范围内吸收值与其浓度呈定量关系，根据吸收值就能测定其浓度。

（3）气相色谱法　将空气中的 CO 经色谱柱与空气的气体成分分离后，通过镍催化剂与氢气反应生成甲烷，用氢火焰离子化检测器测定以保留时间定性，峰高定量。CO_2 经色谱柱与空气的气体成分分离后，用热导池检测器测定，可以进行定性和定量分析。

4. SO_2 和 H_2S 含量的检测

（1）化学分析法　SO_2 的含量可以用玫瑰苯胺盐酸盐比色法和品红-甲醛快速比色法来检测；H_2S 可以用硝酸银比色法和乙酸铅检气管比色法来检测。

（2）荧光法　空气中 SO_2 分子被抽入荧光分析仪反应室后，吸收紫外线生成激发态 SO_2，当它回到基态时放射出荧光紫外线，其放射荧光强度与其浓度成正比。用光电倍增管接收荧光紫外线，并转化为电信号经过放大器输出，即可测量 SO_2 浓度。

5. 空气中烟尘浓度的检测

在各类食品工厂加工环境的检测指标中，烟尘的浓度是不可忽视的。烟尘测定方法有：①过滤称重法，这是最常用的方法，基本原理是，一定体积的含尘烟气，通过已知质量的滤筒后，烟气中的尘粒被阻留，根据采样前后滤筒的质量差和采样体积，可以算出烟尘浓度；②光电透射法，依据朗伯-比尔定律，通过测定悬浮在烟气中的尘粒对入射光减弱的程度，可以求出烟尘相对浓度，还可以根据人的感觉器官对烟气气味、颜色等的反应强度采用林格曼黑度仪进行烟气测定。

6. 空气中粉尘成分的检测

（1）金属成分的分析　试样的处理方法根据所使用的分析方法（如原子吸收光谱法、发光分光光度法、放射分析法、极谱分析法等）的不同而异。原子吸收光谱法应用较普遍，通常要对样品进行湿法及灰化处理。

（2）有机成分的分析（飘尘）　将捕集于玻璃纤维滤片上的粉尘用有机溶剂（苯、环己烷、丙酮、乙醚、氯仿、二氯甲烷等）抽提其中的有机成分，再用适当仪器进行分析。

7. 空气中微生物的检测

空气中微生物数量情况可以采用自然沉降法进行分析。将营养琼脂平板置于所选择的测定点部位，将皿盖打开，使平皿内琼脂培养基表面暴露于空气中5min，采样后立即将培养皿及培养基条送至实验室，置37℃恒温箱中培养48h，然后计数。也可以用空气微生物采样器采样。

三、水质污染检测

水质污染的检测对象很多，就水体来说有天然水（包括江、河、湖、海和地下水）、生活污水和工业废水等。主要检测项目大体可分为两类：一类是反映水质污染的综合指标，如温度、色度、臭味、浊度、pH、悬浮物、溶解性、总硬度、化学需氧量和生化需氧量等；另一类是水中的一些有毒物质，如酚、氰、砷、铅、铬、镉、汞、银、有机农药和苯并[a]芘等。

（一）水样的采集、保存与处理

1. 水样的采集

采集的水样应具有代表性和准确性，才能反映出水体污染在空间和时间上的变化规律。对于水质稳定、混合均匀的水样来说，只要采集具有代表性的水样就可进行分析测定。如果水质变化较大，那么应采集不同时间内的水样制成混合水样。

2. 水样的保存

不同水样允许存放的时间是不相同的，清洁水允许存放72h，轻度污染的水允许存放48h，严重污染的水允许存放12h。从采样到测定间隔的时间越短，分析结果越可靠，但是水样在运输途中或不能立即进行分析测定的情况下，必须采取一定的措施对水样进行妥善保存，以确保分析结果的准确性，常见的保存方法有冷冻法和化学法。

3. 水样的处理

由于水样组成复杂，存在各种各样的干扰因素影响分析测定结果。为了使水样转化为测定所需要的形式以得到可靠的分析结果，必须对水样进行预处理，常用的预处理方法包括过滤、溶剂萃取、蒸馏、冷冻及消毒等。

（二）水质的检测

一般对于水质的检测指标包括物理化学指标、微生物学指标和微量成分指标。

1. 物理化学指标

水质的物理指标是指对水质进行基本表征的指标，包括色泽（用色度表示）、味道（异味或臭味的强弱）、温度、浊度及水中悬浮物等，这些指标能够表征水质的好坏与受污染的程度。

水质的化学指标是指溶解于水中的有机化合物、无机化合物、悬浮胶体和粗大颗粒等物质的质量，用直接或间接的方法逐个或综合地加以测定并用浓度表示出来的指标。

2. 微生物学指标

微生物学指标包括两种：①根据水体污染对生物体产生的影响或对水中污染物的浓度进

行间接评价，如细菌、致病性病毒、生物浓缩、毒性实验生物鉴定、藻类生产的潜在能力和生物生产；②根据水中生物群对水域的污染状态或污染物的浓度进行评价，如生物多样性指数和生物指数。

3. 微量成分指标

水中往往含有许多微量成分，而微量成分的毒性、作用方式、各种物理化学和生物学特性随着物质的状态不同而有着很大差异。

微量成分可分为无机成分和有机成分，且测定方法不同。无机成分的分析可以采用离子交换、溶剂萃取、沉淀、电解等方法进行分离浓缩，然后再采用适当的化学试剂显色后用比色法测定；重金属的测定多采用原子吸收法；有机成分的分离浓缩方法主要有萃取、分馏、层析、电泳、透析、离子交换色谱等，样品经分离浓缩之后用具有高灵敏度的仪器进行分析，气相色谱（GC）和气相色谱-质谱法（GC-MS）是常用的方法。

四、微生物检测

微生物在自然界分布非常广泛。动植物的体表和体内均分布有各种微生物，土壤、空气和水中也有各种不同的微生物。一旦微生物污染到食品中，就会大量繁殖，直到食品腐败变质。但有些腐败是不明显的，消费者用肉眼难以分辨，食用后会中毒。从常规来看，多数食品厂家注重控制各个工艺的微生物数量，但会忽视检测和控制环境中的微生物。食品被微生物污染而造成人类严重病害的事例很多，所以控制环境中的微生物对控制食品污染是很重要的，这不仅是对消费者负责，也是企业避免造成惨重经济损失的重要措施。微生物检测常包括细菌、病毒、霉菌及其毒素等的检测。

食品加工的各个环节都有可能受到微生物污染，因此食品加工环境中微生物的检测对食品生产企业来说是很重要的。

（一）微生物样品的采集和预处理

1. 样品采集

食品检测样品采集的原则包括所采样品应具有代表性，在食品生产企业的生产过程中每批食品应随机抽取一定数量的样品；采样必须符合无菌操作要求，防止一切外来污染；在保存和运送过程中应保证样品中微生物的状态不发生变化，一般在0～5℃冷藏；采样标签完整、清楚，每件样品都必须标清楚来源、数量、采样地点、时间、采样的条件（如采样现场的温度、湿度和卫生状况等）、检测的目的和要求、采样人等，并尽可能提供详尽的资料（如所采样品的食品来源、加工、贮藏、包装、运输和销售等情况）。

在一批需要检测的食品样品中，确定哪些食品作为采样源是十分重要的。样本选择可以分为有针对性选择和随机选择两种。有针对性选择是根据已掌握的情况进行有针对性的样本选择采集；随机选择是根据概率原理进行随机抽取的方法。

2. 样品预处理

在环境污染物的检测中除部分指标外，一般要求对样品进行预处理，将样品转变为适合测定的溶液。生物样品常用的预处理方法有干灰法、湿法分解法和溶剂提取法等。

（1）干灰法　在一定温度范围内加热使物质分解留下残渣再使之溶解是处理生物样品的有效方法。这种方法适合大批量样品的处理，但是干灰法不适宜于那些挥发元素的测定。

干灰法又分为箱式电炉法、低温灰化法和氧瓶燃烧法。

（2）*湿法分解法*　湿法分解法又称湿法氧化或消化法，是利用酸或碱与生物样品一起煮沸将有机物分解。大多数生物样品在加热情况下与强酸（硫酸、硝酸、过氯酸等）或混合酸作用，有机物被分解成二氧化碳和水而被除去。为加快氧化速度，常常在酸中加入氧化剂或催化剂（高锰酸盐、重铬酸盐、钼酸盐、五氧化二钒、硒粉等）。

（3）*溶剂提取法*　测定样品中的污染物，特别是周围环境的农药等有机物，需要从样品中提取这些污染物。常用的提取步骤包括在提取溶剂中漂洗、振荡浸提、组织捣碎、索氏提取器提取等。一般用于生物样品提取的溶剂纯度要高，沸点不能太高，而且溶剂的极性要和被提取样品接近。

3. 食品检测样品的运送及处理

（1）*待测食品样品的运送*　样品采集后应根据需要保存，冷冻样品应保存在−20℃环境中，冷藏样品应保存在0～4℃的环境中，样品冷藏时间不应超过36h。盛样品的容器要严格灭菌后使用，不得用消毒剂处理容器，不能在样品内加入任何防腐剂。样品容器应贴上防水性的标签，并附有详细的相关信息书面说明。样品包装应能防止破损、溢出或温度改变。样品采集后由专人立即送检，样品送检的日期和时间应予以登记。

（2）*待测食品样品的处理*　①待测食品样品的接收：样品被运送到化验室后应立即进行样品的接收，并对样品数量、温度等情况进行详细登记，对于冷藏和易腐败的样品应在收到样品后36h内检测。②待测食品样品的融化：冷冻的样品应于检测前解冻，可在0～4℃解冻，时间不超过18h，也可在45℃以下解冻，时间不超过15min。③检测样品的制备：对于微生物分析检测，检测样品的制备可以采用均质法将细菌从食品中分离下来，也可以使细菌在液体中均匀分布。检测样品的量至少需要10g，一般为25～50g。检测样品与稀释液、培养基的比例通常为1∶9。

（二）微生物检测的指标

食品加工的环节中被微生物污染不可避免，评价食品被微生物污染的程度要对相应的微生物进行检测。常用的微生物检测指标有细菌数量（主要是菌落数）、大肠杆菌最近似数（MPN）和致泻性微生物的数量。

1. 菌落总数的检测

食品加工中的细菌主要来源于加工、贮运、销售等各个环节的外界污染。而食品中的细菌数量对食品安全有极大的影响，食品中细菌数量越多，其腐败变质的速度越快。因此，食品中细菌数量能够反映食品受微生物污染的程度。细菌数量可以用菌落总数和细菌总数表示，在实际运用中多采用菌落总数来评价食品的污染情况，菌落总数按国家标准检测方法GB 4789.2—2022来测定。

2. 大肠菌群的检测

大肠菌群是指一群在37℃能发酵乳糖、产酸、产气、需氧和兼性厌氧的革兰氏阴性无芽孢杆菌。从种类上讲，大肠菌群包括埃希菌属、枸橼酸菌属、肠杆菌属和克雷伯菌属等，其中以埃希菌属为主。

肠道致病菌对食品的污染是普遍存在且相当严重的。因此，肠道致病菌在食品中存在与否及其存在的数量是衡量食品卫生质量的指标之一。但是肠道致病菌不止一种，而且对应的检测方法不同，因此选择一种指示菌并通过对该指示菌的检测来推断食品是否已被肠道致病菌所污染并判断其被污染的程度，从而判断食品的卫生质量。

判断食品是否被肠道致病菌所污染及其污染程度的指示菌应具有下列特点：①和肠道致病菌的来源相同，并且在相同来源中普遍存在、数量甚多、易于检出；②在外界环境中的生存时间与肠道致病菌相当或稍长；③检测方法简便。大肠菌群的来源与肠道致病菌相同，在数量和检测方面均符合指示菌的要求。因此，用大肠菌群作为标志食品是否被肠道致病菌污染及其污染程度的指示菌。在食品中存在的大肠菌群数量越多，该食品受粪便污染的程度越大，相应地表示该食品被肠道致病菌污染的可能性越大。

大肠菌群数量的表示方法有两种，即大肠菌群 MPN 和大肠菌群值。大肠菌群 MPN 是指采用一定的方法，应用统计学原理所测定和计算出的一种最近似数值，即在 100mL（或 100g）食品检测样品中所含有的大肠菌群的最近似数或最可能数；大肠菌群值是指在食品中检出一个大肠菌群细菌时所需要的最少样品量。目前采用国家标准（GB 4789.3—2025）规定的方法测定。

3. 致泻性微生物的检测

食品中一旦含有致泻性微生物，其安全性就随之丧失。尽管食品中致泻性微生物的存在和疾病的发生在很多情况下并不十分对等，但是与菌落总数和大肠菌群相似，致泻性微生物与食物中毒的发生有肯定性和直接性的关系。所以，各国卫生部门对致泻性微生物都作了严格的规定，把它作为检测食品卫生质量最重要的指标。

（1）*常见污染食品的致泻性微生物*　在食品加工的整个过程中存在致泻性微生物污染的可能性。例如，作为原料来源的活体可能带有致泻性微生物；在加工过程中原料之间的交叉污染；加工者携带的致泻性微生物可能进入食品；在销售中通过器具和其他途径可能污染致泻性微生物。因此，检测容易引起人类疾病和食物中毒的致泻性微生物十分必要。常见的致泻性微生物有十几种，如沙门菌、葡萄球菌、链球菌、副溶血性弧菌等。有时引起人类食物中毒的并不是微生物本身，而是它们产生的毒素，如肉毒梭菌、葡萄球菌和产气荚膜杆菌，一些真菌也会产生毒素。因此，对微生物产生的毒素进行检测也非常重要。

（2）*被污染食品中致泻性微生物的检测*　目前，列入国家标准的致泻性微生物有 12 种，每种都有详细且完整的检测方法，列入出口食品专业标准的致泻性微生物有 7 种。在加工食品中能够存活下来的致泻性微生物通常受到某种程度的损伤，它们会受到增菌液中抑制剂的影响而不被检测出来。因此需要先在无抑制性的培养基中进行前增菌，以帮助致病菌恢复到正常状态。对受伤菌来说，前增菌的适宜方法和使用的培养基随食品的理化性质、加工方法不同而异。以检测沙门菌为例，干蛋品用缓冲蛋白胨水进行前增菌；脱脂乳粉用煌绿水进行前增菌；全脂乳粉则用灭菌蒸馏水进行前增菌。

4. 细菌和霉菌毒素的检测

食品在生产、加工、保存、运输过程中容易受到微生物的污染，在一定条件下微生物大量繁殖，致使食品中存在大量活菌和活菌产生的大量毒素，这些细菌毒素可能引起食物中毒，细菌性食物中毒占微生物性食物中毒的 50%左右。沙门菌、变形杆菌、副溶血性弧菌及蜡样芽孢杆菌都能够产生毒素而引起食物中毒。一些霉菌也可以产生毒素引起食物中毒，如黄曲霉菌、赭曲霉菌污染食品后在适宜条件下就可以产生毒素。这些毒素达到一定量后随着被污染的食品一同摄入人体内而引起食物中毒。因此，在食品加工过程中对毒素进行检测也是一项重要内容。不同类型的毒素根据其性质可以用生物学检测法（抑菌试验、组织细胞培养）和免疫学方法来进行测定。

思　考　题

1. 简述加工环境与食品安全的关系。
2. 简述影响食品安全的环境因素。
3. 简述影响食品安全的人为因素和技术因素。
4. 食品加工过程中发生微生物污染食品的情况有哪些？
5. 食品加工周边环境对食品安全有何重大影响？在选择食品加工厂地址时应该考虑哪些环境因素？
6. 我国《食品生产许可审查通则（2022）》主要包括哪些内容？
7. 食品工厂微环境监测主要包括哪些内容？
8. 怎样才能提高环境对食品安全的有效性？
9. 环境微生物监测主要包括哪几种？在实施监测过程中应该注意哪些问题？

参考答案

第六章 食品工业环境保护与废弃物综合利用

内容摘要：本章主要介绍了食品工业对环境的影响，食品工业水体污染对环境的影响、食品包装产生的污染及食品引起的微生物污染。在此基础上，进一步介绍了食品工业废弃物，包括畜产品加工废弃物、水产品加工废弃物、粮油加工废弃物、果蔬加工废弃物的综合利用。

教学目标：通过本章的学习，要求掌握食品工业对环境的影响，特别是食品工业水体污染、食品包装产生的污染及食品引起的微生物污染；掌握各类食品工业废弃物综合利用途径，进一步了解各类废弃物中活性成分的提取方式。

关键词：水体污染　水体富营养化　赤潮　水华　白色污染　海洋垃圾　微生物污染　畜产品加工废弃物　水产品加工废弃物　粮油加工废弃物　果蔬加工废弃物

通过工业化，人类极大地提升了改造自然和利用自然的能力，创造了前所未有的物质财富和精神财富，形成了绚丽多彩的工业文明。我国的工业化始于20世纪50年代，20世纪80年代进入高速发展阶段，2011年达到了工业化后期，用短短50多年走完了发达国家上百年的路程。在改革开放之后，我国逐渐建成了全球最完整的工业体系，成为世界第一大工业国。2021年，我国实现了第一个百年奋斗目标，在中华大地上全面建成了小康社会，正意气风发地向着全面建设社会主义现代化强国的第二个百年奋斗目标迈进。同时，我国工业化进程将从基本实现工业化向全面实现工业化推进。“十四五”时期，我国将开启全面建设社会主义现代化国家新征程。党的十八大将生态文明建设纳入国家发展总体布局，“坚持人与自然和谐共生”成为新时代坚持和发展中国特色社会主义的基本方略，中国工业领域正深入实施绿色制造工程，积极推动工业领域的绿色低碳转型。食品工业是“为耕者谋利、为食者造福”的传统民生产业，在实施制造强国战略和推进健康中国建设中具有重要地位。作为传统制造业，食品工业既有保护生态环境的义务，也有减少环境污染、降低环境健康风险（主要是环境污染引起的健康问题）的责任。

第一节　食品工业对环境的影响

食品工业关系国计民生，在国民经济中占据着重要地位，被誉为“永不衰败的产业”。同时，食品工业也是连接第一产业（农林牧渔业）和第三产业（主要是服务业）的重要纽带。食品工业是为人类提供食品的经济活动工业体系，主要以农业、渔业、畜牧业、工业、林业和化学工业的产品或半成品为原料制造、提取、加工成食品或半成品，是具有连续性且有组织的经济活动工业体系。但随着食品工业化的飞速发展，其引发的环境问题日益凸显，如食品生产过程引起的水体污染、包装引起的白色污染等，食品工业造成的环境污染问题不容忽视。

一、食品工业对水体的影响

随着食品工业化的发展和食品企业数量的增加，食品工业用水量日益增大，污水排放量也十分巨大，有机质和悬浮物含量高、易腐败，若不经处理直接排放会对天然水体造成严重污染。近年来，各级政府采取了多种措施对食品加工制造业水污染物的排放进行严格控制、监测和监督管理，但食品废水本身处理难度大，食品企业污水处理压力大，故污水处理技术亟待普及和改进。

（一）食品工业对水体的污染

水体污染是指污染物进入河流、湖泊、海洋或地下水等水体后，其含量超过了水体自身净化能力，使水体水质和水体底泥的物理、化学性质或生物群落迅速发生变化，从而降低水体的使用价值和使用功能的现象。水体污染源自水体排放污染物的场所、设备和装置等。

水体污染的来源主要有三个方面：工业废水、生活污水和农业污水。工业废水是工业生产过程中产生的废水，是水体污染的最主要来源，主要来自冶金、电镀、造纸、印染和制革等企业。工业废水分为采矿及选矿废水、金属冶炼废水、炼焦煤气废水、机械加工废水、石油工业废水、化工废水、造纸废水、纺织印染废水、皮毛加工及制革废水、食品工业废水。生活污水是指居民在日常生活中排放的各种污水，如洗涤衣物、沐浴、烹调、冲洗大小便等活动产生的污水，其数量、浓度与生活用水量有关。农业污水是指由农药和化肥的不正确使用所造成的污染，如为保证农作物产量而长期施用过量肥料（化肥、有机肥）和农药等农用化学品，然后经雨水冲刷，经地表径流进入水体造成污染。

食品工业废水属于工业废水类，包括工艺过程用水、机器设备冷却水、烟气洗涤水、设备和场地清洗水及生产废液等。废水中所含的杂质包括生产废液、残渣及部分原料、半成品、副产品等，成分复杂，污染物含量变化大。对工业废水进行严格分类十分困难，因为同一种工业类型可同时排出多种不同性质的污水，而一种污水又有不同的物质和污染效应。食品工业废水分为谷类加工废水、饮料生产废水、水产品加工废水、肉类加工废水及酿酒工业废水等。由于大多数食品工业在加工过程中需要大量用水，因此食品工业排放的废水量很大，是我国水源污染物的主要来源之一。食品工业废水化学需氧量（COD）排放量占工业废水 COD 总排放量的 1/10，居轻工业行业第二位。食品工业的主要原材料是农、渔、牧、林业产品，来源广泛，制品种类繁多，其排出的废水水质成分复杂、水质恶劣，若直接排入水体对环境的危害十分严重。因此，处理好食品工业废水，对环境保护和人类健康具有重要意义。

食品工业废水的普遍特点是量大，有机物质和悬浮物含量高、易腐败，一般无大的毒性。其危害主要是使水体富营养化而迅速消耗水中的溶解氧，造成水体缺氧而引起水生动物的死亡，促使水底沉积的有机物产生臭味，恶化水质、污染环境。若将废水引入农田灌溉会影响农产品的食用，污染地下水源。废水中夹带的动物排泄物含有虫卵和致病菌，导致疾病传播，直接危害人畜健康。

食品工业产生的废水中污染物主要是有机耗氧物和有机有毒物质及无机有害物质。

1. 有机耗氧物

天然水中的有机物一般是指天然腐殖物质及水生生物的生命活动产物。食品工业废水中含有大量的有机物，如碳水化合物、蛋白质、油脂、木质素、纤维素、有机酸碱及用于洗涤和除垢的表面活性剂等。有机物的共同特点是这些物质进入水体后，通过微生物的生物化学作用而分解为简单的无机物质、二氧化碳和水，在分解过程中需要消耗水中的溶解氧，在缺氧条件下会发生腐败分解造成水质恶化，故常称这些有机物为有机耗氧物。

由于水体中的有机污染物组成比较复杂，要想分别测定各种有机物的含量比较困难，因此在实际工作中一般采用综合指标来表示水中有机耗氧物的含量。有机物的综合指标可分为两大类：以氧表示的指标和以碳表示的指标，单位常以 mg/L 表示。废水中的有机耗氧物指标包括理论需氧量（ThOD）、生化需氧量（BOD）、化学需氧量（COD）、总需氧量（TOD）。其中，COD 是指在一定条件下，以氧化 1L 水样中还原性物质所消耗的氧化剂的量为指标，折算成每升水样全部被氧化后需要的氧的毫克数，以 mg/L 表示，反映了水中受还原性物质污染的程度。这些物质包括有机物、亚硝酸盐、亚铁盐、硫化物等，但一般水及废水中无机还原性物质的数量相对不多，而被有机物污染是很普遍的。因此，COD 可作为有机物质相对含量的一项综合性指标。

2. 有机有毒物质

食品工业产生的有机有毒物质主要有酚类化合物（从农产品加工的副产品中提取营养或活性物质），可使鱼类死亡，人饮用含酚水可引起头昏、贫血及各种神经系统症状，甚至中毒。

3. 无机有害物质（洗涤剂）

随着食品工业的发展越来越迅速，排入水体中洗涤剂的量也更大。洗涤剂主要的有效成分是表面活性剂和增净剂，此外还有漂白剂、荧光增白剂、抗腐蚀剂、泡沫调节剂、酶等辅助成分。表面活性剂有各种烷基苯磺酸盐、烷基磺酸盐、乙氧基烷基酚类等；增净剂包括焦磷酸四钠盐（$Na_4P_2O_7$）和三聚磷酸五钠盐（$Na_5P_3O_{10}$）。当水体中洗涤剂含量大于 10mg/L 时鱼类就难以生存，达到 45mg/L 时水稻生长就会受到严重危害，甚至死亡。洗涤剂在水体中的含量达到 0.5%时表面会浮起一层泡沫，不仅破坏自然景观，而且影响大气中的氧向水中溶解。洗涤剂中含有一定量磷酸盐作为增净剂，而磷是导致水体富营养化的主要物质，容易产生赤潮使水体恶化、变质。另外，洗涤剂中的表面活性剂会使水生动物的感官功能减退，甚至丧失觅食或避开有毒物质的能力，使水生动物丧失生存的本能。

（二）食品工业水体污染对环境的影响

1. 水体富营养化的危害

局部海域中氮、磷等营养物质的含量突然增加造成海水“富营养化”，在适宜的光照、水温、风浪等条件下，浮游藻类会在短时间内迅速繁殖，可使每毫升海水中的藻类细胞超过 10 万个。这些藻类主要集中在表层到几米深的水层中，多呈红褐色，形成“赤潮”。形成赤潮的藻类种类很多，最常见的是甲藻和硅藻类。由于有的藻类呈绿色或其他颜色，故有的赤潮也会呈现绿色或其他颜色。

赤潮的发生是灾难性的，会破坏局部海域的生态平衡，引起海洋生物大量死亡。鱼、虾、贝类会因为大量的藻细胞堵塞鳃后窒息而死；赤潮发生后由于赤潮藻类细胞浓度太大，很快就会死亡、分解。海洋细菌会利用藻细胞中的有机物大量繁殖消耗海水中溶解氧，造成各种海洋动物缺氧死亡；赤潮藻类还会产生一些剧毒毒素，有的与河鲀毒素的毒性相当。海洋动物摄食这些藻类后毒素会在动物体内积聚。因此，海洋赤潮的发生不仅对海洋生态系统有强烈的破坏作用，还对海洋沿岸的水产养殖及食用海产品的人存在直接危害。2020 年，我国海域共发现赤潮 31 次，累计面积 1748km^2，其中有毒赤潮 2 次，分别发现于天津近岸海域和广东深圳湾海域，累计面积 81km^2。

海洋赤潮在自然生态条件下也有可能发生，但发生频率很低。随着工业的发展和人类活动的加剧，海洋赤潮日趋泛滥。人类活动与海洋赤潮之间到底存在怎样的联系呢？海水的富营养化是赤潮频繁发生的根源，造成水体富营养化的物质主要来源于工业。食品、酿造、化肥、石油、造纸等工业废水中含有大量的营养物，生活废水也是营养物的重要来源之一。据估算，2020 年各类直接排入大海的污水排放总量约为 712 993 万 t，其中有粪便、有机体残骸、大量的磷酸盐，其中含磷洗涤剂是生活废水中磷的主要来源。养殖业的废水、雨水冲刷使土壤表面农药、化肥流失，并源源不断地向海洋中输送污染物。以渤海湾为例，渤海排污口有 57 个，污水排放量 82 897 万 t。因此，减少污染、保护海洋已到了刻不容缓的地步。

在湖泊和河流生态系统中也存在类似海洋的情形。由于大量的营养物质涌入水体中，淡水浮游藻类大量增殖，因此“水华”（又称“湖靛”）暴发。太湖曾由于夏季水华蓝藻暴发，不仅破坏了旅游景观，还造成自来水厂过滤设备堵塞，使水厂无法供水，给湖区带来巨大的经济损失。水华蓝藻中含有的蓝藻毒素给以太湖为饮用水源的人们带来潜在威胁。安徽巢湖、云南滇池等湖泊也曾有大量水华发生，水体富营养化已对经济发展和人民生活构成了严重的威胁。

【案例 6-1】美国佛罗里达州赤潮危机

2. 对工农业用水的危害

水体污染影响工业生产、增大设备腐蚀、影响产品质量，甚至影响生产，而工业用水投入的处理费用增多会造成资源、能源的浪费。食品工业对用水更为严格，水质不合格会使生产停顿，这也是造成工业企业效益不高、质量不好的因素。农业使用污水会使作物减产、品质降低，甚至使人畜受害，大片农田遭受污染会使土壤质量降低和地下水质变差。

3. 对生物的危害

洗涤剂污水有大量泡沫，会破坏自然景观，影响大气氧向水中溶解。洗涤剂的表面活性剂使水生动物的感官功能减退，甚至丧失觅食或避开有毒物质的能力，最终丧失生存本能。有毒污染物的排放使水体污染，造成水生生物生长发育受阻、种类减少、死亡甚至绝迹，破坏水体生态系统。许多有机污染物为微生物滋生提供营养，造成病原菌的大量繁殖。水污染后，污染物通过饮水或食物链污染物进入人体，使人急性或慢性中毒。食用了被寄生虫、病毒污染的食品原料或其他致病菌污染的水，会引起多种传染病和寄生虫病。重金属污染的水对人体健康也有危害。海洋污染的后果也十分严重，如石油污染造成海鸟和海洋生物死亡。

二、食品工业产生的其他污染

（一）食品包装产生的污染

食品工业的发展使食品包装引起的污染问题进一步加剧。随着社会的不断进步和食品工业的飞速发展，一方面包装食品逐渐代替散装食品，另一方面食品品种越来越多，使食品包装材料业得到了快速发展。因为食品包装大多是塑料材料，进入环境不易被分解，特别容易引起环境污染，造成现在严重的“白色污染”现象。白色污染是对废塑料污染环境现象的一种形象称谓，是指用聚苯乙烯、聚丙烯、聚氯乙烯等高分子化合物制成的包装袋、农用地膜、一次性餐具、塑料瓶等塑料制品使用后被弃置成为固体废物，由于随意乱丢乱扔，难以降解处理，给生态环境和景观造成了污染。在公路两边、铁路沿线、水面上及近郊的树枝上随处可见它的踪迹。造成这些污染的主要原因是人们的环境保护意识不够和缺乏良好的处置方法。目前全球大量使用的塑料制品是不可降解塑料，分子量达 2 万以上。现阶段主要处理方法有焚烧和填埋。但将其焚烧会产生大量的有毒烟雾，污染大气；即使填埋近百年也无法分解被自然所吸收，同时还会对土壤造成极大危害，改变其酸碱度，影响农作物吸收养分和水分，导致农业减产。若被动物吞食，则会导致死亡。

我国防治“白色污染”主要是从行政和技术两个方面采取措施。在行政方面，首先是加强管理；其次是禁止使用一次性难降解的塑料包装物；最后是强制回收利用。2008 年 6 月 1 日，我国正式实行“限塑令”，开始在全国范围内限制使用塑料购物袋。在技术方面，一是采取以纸代塑；二是采用可降解塑料。

海洋垃圾是指海洋和海岸环境中具有持久性的、人造的或经加工的固体废弃物。仅在太平洋上的海洋垃圾就已达 300 多万平方千米，超过印度的国土面积，在太平洋上形成了以塑料为主的“海洋垃圾带”。海洋垃圾会影响海洋景观，威胁航行安全，并对海洋生态系统的健康产生影响，进而对海洋经济产生负面效应。如果不采取措施，海洋将无法负荷，而人类也将无法生存。

海洋垃圾中大部分都是塑料垃圾，这些塑料垃圾一部分停留在海滩上，另一部分漂浮在海面或沉入海底。因此，海洋垃圾可分为海面漂浮垃圾、海滩垃圾、海底垃圾。海面漂浮垃圾主要为塑料袋、漂浮木块、浮标和塑料瓶等，塑料类垃圾数量最多，占 41%。海滩垃圾主要为塑料袋、烟头、聚苯乙烯塑料泡沫快餐盒、渔网和玻璃瓶，塑料类垃圾最多，占 66%，其中聚苯乙烯塑料泡沫类占 8.5%。海底垃圾主要为塑料袋、渔网、饮料罐和玻璃瓶等，塑料类垃圾占 41%，数量最大；金属类、玻璃类和木制品类分别占 22%、15%和 11%。2014 年 12 月 10 日，五环流研究所（Five Gyres Institute）的马库斯·埃里克森及其同事在《公共科学图书馆·综合》发表相关研究，指出目前漂浮在全球海洋中的塑料垃圾约重达 26.9 万 t。2015 年 3 月，中国国家海洋局发表的《中国海洋环境状况公报》也为这一问题敲响警钟。该公报直接点名了海洋“塑料”问题，指出塑料废弃物是中国近岸海域海洋垃圾的主要类型。2014 年，中国 91%的海面漂浮垃圾来源于陆地，仅有 9%来源于海上活动。

海洋垃圾主要来源于工厂废弃物、塑料垃圾、生活废水排放和农药污染。在沿海地区有不少石油化工、冶金、制药厂，它们所排出的污水中往往含有较多的汞、镉、铜、铅等有毒重金属。海洋中的塑料垃圾主要有 4 个来源：①人类在海岸活动和娱乐活动，航运、捕鱼等海上活动是海滩垃圾的主要来源，分别占 57%和 21%；②暴风雨把陆地上掩埋的塑料垃圾冲到大海里；③海运业中的少数人缺乏环境意识，将塑料垃圾倒入海中；④各种海损事故，货船在海上遇到风暴，甲板上的集装箱掉到海里，其中塑料制品就会成为海上“流浪者”。沿海居民生活污水的排放也对海洋环境构成严重威胁。生活污水中含有大量有机物和营养盐，可引起海水中某些浮游生物急剧繁殖，消耗海水中大量溶解氧。海水中溶解氧含量减少会使鱼、贝类等生物大量死亡。农药污染也是沿海污染的重要来源，含汞、铜等重金属的农药和有机磷农药、有机氯农药等的毒性很强。它们经雨水的冲刷、河流及大气的搬运最终进入海洋，抑制海藻的光合作用，使鱼、贝类的繁殖力衰退，降低海洋生产力，导致海洋生态失调。此外，还能通过鱼、贝类等海产品进入人体，危害人类健康。

海洋中最大的塑料垃圾是废弃的渔网。在洋流的作用下，这些渔网绞在一起，每年都会造成数千只海豹、海狮和海豚等死亡。其他海洋生物则容易把一些塑料制品误当食物吞下，塑料制品在动物体内无法消化和分解，误食后会引起胃部不适、行动异常、生育繁殖能力下降，甚至死亡，最终打乱海洋生态系统。塑料垃圾还可能威胁航行安全，废弃塑料会缠住船只的螺旋桨，特别是各种塑料瓶会损坏船身和机器引起事故和停驶，造成重大损失。快餐盒、塑料袋、渔网等海洋垃圾不时漂浮于海面，造成视觉污染。总之，人类海岸活动和航运、捕鱼等海上活动是海滩垃圾的主要来源。塑料和聚苯乙烯类制品占海洋漂浮垃圾的90%。海洋垃圾正在吞噬着人类和其他生物赖以为生的海洋。

2008 年 6 月 1 日我国正式实行“限塑令”，在全国范围内限制使用塑料购物袋，超市不再提供免费的塑料购物袋。2021 年 1 月 1 日起“限塑令”进一步升级，全国范围餐饮行业禁止使用不可降解的一次性塑料吸管，超市、商场等地禁止使用不可降解塑料包装。尽管如此，塑料制品的使用量依旧十分巨大。近年来，除了菜场等传统领域，电商、快递、外卖等新兴业带来的快递塑料包装、外卖塑料餐具等消耗量快速上升。目前我国市场上使用的不可降解塑料制品以发泡聚苯乙烯、聚乙烯或聚丙烯为原料，分子量达 2 万以上，如果将其填埋将会影响农作物吸收养分和水分，导致减产。对其焚烧会释放出多种化学有毒气体，其中二噁英的毒性极大，即使在摄入很少量的情况下，也能使鸟类和鱼类出现畸形和死亡，对生态环境造成破坏，对人体造成危害。美国国家环境保护局曾大力主张回收，尽管企业做出努力，但对塑料废品再回收利用的工厂仍很少，一般塑料回收再生率只有 0.2%。2019 年中国废塑料回收利用量为 1890 万 t，较 2018 年增加 60 万 t，增幅为 3.3%。废塑料回收额 1001.7 亿元，同比下降 15.8%。2020 年受疫情影响，废塑料回收利用量及回收额有所下降。

《中华人民共和国国民经济和社会发展第十四个五年规划和 2035 年远景目标纲要》明确提出加强白色污染治理。数据显示，中国塑料袋使用量年均增速已由 2008 年前一度超过 20%下降为目前的 3%以内，商品零售场所塑料袋使用量年均减少 20 万 t。2020 年，中国科学院城市环境研究所发布的《有关塑料的十大事实与再生塑料产业绿色发展建议》报告指出，中国每年塑料制品产量回收率为 23%～29%，高于不少发达国家。2020 年 1 月，国家发展改革委、生态环境部联合印发了《关于进一步加强塑料污染治理的意见》。该意见明确了“禁塑”“限塑”期限，电商、外卖等也在其中。在禁限部分塑料用品的同时，还提出要推广应用替代产品和模式，规范塑料废弃物回收利用，方便群众生活。中国已将海洋垃圾污染防治纳入“湾长制”试点工作，禁止生产生活垃圾倾倒入海，并加大海洋垃圾清理力度，开展沿海城市海洋垃圾污染综合防控示范。

【案例 6-2】各国限塑力度

（二）食品引起的微生物污染

食品不仅为人类提供营养，也是微生物很好的繁殖场所，食品加工制造过程和包装储运过程中稍有不慎就会繁殖大量的微生物。加工环境、工艺、设备、员工卫生健康状况等外部条件不合格都可能使微生物大量繁殖，引起食品腐败变质。例如，一些乳制品生产加工及包装条件简陋，屡屡造成食物变质；又如，我国发生的集体食物中毒事件有很大部分是由微生物引起的。易造成食物中毒的病原微生物主要有肠致病性大肠埃希菌、金黄色葡萄球菌、沙门菌等。病原微生物引起的食物中毒事件每年都有发生，尤其在气温较高的夏、秋季节更容易发生，这就是人们常说的食源性疾病。

尽管科学技术的发展已达到了相当高的水平，但食源性疾病仍然是一个困扰全世界的问题。有数据表明，与其他任何一类疾病相比，由致病微生物和其他有毒、有害因素引起的食物中毒和其他食源性疾病是危害最大的。当前，发达国家人群的食源性疾病发病率在 30%左右，而发展中国家的食源性疾病发病率更是高得难以统计。据世界卫生组织估计，全世界每分钟就会有 10 名儿童死于腹泻，再加上其他食源性疾病如霍乱、伤寒、寄生虫病、化学物中毒等，全世界范围内受到食源性疾病侵害的人数令人震惊。很多食源性疾病具有潜伏性，一旦暴发就是大范围的。例如，2011 年美国暴发了历史上最严重的一次食源性疾病，由食用李斯特菌污染的甜瓜造成大规模感染案例波及美国全国，共导致 147 人生病，33 人死亡，另有 1 名孕妇流产，死亡患者中最多的是独居在家的老人。

食品卫生不仅涉及消费者的健康，还关系到一个国家经济的正常发展，关系到社会的稳定和政府的威望。由于国际上发生了牛海绵状脑病、二噁英等重大食品卫生事件，公众对食品卫生十分重视。由于经济发展、食品贸易的全球化，新技术、新研究成果的推广和应用，任何一个食品卫生问题都易造成国际性问题。随着社会、经济和技术的发展及人类对健康要求的提高，重新评估人类所面临的食品卫生问题并及时采取相应的对策是各国政府积极努力解决的课题。一旦食品受微生物污染而变质，不仅给生产厂家造成严重的经济损失，而且会引起区域环境污染，更严重的会造成食物中毒，损害人体健康，甚至威胁生命安全。

保护环境、节约能源，是实现可持续发展的重要举措。从这一战略角度考虑，目前食品工业发展应关注以下几个问题。

1. 环境污染问题

一些食品加工企业和餐饮业在满足人们饮食需求时，没有妥善处理其生产加工过程中产生的废水、废气和残渣，不仅污染周围环境，而且给人体健康带来不利影响，必须加以治理。如苯并[a]芘的污染，这种化学物质主要产生于各种有机物（如煤、柴油、汽油、原油及香烟）的不完全燃烧，食品在烟熏、烧烤或烘焦等制作过程中，燃料的不完全燃烧产生的苯并[a]芘直接接触食品造成污染。据报道，煤烟及大气飘尘中的苯并[a]芘降落入土壤和水中，植物可从中吸收苯并[a]芘而造成食物的间接污染。

2. 能源消耗问题

各国经验表明，随着现代食品工业的发展，能源消耗量日益增大，特别是冷冻食品生产的扩大与冷链系统的建立，电动设备的使用等都耗费大量能源。我国是一个人口大国，随着城市化水平的提高和农村经济的发展，用于食品的耗能不断增大。作为能源紧缺国家，我们应尽早关注这一问题，并探索食品工业节能的途径。

【案例 6-3】2019 年美国暴发的十大食源性疾病分析

【案例 6-4】稻米加工过度状况分析

3. 水耗问题

我国是一个严重缺水国家，2021 年全国水资源总量为 29 638.2 亿 m^3，用水总量为 5920.2 亿 m^3，与 2020 年相比用水总量增加 107.3 亿 m^3。其中生活用水增加 46.3 亿 m^3，农业用水增加 31.9 亿 m^3，工业用水增加 19.2 亿 m^3，人工生态环境补水增加 9.9 亿 m^3。随着农业、工业与生活用水的增长，缺水已成为某些城市和地区发展的一大瓶颈。预计未来农业缺水将成为一大危机，而一些食品工业的耗水量也相当大，有可能制约今后的发展，从现在起就有必要采取相应的对策。

4. 资源浪费问题

相关统计数据表明，我国每年粮食产后损失浪费大约相当于

20 亩[①]耕地的产量。粮食浪费阶段主要包括生产收获环节、流通运输环节、仓储环节、加工环节和消费环节。从 20 世纪 90 年代开始，随着人们消费能力的增强，食物消费越来越追求精细化，农产品原料浪费现象严重，高附加值产品偏少。我国农产品综合利用水平较低，仅停留在对产品的一级开发和二级开发上，并存在过度加工现象，大量农产品的副产物有待加工利用，因此我国农产品加工由初级加工向精深加工转变迫在眉睫。

食品工业的废弃物（含包装）和餐饮业的厨余垃圾既是废物又是一大资源，应变废为宝，扩大综合利用，对其进行综合治理。

第二节　食品工业废弃物综合利用

废弃物通常是指在社会的生产、流通、消费等一系列活动中产生的不再具有原来使用价值而被丢弃的物质，或是提取组分后弃之不用的剩余物质。废弃物主要包括工业废弃物（“三废”）、城乡生活废弃物和农业废弃物。废弃物是人类生产和生活中不可避免的一种非产品产出，涵盖范围极广，家庭、食堂和饭店的厨余、果皮、瓶罐等生活垃圾，街道、园林和工厂加工过程中的工业垃圾，甚至城市建设过程中的建筑垃圾等均为废弃物。

随着社会经济的发展、时间的积累、人口的增长，这些废弃物已对人类形成了某种威胁，它不仅与人类争夺地球空间，还严重影响人类的生存环境。21 世纪后这一状况更加突出，迫切需要对其进行有远见的科学化处理，各种处理均应本着无害化、减容化、安定化和资源化的原则。

废弃物是一个相对概念，不存在绝对的废弃物。往往一种过程中产生的废弃物可以成为另一个过程的原料。随着时间的推移和技术的进步，人类所产生的废弃物将越来越多地被转化为新的原料。食品工业废弃物是指食品加工过程中抛弃的碎屑、下脚料、渣滓及生产过程中排放的废水。食品工业废弃物本身是某种物质和能量的载体，既含一些有害成分，又含丰富的有机质和有益元素。从资源经济学的角度来看是一种特殊形态的未利用资源，将废弃物变废为宝，实现废弃物的资源再利用对控制和消除环境污染起到十分重要的作用。食品工业废弃物按来源不同可分为第一性生产废弃物（如作物秸秆、枯枝落叶等）、第二性生产废弃物（如畜禽粪便等）、工副业有机废料（如畜产品加工废弃物）和人类生活废弃物（如城市生活垃圾）4 类。

一、畜产品加工废弃物的综合利用

我国是肉类生产和消费大国，猪肉、牛肉和鸡肉等肉类消耗量均位居世界前列。畜禽产品加工生产中会产生大量的下脚料，主要是脏器、骨骼、血液、皮、毛发及羽毛等附属物，不利用就会成为废弃物，既浪费宝贵资源又污染环境。合理利用这些下脚料将成为企业增效的重要途径。目前这些下脚料除了直接食用，还主要有三方面的利用：①食品配料；②生物化工产品；③饲料行业。其中许多产品是具有重要医药价值的生化药品原料，生产的药品具有毒副作用小、容易吸收、疗效好、附加值高等特点，其经济价值有超过畜产品本身价值的趋势。

（一）内脏的综合利用

畜禽的内脏主要有肝、胆、肺、心、肾、肠等，由于其营养组成和风味特点各异，加工食品种类繁多，并且可以用来提取多种医用原料。猪内脏的营养成分见表 6-1。

---

① 1 亩≈666.7m^2

表 6-1　猪内脏的营养成分　（%）

原料	水分	灰分	脂肪	全价蛋白	胶原蛋白	弹性硬蛋白	浸提物
心	78.0	2.0	3.2	12.56	2.26	0.10	2.8
肝	71.4	1.5	3.6	17.66	1.16	0.04	4.7
肺	78.6	1.0	3.6	9.10	4.88	0.86	2.0
肾	80.4	1.1	3.1	10.90	2.06	0.04	2.4

1. 加工食品

以家畜内脏作为食品加工原料的比较多，深受消费者喜爱，在熟食制品中占很大的比例，可作为散货或软包装罐头的原料。

2. 生化制药

生化制药是许多肉联厂的组成部分，是企业创收的重要途径。但其生产设备投资较大，技术要求较高，小型企业很难进行精深加工。

（1）猪肝制取辅酶 A 丙酮粉　辅酶 A 丙酮粉是生物体内传递酯酰基的重要辅酶，辅酶 A 参与体内糖、脂肪及蛋白质的代谢，作为产品主要用作生化试剂。辅酶 A 丙酮粉提取工艺流程如下：

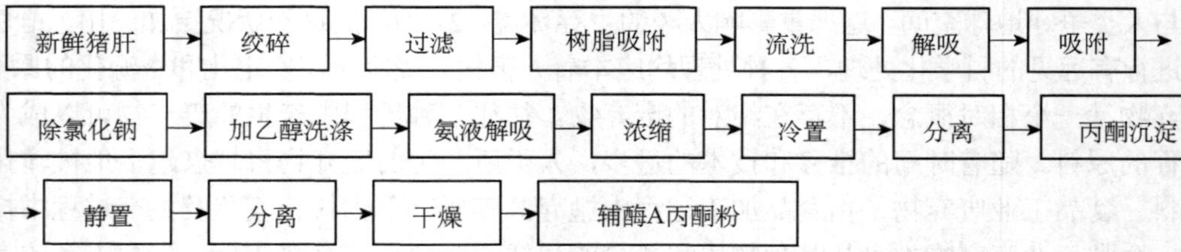

（2）猪胰腺提取胰岛素　胰岛素是一种分子量较低的蛋白质，也是一种重要激素，具有调节糖代谢、促进脂肪和蛋白质的合成及代谢的功能，主要用于治疗糖尿病。胰岛素提取工艺流程如下：

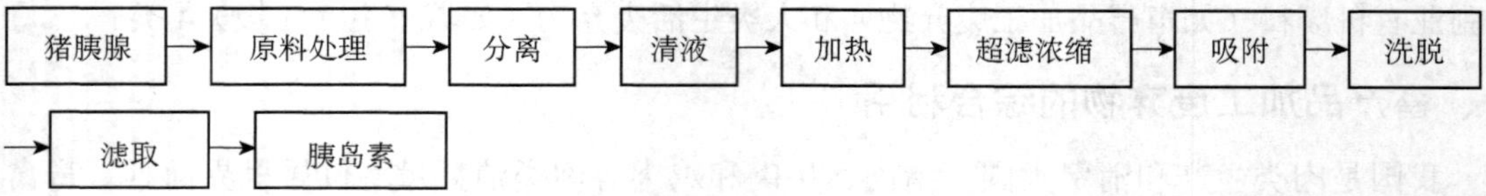

（3）猪肝提取过氧化氢酶　过氧化氢酶（catalase，CAT）又称触酶，是一类广泛存在于动物、植物和微生物体内的末端氧化酶。动物肝细胞代谢产生的过氧化氢酶多且大量蓄积，所以从动物肝提取过氧化氢酶是制备过氧化氢酶的一个重要途径。过氧化氢酶的用途很广泛，目前在食品工业、环保行业、造纸工业、纺织业、工业酶催化及医用领域都有较大的应用。过氧化氢酶提取工艺流程如下：

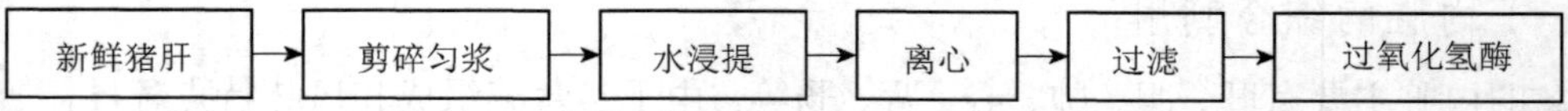

此外，从猪、牛、羊等动物胰腺中提取的混合酶制剂主要含有胰蛋白酶、胰淀粉酶和胰脂肪酶，在食品、纺织、皮革等行业中有着广泛的用途。在制药工业中可用来治疗由胰腺功能不足引起的消化不良、食欲不振、肝及胰腺疾患引起的消化障碍，该产品在国内外有着巨大的市场。

胰蛋白酶是猪胰腺中最重要的酶之一，从动物胰腺中提取的胰蛋白酶属于中外药典收录的助消化药。胰蛋白酶一般存在于高等动物胰液和低等动物胃液中，专一作用于精氨酸和赖氨酸参与形成的肽键，促进丝氨酸残基中蛋白质的断裂，在动物的消化系统中被发现。弹性蛋白酶（或弹性酶）又称胰肽酶 E，是一种内切酶，因专一性水解弹性蛋白而得名。胰淀粉酶能够水解 α-1,4-糖苷键，属于 α-淀粉酶的一种。它主要由胰腺分泌，作用于可溶性淀粉、直链淀粉和糖原等 α-1,4-葡聚糖，将其分解为麦芽糖和其他二糖。胰淀粉酶的活性在小肠的碱性环境中最为显著，能够有效地促进淀粉的消化。猪胰脂肪酶是一种来源于猪胰腺的消化酶，属于丝氨酸水解酶家族，主要负责催化甘油三酯的水解反应，生成游离脂肪酸、甘油二酯和单酯。作为生物体内脂肪消化的关键介质，通过调节脂肪酸释放速率，影响肠道激素分泌，间接参与能量代谢与食欲调控。

胰蛋白酶提取工艺如下：

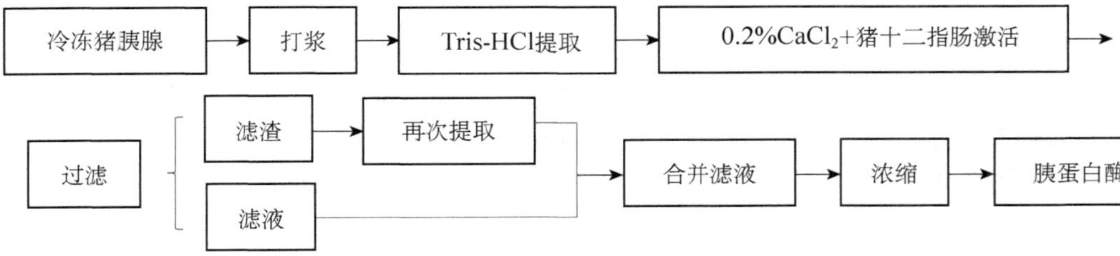

胰淀粉酶提取工艺如下：

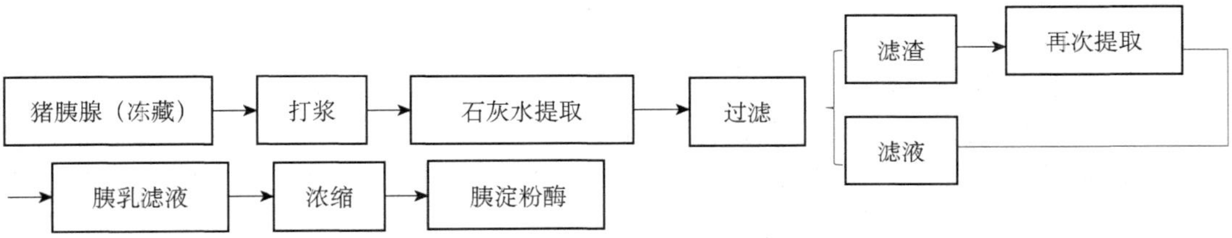

胰脂肪酶提取工艺如下：

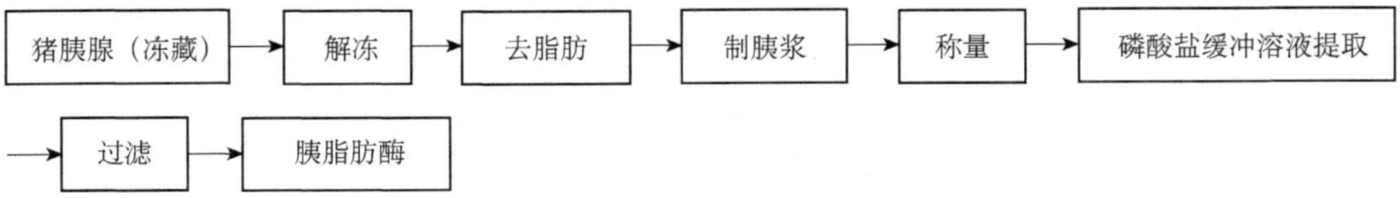

（4）猪胸腺提取胸腺素　胸腺素是动物胸腺组织分泌的一种可溶性多肽类激素，具有促进 T 淋巴细胞合成、成熟和分化，以及调节机体免疫功能、延缓衰老和抗肿瘤的作用。在医学上，胸腺素已成为治疗原发性细胞免疫缺陷症、肿瘤、重症肝炎和类风湿性关节炎等的辅助药物。胸腺素提取工艺流程如下：

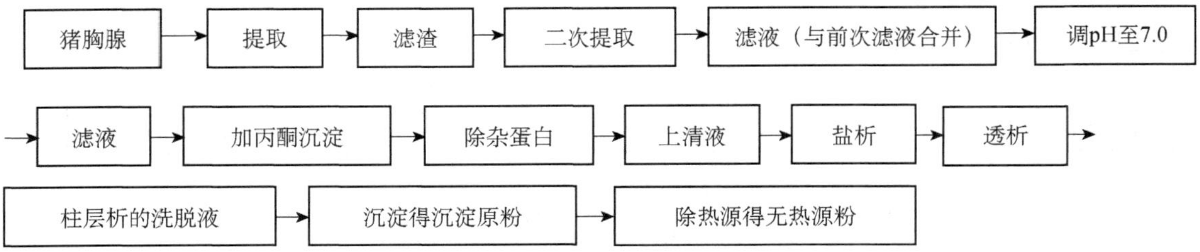

（5）猪心脏提取细胞色素c　细胞色素c是含铁卟啉的结合蛋白质，两部分比例相同。细胞色素c对组织中氧化还原反应具有酶促作用，主要用作组织缺氧的急救和辅助用药，用于治疗脑缺氧、心肌缺氧和其他由缺氧引起的一系列症状，如高原缺氧反应。此外，细胞色素c也可以作为安眠药中毒的急救和辅助用药。细胞色素c提取工艺流程如下：

新鲜猪心脏 → 原料处理 → 提取 → 心脏渣 → 二次提取 → 两次提取液合并 → 中和沉淀、过滤 → 滤液吸附 → 洗脱液 → 盐析、过滤 → 滤液浓缩 → 溶解沉淀 → 透析 → 上柱吸附 → 洗脱液 → 透析 → 纯品溶液

（6）猪甲状腺提取降钙素　降钙素（CT）是由32个氨基酸残基组成的单链多肽，可调节血液中的钙含量。降钙素广泛存在于哺乳动物的甲状腺、甲状旁腺、胸腺等组织中，具有抑制破骨细胞活力的作用，以抑制骨盐的溶解吸收，阻止钙从骨中释出。此外，降钙素还可以作用于肾，促进肾排磷增多而降低血磷。降钙素提取工艺流程如下：

猪甲状腺 → 绞碎成肉糜 → 脱脂甲状腺粉 → 分离提取 → 上清液用硅藻土吸附 → 溶解沉淀 → 上柱分离纯化 → 洗脱液冻干或盐析 → 产品

（7）牛肺提取胰蛋白酶抑制剂　胰蛋白酶抑制剂是由58个氨基酸残基组成的碱性多肽，是一种多功能的抑制剂，也称抑肽酶。胰蛋白酶抑制剂对胰蛋白酶、糜蛋白酶、溶血纤维蛋白酶、凝血酶及各种组织或血浆激肽释放酶有广谱抑制作用。其在医学上用于治疗急性胰腺炎，防止胰头十二指肠术后胰液自身消化，并对皮肤疾患、烧伤、休克及术后大出血等有独特的疗效。胰蛋白酶抑制剂提取工艺流程如下：

新鲜牛肺 → 原料处理 → 提取 → 滤渣二次提取 → 两次滤液合并 → 盐析 → 盐析物去杂质蛋白 → 滤液盐析 → 盐析物溶解 → 盐析 → 盐析物透析 → 脱盐 → 洗脱液沉淀 → 滤液再沉淀 → 合并两次沉淀 → 去热源 → 沉淀 → 干燥 → 产品

（8）猪脑提取胆固醇　胆固醇是动物细胞膜的重要组成部分，也是动物体内固醇类激素、维生素D及胆酸的前体，在脑和神经组织中含量最高。每100g脑组织含3100mg左右的胆固醇。胆固醇提取工艺流程如下：

新鲜猪脑 → 原料处理 → 提取 → 滤渣提取 → 滤液浓缩 → 除杂 → 结晶和水解 → 重结晶 → 干燥 → 产品

（9）*猪血提取蛋白酪氨酸磷酸酶——PTP1B*　蛋白酪氨酸磷酸酶 1B（protein tyrosine phosphatase 1B，PTP1B）属于蛋白质酪氨酸磷酸酶家族，以跨膜受体样蛋白和胞内酶两种形式存在。PTP1B 可以催化蛋白质磷酸化酪氨酸残基脱去磷酸基团，是糖尿病、肥胖、肿瘤等疾病治疗药物研发的有效靶点之一，在相关疾病的药物研究开发中有重要价值。PTP1B 提取工艺流程如下：

新鲜猪血 → 分离红细胞 → 洗涤 → 红细胞溶血 → 离心 → 丙酮沉淀 → 粗酶液 → 透析 → 干燥 → 产品

（10）*猪小肠提取肝素钠*　肝素钠是一种酸性黏多糖的硫酸酯类物质，是动物体内一种天然的高效抗凝血药物，至今已有 50 多年的临床经验，长期应用不衰，广泛用于治疗急性心肌梗死和病毒性肝炎，与核糖核酸合用可增加治疗乙型肝炎的疗效；配合化疗对若干肿瘤的癌细胞有抑制和防止转移的作用。此外，肝素钠具有净血脂、阻抑血液凝结的功能，在防止血栓形成、降血脂和增进人体免疫功能方面有一定的作用。肝素钠提取工艺流程如下：

猪小肠 → 猪小肠酶解液 → D-254树脂吸附 → 氯化钠解吸附 → 乙醇沉淀 → 烘干 → 氯化钠溶解 → 离心 → 双氧水氧化 → 等体积乙醇沉淀 → 干燥 → 粗品肝素钠 → 层析 → 透析 → 真空浓缩 → 干燥 → 2%氯化钠溶解 → 冷冻干燥备用

（11）*猪十二指肠提取类肝素*　类肝素是一种酸性黏多糖类物质，药学上又称冠心舒，具有降低心肌含氧量、缓和抗凝血、减少动脉粥样硬化斑块，以及改善和消除心绞痛、心悸、胸闷、气短的作用，对心电图的改善和脑血管疾病的治疗有较好效果，医学上用于治疗冠状动脉粥样硬化性心脏病，无毒性、副作用小、药物作用平缓，疗效随着疗程的增加而提高，宜长期服用。类肝素提取工艺流程如下：

猪十二指肠 → 原料处理 → 提取 → 浓缩 → 酶解 → 去杂蛋白 → 脱脂 → 沉淀 → 脱水干燥 → 成品

3. 其他

（1）*肠衣加工*　肠衣通常有天然肠衣和人造肠衣之分，而天然肠衣主要是猪肠衣、羊肠衣和牛肠衣三种。其中猪肠衣最为常见，其次为羊肠衣。天然肠衣具有可食性、安全性、热收缩性、透过性及与肉的黏着性，还有好的韧性和弹性等性质，是一种理想的肠衣。

（2）*手术缝合线*　用作内部外科手术缝合线的羊肠线是用绵羊、小牛和其他肉用动物的肠制得的（拧成一、二或三股，切割，干燥，精整并灭菌）。有时羊肠线用诸如三氧化铬、甲醛、碘和银等化学物质浸渍以改变它的理化性质。

（3）文体用品　网球拍弦也经常由小肠制得。在消化过程中扩张和收缩所必需的独特胶原蛋白——弹性蛋白混合物使得肠具有独特的物理性质，这对加工体育器械的弦非常有用。此外，羊肠也可以用来加工小提琴弦。

（二）畜禽血液的综合利用

畜禽血液是食品工业、饲料工业、制药业、化工业、轻工业等的宝贵原料。血液内含有大量生物活性物质，如酶（蛋白酶、脂肪酶、淀粉酶、过氧化氢酶、磷酸酶）和激素（胰岛素、肾上腺素、性腺激素）等。血液内含有所有B族维生素、维生素A、维生素D、维生素E、维生素K，并且维生素A含量可达到治疗量。因此，畜禽血液的综合利用不仅能避免环境污染，还能大幅度提高肉类工业的经济效益，增加社会财富，发展社会经济。

畜禽血液除了在食品加工方面的应用，还主要用于生物制品的生产，产品包括蛋白粉、氨基酸、血卟啉衍生物、原卟啉钠、超氧化物歧化酶（SOD）、球蛋白制剂、氯化血红素、凝血酶、免疫血清等。

（三）畜禽骨的综合利用

国家统计局数据显示，2019年我国肉类总产量7758.78万t，畜禽骨作为肉品加工产业的副产物，年产量约有2000万 t，是世界上最大的骨源食品原料生产国，骨类具有相当大的资源优势。畜禽骨是一种营养十分丰富的天然资源，被食品科学和营养学家誉为“21世纪功能食品”和“21世纪新型食品”。骨是一种重要的原料，因为骨中含有大量的蛋白质、脂肪和矿物质。骨由骨组织、骨髓和骨膜组成，对生产食用、饲用和工业用产品有很大意义，骨组织和骨髓是骨最重要和特有的结构成分。我国的骨资源极为丰富，由于过去人们对骨的价值认识不足，总认为骨的营养价值远不如肉，旧的观念严重阻碍骨的开发利用，一些企业对骨的综合利用不重视，致使一些屠宰、罐头食品加工企业在对畜禽进行加工时，将其胴体中5%～20%的骨当作不可食用部分废弃，少数企业用骨制成骨胶、骨粉，并将其应用于动物饲料、肥料及工业方面。但是，全国每年还有数以万计的畜禽骨未得到充分利用，不仅造成极大浪费，还造成环境污染。针对我国对骨的利用现状，想充分利用我国的食物资源并提高畜禽的利用率，加快开发利用动物骨的步伐，必须打破“骨不是肉”的陈旧观念，使人们重新正确全面地认识畜禽骨对人类的营养价值及开发利用的必要性，开发出适合我国国情的骨保健食品。

1. 骨粉

骨粉具有很高的饲用价值，含粗蛋白49%、粗脂肪8.9%、水分32.9%、无氮浸出物0.3%，可在家禽和猪配合饲料中分别添加4%和10%。骨粉含有丰富的钙、磷、钾和蛋白质，是高效的有机肥，对改良酸性土壤和促进作物生长十分有利。将骨粉作为畜禽饲料的添加剂，可使畜禽迅速生长发育，避免软骨病的发生。还可以从骨粉中提取钙、磷、脂质、防止老化的骨胶原、软骨素及儿童所需要的氨基酸和各种维生素。

以往的骨粉加工技术是直接把畜禽的骨砸碎，研磨成骨粉或蒸煮粉碎研磨成熟骨粉。近几年来，新型食用骨粉是把带5%左右肉筋的新鲜鸡骨、猪骨、牛骨、羊骨用清水冲洗干净，放入微粒粉碎机中粉碎，然后放在−40℃环境中冷冻再干燥成粉，包装备用。而饲料骨粉是首先将干净的骨放入密闭罐中（高压锅更好）蒸煮，每小时排放油液一次（除去骨头中大部分的油脂，同时收集部分蛋白质分解而成的骨胶液，供制胶使用）。通过蒸煮除去无油脂胶骨渣，干燥后粉碎过筛，这种骨粉色泽洁白，畜禽易于消化吸收，没有特殊的气味，口感好，而且能久贮不变质。

2. 骨泥

我国畜禽资源十分丰富，每年畜产品中骨占20%左右。利用骨来加工生产骨泥肉食品，其价格仅为肉类价格的20%，加工成本为肉类的30%～40%。开发骨泥这一新型食品资源，对改善我国膳食现状有非常重大的意义，并且具有很好的经济效益和社会效益。

食用骨泥是用新鲜猪、牛、羊、鸡等多种畜禽骨精细加工而成的，其蛋白质、脂肪等营养物质与等量鲜肉相似，钙、磷等矿物质及其他对人体有益的微量元素含量则是肉的数倍。猪骨泥的成分为水分60.15%、蛋白质15.32%、脂肪13.43%、钙5.21%、磷5.63%。在20世纪70年代，丹麦、瑞典等加工业发达国家最先研制成功食用骨泥，而后迅速在许多经济发达国家推广，不仅在加工机械方面进行深入研究，对骨泥的利用也走在世界前列，把骨泥添加到肉制品、糕点及多种食品中，骨泥食品被视为高级营养补品。

将骨加工成骨泥后可用于生产午餐肉罐头，不仅增加了产量，提高肉的利用率，还可以改善午餐肉的风味和色泽。除此之外，还可以用于生产香肠、蛋卷、火腿、点心等，也可以代替部分肉用作包子、饺子、肉饼等食品的馅料在市场销售。

3. 骨油

骨油是以畜禽骨为原料，通过破碎、提取、精制分离和后续过程而得到的动物油脂。骨中含有10%左右的骨油，其质量标准为：水分<0.5%、pH<3、过氧化值<5，骨油的提取可以采用水煮法、蒸汽法和抽提法，将骨油从干燥粉碎后的骨中提取出来，水煮法提取骨中的含油量可达50%～60%。骨油是一种宝贵的化工原料，可用于制造润滑油，被广泛运用在国防用品、仪表仪器、精密机械等行业中，还可作为生产甘油、硬脂酸和肥皂等的原料，质量较好的骨油可食用。食用畜禽骨油中含有大量的不饱和脂肪酸及磷酸酯，食用后不积存，可防止肥胖，是一种新型的保健油脂。骨油还可用于制造人造奶油、方便面食品的调味包及加工成营养高、使用方便的调味油，产品色泽新鲜，具有较好的口感。

4. 骨素

骨素又称鲜骨抽提物，是以畜禽骨、鱼骨副产物为原料，借助食品分离提取技术获取畜禽骨或鱼骨中的骨胶原蛋白、矿物质等营养成分，经脱脂和相关衍生化加工而得到的一类骨源食品。由于在骨素抽提中部分蛋白质分解，降解为分子量较低的多肽物质和具有生物活性的游离氨基酸，富含多样营养物质，如人体所必需的赖氨酸和蛋氨酸，同时含有钙、磷及大脑不可缺少的磷蛋白、磷脂质等。这些成分经过降解可变成易溶于水的小分子物质，更易被人体消化吸收，因此骨素营养非常丰富。骨素中天然鲜味物质含量非常高（主要是谷氨酸盐），能最大限度地发挥氨基酸的呈味、呈鲜功能，且骨素中还含有重要的香气成分及其他呈味物质，不仅保留了畜禽肉中天然的香气成分，还具有浓厚的口感，可赋予产品自然柔和的风味，被广泛应用于方便面（调味包）、火锅底料及肉制品等产品的生产中。此外，骨素还可作为肉类调料和香精生产的原料等，如各类骨汤及骨调味料，开发利用市场前景广阔。

5. 骨胶

骨胶的用途十分广泛，在纺织业和编织业中可用于上浆、上光。同时骨胶又是火柴、家具、墨汁、铅笔等众多产品理想的胶黏剂，是医药、食品、感光材料等不可缺少的原料。

骨胶的主要来源是骨粉，其主要加工方法是将新鲜的畜骨用清水洗净（用稀释的亚硫酸溶液洗涤的漂白脱色效果好，还具有防腐作用）。提取骨胶之前应除尽骨中的油脂，否则将影响骨胶的质量，最好选用轻质汽油等溶剂，用抽提法去除畜骨中的全部油脂，用水煮法去除骨油。将脱脂后的畜骨放在锅内加水煮沸使骨胶溶出，数小时后倒出胶液，再加水煮沸，反复5～6次后把全部胶液集中在一起，加热蒸发水分以提高胶液的浓度（水煮时间过长会影响骨胶的制成率，用真空罐进行浓缩可提高成品的质量和色泽）。最后把浓缩的胶液装入容器中，冷却后成为冻胶，再把冻胶切成薄片，干燥后即成品骨胶。

6. 明胶

肉制品在生产过程中产生大量含结缔组织的副产物，如肉骨等。工业上对它们的利用较少，大部分被废弃，造成资源浪费。然而利用这些附加值较低的副产物可以开发出附加值高的功能性食品素材——胶原制品，从而开发明胶，以及利用明胶（或胶原）开发胶原多肽。

明胶是采用含有丰富胶原蛋白的动物骨为原料所生产的一种热可溶性蛋白质凝胶，无脂肪，高蛋白，不含胆固醇，也是一种天然营养型的食品增稠剂。食用明胶是利用猪、牛、羊等动物骨和皮的胶原通过变性降解加工而成的。作为胶原变性物的明胶，与其他蛋白质一样在消化道内被酶分解，大部分氨基酸可以被吸收。从这一方面讲，胶原可作为一种营养源。此外，明胶由于具有亲水性高、保水性好及使用安全等优点，较多地被食品工业所使用。在食品中用得最多的是胶凝剂，如用于很多糕点和果酱等。另外，明胶还被用于酸乳酪中作为组织改良剂，也被用于软糖中来提高其咀嚼性能，还被用于火腿肠中及加工低热量饮料和减肥食品等。

胶原多肽是由骨胶原或者明胶经蛋白酶等降解处理后制得的具有较强水溶性的一类多肽混合物，经过了净化提纯、酶解、过滤和浓缩等工艺处理后发生分子链断裂，故易被人体吸收。近年来，许多学者研究胶原多肽螯合钙，为补钙产品提供了新思路。胶原多肽作为其原料的一部分，与钙螯合后可以帮助钙的转运和吸收，被摄入后可同时补充两种营养素。此外，胶原多肽还具有良好的加工特性，作为一种天然生物资源，其高度的生物相容性和可降解性使其他高分子材料望尘莫及，且欧洲食品安全局已经证实其安全性。将胶原多肽制成药物包衣，不仅无毒害，达到使药物缓释的作用，在摄入药品的同时一并摄入胶原多肽，而且能有效解决环境白色污染，充分利用生物资源。故胶原多肽已成为食品、化妆品、医疗及新型生物材料等领域的“新宠”。

7. 医药原料

猪软骨可以用来制备硫酸软骨素。硫酸软骨素是一种黏性多糖，药品名为康德灵。硫酸软骨素广泛存在于动物的软骨中，可增强脂肪酶活性，加速乳糜微粒中甘油三酯的分解，使血液中乳糜微粒减少，还具有抗凝血、抗血栓作用，可用于治疗冠状动脉硬化、高脂血症、高胆固醇血症、心绞痛、心肌缺氧和心肌梗死等病症，还可用于防止链霉素所引起的听觉障碍、偏头痛、神经痛、老年肩痛、腰痛、关节炎和肝炎等。

猪骨还可作为制备骨宁注射液的原料。骨宁注射液主要由多肽或蛋白质组成，并含有微量金属元素钙、镁、铁等和其他痕量元素锰、铜、钡、锡、锆、钛等。骨宁注射液具有较好的抗炎镇痛作用，适用于骨质增生、风湿和类风湿性关节炎等症，还可用于治疗肩周炎、颈椎病、脊椎肥大、骨刺等多种疾病，具有广泛的用途。

（四）动物皮的综合利用

一般情况下，剥下的皮先经肉联厂处理，然后由皮革生产企业处理，皮革企业将屠宰家畜的皮制成皮革原料、毛皮原料和裘皮原料。在肉联厂处理的皮废弃物占动物性废弃物的大部分，即毛皮屑里的脂肪和肌肉组织、猪皮切边和割心皮的下脚料等。主要从以下几方面对这些原料进行利用。

1. 生物制品

从猪皮中可以提取胶原蛋白、食用明胶、混合氨基酸和混合脂肪酸，同时也可将猪皮加工成蛋白粉，或用制革下脚料生产蛋白质饲料。

2. 猪皮食品的开发

猪皮是一种富含胶原蛋白的动物性食品。虽然猪皮属于食品，但是人们并没有很好地利用它。人类食物结构中胶质蛋白的摄入量总是处于极低的水平。近年来，由于合成革技术的发展，国内外食品科学界认为胶原蛋白具有健身、抗衰老、美容等作用，并对有关知识进行推广、普及，对设计和实施科学饮食结构进行宣传和倡导，猪皮现在不仅是制革的工业原料，还逐渐走上了餐桌，进入档次较高的菜肴和肉制品中，用来生产香肠、肠衣、人造海参及制造保健明胶食品等。

3. 其他

猪皮等牲畜皮经初步加工处理，短期内不会腐烂变质，便于贮藏、运输，是制造皮箱、皮鞋、皮包、皮衣等皮革制品的上等原料。

因为猪皮与人的皮肤相似，透气性好，可以作为烫伤、烧伤患者的代用皮肤，阻止血浆外渗、伤口感染、促进创面愈合、减少患者换药次数，从而减缓患者的换药痛苦和减轻医生的工作量。目前，猪皮作为敷料已商品化生产，但其在医药上的用途还不止于此，美国和日本利用猪皮胶原制成的薄膜止血片，是一种很好的止血片。

（五）畜禽毛发、角、蹄、羽毛的综合利用

毛发、角、蹄和羽毛等皆为皮肤的附属物，角蛋白含量高（55%～87%），因而又称为角蛋白原料。角蛋白组成中硫最多（2%～7%），因此具有极高的稳定性、力学强度和弹性。

科学合理地利用毛发、角、蹄和羽毛等附属物，既能提高经济价值，又可以保护环境。它们有很多加工途径，如羽毛被用于生产羽绒服，猪鬃被用于生产刷子、扫帚等，而且更多的是用来生产高蛋白质的原料，被广泛用于食品加工和饲料生产中。

二、水产品加工废弃物的综合利用

水产品是人类消费蛋白质的主要来源之一。水产品和农产品中的粮食、水果、蔬菜一样，首先以食为主，主要是向人类提供赖以生存的食料。在水产品加工原料中必然有大量不可食部分被去除，这些不可食部分（如头、鳍、内脏、鳞、皮、骨等）在原料中占30%左右，个别种类占40%。这些不能通过一般食品加工方式加工成食品的部分，称为“废弃物”或“下脚料”。而这些下脚料一般又含有蛋白质、酶、油脂，以及其他一些具有生物活性的物质，如多糖类、维生素、矿物质（包括许多能起重要生理作用的微量元素）等多种成分。这部分原料中除蛋白质之外，其余各类成分不论在种类上还是数量上，都远比作为可食部分的肌肉要丰富得多，如不加以利用，这些易于腐败的原料多作为肥料用于农业生产，而作为垃圾时是污染环境的一个重要因素。如果通过加工技术将其改造，则可以从中回收许多产品，有些可以做成食品，而且是富含许多营养元素的优质保健食品。有些可以成为很有价值的饲料，有些可

以成为工业上具有多种用途的物质，有些可以作为原料再衍生出许多其他产品。这些种类繁多、各具功效的产品都是来自水产品加工附带产生的废弃物，这种加工利用方式称为“副产品加工”或“综合利用”。这同时也说明了“废弃物”其实是宝贵的资源。

（一）鱼粉生产

鱼粉是以低价值水产动物或水产品加工厂废弃物为原料制成的粉状或颗粒状产品，是饲料的主要原料。20 世纪以来，鱼粉工业发展十分迅速，20 世纪 80 年代的鱼类产品加工中，全世界有 1/3 的副产物是用来作鱼粉原料的，其中大部分是用鲱鱼、沙丁鱼、毛鳞鱼、鳕鱼类等制成的。世界上生产鱼粉的主要国家有秘鲁、挪威、智利、丹麦、南非、美国、日本、冰岛等。近年来，中国鱼粉生产也发展很快。

鱼粉的营养价值很高，蛋白质含量一般为 50%～70%，消化率在 90%以上。蛋白质中的氨基酸组成较合理，有些氨基酸是植物蛋白中所没有的，却是畜禽、鱼类等动物生长必需的。鱼粉中含有的各类矿物质（如钙、磷等）、微量元素及维生素是动物新陈代谢中不可缺少的，对动物的生长发育具有重要的作用，特别是鱼粉的脂肪富含高不饱和脂肪酸如二十碳五烯酸（EPA）、二十二碳六烯酸（DHA）等，对提高动物孵化率、成活率和促进幼小动物的生长发育具有很大的作用。例如，在猪饲料中添加鱼粉 100～150g/kg，可使猪增重 100～200g/d，并且提高猪的免疫力；在牛饲料中添加鱼粉可提高母牛的产奶量。鱼粉中含有丰富的有机氮和有机磷，对农作物的肥效很高，特别是盐分较高的鱼粉能改变丘陵地区的酸性土壤。鱼粉还是所有水产动物的蛋白质来源，所以国际上鱼粉的价格是以鱼粉自身的蛋白质含量来决定的。鱼粉生产常用的方法有干法和湿法两种。

干法工艺流程：

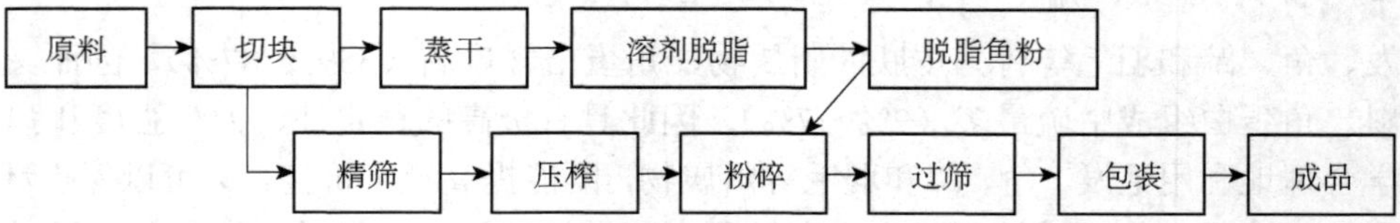

湿法工艺流程；

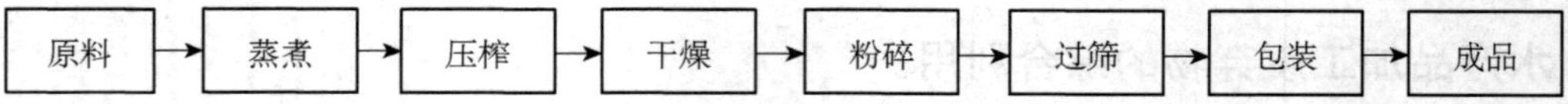

（二）鱼油生产

鱼油是指从鱼体和鱼内脏中制取的油，它是食品、化工和医药工业的重要原料。鱼油同一般动植物油一样含有饱和脂肪酸和混合甘油三酯，但鱼油中含有的高不饱和脂肪酸比一般陆生动植物油高，特别是高不饱和脂肪酸中的二十碳五烯酸和二十二碳六烯酸具有很高的医用价值。水产动物的肝，特别是鲸鱼、鲨鱼、鳕鱼的肝中含有很多油脂，就是常说的鱼肝油，富含维生素 A 和维生素 D，是人体和动物正常生长和维持生命不可缺少的物质之一，参与机体的营养、能量的转化和代谢的调节过程。食品工业中还用鱼油制造人造奶油和起酥油，化学工业中用鱼油生产油漆、油墨、润滑油、鞣制皮革油、肥皂等。鱼油的提取工艺流程如下：

（三）鱼皮、鱼头和鱼骨的综合利用

1. 鱼鳞的利用

鱼鳞占鱼体重的1%～4%（大黄鱼为1.5%、小黄鱼为1%、草鱼为2.5%、鲤鱼为2.5%、鲻鱼为2%、罗非鱼为3%），大多数鱼鳞含有丰富的胶原，而有的鱼鳞如带鱼鳞含有丰富的鸟嘌呤，所以利用鱼鳞可制取明胶、鸟嘌呤及其衍生物，如盐酸鸟嘌呤、硫酸鸟嘌呤、黄嘌呤等，其中明胶被广泛应用于食品工业、生物试剂和照相工业中，鸟嘌呤及其衍生物则被应用于化学试剂和医药化工中。例如，硫酸鸟嘌呤是我国用于治疗白血病的有效药物之一。

利用鱼鳞制取的胶是所有动物胶中最好的，因为动物制胶原料一般是经过制革厂加工后剩下的边角料，混杂很多化学药品，影响制品品质。另外，鱼鳞的构造与陆生动物的骨骼和人体相似，然而无机盐类含量较低、组织较松，更容易水解提取。鱼鳞的有机组成中除生胶质外，大部分为鱼类特有的鱼鳞硬脂及少量角质蛋白、脂肪、色素、黏液质等。相比其他生产胶原蛋白的猪、牛皮等原料来说，鱼鳞更有利于胶原蛋白的提取和纯化。因此，从以上方面考虑，从鱼皮、鱼鳞中提取胶原蛋白比其他部位更有经济价值。

鱼鳞胶的提取工艺流程如下：

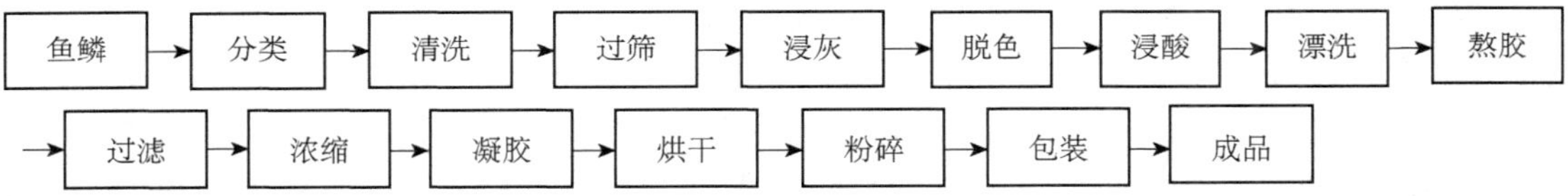

鸟嘌呤的提取工艺流程如下：

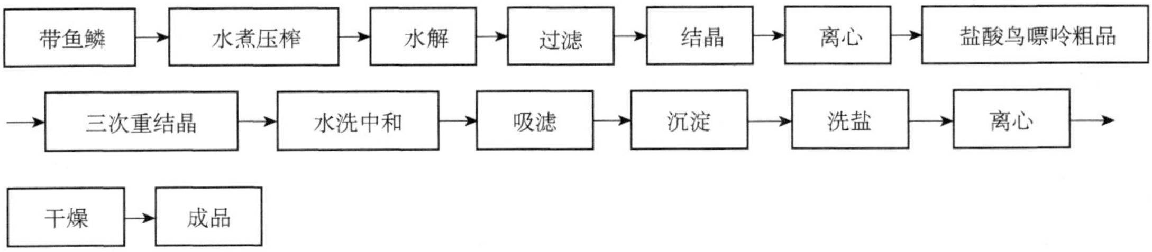

2. 骨粉和骨类食品

在鱼类的加工中，鱼头和鱼骨所占比例较大，特别是淡水鱼的鱼头、鱼骨占整条鱼体重的37%左右，因此充分利用鱼头和鱼骨能大大提高淡水鱼的加工价值。鱼头和鱼骨可被制成骨粉，进一步做成汤料或调味料，也可被制成补钙制品。鱼骨的主要组成是灰分、蛋白质、水和脂肪，富含钙、磷及其他微量元素，其中钙含量高达30%左右。鱼骨钙质资源的利用方式有两种：一种是利用超微粉碎法制成高钙的鱼骨粉，直接作为食品功能辅料；另一种是用酸法提取鱼骨中的钙，作为食品添加剂、保健食品原料或制成各种形式的钙片、钙剂等补钙产品，生物利用率高，补钙效果良好。鱼骨粉主要成分含量见表6-2。

表6-2　鱼骨粉主要成分含量（张建新和沈明浩，2006）　　（%）

种类	蛋白质	脂肪	水分	钙
鱼头骨粉	42	3.0	9.9	15.9
鱼中骨骨粉	19	3.1	8.5	19.7

3. 鱼体内脏的利用

在国内，鱼体内脏的开发利用程度并不高，主要有以下几种方式：①利用蒸煮提取法提取粗鱼油，作为饲料用油添加到饲料中增加诱食性；②用微生物发酵法或酸水解法处理后做鱼饲料；③干燥粉碎制成鱼粉。

近年来，鱼体内脏的利用研究有很多精深层次的研究进展：①用压榨法、淡碱水解法、溶剂法、蒸煮法、酶解法和超临界流体萃取法提取鱼油，再进一步精制，制成胶丸、口服液等医疗保健食品；②从胃黏膜中提取凝乳酶作为小牛皱胃酶的代用品；③从成熟鱼精巢中提取鱼精蛋白，作为食品防腐剂延长乳制品、肉类和果蔬等食品的保存期；④从鱼消化道内提取蛋白酶等活性酶类等；⑤用鱼子制成保健品或美容养颜品；⑥通过发酵或酶法制取鱼露；⑦制备可溶性角蛋白，基于良好的乳化性能，用作洗涤剂的活性物。

（四）虾、蟹、贝、藻类副产品的综合利用

1. 甲壳再生资源

甲壳资源下脚料主要以蟹壳和虾壳为主，可利用的主要有效成分可分为几丁质（一种含氮多糖，主要存在于虾、蟹的壳中，又称甲壳质、甲壳素）、蛋白质和生物钙。其中几丁质组分已得到有效的开发，在许多领域获得实际商业化应用。我国台湾省对几丁质的潜在应用价值十分重视，1989～1990 年就以数百万元新台币资助开发研究，包括：①可溶性甲壳质对各种食品微生物的抗菌性研究；②壳聚糖对不同用途酶的固定化效果和差别性研究；③壳聚糖作为食品添加剂的可行性研究，探索壳聚糖对低盐腌制品的防腐性和对油料的防腐功效；④甲壳质食品配料的研究。

我国甲壳资源丰富并且具有广阔市场，对甲壳质的开发已经进入人造皮肤、医用吸收性手术缝合线、天然止血海绵等高新技术领域，充分展现出甲壳资源下脚料具有巨大的开发价值。甲壳资源下脚料中蛋白质资源的利用也值得重视。人们虽然已经认识到甲壳质资源开发的潜在价值，但在提取甲壳质的过程中，蛋白质却基本上随同废水被排弃，这是一种资源浪费，还会对环境造成污染。结合甲壳质的提取，获得的甲壳蛋白回收物的氨基酸测定结果表明，甲壳蛋白回收物含 16 种氨基酸，氨基酸总量为 43.48%，必需氨基酸占氨基酸总量的 47.72%，与非必需氨基酸的比值为 91.28%，符合或超过 FAO/WHO 的要求，根据其潜在价值可将其列为优质蛋白质资源。

甲壳质和壳聚糖无味、无毒、可被降解，不会造成环境污染。其在食品工业中的用途广泛，可作为絮凝剂加速固液分离，增强液体的透明度；也可促进自液体中分离出固体微粒，提高固体产品得率。因此，甲壳质和壳聚糖可应用于糖汁净化、酒和食品工业废水处理中。在婴幼儿食品中加入甲壳质的水解产物乙酰氨基葡萄糖及其寡糖能促进肠道中乳酸菌的生长，有利于婴幼儿的健康。食物中添加水溶性甲壳氨（NOCC）不仅具有抑菌保鲜作用，还能螯合体内重金属铅，使之排出体外，具有独特的解毒功效。作为仿生食品的结构填充剂、食品增稠剂、乳化剂和包装薄膜，甲壳质也具有优越性。表 6-3 为甲壳质及其衍生物的应用简介。

表 6-3　甲壳质及其衍生物的应用

行业	用途
化学工业	絮凝剂、重金属离子的分离及回收、涂料、染料、分离薄膜、黏合剂、固定酶载体、吸附剂、液晶、生物降解性塑料、纤维、织物挺括剂、纸箱防潮剂、海水提铀、污水处理、废水净化、修饰电极、富集金属元素

续表

行业	用途
医疗	人工渗析膜、人工皮肤、手术缝合线、医药胶囊、创伤包覆材料、止血剂、愈合剂、抗菌剂、药品包覆膜
农业	农药（土壤杀菌剂）、土壤改良剂
食品工业	制造小麦胚芽、低热值食品添加剂、保健食品添加剂、增稠剂、水处理剂、食品包装
日用品	香烟过滤嘴、隐形眼镜片、化妆品添加剂、定型发胶或摩丝、保水剂、沉淀剂

2. 贝类再生资源

贝类加工业下脚料包括扇贝加工过程中的外套膜边肉和内脏（一般统称为扇贝边下脚料，或简称为扇贝边）。近年来扇贝养殖发展很快，产量逐年增加，但加工干贝过程中会剔下大量的扇贝边肉和内脏，未得到充分利用，有的甚至被作为垃圾扔掉。湿扇贝边下脚料转化为干品得率为14%～16%，下脚料干品氨基酸测定结果见表6-4。

表6-4　扇贝边下脚料干品氨基酸测定结果（张建新和沈明浩，2006）　（%）

氨基酸名称	质量分数	氨基酸名称	质量分数
天冬氨酸	6.85	酪氨酸	2.40
苏氨酸	2.71	苯丙氨酸	2.21
丝氨酸	2.80	组氨酸	1.39
谷氨酸	9.52	精氨酸	2.39
脯氨酸	2.59	赖氨酸	2.93
胱氨酸	1.46	蛋氨酸	1.30
甘氨酸	8.21	异亮氨酸	2.52
丙氨酸	4.05	亮氨酸	4.90
缬氨酸	2.70	氨基酸总量	61.0

从表6-4可见，扇贝边下脚料干品含氨基酸总量高达61.0%，呈味氨基酸含量较高，其中谷氨酸和甘氨酸分别占氨基酸总量的15.6%和13.4%，具有很高的利用价值。以扇贝边为原料可生产保健调味品或复合氨基酸胶囊。如果这部分海产蛋白质资源被弃置，不仅会造成优质蛋白质资源的浪费，还会严重污染海域和生态环境，导致美丽的海滨充斥着腐臭味，天气变暖后又成为蚊、蝇的滋生地；其腐烂臭汁随雨水冲刷入海后造成水体污染，使海水中的BOD值升高，使扇贝养殖病害增多，造成恶性循环。仅从这一点看，当务之急是对其综合利用。

此外，扇贝边下脚料中含有丰富的牛磺酸，海螺、毛蚶、杂色蛤子等单双壳贝类中牛磺酸含量最高，新鲜可食部分含量达到5～9mg/g。贻贝与扇贝中牛磺酸含量分别为0.655g/kg和0.827g/kg。牛磺酸被广泛应用于食品中，如在婴幼儿奶粉、饮料及保健食品中被用作强化剂。红牛饮料中的主要有效成分之一就是牛磺酸。

3. 藻类再生资源

藻类加工过程的下脚料主要为废液和废渣。废液主要为藻类食品加工过程中的浸泡液和洗涤液，这部分液体中含有对陆地植物稀有的无机盐和氨基酸，尤其是碘的含量特别高，其中许多为生物活性有机碘，是开发补碘食品的绝好原料。废渣主要是指由海带表面脱落下来的白色粉末，其主要为水溶性成分。在海藻（尤其是褐藻的海带）的干制过程中，随着干燥过程的进行，蒸发过程由表面逐渐扩散到内部，藻体内部的水分不断由内部逐渐迁移至表面。随着水分的不断迁移，内部水溶性良好的无机盐如K^+、Na^+、无机碘及甘露醇随水分一同迁移至表面，而水溶性低的有机碘等则留于藻体内部。迁移至表面的水分蒸发后在藻体表面留下水溶性成分，随着干燥不断进行，表面及其周围累积了越来越多的水溶性盐和甘露醇，此混合物以白色粉末附于藻体表面。因此，藻类加工过程产生的废液和废渣可以用来提取甘露醇，作为保健食品添加剂、糖尿病患者的食糖代用品；还可制取含生物活性碘的无机质保健调味品。海带碎料还含有较多的胶体，是开发增稠剂褐藻胶和制作果酱食品的原料，海带根和藻体还可以用来开发食用纤维和提取有机碘、活性多糖等物质。

三、粮油加工废弃物的综合利用

农产品加工技术已进入分子水平，高新技术将在农产品加工业中得到更广泛的应用。由于综合利用技术的实施，全植株的利用成为可能。通过综合利用技术，可以变无用为有用，变小用为大用，变一用为多用，不但减轻废弃物对环境的污染，更重要的是从许多废弃生物资源中得到大量的具有生理活性的物质，既实现了农产品资源的深度加工，又提高了农产品的经济效益和生态效益。

（一）小麦加工副产品的综合利用

小麦加工副产品是指在小麦加工过程中产出的皮壳、麸质、碎粉、碎粒等。小麦全身皆是宝，其加工的主产品是满足人体基本能量和营养需求的主要营养源，其加工副产品的进一步开发利用不仅可为食品工业、饲料工业提供丰富的生产原料，还可用来制取高附加值的医药、化工等产品。相对于主产品而言，小麦加工副产品是有待深入开发利用的可再生资源。

1. 麦麸的利用

小麦加工过程中的小麦麸皮是面粉生产的大宗副产品，具有原料高度集中、数量庞大的特点。如今麸皮一般作为饲料工业的原料，经济价值不高。而小麦麸皮中含有许多极具利用价值、对人体有益的成分。

（1）膳食纤维　麦麸中富含纤维素、半纤维素、木质素，而这些均是构成膳食纤维的成分。由于麦麸富含天然食品中的膳食纤维，因此以麸皮为原料制成的食物和健康产品也在世界上日益流行。由于小麦麸皮的表皮含有大量的粗纤维，颗粒较硬、口感粗涩、风味较差，小麦麸皮使用推广有所限制，主要用于动物饲料。因此有专家提议将小麦中的糊粉层分离出来，不仅颗粒细、无味、口感好，而且含有丰富的膳食纤维，其功能特性优于小麦麸皮，是一种有发展前途的保健食品原料。

由于小麦膳食纤维具有良好的持水性，除了可以用来开发保健品，还可以改良食品品质。如制作蛋糕时，配料中加入面粉量6%左右的膳食纤维，可得到比体积理想、耐老化的蛋糕；在肉制品中加入小麦膳食纤维可以提高持水性，并延长其货架寿命。可见，小麦膳食纤维在食品生产中的应用具有广泛的前景和重要的价值。

提取膳食纤维的方法主要包括有机溶剂沉淀法、中性洗涤法、酸碱法和酶法等。以麦麸为原料提取膳食纤维一般将上述几个方法结合使用，如下所示：

麦麸 → 脱除植酸、脂肪 → 淀粉酶解 → 碱提蛋白质 → 中性灭酶 → 干燥 → 漂白 → 粉碎 → 精制 → 膳食纤维

（2）黄酮类物质　小麦麸皮中含有黄酮类物质，具有抗氧化活性和清除羟自由基的能力。用碱液可从麦麸中分离出两种黄酮类化合物。

（3）制备低聚糖的原料　小麦麸皮中富含纤维素和半纤维素，是制备低聚糖的良好资源。低聚糖具有重要的生物活性，被广泛用于医药工业和食品工业中。

（4）蛋白质　麦麸可用来制作面筋。麦麸经过水洗，分离出不溶于水的络合蛋白即面筋。

（5）酶制剂　麦麸中酶类丰富，含量较高的有 β-淀粉酶、植酸酶、羧肽酶和脂肪酶。麦麸在 40℃、pH6 时水提，得到的水提液经 40%和 90%硫酸铵分步盐析，分别得到 β-淀粉酶和植酸酶沉淀，沉淀经脱盐干燥，即可获得固体 β-淀粉酶和植酸酶。

（6）微生物培养基　麦麸经蒸煮加曲可发酵生产淀粉酶；以麦麸为主，配以小麦粉代替大豆制作酱油，不仅降低制作成本，而且生产的酱油味鲜液浓；以麦麸为原料，添加极少的营养盐和产酶促进剂，进行固态发酵生产植酸酶。

2. 麦胚的利用

麦胚是小麦制粉的副产品，是纯天然的低价高级营养品。麦胚占小麦质量的 1.4%～3.9%，含有麦粒中 8%蛋白质、20%脂肪、64%维生素 B_1、26%维生素 B_2、21%维生素 B_6、7%泛酸和 2%烟酸，营养成分极其丰富。

早在 20 世纪 50 年代，美国科学家就提倡将麦胚作为优质食品供人食用，世界上许多国家都积极开展对麦胚的研究和利用。麦胚制品用途很广，如用作食品添加剂可显著改进谷物食品蛋白质有效比率（PER）。麦胚经过处理后成为麦胚制品，主要有 4 种形式：一是全脂麦胚，是将精选的麦胚烘焙，使胚中酶（脂肪氧化酶、蛋白分解酶）失活，并将水分降低到临界值（3.0%～3.5%）后贮存备用，或磨粉后贮藏。将纯麦胚或与谷物类粮食搭配，处理后香甜可口，是健康食品。干燥粉碎后成为全脂粉状麦胚，按一定配比掺入面粉中可制作各种类型的焙烤食品。二是小麦胚芽油，通过压榨法或浸出法制得营养价值很高的食用油，富含天然维生素 E，具有特殊的保健作用。在国外，麦胚通常被加工成全脂胚（或胚芽粉）和麦胚油。三是脱脂干燥麦胚，提取油脂后的麦胚经烘烤干燥即成。四是酸化麦胚，将未脱脂或脱脂麦胚与水按 5∶4 的比例混合后，在密闭容器中 40℃保温 4d，然后干燥粉碎即成。酸化后的麦胚利于贮存，且具有良好的烘焙性能。

3. 次粉的利用

次粉也称为尾粉，是由全部通过 CQ20 筛的外层胚乳、麦屑和少量麦胚所组成的混合物，出品率一般为 10%～20%。次粉是一种较好的饲料原料，又是预混合饲料常用的一种载体。胚乳含量较高的次粉可用来加工制作面筋和淀粉，或制造酱油、醋、酒，还常用于培养食用菌。

4. 小麦叶片的利用

小麦嫩叶富含麦绿素、天然维生素、无机盐及多种氨基酸和酶，能够消除长期累积在人血液中的毒素，对哮喘、便秘、糖尿病等多种疾病有很好的辅助疗效，是一种纯天然保健食品。此外，麦绿素还可预防冠心病、脑出血、肝病、视力低下等多种疾病的发生；酶又是很好的助消化剂，对肠胃功能有较好的促进作用。

目前，国外已生产出麦叶系列食品，如小麦叶纤维食品、大麦叶健康食品、麦草汁饮料、麦绿素可乐等，甚为畅销。我国麦叶资源十分丰富，但麦叶利用率与发达国家相比差距很大，因此，我国的麦叶食品亟待开发。

（二）稻谷副产品的综合利用

稻谷加工主产品后的副产品如碎米、米糠、米胚、稻壳、麸皮等可被再加工成新产品，实现物尽其用。例如，碎米可用来制取多功能淀粉、淀粉基脂肪替代物；米糠可用来提取米糠油、米糠营养素、米糠营养纤维、功能多肽；稻壳可用来制备白炭黑、活性炭，生产多种美容化妆品。稻谷副产品是食品、化工、医药等工业的重要原料，有很大的开发潜力。

1. 碎米的利用

按《大米》（GB/T 1354—2018）标准：碎米是指长度小于同批试样完整米平均长度的3/4、留存2.0mm圆孔筛上的不完整米粒。稻谷加工过程中产生的碎米通常用作饲料。其经济价值比整米低。在碎米中含有70%以上的淀粉，一般用于磨粉制成米粉和糕点等食品；也可将碎米与大豆粉按一定比例混合，经挤压机膨化处理粉碎，加入维生素和微量元素进行配料、筛选、称重、包装，制成婴儿代乳粉。碎米经干磨或湿磨制成米粉，然后进行液化、糖化、净化、浓缩，可制成饴糖、葡萄糖或低聚糖；若经异构化，能用来生产果葡糖浆和高果糖浆。碎米通过发酵，还可生产各种饮料、发酵食品和酒类等。

2. 米糠的利用

米糠是稻谷加工的主要副产品，由稻谷的果皮、种皮、外胚层、糊粉层、胚及少量胚乳组成。2021年我国稻米产量创历史新高，年产稻谷2.128亿t，稻谷的出糠率为6%～7%，大多数未被合理利用。

米糠的成分以糖类、油脂和蛋白质为主，还含有较多的灰分和维生素。米糠的糖类物质经过稳定处理，成为一种膳食纤维源，可以制成米糠纤维、米糠多糖等产品。

米糠中含有20%左右的油脂，其加工精制而得的米糠油含有约38%的亚油酸和约42%的油酸。米糠油中含有丰富的谷维素和大量的脂溶性维生素、谷甾醇及其他植物甾醇等成分，是一种保健性食用油。

米糠是我国目前制取肌醇的主要原料，从饼粕中提取的菲汀[六（二氢磷酸）肌醇钙镁盐]含有约20%的肌醇，一般用菲汀高压水解制得。肌醇价格昂贵，属维生素类药物及降血脂药，被广泛用于医药工业，对肝硬化、血管硬化、脂肪肝、胆固醇过高有显著疗效。肌醇还可用于CCl_4中毒脱发症等，也可作保健药物，日用化工上将肌醇开发为高级化妆品。此外，肌醇还可作为生化试剂、食品强化添加剂及饲料添加剂等。

此外，米糠还富含植酸钙，脱脂米糠是生产植酸钙的理想原料。用植酸钙可以生产植酸和肌醇，被广泛应用于医药和化工行业；另外，米糠还可用来制取糠蜡，用于光泽剂、防水剂及水果保鲜剂的生产。

3. 稻壳的利用

稻壳是稻谷加工的副产品，全国每年稻壳产出量在1000万t以上。稻壳占稻谷质量的20%，内含粗纤维30%～45%、木质素21%～26%、蛋白质2.5%～3.0%、多聚戊糖16%～22%、无定形二氧化硅20%。利用廉价的稻壳为原料，经过一系列的加工和特殊的工艺处理，可在工业、农业、建筑等方面得到广泛的应用。稻壳的科学开发与综合利用是开辟新资源、保护环境、消除白色污染、促进生态平衡、发展农业、促进畜牧业发展的良好途径，可以变废为宝，利国利民。

1）在食品工业中，稻壳可作为食用菌的培养基；高碳稻壳灰可作活性炭，用作精炼糖、大豆油的脱色剂；稻壳通过酸水解直接可制成糖醛，其残液可作为制造乙酸的原料；以稻壳、麦壳等为主要原料可生产可降解餐具等。

2）在饲料工业中，我国已开始利用稻壳生产饲料，其方法是将稻壳用碱、氨处理或改性、膨化处理，去除稻壳中的硅和木质素，改善其消化性能。

3）在钢铁工业中，由于稻壳炭具有良好的绝热特性，因此可作钢锭的固化剂，将其覆盖在钢锭上可保持熔融态钢内的物理性质和化学性质的均匀性，这一技术已在世界上广泛应用。

4）在化学工业中，以稻壳为载体培养出的降解菌，对丙烯腈具有高效降解的作用；利用稻壳制成的化妆品具有明显的保湿作用，可清除肌肤上的污垢，对皮肤的刺激性较小，还能抑制黑色素生成，减少皱纹和雀斑；另外，无碳稻壳灰的主要成分是二氧化硅，是一种化学活性物质，具有较大的表面积。因此，稻壳还是生产氯化硅、水玻璃、陶瓷、碳化硅、活性碳硅的工业原料，可制成硅载体镍催化剂、太阳能电池硅、氟硅酸钠等。

5）在农业中，苗床播种后用粉碎的稻壳覆盖，既可实现无土育苗，又无需封闭灭草；稻壳灰是一种很好的土壤改良剂，可保持土壤的疏松性和透气性；应用稻壳在热裂解气化过程中发电，还会生产液态的焦油，经过水洗净后即木醋液，具有给农作物杀菌的功效。

6）在建材方面，稻壳可以用来制造水泥、砖块、防水材料、涂料和保温材料。将稻壳碾碎、筛选、干燥后，加入胶黏剂和固化剂混合成坯，经过热压、裁边、砂光制成稻壳板，是一种防火、防蛀、防霉等的建筑材料，成本便宜。稻壳放在专用窑中燃烧，再与石灰混合可制成高质量的黑色水泥，还可用作制造陶瓷（碳化硅烧结体）的原料。

（三）玉米副产品的综合利用

玉米几乎所有的部分都有利用价值。玉米籽粒中除了淀粉，还有蛋白质、脂肪、膳食纤维等成分。同时，玉米的其他部分被充分利用后也可以产生很高的经济效益。

1. 玉米糠皮、麸皮的利用

玉米糠皮是玉米加工中产生的副产品，经研究发现其中的半纤维素可用于生产胶黏剂与乳化剂；可食用纤维能够增进胃肠的蠕动，可用作功能食品添加剂。湿法加工浸泡后的玉米表皮经研磨处理，通过酵母发酵与酶解工艺可制得高蛋白、低粗纤维的动物饲料，对保证动物健康具有一定的作用。玉米麸皮中含有丰富的酚酸类物质，其中阿魏酸含量可达其干重的3%，阿魏酰低聚糖（FO）是阿魏酸与低聚糖通过酯键结合在一起形成的化合物，因此兼具阿魏酸和低聚糖这两种物质的生理功能，且阿魏酰低聚糖能溶于水，具有双亲媒性和非离子属性，渗透性强，容易进入线粒体而发挥抗氧化作用，可使用纤维素酶或其他细胞壁降解酶水解细胞壁，以释放出连接在糖类上的阿魏酰低聚糖。

2. 玉米芯的利用

玉米芯含粗蛋白、粗脂肪和粗纤维等，用其入药可利尿、清热和祛火，将其加入面包等食品中可改善食品质量，还可将玉米芯与脱色油脂加工成混合饲料。用玉米芯生产的饴糖与其他原料所产饴糖质量相同，营养丰富。玉米芯除作为燃料燃烧外，还可被加工成一种性能理想的木炭代用品——植物碳，无烟、无尘、无废渣，价格便宜，具有经济效益和社会效益。

3. 玉米胚芽的利用

国际上被称为极有营养价值的保健油是用玉米胚芽生产的油氢化处理后生产出的氢化油。玉米胚可用于榨油，还可制取玉米胚饮料。玉米胚的营养比较丰富，其中含蛋白质 15%～

18%、碳水化合物 15%～24%、粗纤维 10%～13%，赖氨酸与色氨酸含量较多，还含有丰富的维生素 E 和谷胱甘肽，可抑制癌细胞的生长。同时，胚芽得到的玉米饼废料再处理，可在饲料工业中发挥一席之地，节省成本。

4. 玉米蛋白的利用

玉米蛋白粉中含有丰富的蛋白类营养物质和类胡萝卜素，包括玉米黄素、β-胡萝卜素、叶黄素、α-胡萝卜素等成分。因玉米蛋白耐水、耐热、耐脂，在食品工业中可作为被膜剂，延长保质期，不过因其口感粗糙、成分复杂，食品工业用量少，可转化为用作功能性药品的蛋白水解物。可从玉米蛋白粉中提取玉米朊、玉米黄素、玉米醇溶蛋白、玉米蛋白活性肽、谷氨酸等。

5. 玉米淀粉的利用

淀粉是自然界最丰富的资源之一，由不同原料制造的淀粉统称为原淀粉，而由玉米生产的淀粉称为玉米原淀粉。它保持了玉米谷粒中原淀粉固有的基本特性，是诸多生产领域的原料，可用于制备变性淀粉、淀粉糖、发酵乙醇等。

（四）大豆副产品的综合利用

随着大豆制品的开发，其副产物豆渣、黄浆水、豆粕等也相应地大量增加。这些粗产物以往没有被充分利用，大多数豆粕、豆渣作饲料，黄浆水全作废水排放，十分可惜。其实，大豆副产物除了含有一定数量的营养成分，还含有各种有益于人体健康的物质和贵重的医药成分，如维生素、皂苷、异黄酮、凝血素、甾醇、胰蛋白酶抑制因子等。因此，如何合理、有效地利用这些副产品，已成为一个现实问题。

1. 黄浆水的综合利用

黄浆水又称大豆乳清，是大豆制品加工时排放的废水。黄浆水中含有较多的营养物质，排放后不但导致可利用营养成分的损失，而且会给微生物繁殖创造条件，造成环境污染。通过一定的技术手段将黄浆水充分利用起来，变废为宝，将会创造出更大的社会效益和经济效益。

（1）生产大豆低聚糖　以生产大豆分离蛋白的副产品——大豆乳清（干基含糖量约为 40%）为原料，经预处理去除残存的大豆蛋白，上清液经树脂吸附、脱盐、浓缩等分离技术制得透明液体状糖浆，进行喷雾干燥即制得大豆低聚糖干粉。

（2）分离大豆异黄酮　大豆异黄酮是大豆生长过程中形成的一类次级代谢产物，其雌激素会影响到激素分泌、代谢生物学活性、蛋白质合成、生长因子活性等，是天然的癌症化学预防剂，被誉为“植物雌激素”。大豆异黄酮作为雌激素治疗的替代品，可改善妇女更年期综合征，并具有降低血液胆固醇水平、防止骨质疏松及抑制癌细胞生长的作用。利用醇法生产大豆浓缩蛋白（SPC）过程中，大豆乳清几乎含有全部的异黄酮，可作为生产大豆异黄酮的原料，以超滤结合聚乙烯苯-二乙烯苯树脂吸附法从乳清中分离异黄酮的收率大于 70%，产品纯度大于 30%。

（3）制备酵母　由于黄浆水中含有 0.1%还原糖和一定量的氮源、磷源、多糖及少量的镁离子，因此可以将黄浆水水解处理后以葡萄糖废蜜和麦芽糖废蜜为原料，制备酵母。

（4）生产维生素 B_{12}　豆制品厂排出的废水在微需氧条件下，通过丙酸菌培养可生产维生素 B_{12}，其中以使用豆腐黄浆水为原料效果最好。使用豆腐黄浆水培养丙酸菌，维生素 B_{12} 含量可达 899μg/g 干细胞，比人工合成培养基生产的维生素 B_{12} 467μg/g 干细胞明显提高。

（5）**生产大豆皂苷**　大豆皂苷是大豆生长中的次生代谢产物，存在于大豆胚轴及子叶中，具有苦涩或豆腥味。大豆皂苷有清除自由基、抗氧化和降低过氧化脂质的作用，可抑制血清中脂类氧化，降低血中胆固醇和甘油三酯的含量。大豆皂苷还可以阻止肿瘤细胞生长，抑制艾滋病病毒的感染，对被感染的细胞有一定的保护作用。大豆皂苷工艺流程如下：

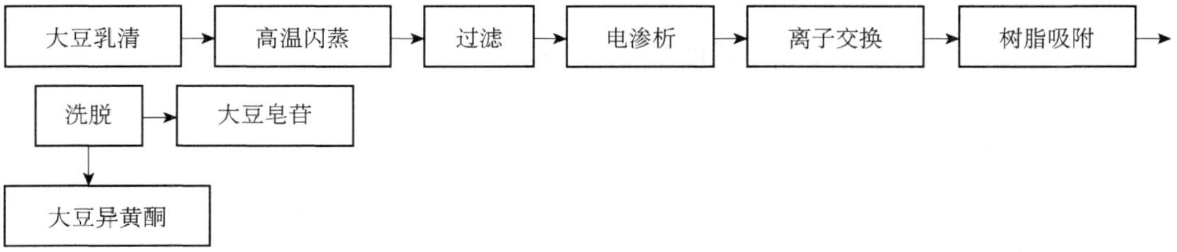

（6）**其他用途**　黄浆水可用于生产核黄素、酿造白酒、酿造酱油、发酵虾青素、生产白地霉粉、加工清凉饮料，以及通过发酵制备高山红景天营养饮料。

2. 豆粕的综合利用

豆粕是指以大豆为原料用预压浸提法或浸提法提取油脂后，经适当热处理与干燥所制得的产品。大豆粕是饼粕类饲料中最常用的一种原料，是饲料中蛋白质的主要来源，被广泛用于畜禽、水产及特种动物的饲料中。当饲料缺乏动物性蛋白质时，大豆粕是最佳候选物。因为大豆粕的原料大豆的蛋白质含量很丰富，一般在 40%左右，而且其蛋白质的氨基酸组成相当平衡。利用低温去脂豆粕可以生产传统的豆制品，制取大豆浓缩蛋白、大豆分离蛋白和大豆组织蛋白等新兴蛋白质产品。

1）大豆浓缩蛋白，又称 70%蛋白粉，是畜肉制品和糕点制作的常用辅料，其蛋白质含量达 70%以上。乙醇溶剂浸取法是其制取方法之一，即用 50%～80%的乙醇溶液浸取豆粕，以除去其中的可溶性蔗糖、棉籽糖及其他成分，不溶部分即浓缩蛋白。等电点生产法是指将豆粕的浸取水溶液，用酸调节其酸度至等电点 pH4.5，使蛋白质成分凝聚沉淀，除去上清液，固体物质再中和浓缩并干燥即获得产品。此外，还有湿热处理法等多种制取浓缩蛋白的方法。

2）大豆分离蛋白是比大豆浓缩蛋白纯度更高的提纯产品，其浓度在 90%以上。该产品的乳化性、发泡性和凝胶性都良好，是畜肉制品和糕点的良好添加剂，也可以用作其他加工食品的原料。大豆分离蛋白的制取方法是：先将豆粕用水或稀酸溶解，使豆粕中可溶性物质被提取出来，然后加以分离得到豆乳液。将豆乳用酸调节 pH 至 4.2～4.5，使其中蛋白质成分沉淀分离出来，并加以干燥，即获得分离蛋白产品。

3）大豆组织蛋白是将脱脂大豆粕或浓缩大豆蛋白进行挤压膨化制得的，将脱脂大豆粕或浓缩大豆蛋白掺入淀粉，在水分、压力、热和机械剪切力的同时作用下发生塑形化、组织化而获得的蛋白质制品。这种产品可用于人造肉或者其他肉制品的制作。

另外，在食品工业中，还可以用豆粕提取大豆异黄酮，以及制作豆腐和豆乳等制品。

3. 从豆油精炼后的油脚中制取大豆磷脂

采用各种制取方法提取的植物毛油中均含有一定量的磷脂成分。其中大豆油、菜籽油和棉籽油等的磷脂含量较高。浸出所得的大豆油中磷脂含量高达 4%，是磷脂含量最高的毛油，并且大豆磷脂是利用价值最高的磷脂成分，菜籽油中的磷脂利用价值仅次于大豆磷脂。大豆磷脂是植物性卵磷脂的主要来源，而卵磷脂产品是一种具有多功能的食用品和工业原料，可用于食品加工中的制品改性、精制成医药产品和保健食品等。

在油脂精炼生产的水化或加酸脱胶过程中，可分离出以磷脂为主要组分的油脚。磷脂油脚的加工可以借助带有搅拌装置的薄膜蒸发设备去除磷脂油脚中约50%水分，获得高黏性的半流体磷脂产品或加工成粉状磷脂产品；间歇浓缩设备也可以用来加工生产浓缩磷脂。此外，还可以加工成漂白流质磷脂和卵磷脂等产品。

4. 从大豆油精炼脱臭馏出物中提取生育酚和甾醇

大豆油精炼脱臭馏出物含有2%～12%的生育酚（维生素E）组分和12%～16%的植物甾醇组分。生育酚是一种脂溶性维生素，是食品中常用的高效天然抗氧化剂。生育酚与亚油酸配合使用时可起到防治动脉硬化、脂肪肝、高胆固醇血症等疾病的作用。甾醇是一类具有生理药用价值的物质，可作治疗心血管疾病、抗哮喘、治疗顽固性溃疡等的医药使用。经分子蒸馏所得粗生育酚净含量一般为40%～60%，该物质可直接用作抗氧化剂使用，其余残渣的主要成分是植物甾醇。

生育酚及甾醇的提取工艺流程如下：

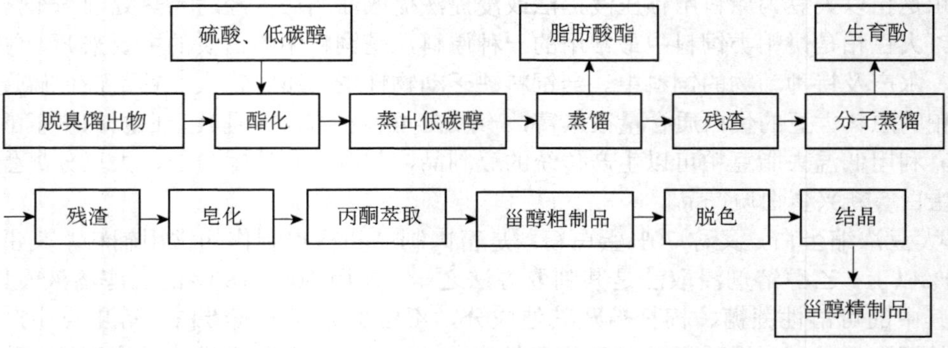

5. 豆渣的综合利用

豆渣是大豆加工的副产物，因其所含能量低、口感粗糙，往往被人们用作饲料或干脆废弃，没有得到很好的开发利用。据分析，豆渣含有丰富的蛋白质、脂肪、纤维素、维生素、微量元素、磷脂类化合物和甾醇类化合物。经常食用豆渣制品能降低血液中胆固醇含量，还有预防肠癌及减肥的功效，是新型的保健食品。

（1）生产糖化菌粉　　工艺流程如下：

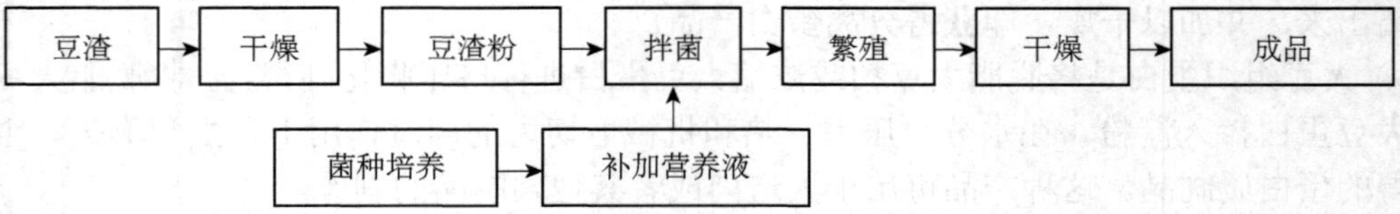

其产品呈浅黄色，有发酵物的特有香味。

（2）豆渣酱油　　制作工艺是将粗处理的豆渣与等量的小麦麸皮均匀混合，蒸煮后加入酱油，发酵3d后加入煎好的花椒、大料液搅匀，压滤后调制成成品酱油。

（3）制取核黄素　　工艺流程如下：

豆渣与麸皮混合物培养基 → 调整水分 → 灭菌 → 接种 → 固态培养 → 干燥 → 粉碎 → 成品

此工艺要点为固态发酵，豆渣与麸皮的质量比为 9∶1，添加适量的麸皮可起到疏松作用，使培养基具有良好的通气性，同时麸皮中含有较多的硫胺素和生物素，可增强菌种的活力。所得核黄素粉可直接用作食品中核黄素的强化剂。

（4）制造可食用纸　由于环境保护的原因，开发可降解无污染的食品包装材料已经成为世界范围内的研究热点。日本已经研制成功此类产品，国内也有企业用豆渣制成可食用包装纸，其是将豆渣与酶类混合加工而成的一种无味无臭、稳定性好的纤维。

（5）制备膳食纤维　从豆渣中制取可溶性膳食纤维对大豆的综合利用具有很高的参考价值。直接水浸提取法提取可溶性膳食纤维工艺简单，成本低，无二次污染，乙醇可回收再利用；在制得可溶性膳食纤维的同时，也可制得不溶性膳食纤维，从而使豆渣得到更充分的利用。酶解法制取可溶性膳食纤维产率比直接水浸提取法有很大提高，污染少，工序简单，便于推广应用。

（6）其他应用　以豆渣作为原料制成的产品还有豆渣粉、豆渣分离蛋白、豆渣发酵碳酸饮料、人造肉等。

（五）油料作物废弃物的综合利用

植物油脂中含有少量的特殊成分，这些成分在油脂精炼的各个阶段里被分离出来，将这些分离物质进行加工提纯，具有显著的经济价值。此外，油脂在碱炼脱酸时产生的下脚（皂角）料，在油脂的物理法脱酸精炼时产生混合脂肪酸，都可被进一步利用以提高炼油厂的经济效益。因此，各种副产物的综合利用具有非常重要的经济价值和社会价值。

1. 从毛棉油中提取工业棉酚

棉籽仁中的棉酚含量为 0.5%～2.5%，而棉籽仁中棉酚腺体部分的棉酚含量高达 35%；毛棉油中棉酚含量为 2%～3%。棉酚对于单胃动物和人体有一定的毒性，但具有较高的药用价值。例如，棉酚可被用于男性节育，也可作为抗肿瘤制剂，对肠癌、食管癌及宫颈癌等有一定的疗效。棉酚还具有镇咳作用，可用于治疗老年慢性气管炎。此外，棉酚在轻纺工业、涂料工业及其他化工领域也具有广泛的用途。从毛棉油中提取工业棉酚，一般采用邻氨基苯甲酸盐法提取工艺。

2. 油脂碱炼皂角的利用

油脂的碱炼脱酸过程会产生较多的皂角，毛油中的游离脂肪酸在碱炼时全部以肥皂形式分离转入皂角中。由于毛油品种、精炼工艺和操作方法的差异，产生的皂角组成很复杂且不稳定。皂角的主要组成为肥皂 15%～30%、中性油 12%～25%、水分 35%～55%及其余少量的有机杂质、色素、游离碱、无机杂质等。

（1）利用碱炼皂角制取脂肪酸　脂肪酸的用途十分广泛，可用于肥皂、合成洗涤剂、保护和装饰涂料、润滑油、防水防蚀剂、化妆品、医药制剂、食品乳化剂、矿物浮选剂和增塑剂等的生产。从皂角中提取的脂肪酸有很高的经济价值。从各种油脂的碱炼皂角中可提取相应的混合脂肪酸，经过进一步分离可获得各种特色的脂肪酸产品，如米糠油、棉籽油、花生油、菜籽油的皂角；可生产油酸类产品，如软脂酸和硬脂酸；利用大豆油的皂角可生产亚油酸产品；利用菜籽油的皂角可制取芥酸产品。目前从皂角中提取的脂肪酸产品种类很多，如混合脂肪酸、粗油酸、高碘价油酸、亚油酸、粗硬脂酸、皂角脂肪酸的氢化硬脂酸和棕榈酸等。

（2）利用皂角制取肥皂等洗涤产品　制皂工艺流程如下：

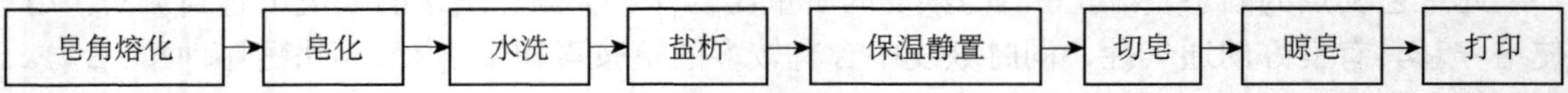

将冷却成型的大块固体肥皂切成通用条状，摊晾后打印即可装箱入库。制成的肥皂皂基经适当配方可制成纺织印染工业使用的洗涤剂。皂基也可经喷雾干燥再磨成粉粒状，加上配方成分，制成家庭洗涤用的皂粉。

（3）利用棉籽油皂角制取亚油酸乙酯　亚油酸对促进血液胆固醇代谢有很好的功效，是预防和治疗高血压及动脉粥样硬化的有效药剂。但液体亚油酸服用很不方便，以其制作医药产品时必须制成丸剂，加工工艺复杂，然而将其制成亚油酸乙酯就方便服用了。采用棉籽油碱炼皂角时，碱炼前的毛棉油要经过精密过滤，除去所有固体杂质，然后通过酯化、水洗、蒸馏等工序制取亚油酸乙酯。

（4）从米糠油皂角中提取谷维素　谷维素是从米糠油中分离出来的一种有效的医药产品，为多种环木菠萝醇类的阿魏酸酯混合物。该产品具有调节自主神经功能、促进动物体生长、改善肠胃功能等功效。1950 年，日本著名油脂化学家在米糠油中发现并提取出了谷维素。

毛糠油中谷维素的含量为 2%～3%。提取谷维素要从毛糠油的精练工序开始，将谷维素成分从毛糠油中由碱炼脱酸过程捕集到米糠油的皂角中，再进一步分离提纯出谷维素产品。其提取工艺流程如下：

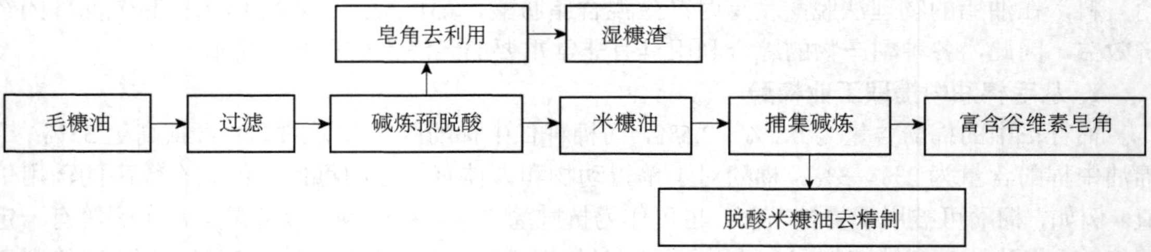

（5）利用碱炼皂角的固体酸制取硬脂酸　从皂角混合脂肪酸中分离出的固体酸中含有大量饱和脂肪酸和少量不饱和脂肪酸。饱和脂肪酸的主要成分为棕榈酸，其次为硬脂酸；不饱和脂肪酸的成分一般为油酸及亚油酸。

硬脂酸在橡胶工业中用于轮胎、输送带和胶鞋等工艺的增塑软化处理。在化学工业方面，硬脂酸可用于生产金属皂、硬脂酸钡、硬脂酸锌、硬脂酸铝、硬脂酸镁和硬脂酸镉等多种工业应用产品。在日用化学工业方面，硬脂酸可用来制造雪花膏、护肤霜、复写纸和蜡笔等。在医药生产方面，硬脂酸被用于制造药丸的赋形剂及药膏的乳化剂。此外，它还可用作纺织和印染方面的打光剂与皮革上光剂等。利用碱炼皂角的固体酸制取硬脂酸的工艺流程如下：

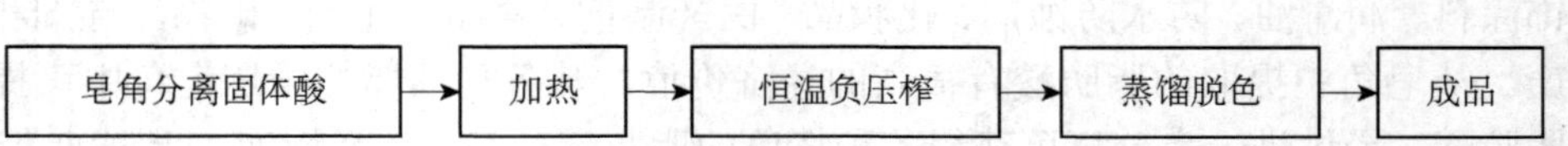

3. 油料饼粕的利用

在植物油脂工业生产中除了得到主要产品油脂，还能得到油脚、饼粕、皮壳等副产品。如果不处理好这些副产物，将会给环境带来污染，这些副产品极易霉变，对人类造成危害。同时这些副产品含有丰富的蛋白质、糖类、游离脂肪酸、磷脂、甾醇等物质，将它们开发利用，对充分利用植物油料资源、增加植物油副产品的附加值、改善植物炼油厂的环境具有重要意义。

油料饼粕是油料加工过程中产生的副产品，为植物油脂加工厂的主要副产物。饼粕中含有丰富的蛋白质、纤维素、无氮浸出物和少量脂肪，脱脂饼粕中蛋白质的利用是一个重要课题。饼粕的利用方法有传统和非传统两种。非传统的利用方法主要是将一些蛋白质食品原料进行深加工，用于食品、医药品、农药产品和化工原料等中。随着技术条件和市场条件的发展变化，油料饼粕的利用主要有以下几个方向：①从饼粕中制取浓缩蛋白、分离蛋白、纤维状蛋白和组织蛋白；②利用某些饼粕转化制取食用产品，如制作糖、白酒、食醋、酱油和味精等；③将某些优质饼粕粉直接作为人类的食品原料；④以去毒的菜籽饼粕、棉仁饼粕、油茶籽饼粕和桐籽饼粕等作为动物饲料配料，利用次等饼粕或含毒性饼粕作胶黏剂、电木塑料填充剂等工业原料；⑤将含毒或次等饼粕作为某些经济作物的肥料；⑥从饼粕中制取某些油料的特有成分或营养要素作为生产医药产品或其他化工产品的原料，如提取植酸钙、肌醇、皂素、棉酚和核黄素等。

（1）*花生蛋白的制取及其产品*　花生蛋白中含有大量人体所必需的氨基酸，它的消化系数高达 90%，极易被人体吸收利用，具有较高的营养价值。花生浓缩蛋白产品也可采用 pH4.5 等电点法制取；另一种常用的制取方法是水剂法，这是一种兼顾蛋白质制取与油脂制取的生产工艺；还有一种新近开发的生产工艺，即用中性或微碱性水浸法制取花生浓缩蛋白。花生浓缩蛋白产品可以用作食品的蛋白强化添加剂，如用作组织蛋白、乳香花生蛋白粉、粮食营养强化剂、饮料和黏合剂等。同样，也有花生的分离蛋白和组织蛋白产品。

（2）*食用蛋白粉的制取*　严格除去杂质的某些脱脂饼粕，经加工精制可制成大豆食用粉、花生食用粉、向日葵饼食用粉及脱净棉酚毒素的棉籽仁饼食用粉等，这些产品可以作为食品添加剂用来改善人类膳食的营养结构。以大豆饼粕粉制取蛋白粉为例，大豆在预处理工序严格除杂去皮，除油时尽量采取较低温度，浸出取油后的湿粕，采用低温（或闪蒸）脱除溶剂，以保证生产过程中蛋白质不发生变性。脱脂豆粕蛋白粉的生产比较简单，主要包括豆粕的粉碎和产品的包装。饼粕食用粉被广泛用来与面粉搭配制作面包、饼干、奶糕、点心及其他多种副食品。

（3）*用饼粕作饲料*　从植物油料制取油脂后所得的饼粕，可作为家禽家畜的优质饲料，主要有以下几种。

1）大豆饼粕是动物饲料的主要蛋白质来源，并已成为与其他蛋白质相比较的参数标准。

2）菜籽饼粕可被广泛用作牛饲料补充蛋白质，还可被用作家禽饲料，但在产蛋家禽饲养中添加量不能超过 10%。菜籽饼粕的限制性毒性在于所含芥子苷、芥子碱和单宁等物质，有多种方法可以除去菜籽饼粕的毒性，常用的是加碱去毒法，该方法成本较低、工艺简单，去毒效果高达 96%以上。

3）葵花籽饼粕可用作所有种类家畜的饲料。葵花籽饼粕在猪饲料中的使用量可以达到其蛋白质饲料的 20%～30%。

4）棉籽饼粕的毒性在于饼粕中含有游离棉酚，若将其转化成结合棉酚，则可以减弱其毒性，但其在动物饲料中的用量仍受限制。对于奶牛、肉牛、绵羊（均为生长期）等反刍动物，在饲料中则无限制棉籽饼粕用量的要求。棉籽饼粕的去毒方法主要有水热处理法、发酵加工法、化学添加剂法和溶剂萃取法等。以硫酸亚铁去毒法为例，其处理过程为按比例将饼粕浸泡在硫酸亚铁水溶液中，24h 后即可与浸泡溶液一起，直接用于饲喂家畜家禽。

5）油茶籽饼粕中含有的有害物质是溶血性皂苷，虽然它对动物无毒性，但其味苦、辛辣、适口性差，并可引起消化不良，因此必须除去皂苷后方可用作饲料。用水或溶剂的浸泡法除去皂苷成分后，即可用作动物饲喂的补充料。另外，还有碱液浸泡法脱毒和碱煮解法脱毒两种。以碱液浸泡法为例，其操作过程是将茶饼粉碎过筛，去除皮壳杂质，头道操作按 1 份饼粕加 2 份 1%浓度纯碱液的比例，将饼粕浸泡在纯碱液中，浸泡 4h 后进行过滤，去掉废液，然后进行第二道操作，按 1 份饼粕加 2 份 0.1%浓度纯碱液的比例，进行第二次浸泡处理，浸泡时间为 24h。然后滤去废液，再水洗两次，即得到无毒饲料。

6）米糠饼粕含油脂少，且制油预处理时已将解脂酶钝化，避免脂酶的促油脂水解酸败的危害。因此，米糠饼粕适于保存，比原糠更适于用作饲料。

（4）用脱脂米糠饼粕制取植酸钙　在脱脂米糠饼粕中，其植酸钙含量达 10%～11%，是制取植酸钙的上好原料。用从中提取的植酸钙可以进一步制取植酸，这是制取医药产品肌醇的重要原料。此外，植酸钙在工业生产和医药上有多种用途。因此，从脱脂米糠饼粕中提取植酸钙具有很高的商业价值。用酸浸法从脱脂米糠饼粕中制取植酸钙的工艺流程如下：

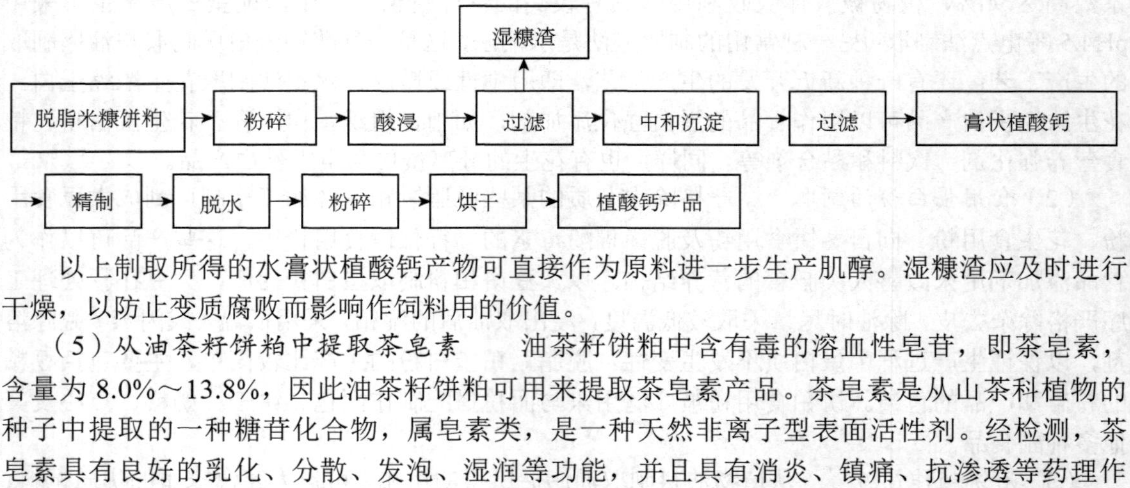

以上制取所得的水膏状植酸钙产物可直接作为原料进一步生产肌醇。湿糠渣应及时进行干燥，以防止变质腐败而影响作饲料用的价值。

（5）从油茶籽饼粕中提取茶皂素　油茶籽饼粕中含有毒的溶血性皂苷，即茶皂素，含量为 8.0%～13.8%，因此油茶籽饼粕可用来提取茶皂素产品。茶皂素是从山茶科植物的种子中提取的一种糖苷化合物，属皂素类，是一种天然非离子型表面活性剂。经检测，茶皂素具有良好的乳化、分散、发泡、湿润等功能，并且具有消炎、镇痛、抗渗透等药理作用。茶皂素是当今洗发香波、皂素泡型洗发剂及洗涤用品的重要原料之一，也可用作其他化工原料和医药原料。脱除皂素后的茶麸饼粕经过发酵处理除去毒性，以改善营养价值，可作为猪和鱼的饲料原料。通常采用水溶液提取法从油茶籽饼粕中提取茶皂素，其工艺流程如下：

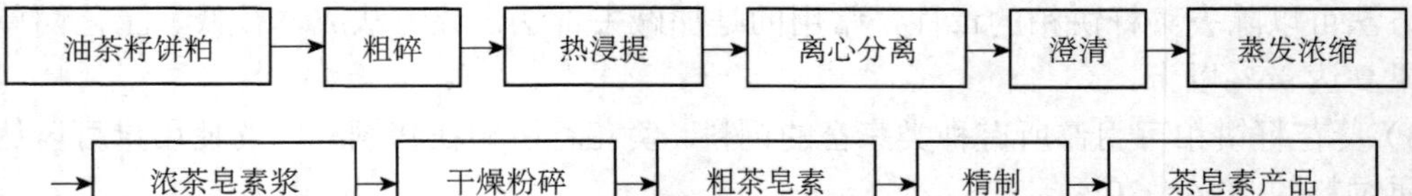

在生产中，可采用循环浸泡法进行操作。将粗碎后的油茶籽饼粕在80℃以上的热水中浸泡90min，然后趁热用离心机分离出残渣，将残渣再重复浸泡分离三次，将所有分离的热浸泡液进行澄清，除去蛋白质及其他杂质（澄清时以明矾粉为沉淀剂），将澄清后的清液进行真空低温蒸发浓缩成茶皂素浆，再真空干燥，即制成粉状茶皂素。可采用漂白或再结晶法，进一步进行茶皂素精制以提高茶皂素粉的质量。

（六）秸秆的综合利用

我国的主要农作物有小麦、稻谷、玉米、大豆、棉花、油菜、马铃薯。农作物废弃物中产生量最大的是各种作物的秸秆。不能食用的农作物的根、茎、叶统称为秸秆。秸秆是作物通过光合作用而生成的生物质，它虽然是农业生产中所产生的剩余物，但是作物在生长过程中从土壤中获取了大量的氮、磷、钾等营养元素残余在秸秆中。秸秆元素组成主要为碳、氢、氮、磷、钾等，其成分和热值因农作物种类的不同而各异，各种农作物秸秆的成分和热值统计见表6-5。杂草和豆秸的热值较高，棉花秸、玉米秸、麦草和高粱秸次之，谷草和稻草的热值相对低些。从表6-5中可看到，各种秸秆含碳量比较大，约为40%，不同类型的秸秆中氮、磷、钾含量差别很大。

表6-5　各种秸秆的成分及其热值

秸秆种类	水分/%	灰分/%	挥发分/%	碳/%	氢/%	氮/%	磷/%	钾/%	热值/（kJ/kg）
杂草	5.45	9.40	68.17	41.00	5.24	1.59	1.63	13.60	16 177
豆秸	5.10	3.13	74.65	48.79	5.81	0.85	2.86	16.33	16 131
稻草	4.97	19.86	65.11	38.32	5.06	0.63	0.15	11.28	13 957
玉米秸	4.87	5.93	71.45	42.17	5.45	0.74	2.60	13.80	15 525
谷草	5.33	8.95	66.93	41.92	5.17	1.04	1.24	18.28	14 997
麦草	4.39	8.90	67.36	41.28	5.31	0.61	0.32	20.04	15 349
棉花秸	6.78	3.99	68.50	43.50	5.35	0.91	2.10	24.70	15 968
高粱秸	4.71	8.91	68.90	41.93	5.25	0.59	1.12	13.60	15 052

我国是农业大国，年产各类作物秸秆6亿多吨，但经过技术处理利用的秸秆仅为0.16亿t；其余的不是被焚烧就是弃之于地头路旁，就会造成严重的浪费，而且污染环境。我们应发挥科技优势，珍惜生物资源，做到合理开发和利用，使之造福于民。秸秆的利用可归纳为“五料”，即肥料、饲料、燃料、基料、原材料。

1. 机械化秸秆还田技术

以机械的方式将玉米秸直接粉碎并撒于地表，随即耕翻入土，使之腐烂分解；或将割去秸秆后的剩余部分即根茬，用机具粉碎后混于耕层土壤中。这样不仅能增加土壤的有机质含量，改善土壤结构，培肥地力，同时又能抗旱保墒（保持土壤适当水分），减少污染，保护生态环境，达到提高农作物产量的目的，是发展可持续农业的有效措施。

2. 饲料加工技术

（1）直接粉碎饲喂技术　玉米秸直接通过机械粉碎、加工，再作适当技术处理，即可供家畜使用。

（2）青贮饲料机械化技术　将包含液汁的玉米秸经过加工并添加一定比例的添加剂，

压实后密封贮存，经过一段时间的乳酸发酵后转化成含有丰富蛋白质和多种维生素的饲料。青贮饲料气味酸香、柔软多汁、适口性好、营养丰富、利于长期保存，是家畜优良的饲料来源。

农作物收割后，大量的农作物秸秆被废弃或焚烧，既浪费资源，又污染环境，在一定程度上影响了经济、社会的可持续发展。通过将秸秆粉碎进行青贮、氨化、揉丝微贮后饲养牲畜，既可以节省饲料成本，还可以使秸秆通过牲畜粪便实现过腹还田，促进农业良性循环，是一种效益较高的利用方式。

（3）*秸秆微生物发酵贮存技术*　秸秆经过机械加工后，利用微生物发酵原理使秸秆中大量的木质纤维类物质在微生物发酵贮存过程中降解为易发酵糖类，并转化为挥发性脂肪酸、CO_2等，成为牛、羊等家畜的良好饲料之一。

（4）*秸秆高效生化蛋白全价饲料技术*　其是通过生化制作剂的生化发酵处理，把干秸秆转化成高营养、高效解的生化蛋白全价饲料的新技术。大面积种植高秆粮油作物的地区完全可以利用秸秆资源替代现有饲料产品，创造经济效益。

3. 秸秆气化技术

目前，就全国来说，在农村，秸秆仍然被主要用作燃料，占全国秸秆产生量的50%以上。秸秆作为燃料，仍然以直接燃烧为主，烟熏火燎，不仅不卫生，而且能源利用率仅为13%。采取生物质能转化技术可以提高能源利用率2～4倍，从而提高将秸秆用作燃料的使用价值。从“七五”开始，我国政府加大了这方面的工作力度，相继建立了几百个秸秆气化示范点，其工艺路线可归纳为4种：①空气氧化气化法，即将秸秆在气化炉中不完全燃烧，获得以CO为主的低热值可燃气，供农民生活用；②干馏热解法，即将秸秆在热解炉中进行隔绝空气干馏，获得以CH_4、H_2为主的中热值可燃气，供农民生活用，同时获得人造木炭和木焦油等工业产品；③气化发电法，即将秸秆气化获得可燃气，再通过燃气发电机发电；④生物发酵法，秸秆通过生物发酵产生沼气用作燃料。

秸秆气化技术是一种很好的生物质能转化技术，也是“消化”秸秆的好方法。其不仅成本低廉、经济实惠，而且能减少和防止焚烧污染，净化环境，促进经济发展，改善农民生活环境，提高农民生活质量。

4. 植物纤维制模技术

其是以作物秸秆为原料，经过化学处理后转化成纯生物降解膜。该产品适用于农田覆盖和商品包装，废弃3个月可自然转化为有机肥料，不留残渣，是乙烯聚合塑料的替代产品，也是根治白色污染的科技项目。

5. 其他

其他利用技术如皮穰分离技术、造纸、编织、制炭、提炼乙醇均可充分利用作物秸秆。

四、果蔬加工废弃物的综合利用

我国果蔬种类繁多，面广量大，每年收获季节除了大量供给市场和贮藏加工，还有大量的副产品，如果肉碎片、果皮、果心、种子及其他果蔬产品的下脚料。在原料生产基地从栽培至收获的整个生产过程中，还会有大量的落花、落果及残次果实，而这些原料中含有很多有用的成分，可以用来加工或提取高价值的产品。

欧美先进国家很早就重视加工原料的综合利用，提出“取净榨干”，通过综合加工提取出供食品、医药及日用化工等工业应用的各种制品。所谓果蔬综合利用，就是根据各种果蔬不同部分所含成分及特点，对其进行全植株的高效利用，使原料各部分所含有的有用成分都能被充分合理地利用。综合利用不仅可以变无用为有用，变小用为大用，变一用为多用，还可防止和减轻环境污染，从废弃的生物资源中得到生理活性物质，实现农产品原料的梯度加工增值和可持续发展，提高经济效益和生态效益。例如，葡萄酒厂的综合利用，在加工技术落后的情况下，葡萄皮渣只作为燃料或肥料，而现在葡萄皮渣除用于复合肥料生产外，还可提取天然色素，用于酒类和饮料的生产；提取食物纤维，作为强化食品的原料；提取单宁，应用于纺织等化学工业；提取葡萄籽油作为高级食用油；提取酒石酸及其盐类，用于化工、医药等产品的生产。此外，葡萄皮渣还可被用于纤维板的生产及造纸工业。随着综合利用技术的开发，生产经营单位的加工技术不断提高，整个加工业也必然提高到新的水平。综合利用不仅提高了原料的利用率，扩大产品花色和品种，还能均衡加工厂淡旺季的生产。例如，对蕉柑原料进行综合利用，1t 蕉柑原料可生产糖水橘子罐头 890kg、橘酱罐头 100kg、香精 6kg、果胶 0.5kg、橘络 25kg、种子 43kg。由于进行了综合利用，可降低 45%以上的成本。同时，被提取出来的果胶、香精油等成分又是食品、医药及日用化工品等的工业原料，所以果蔬综合利用的前景是广阔的。

果蔬的综合利用以果品的综合利用为主。例如，残次果品是酿造果醋的原料，橘皮可用来提取香精油、果胶、橘皮苷、胡萝卜素等；从苹果、山楂、香蕉、枇杷中可提取果胶等物质；从山楂、酸枣等果实中可提取色素类物质；核果实类果实的核是制造活性炭的良好原料；从菠萝中可提取蛋白酶；还可以利用果蔬的下脚料制作乙醇、种植食用菌等。此外，蔬菜也有一些综合利用，如利用蘑菇预煮液制成健肝片；利用食用菌提取物制美容化妆品；从生姜渣中提取姜油树脂；从洋葱中提取黄酮；从南瓜子中提取糖蛋白、多糖等活性物质。

（一）皮渣的综合利用

1. 提取果胶

果胶是一种多糖聚合物，广泛存在于绿色植物中，与纤维一起具有结合植物组织的作用。果胶通常为米白色至淡黄色粉末，无毒、味微甜，且稍带酸味，易溶于水。许多果蔬原料中都含有果胶物质，其中以柑橘类、苹果、山楂等含量较丰富，其他如杏、李、桃等，蔬菜中的南瓜、马铃薯、胡萝卜、甜菜、番茄等含量也较多。商品果胶是从苹果皮、柑橘皮、柚皮、甜菜根中经过酸提取、乙醇沉淀等工艺制备而成的，商品果胶根据甲酯化程度分为高甲氧基果胶（HM 型）和低甲氧基果胶（LM 型）。通常将甲酯化程度在 50%以上（相当于甲氧基 7%以上）的果胶称为高甲氧基果胶，而将甲酯化程度低于 50%的果胶称为低甲氧基果胶。

苹果渣是苹果加工罐头、果汁、果酱和果酒等剩余的下脚料，主要由苹果皮、果芯和部分果肉组成。苹果渣含果胶 15%～18%（干基），是制备果胶的良好资源。以苹果渣为原料，采用先进的加工技术提取果胶，并将其应用于食品、药品等领域，不仅可极大地提高苹果的附加值，还可解决苹果加工企业苹果渣造成的环境污染，具有重要的意义。

苹果渣提取果胶工艺流程如下：

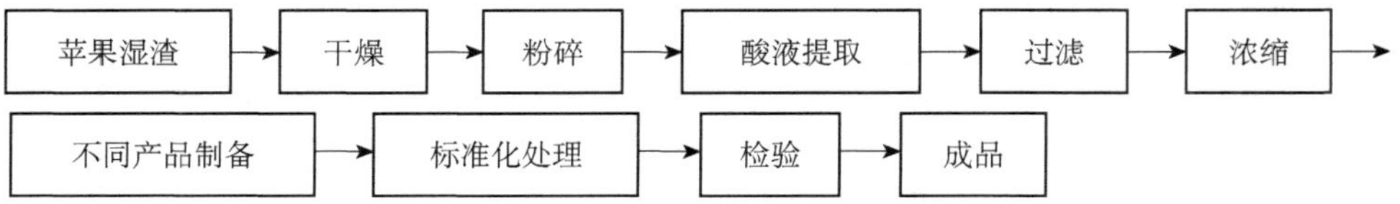

浓缩完毕后，将果胶液加热到 70℃，装入玻璃瓶中加盖密封，然后置于 70℃热水中加热杀菌 30min，冷却送入仓库，或将果胶液装入木桶中，加 0.2%的 $NaHSO_3$ 搅拌，密封即成果胶液体制品。通过喷雾干燥法、乙醇沉淀法或盐析法将果胶液中的水分除去，即得果胶粉。

低甲氧基果胶的制法主要有碱化法、酸化法、酶化法等。本书以碱化法为例进行介绍：提取的果胶液经真空浓缩，使果胶液中果胶含量达 4%，然后把果胶液置于不锈钢锅中，加入氢氧化铵，调节 pH 至 10.5，保持果胶液温度 15℃，3h 后加入等容积的 95%乙醇和适量盐酸，使 pH 降至 5，搅拌混合物，静置 1h，捞出沉淀果胶，压干乙醇，打碎压榨物并使之悬浮于 pH 为 5.2 的 50%乙醇中，以便除去氯化铁。而后沥干，压榨、破碎，摊于烘盘中，在 65℃真空烘箱中烘 20h，取出磨细，用 100 目筛过筛即可获得低甲氧基果胶，得率为果胶量的 90%。

2. 提取精油

柑橘类果皮是提取精油的良好原料。柑橘香精油在食品、日用香精等生产上占有极重要的地位，是果香型香料用量最大的一种。柑橘香精油的主要化学成分为烯萜类、倍半烯萜类、高级醇、醛类、酮类、脂类、樟脑素和蜡质等，其中烯萜类和倍半烯萜类是香精油香气的主要来源。提取方法有蒸馏法、冷榨法、擦皮法、浸提法和吸附法等。利用水蒸气蒸馏法提取精油的工艺流程如下：

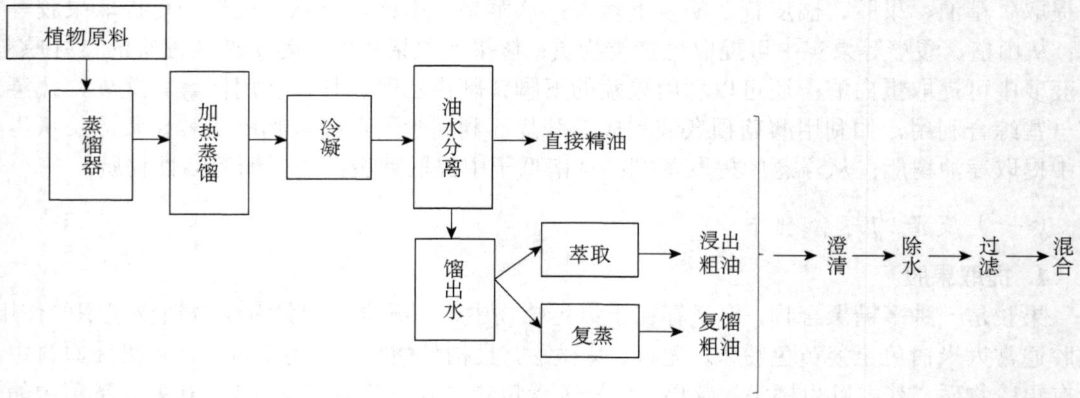

3. 提取色素

在果蔬中最为常见的色素有叶绿素、类胡萝卜素、花青素及花黄素。为了保持果蔬色素的固有优点和产品的安全性、稳定性，提取工艺大多采用物理方法，较少采用化学方法。目前提取色素的工艺主要有浸提法、浓缩法和超临界萃取法等。色素粗产品必须进行一定的精制纯化过程，目前常用的精制纯化方法有酶法纯化、膜分离纯化、离子交换树脂纯化、吸附/解吸纯化。

浸提法提取色素工艺流程如下：

原料 → 清洗 → 浸提 → 过滤 → 浓缩 → 干燥成粉或制成浸膏 → 产品

浓缩法提取色素工艺流程如下：

原料 → 清洗 → 压榨果汁 → 浓缩 → 干燥 → 成品

超临界萃取法提取色素工艺流程如下：

原料 → 清洗 → 萃取器萃取 → 分离 → 干燥 → 成品

膜分离技术可以给色素粗产品的纯化提供简便又快速的纯化方法，色素粗产品通过一定孔径的膜可阻止杂质分子的通过，从而达到纯化的目的。层析、离子交换、树脂吸附则是利用混合物中各组分的物理化学性质（分子的形状和大小、分子极性、吸附力、分子亲和性、分配系数等）的不同，使各组分以不同程度分布在固定相和流动相中，当流动相流过固定相时，各组分以不同速度移动，从而达到分离的技术。

4. 提取有机酸

多数果蔬中含有丰富的有机酸，其中以柠檬、梅子、柑橘、李子等最多，同一种果品又以未成熟果实含量较多。因此，常用未熟的落果及残次果作为提取有机酸的原料。

柠檬酸是一种重要的有机酸，又名枸橼酸，在食品制药、化工、化妆品等行业具有很多的用途，在食品工业主要在饮料、果酱、果冻、冰淇淋生产中作为风味剂。柠檬酸生产有两条途径：一条是以淀粉及糖类为原料，用微生物发酵方法来制取；另一条是从含酸分丰富的原料中提取，特别是在果品加工中进行综合利用，如制梅胚后排出的咸酸汁液，其含酸量可达4%～5%，制橘胚后排出的咸酸汁液就是提取柠檬酸很好的原料。

柠檬酸提取工艺流程如下：

原料 → 捣碎 → 榨汁 → 发酵 → 澄清 → 过滤 → 中和 →
酸解、沉淀 → 浓缩、晶析 → 离心 → 干燥 → 成品

5. 提取膳食纤维

膳食纤维是指不能被人体消化吸收的多糖，其中包括纤维素、半纤维素和非碳水化合物的木质素等，这些物质各自有其特点和作用。总的来说，其生理作用可归纳为：①治疗习惯性便秘；②预防结肠炎、结肠癌；③还可对机体内胆固醇代谢产生影响。纤维素和半纤维素比较稳定，不易被酸、碱水解，不能被人体吸收，构成所谓的粗纤维和膳食纤维的大部分。果蔬皮渣中常含有大量的纤维素物质，是制备膳食纤维的良好原料，如苹果皮渣、玉米渣等。苹果皮渣（干基）中的膳食纤维含量可以达到30%～38%。

从苹果渣中提取膳食纤维工艺流程如下：

苹果渣 → 干燥 → 粉碎 → 漂洗 → 脱色 → 漂洗 → 干燥 →
功能活化 → 粉碎 → 包装、成品

6. 发酵生产饲料

果蔬皮渣经过适当加工处理可用作畜禽饲料，饲料营养价值较高，适口性好，适合各种畜禽。果渣生产富蛋白饲料工艺流程如下：

鲜苹果渣 → 配料 → 接种 → 发酵 → 干燥 → 粉碎 → 蛋白质饲料

（二）种子的综合利用

1. 提取油脂

果蔬的种仁中通常含有丰富的油脂，如柑橘种子含油量达 20%～25%，杏仁中含油量达 51%以上，桃仁为 37%左右，葡萄籽为 12%以上，番茄种子为 22%～29%。油脂的主要提取方法有压榨和溶剂萃取两种，还有超临界萃取工艺。

葡萄籽油的制取方法主要有压榨法、溶剂浸出法和超临界 CO_2 萃取法。压榨法工艺简单、投资低，适于小批量生产。溶剂浸出法是利用有机溶剂对油脂的溶解特性，将油脂提出，然后分离出籽油。超临界 CO_2 萃取法是近几年发展起来的一种新技术。目前多采取溶剂浸出法提取葡萄籽油。

溶剂浸出法生产葡萄籽油工艺流程如下：

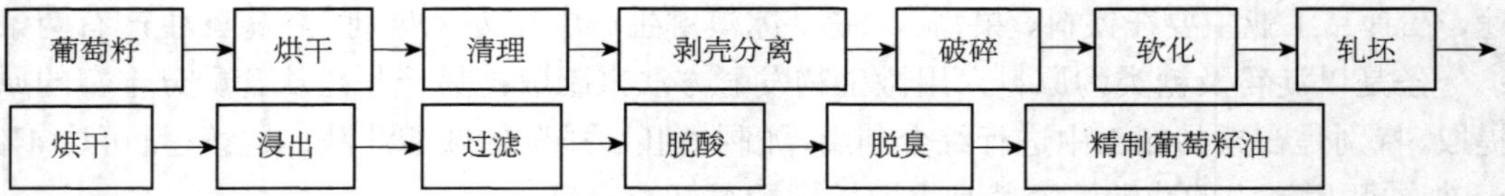

2. 提取蛋白质

果蔬种子中含有丰富的蛋白质。例如，银杏仁含蛋白质 6.4%，薏苡仁含蛋白质 16.2%，干番茄种子含蛋白质 25.3%等。果蔬种子蛋白质通常是完全蛋白质，具有较高的营养和保健作用。

3. 种壳制造活性炭

活性炭对气体和液体都有良好的吸附作用，被广泛用于食品、医药、化工等工业，作为除臭、脱色、净化等用，还可以用作防毒面具、气调库吸收二氧化碳或其他挥发性物质等。核桃、椰子的外壳和核果类果实中的果壳及板栗的种壳组织坚硬致密，是制造活性炭的优质原料，有些产品的质量超过木材制造的活性炭。

思　考　题

1. 简述食品工业废弃物对环境的影响。
2. 谈谈油料饼粕的综合利用。
3. 简述水产副产物的利用途径。
4. 结合本课程内容谈谈对治理白色污染的看法。
5. 简述畜产品废弃物的综合利用途径。
6. 谈谈你对食品工业所产生的废弃物处理的建议和措施。

参考答案

第七章 食品工厂微环境

内容摘要：本章主要介绍食品工厂微环境的概念及分类，进一步介绍食品工厂微环境与食品质量安全的关系，以及食品工厂微环境的要求与控制方法。

教学目标：通过本章的学习，要求学生了解食品工厂微环境的分类，了解食品工厂微环境与食品质量安全的关系，掌握食品工厂微环境的要求与控制方法。

关键词：食品工厂微环境　食品工厂外部环境　生产车间外部环境　人体环境　微环境交叉　清洁生产　环境影响评价

第一节　食品工厂微环境概述

一、食品加工与食品安全

俗话说“国以民为本，民以食为天，食以安为先”，食品是人类赖以生存和发展的物质基础，吃得安全、吃得放心是对食品安全最基本的要求，也是对人民群众健康的基本保证。然而如今，食品安全问题在全球范围内接二连三地发生，如比利时暴发的二噁英事件、英国的牛海绵状脑病、欧洲的口蹄疫，以及国内发生的瘦肉精中毒事件等。食品安全问题已经成为当今世界人们关注的焦点问题之一，成为关系人体健康和国计民生的重大问题。如何从当前和长远的角度确保我国的食品安全是日益紧迫的问题。要解决这个问题，首先需要对食品安全的概念有充分且科学的理解。

食品安全有两方面的含义：一是指国家或社会的食物保障（food security），即“食品量的安全”；二是指食品质的安全，也是现在“食品安全”（food safety）的概念，即食品的卫生与营养，摄入的食物需无毒无害，无食源性疾病污染物，还可以提供人体所需的基本营养物质。食品安全所包含的范围很广，涉及从种植（养殖）到加工、流通、消费整个供应链的各个环节，且每个环节都有可能出现食品安全问题。其中，食品加工环节与食品安全性息息相关。

食品加工是指直接以农、林、牧、渔业产品为原料进行的谷物磨制、饲料加工、植物油和制糖加工、屠宰及肉类加工、水产品加工，以及蔬菜、水果和坚果等食品加工活动，是广义农产品加工业的一种类型。它对食品安全的影响主要是由不同食品加工步骤中微环境污染物所造成的。根据污染物的性质，可以将其分为生物性污染、化学性污染和物理性污染三类。

二、食品工厂微环境的概念

食品工厂微环境是指在食品生产过程中，原料、设备、包装材料、空气及人员等诸多因素对食品质量安全的综合影响。

三、微环境的种类

食品工厂微环境主要包括食品工厂外部环境、生产车间外部环境、生产车间环境、生产设备与工器具环境及人体环境。

1. 食品工厂外部环境

食品工厂外部环境包括工厂外部的大气、土壤、水体等，而大气环境和水体环境对食品质量的影响最大。

2. 生产车间外部环境

生产车间外部环境是指与食品质量安全紧密联系的生产车间的周边环境，如工厂设计的道路和各种功能区域等。

3. 生产车间环境

生产车间是食品工厂的主体地点，是对食品品质和安全性影响最大的环境，包括食品生产车间中所有与食品品质安全有关的环境因素，如生产加工用水、原辅料、车间空气等。

4. 生产设备与工器具环境

在食品生产和加工过程中，生产设备与工器具和食品的接触很多，因此接触面的卫生情况也会严重影响食品质量安全。

5. 人体环境

人体环境是指食品生产加工人员的健康和卫生状况。人是食品生产中的最大污染源之一，其健康状况如何，生产过程中是否正确清洁消毒，将直接或间接地影响食品质量安全。

四、食品工厂微环境的生物性污染

生物性污染包括微生物、寄生虫、昆虫和生物制剂的污染，其中以微生物的污染范围最广，危害最大，主要有细菌与细菌毒素、真菌与真菌毒素、病毒等。造成寄生虫和虫卵污染的主要有囊虫、蛔虫、绦虫、华支睾吸虫等。造成昆虫污染的主要有甲虫类、螨类、谷蛾、蛆等。有害昆虫对食品的危害主要是损坏食品质量，使食品感官性状恶化，降低食品营养价值。下面将主要介绍食品工厂微环境中常见的微生物污染物。

（一）细菌与细菌毒素

1. 食品中常见的病原菌

（1）金黄色葡萄球菌　常见于生牛奶、熟肉、糕点及其他受该菌污染的食品中，会引起腹痛、呕吐、低热等症状。

（2）沙门菌　常见于家禽、蛋、生肉中，会引起腹痛、腹泻、呕吐、高热等症状。

（3）大肠杆菌　常见于生牛肉、受到污染的食品（如果蔬）中，一般会有腹痛、腹泻等消化道症状，肠出血性大肠杆菌可以引起血便和腹痛，有时并发溶血性尿毒综合征而引起死亡。

（4）痢疾杆菌　常见于水、牛奶、色拉、蔬菜等食品中，会引起腹痛、腹泻等症状。

（5）肉毒梭状芽孢杆菌　常见于自制发酵豆、谷类制品、自制罐头等中，会引起视物模糊、咀嚼无力、呼吸困难等神经症状，感染死亡率较高。

（6）副溶血性弧菌　常见于海产品中，会引起腹部绞痛、呕吐和腹泻，同时还会引起人体脱水和发热。

（7）蜡样芽孢杆菌　常见于谷物、含淀粉食品、奶类、肉类、蔬菜中，会引起腹痛、腹泻、呕吐等症状。

2. 环境中细菌污染食品的途径

（1）通过水污染食品　若在食品生产加工过程中使用不卫生的水，或在生产工艺中不注意卫生操作，环境中的细菌就会通过水污染食品。

（2）通过空气污染食品　空气中的细菌会随着灰尘的飞扬或沉降附着在食品上。此外，人的唾沫、口腔分泌物也带有细菌，在讲话、咳嗽、打喷嚏时会直接或间接地污染食品。

（3）通过人及动物污染食品　人体接触食品时，体表所带的细菌会造成食品污染。

（4）通过用具及杂物污染食品　食品及原料的生产加工、包装、运输等设备，如果不进行严格的卫生处理，其上附着的细菌就会污染食品。

（二）真菌与真菌毒素

1. 食品中常见的真菌毒素

（1）黄曲霉毒素　黄曲霉毒素对所有已经试验的动物肝均有很强的毒性，对一些动物可致癌。对于许多动物而言，大剂量摄入这些毒素会造成死亡，亚致死剂量会产生慢性中毒，长期接受低剂量则会导致癌症，主要是肝癌。

（2）杂色曲霉毒素　该毒素主要污染小麦、玉米、花生、大豆等粮食作物，人畜进食被杂色曲霉毒素污染的谷物可引起食欲减退、拒食、进行性消瘦、精神抑郁、虚弱、死亡等中毒症状，并有致畸、致突变和致癌作用。

2. 环境中真菌的来源

真菌中的霉菌在自然界分布极广，阴暗、潮湿和温度较高的环境非常有利于它们的生长。由于霉菌的主要营养来源是糖、氮和无机盐，因此霉菌极易在粮食、水果和各种食品上生长，引起食品腐败变质。

此外，有些霉菌还可产生毒素，引起食物中毒。在食品加工时，经过加热、烹调等处理可杀死霉菌的菌体和孢子，但它们产生的毒素一般不能被破坏。例如，由于禾谷类作物收获时遇上阴雨天气未能及时晒干、脱粒，而较高的温度和湿度有利于霉菌毒素的产生，因此夏收时节的阴雨天非常有利于霉菌的生长和产毒。另外，存放粮食的仓库中湿度大、通风不畅，没有及时翻晒及粮食皮壳受损也容易导致霉菌产生霉菌毒素。

（三）病毒

1. 食品中常见的病毒

（1）甲型肝炎病毒　甲型病毒性肝炎简称甲型肝炎，是由嗜肝病毒属甲型肝炎病毒污染的食物或水源经消化道途径传播引起的急性肝损害症状。

（2）轮状病毒　轮状病毒是人类、哺乳动物和鸟类腹泻的重要病原体，是病毒性胃肠炎的主要病原微生物，也是导致婴幼儿死亡的主要原因之一。

（3）禽流感病毒　禽流感病毒会引发禽流感，也称为高致病性禽流感。禽流感是多种禽类的病毒性疾病，包括无症状感染、轻微感染和急性感染，可以在人群中传播。

2. 环境中病毒污染食品的途径

1）携带病毒的人和动物通过粪便、尸体直接或间接地污染食品原料和水源，如细小病毒、呼吸道和肠道病毒等。

2）带有病毒的食品从业人员通过手、生产工具、生活用品等在食品加工、运输、销售等过程中对食品造成污染，如乙肝病毒。

3）携带病毒的动物与健康动物接触后使健康动物染毒，导致动物性食品的病毒性污染，如牛、羊肉中污染的口蹄疫病毒，禽肉和禽蛋中污染的禽流感病毒等。

4）蚊、蚂、鼠类、跳蚤等作为某些病毒的传播媒介造成食品污染，如乙肝病毒、流行性出血热病毒等。

5）污染食品的病毒被人和动物吸收后在体内繁殖，又通过生活用品、粪便、唾液、动物尸体等对食品造成再次污染，导致恶性循环。

五、食品工厂微环境的化学性污染

化学性污染种类繁多，来源复杂，主要是食品受到各种有害物质或人工合成物质的污染。例如，农药使用不当会残留于食物中；工业“三废”（废气、废水、废渣）的不合理排放致使汞、锡、砷、铬、酚等有害物质污染食物；食品容器、包装材料质量低劣或使用不当，致使其中的有害金属或有害塑料单体等溶入食品；*N*-亚硝基化合物、多环芳烃化合物、二噁英等污染食品；滥用食品添加剂和化学试剂造成的污染等。以下简要介绍农药、重金属、有机污染物对食品工厂微环境的污染。

（一）农药

使用农药是防治植物病虫害、去除杂草、调节农作物生长、实现农业机械化及提高农产品产量和质量的主要措施之一。合理使用农药是保证农作物生产、降低农产品成本和提高经济效益的重要手段。但许多农药又是有害物质，在生产和使用过程中带来了环境和食品中农药残留问题。当食品中农药残留超过最大残留限量时，则会对人体产生不良影响。

1. 有机氯农药

有机氯农药具有高度的化学、物理和生物学的稳定性，半衰期长达数年，在自然界中极难分解，并且有机氯农药的脂溶性强，经单纯的洗涤不能去除。它容易在人体内蓄积，主要表现在侵害肝、肾及神经系统等方面，动物实验证实有机氯农药具有致畸、致癌作用。我国已于 1984 年停止使用这类农药。

2. 有机磷农药

有机磷农药的化学性质不稳定，在自然界中极易分解，污染食品后残留时间较短。所以慢性毒性较为少见，对人体的危害以急性毒性为主，主要是抑制血液和组织中胆碱酯酶的活性，引起乙酰胆碱在体内大量积聚，导致神经处于过度兴奋状态而出现一系列神经中毒症状，如出汗、震颤、共济失调、精神错乱、语言失常等。

3. 除草剂

除草剂主要是通过植物吸收，在植物体内进行降解和蓄积，对食品造成污染。有报道表明，除草剂对人体有致突变、致癌作用。

（二）重金属

环境中的金属元素可以通过食物和饮水摄入、呼吸道吸入和皮肤接触等途径进入人体，其中一些金属元素在较低摄入量的情况下对人体即可产生明显的毒性作用，如铅、镉、汞等，常被称为有毒金属。另外，许多金属元素，甚至包括某些必需元素，如铬、锰、锌、铜等摄入过量，也可对人体产生较大的毒性作用或潜在危害。

（三）有机污染物

1. 持久性有机污染物

持久性有机污染物（POP）是指可通过大气、水等环境介质迁移并长期存在于环境中，通过食物链的生物富集作用对人体产生有害影响的天然或人工合成的有机化学物质。

POP 的化学性质稳定，在自然条件下难以降解，在土壤、水体、底泥及生物体内的半衰期较长，短则几年，长则几十年。它们可蓄积在生物体的脂肪组织中，通过食物链的生物富集作用危害人类的健康。

2. 二噁英及其类似物

二噁英及其类似物（PCDD）产生毒性作用的最主要机制是通过芳香烃受体（AhR）介导基因的表达，进而启动细胞内信号转导。通过动物实验研究证实，三环芳香族有机化合物（PCDD/Fs）大多具有较强的急性毒性，其对动物皮肤、肝、免疫器官、生殖系统和内分泌系统具有毒性作用，同时对多种动物均有致畸、致癌作用。

二噁英主要污染动物性食品，特别是鱼类。食用生长在被多氯联苯（PCB）污染水体中的鱼类、贝类是人类摄入 PCB 的主要途径。虽然水果、蔬菜和粮食中二噁英的含量不高，但由于食用量大，人体摄入量也相应增加。婴儿则主要通过母乳摄入。

六、食品工厂微环境的物理性污染

物理性污染物主要为各种异物，如玻璃、碎石、铁丝和头发等，同时包括开采、冶炼、生产及在生活中应用与排放的放射性物质，以及核爆炸物、核废物。

【案例 7-1】烟台市某食品公司污水排放总磷浓度超标

第二节　食品工厂外部环境

一、食品工厂外部环境与食品质量安全

在食品生产中，客观环境因素的存在会对食品品质和安全性产生影响。食品工厂外部环境是指在食品生产场所以外的环境，包括大气、土壤、水体环境等。食品工厂外部环境与食品质量安全有着紧密联系。食品工厂的建设既要经济合理、技术先进，又要确保建成后生产出的产品产量和品质都能达到规定标准，并且“三废”处理及环保等方面都要符合国家有关法律法规的要求。无论是新建、改建或者是扩建的食品加工企业均应按卫生标准进行规划和设计。

二、食品工厂对外环境的要求

在食品工厂设计过程中，厂址选择这一步骤即食品工厂对外环境要求的具象体现。

在《食品安全国家标准 食品生产通用卫生规范》（GB 14881—2023）中，对厂址的选择有以下几点要求。

1）厂区不应选择在对食品有显著污染的区域，如食品加工厂区要远离有害场所，食品加工周边环境不得有垃圾场、废渣场、粪渣场及其他有昆虫大量滋生的潜在场所。

2）厂区不应选择在有害废弃物及粉尘、有害气体、放射性物质和其他扩散性污染源不能有效清除的区域。如果在一定范围内存在污染源可能影响食品加工环境时，食品厂必须在该污染源的上风向，位于居民区的下风向。

3）厂区不宜选择易发生洪涝灾害的地区，难以避开时应设计必要的防范措施。食品加工周边环境应通风、日照良好、空气清新，加工企业应在地势高燥、地面平坦而有一定坡度、土质坚实的地面建设工厂。厂区一般向场地外倾斜至少达 0.4°，基地应高于当地最大洪水水位 0.5m 以上，并应设在受污染河流及有污水排放工厂的地势上方。

4）厂区周围不宜有虫害大量滋生的潜在场所，难以避开时应设计必要的防范措施。

厂址选择时还应该注意工厂附近各项基础设施的完备程度。首先，要保证一定的供电、供水条件，以满足生产需要为前提，在供电距离和容量上都应得到供电部门的保证。同时，必须要有充足的水源，而且水质必须符合国家卫生健康委员会颁发的饮用水质标准。其次，工厂周边环境要便于食品生产中污水的排放、废弃物的处理，附近最好有承受污水流放的地面水体。最后，食品加工厂周边交通运输要方便，厂址必须有相应的公路或水路、铁路运输条件。

另外，绿色食品加工厂对厂址周边环境有着更高、更详细的要求，需根据周边环境的具体情况进行选择。绿色食品加工厂的选址一般要求与公路或者铁路相隔 300m 以上；如果是在重工业地区选址，应按污染程度在 500～1000m 内设置防护林带；如果是在住宅区选址，25m 之内不能排放烟尘、有毒和有害气体，50m 之内不能有垃圾场或露天厕所，500m 内不能有传染病医院。

三、防止食品工厂对外环境的影响

食品加工企业不仅要对外环境有严格的要求，还要考虑其对周围环境和居民的影响。食品加工企业应当根据国家标准设定更为严格的企业标准，正确处理食品生产过程中产生的“三废”污染物，同时根据工厂自身的特点，选择适当的间隔距离。另外，其位置应位于居民区主导风向的下风向和饮用水水源的下游，从而将对居民区的影响降至最低。

【案例 7-2】东莞市某食品公司排放污染水

第三节　生产车间外部环境

一、生产车间外部环境与食品质量安全

生产车间外部环境是指与食品质量安全紧密联系的生产车间的周边环境，如道路、平面设计中的各个功能分区及害虫控制区等。

生产车间外部环境与食品卫生和安全密切相关。例如，厂区内的锅炉房若不按照标准进行建设或处理，所产生的污染物便会影响产品质量；另外，工艺流程中所产生的垃圾废弃物等如不能正确、及时地处理，可能会引起交叉污染或虫害发生。因此，在工厂厂房与设备的设计中除了要达到生产工艺的要求，还应尽可能地减少由厂房和设备造成的食品污染。

二、生产车间外部环境的预处理

为了防止生产车间外部环境影响食品的质量安全，首先要对食品工厂的各项建筑、设施

进行合理设计。例如，工厂建设时还应当为工厂的远期发展留有余地。另外，主车间、仓库等应按照生产流程布置，并尽量缩短彼此的距离，避免物料的往返运输而引起交叉污染。

其次，建设工厂前应当对工厂地面进行初步修整。为了消除潜在的污染源，必须将已定厂址上所有的有毒物质处理掉。同时，为了保证厂区内不存在积水，还要修筑可排暴雨的排水沟和排水装置。为保证鸟类、啮齿类动物和昆虫没有活动空间，灌木丛与车间之间应保持10m以上的间距。草坪和墙壁之间的间隔至少是1m，以便铺设鹅卵石路面，防止啮齿类动物进入生产区。

三、一般食品工厂的生产车间外部环境要求

（一）布局合理

1）合理布局厂区，各个功能分区分明，采取适当的分离或隔离措施以避免交叉污染。生产区、生活区与厂前区要分开。同时为保证食品生产企业的主要生产车间卫生状况，禁止在厂区内设置养殖场、屠宰场所。如有需要，其应与生产车间保持一定距离且不得位于主导风向的上风向。

2）根据生产性质不同，动力供应、货运场所周围和卫生防火等应分区布置。主车间应与对食品卫生有影响的综合车间、废品仓库、煤堆及有大量烟尘或有害气体排出的车间相隔一定距离。

3）公共卫生间应与主车间、食品原料仓库及成品仓库等保持一定距离。厕所地面、墙壁、便槽等应采用不透水、易清洗、不积垢且由表面可进行清洗消毒的材料建造。厕所采用冲水式以保持清洁卫生，此外其数量应足以供员工使用。

4）建筑物与设备的布置应考虑生产工艺对温度、湿度和其他工艺参数的要求，防止毗邻车间受到干扰。

（二）道路设计合理

厂区内的道路应铺设混凝土、沥青或其他硬质材料；空地应采取必要措施，如铺设水泥、地砖或草坪等，保持环境清洁，防止正常天气下扬尘和积水等现象的发生。另外，厂区道路应通畅，便于机动车通行，有条件的应修环形路以便于消防车辆到达各车间。

（三）绿化防护

食品工厂中的绿化布置可以起到美化厂区、净化空气、调节气温、阻挡风沙、降低噪声、保护环境等功能，从而改善工人工作的劳动卫生条件。厂区绿化应与生产车间保持适当距离，植被应定期维护，以防止虫害的滋生。过大的绿化面积会增加建厂投资，因此应该适当规划绿化面积。另外，食品工厂的四周应有一定宽度的树木组成防护林带，起阻挡风沙、净化空气、降低噪声的作用。一般来说选用常绿树较为适宜。

（四）适当的排水系统

【案例7-3】上海迪士尼餐厅蛋糕附有异物

排水系统应能适应生产需要，合理有效，经常保持畅通，有防止污染水源和鼠类、昆虫通过排水管道潜入车间的措施。污水排放必须符合国家规定的标准，必要时应采取净化设施，达标后才可排放。净

化和排放设施不得位于生产车间主风向的上方。若厂区地形不够平坦，还应在初步设计时进行竖向设计。

第四节　生产车间环境

一、生产车间环境与食品质量安全

生产车间环境是指在食品加工过程中，与食品质量安全有直接关系的生产车间内的各种环境要素，包括生产加工用水、原辅料、车间空气、车间布局及车间环境等。在加工过程中需要严格控制生产车间的环境因素，以确保在不损害原料营养价值的情况下不被加工环境所污染。

食品工厂的建筑物很多，根据功能的不同可以分为生产车间（如灌装车间、糖果车间、饼干车间、面包车间等）、辅助车间（如中心实验室、化验室等）、仓库、排水设施、供水设施等。食品生产车间是食品工厂的主要组成部分，在此完成食品加工的重要环节。因此在整个食品加工过程中，生产车间是对食品质量安全影响最大的地方。

二、生产车间环境的要求

（一）设计和布局的基本要求

1）厂房和车间的内部设计与布局应满足食品卫生操作要求，避免食品生产中发生交叉污染。

2）厂房和车间的设计应根据生产工艺合理布局，预防和降低产品受污染的风险。

3）厂房和车间应根据产品特点、生产工艺、生产特性及生产过程对清洁程度的要求合理划分作业区，并采取有效分离或分隔的措施。例如，通常可划分为清洁作业区、准清洁作业区和一般作业区，或清洁作业区和一般作业区等。一般作业区应与其他作业区分隔。

4）厂房内设置的检验室应与生产区域分隔。

5）厂房的面积和空间应与生产能力相适应，以便于设备安置、清洁消毒、物料存储及人员操作。

（二）车间内部建筑结构与材料要求

车间建筑内部结构应易于维护、清洁或消毒，材料应采用适当耐用的材料来建造。

1. 地面

食品企业的地面从仓库中普通致密水泥地面到高压、高温、高化学腐蚀区域的耐酸砖地面均有使用。食品加工车间的地面应具有防水、防裂、防滑、防化学腐蚀和无毒无味的性能，地面要平整、无裂缝。此外，地面的结构应有利于排污和清洗，并有适当的防积水措施。

2. 屋顶

平顶房屋顶通常采用防腐涂料粉刷，要求不积水、不渗漏、隔热。天花板要求表面光洁，用不吸水、耐腐蚀、浅色材料涂覆或装修，适当有些坡度，防止凝结水垂直滴下及虫害和霉菌滋生，容易清扫、消毒，保持清洁。在水蒸气、油烟及热量较集中的车间，屋顶根据需要开天窗通风排气，需要进行空气处理，具有其他用途的屋顶通道应该用屏风遮住或者用防护层覆盖或密封起来，以防止污染物进入。

3. 墙壁

墙面、隔断应使用无毒、无味的防渗透材料建造，并且墙壁、隔断和地面交界处应结构合理、易于清洁，有效避免污垢积存。生产车间、原材料和成品库等墙壁要用浅色、不吸水、不渗水、耐受滑洗和无毒材料涂覆，多采用水泥。在较干燥的车间内可用石灰粉刷，距地面 1.5～2.0m 高的墙壁应采用浅色瓷砖或其他防腐蚀、耐热、防水的材料设置墙裙。对于有蒸汽、油污较多的车间或厂房，则应在整个墙壁上铺设白色瓷砖。

4. 门窗

门、窗、天窗要严密不变形，防护门能两面开，自动关闭。门窗位置不能与邻近车间的排气口直对或毗邻，不得在垃圾堆或厕所对面设置。食品车间对外开启的门可分为经常性通道用门或备用门，备用门只有在设备进出、维修时开启，生产车间经常开启的门必须安装纱门、气帘等以防止昆虫随作业人员进入车间。直接对外的门不能留缝隙，在门下方与地面交接处钉上橡皮，防止老鼠进入。

窗户玻璃应使用不易碎材料，如要设置窗台需高于地面 1m 以上，防止车辆碰撞和室外飞溅的水、地面灰尘进入室内。窗台内侧和外侧一律下斜 45°，禁止在窗台上放杂物，便于洗刷。门、窗应有防蝇防尘设施，靠近炉灶、油炸锅处应装金属网防蝇。

三、生产车间环境控制

（一）空气清洁度

《食品安全国家标准　食品生产通用卫生规范》（GB 14881—2023）规定了食品企业原料采购、加工、包装、贮存和运输等环节的场所、设施、人员的基本要求和管理准则，是食品企业普遍采用的通用规范。该规范中，按清洁程度将生产区明确划分为清洁作业区、准清洁作业区、一般作业区。①清洁作业区（洁净室）：是指对卫生环境的要求最高，对人员、环境的要求较高，必须经过消毒和更衣才可以进入的区域，如原料及成品裸露的处理区域、食品的冷加工间、待包装即食食品的贮存间等。②准清洁作业区：是指对卫生环境的要求次之，如原料处理、包材处理、包装、缓冲间（拆包间）、非即食食品的内包装间等成品处理但不直接裸露的区域。③一般作业区（非清洁区）：是指一般的原料、成品、工具贮存区域及包装成品转运区域等原料、成品裸露风险较低的区域，如外包装室、原辅料仓库、包装材料仓库、外包装车间、成品仓库等。

针对清洁作业区、准清洁作业区，生产车间空气洁净度等级可参考以下标准。

目前北京、江苏等地方发布的运动营养食品生产审查方案中悬浮粒子、微生物的指标要求与《药品 GMP 指南：无菌药品》中 D 级洁净度级别的要求一致，相当于 ISO 8 级（十万级）的要求。《药品 GMP 指南：无菌药品》中不同洁净度级别下悬浮粒子（静态）和微生物动态标准如表 7-1 所示。

表 7-1　无菌药品洁净区悬浮粒子和微生物监测标准

洁净度级别	空气中悬浮粒子最大允许浓度/（个/m³）		微生物监测的动态标准			
	静态		浮游菌/（CFU/m³）	沉降菌（直径90mm）/（CFU/4h）	表面微生物	
	≥0.5μm	≥5μm			接触（直径 55mm）/（CFU/碟）	5 指手套/（CFU/手套）
A 级	3 520	20	＜1	＜1	＜1	＜1

续表

洁净度级别	空气中悬浮粒子最大允许浓度/（个/m³）		微生物监测的动态标准			
	静态		浮游菌/（CFU/m³）	沉降菌（直径90mm）/（CFU/4h）	表面微生物	
	≥0.5μm	≥5μm			接触（直径 55mm）/（CFU/碟）	5 指手套/（CFU/手套）
B 级	3 520	29	10	5	5	5
C 级	352 000	2 900	100	50	25	—
D 级	3 520 000	29 000	200	100	30	—

《食品工业洁净用房建筑技术规范》（GB 50687—2011）给出了不同等级洁净用房微生物和悬浮微粒指标要求，其中洁净用房Ⅲ级相当于 ISO 8 级要求，该标准中洁净区悬浮粒子和微生物指标要求如表 7-2 所示。

表 7-2　洁净区悬浮粒子和微生物指标要求

洁净度级别	空气中悬浮粒子最大允许浓度/（个/m³）		微生物最低要求					
	静态		静态		动态		表面微生物	
	≥0.5μm	≥5.0μm	浮游菌/（CFU/m³）		沉降菌（直径 90mm）		接触（直径 55mm）/（CFU/碟）	5 指手套/（CFU/手套）
Ⅰ级	3 520	29	5	10	0.2	3.2	<2	<2
Ⅱ级	352 000	2 930	50	100	1.5	24	10	5
Ⅲ级	3 520 000	29 300	150	300	4	64	—	—
Ⅳ级	35 200 000	293 000	200	—	—	—	—	—

（二）生产工艺

食品加工车间生产食品所采用的生产工艺要能控制环境污染，尽可能把污染物消除在工艺生产过程中。严格控制食品加工车间的生产过程，防止外来污染物污染食品。例如，食品加工企业要经常使用一些润滑剂、燃料、杀虫剂、清洁剂、消毒剂等。

（三）加工用水

食品加工车间用水必须符合国家规定的相应水质卫生标准；食品工业用水因用途不同，对水质的要求也不相同，但均应达到饮用水标准。

（四）包装材料

食品加工车间对直接入口的食品应有小包装或者使用无毒、清洁的包装材料；食品包装材料必须符合国家有关的卫生标准，食品生产经营者不得使用不符合标准的食品容器包装材料及设备。

四、生产车间虫害控制

老鼠、蚊蝇、昆虫等害虫的主要危害是破坏、污染食品，传播病原体。由于鼠类对环境有很强的适应能力，因此彻底根除鼠害很困难。食品厂防鼠对策主要包括：毁灭鼠穴、切断通路、断绝鼠饵、毒饵灭鼠等。在建造生产车间时，地基下方要建一条60cm深、外伸30cm宽的防鼠缘，用于防止老鼠从水泥地板下打洞、咬破较松的接合面进入车间及从排水道进入车间。墙内应避免有洞，以免为老鼠和昆虫提供巢穴。所有的架子、灰坑和电梯坑等都应容易清洗。

此外，严格制定和执行虫害控制措施，并定期检查。生产车间及仓库应采取有效措施（如纱帘、纱网、防鼠板、防蝇灯、风幕等），防止鼠类、昆虫等侵入。若发现有虫鼠害痕迹时，应追查来源，消除隐患。采用物理、化学或生物制剂进行处理时，应注意不能损害食品质量及工作人员的身体状况。

五、洁净室（清洁作业区）环境要求与控制

洁净室也叫无尘车间、洁净车间、无尘室，是指排除一定空间范围内的微粒子、有害空气、细菌等污染物，将室内温度、洁净度、室内压力、气流速度、气流分布、噪声振动及照明等控制在特定的要求范围内而建成的房间。

（一）基本要求

1）洁净厂房的主体结构在不同的温度、振动条件下均不会有裂纹或裂缝产生。主体应采用低发尘量、不易黏附尘粒、隔热性能好、吸湿性小的物料。洁净厂房建筑的外围结构和内部装饰也应选用具有较好的气密性，并且在温度、湿度变化等条件下变形较小的材料。

2）墙壁和天花板的表面要光洁、平整、不落灰、不起尘、耐腐蚀、耐冲击、易清洗。墙面的颜色要和谐优雅，并且容易辨认出污染物。

3）地面应光滑平整、无缝隙、耐腐蚀和冲击，不易积聚静电，便于打扫清洁。墙体与地板的相接处应设置为50mm的圆弧。

4）技术夹层的墙面和顶棚应进行粉刷。如果在技术夹层内需要更换高效过滤器，技术夹层的墙壁和天花板也要刷涂料以减少粉尘。

5）送风道、回风道等的外观装饰与整个送风系统、回风系统协调一致，便于除尘。

6）清洁作业区的生产流程及相应洁净用房等级要求合理布局。生产线布局不应造成往返交叉和不连续。

（二）装修材料和建筑构件

1. 地面和墙面

生产车间内的地面和墙面应采用非吸收性、不透水、易清洗消毒、不藏污纳垢的浅色材料铺设，表面应平坦光滑，不得有颗粒性物质脱落。管道、灯具、风口应采用易擦洗、消毒的产品，不应出现不易清洗部位。对选用的材料要考虑该材料的发尘性、耐磨性、耐水性、防霉性、防电性、使用寿命、施工简便与否、价格、来源等因素。此外，木质材料不得外露使用。

2. 门窗

（1）门　洁净室的门必须平整干净，易于清洁，不容易变形。主要材料有铝合金、钢板、不锈钢板及彩色钢板等。

（2）窗　常见的材料有铝合金、塑钢及不锈钢，分为单层和双层的固定窗体。洁净室的固定窗户必须密封性好且与室内墙齐平。如有需要，窗台应陡斜向下，窗台应内高外低，外

窗台向下倾斜的角度不小于 30°，便于清洁和减少灰尘，防止渗水。窗户应尽可能地采用大玻璃窗，这样既能给操作者创造一个明亮愉悦的工作环境，又能让管理者透过窗户观察工作情况。

六、良好环境加工车间所需设施

（一）供水设施

1）应保证水质、水压、水量等满足生产的需求。

2）食品加工用水的水质应符合 GB 5749—2022 的规定，对加工用水水质有特殊要求的食品应符合相应规定。间接冷却水、锅炉用水等食品生产用水的水质应符合生产需要。

3）食品加工用水和其他不与食品接触的用水（如间接冷却水、污水或废水等）应以完全分离的管路输送，避免交叉污染。各管路系统应明确标识以便区分。

4）自备水源及供水设施应符合有关规定。供水设施中使用的涉及饮用水卫生安全的产品还应符合国家相关规定。

（二）照明设施

1）厂房内应有充足的自然采光或人工照明，车间照明系数不应低于标准Ⅳ级，质量监控检验场所工作面的混合照度不应低于 540lx，加工场所工作面不应低于 220lx，其他场所不应低于 110lx。

2）光源不应改变食品颜色。

3）照明设施不应安装在食品暴露的正上方，否则应使用安全型照明设施或采取相应的防护措施，以防破裂时污染食品。

（三）通风设施

1）清洁作业区应安装空气调节设施以防止室内温度过高、蒸汽凝结，并保持室内空气新鲜；一般生产车间应安装通风设施，及时排除潮湿和污浊空气。

2）工厂应具有适宜的自然通风或人工通风措施。厂房内调节空气时，其空气应由高清洁区流向低清洁区，防止生产设备及内包装材料遭受污染。

3）排气口应装有易清洗、耐腐蚀的网罩，防止有害动物侵入；进气口必须距地面 2m 以上，远离污染源和排气口，并设有空气过滤设备。通风排气装置应易于拆卸清洗、维修或更换。

4）工厂应有足够的供风设备，以保证干燥、输送、冷却和吹扫等工序的正常用风。关键工序和接触乳制品表面的压缩空气应采取措施滤除油分、水分、灰尘、微生物、昆虫和其他杂物。

5）根据生产需要，必要时工厂内应安装除尘设施。

（四）排水设施

1）排水系统的设计和建造应与生产要求相适应，确保排水畅通，便于清洁和维护。排水系统的内部和底部均不得设置生产用水管路，以免污染食品和生产用水。

2）在排水系统的入口处安装水封的地漏装置，避免固体废物渗入和废气逸出。排水系统的出口处要设置防虫防臭味装置，以降低虫害、净化空气。

3）采用地漏排水，地漏周边地面向地漏的倾斜度为2%，地漏的公称直径为100mm。地漏和排水管采用弯头连接，并有水封装置，防止虫、鼠、臭味顺着排水管道进入车间内。排水管的连接处应设置可清洗的排渣口，以避免堵塞。

4）若生产过程中有渣、杂物等或有较大的排水量，如物料清洗及操作工序可设置明沟排水，但要尽可能缩短距离。明沟宽度为20～30cm，深度为15～40cm，坡度为1%～2%。车间的明沟处应铺有不锈钢网罩。明沟末端设有排水地漏，与排水管道连通，应安装过滤器对污水进行适当过滤以避免下水道阻塞。明沟处必须保持畅通，不能在沟槽中放置其他管道。

5）排水沟两侧下表面的连接处要有合适的弧度（曲率半径应大于3cm）。为避免不同车间排水不净造成的污染，污水要从高清洁区流向低清洁区。车间内排水管坡度要考虑排水口的位置，既兼顾坡度，还要考虑合理设计车间排水口下的深度与厂区排水沟的深度，否则台风天气或者多雨的季节容易发生倒灌现象。

（五）仓储设施

1）应具有与所生产产品的数量、贮存要求相适应的仓储设施。

2）仓库应以无毒、坚固的材料建成；仓库地面应平整，便于通风换气。仓库的设计应能易于维护和清洁，防止虫害藏匿，并应有防止虫害侵入的装置。

3）原料、半成品、成品、包装材料等应依据性质的不同分设贮存场所或分区域码放，并有明确标识，防止交叉污染。必要时仓库应设有温度、湿度控制设施。

4）贮存物品应与墙壁、地面保持适当距离，利于空气流通及物品搬运。

5）清洁剂、消毒剂、杀虫剂、润滑剂、燃料等物质应分别安全包装，明确标识，并与原料、半成品、成品、包装材料等分隔放置。

（六）温控设施

1）应根据食品生产的特点配备适宜的加热、冷却、冷冻等设施，以及用于监测温度的设施。

2）根据实际生产需要，可设置控制室温的设施。

【案例7-4】食品车间“动态”消毒

第五节 生产设备与工器具环境

一、生产设备与工器具环境和食品质量安全

食品生产设备是指将食物原料加工为成品或半成品的设备，如杀菌设备、包装设备等。工器具则指的是一些易于搬运、体积相对较小的刀具、案板、电子秤、手推车等设备。由于食品工业的原料、产品种类繁多，加工工艺多有不同，因此生产设备与工器具的种类繁多。但不管是哪种设备和工器具，在生产加工过程中都有可能与食物发生接触。因此，在食品加工过程中应对生产设备与工器具进行保养、清洗和消毒，保证食物不受污染。

二、生产设备与工器具环境对食品的污染

（一）生产设备与工器具的微生物污染

食品设备里的残渣和其他物体碎片为微生物提供了必要的养分，使其得以繁衍。若生产

设备与工器具表面粗糙则不利于日常清洁，容易滋生细菌。即便设备的设计达到卫生标准，也会将来自空气、加工人员及原材料中的其他污染物聚集。因此必须改善环境卫生设计，执行更高效的环境卫生措施，降低设备及工器具对产品的污染。

（二）生产设备与工器具的化学污染

1. 设备材料中有害物质的溶出与迁移

在食品加工、贮藏、运输等过程中所接触的机械、工器具中的有毒物质可能会溶出进入食品中，从而造成对食品的污染。

2. 润滑油脂的污染

润滑油脂对于食品加工设备的正常运转起着极其重要的作用，是食品加工企业中不可或缺的一部分。但是如果使用不当可能会引起食品的交叉污染，产生食品安全问题。

3. 清洗剂和消毒剂的污染

清洗剂的主要组分通常由表面活性剂、助洗剂和添加剂等组成，可以降低水的表面张力进而使污物移除并松散下来。此外，在清洗过程中，还需要使用消毒剂以杀死产品上的残留微生物。目前很多食品企业用于消毒的含氯化物主要有次氯酸等，这种成分加热后容易挥发，达到较高浓度会对人体造成伤害，包括腐蚀人体黏膜等。

（三）生产设备与工器具的物理污染

物理污染通常是指食品加工生产过程中从外部非正常出现在食品中，会对人体造成伤害的任何物理物质。在食品加工过程中，加工设备或工器具脱落的碎片可能会导致使用者割伤或窒息，如脱落的焊点、破碎的玻璃产生的玻璃碴、钝的开罐器产生的金属屑等。

三、食品生产设备与工器具的一般要求、材质和设计

（一）一般要求

食品工厂中应配备与生产能力相适应的生产设备，并按工艺流程有序排列，避免引起交叉污染。

（二）材质

1）与原料、半成品、成品接触的设备和用具应使用无毒、无味、抗腐蚀、不易脱落的材料制作，并应易于清洁和保养。

2）设备、工器具等与食品接触的表面应使用光滑、无吸收性、易于清洁保养和消毒的材料制成，在正常生产条件下不会与食品、清洁剂和消毒剂发生反应，并保持完好无损。

（三）设计

1）所有生产设备应从设计和结构上避免零件、金属碎屑、润滑油或其他污染因素混入食品，并应易于清洁消毒、检查和维护。

2）设备应不留空隙地固定在墙壁或地板上，或在安装时与地面和墙壁间保留足够空间，以便清洁和维护。

另外，应设置一定监控设备用于监测、控制、记录，如压力表、温度计、记录仪等，并进

行定期校准、维护。同时，还应当建立设备保养和维修制度，加强设备的日常维护和保养，定期检修，及时记录。

四、生产设备的清洗和消毒

清洗和消毒是食品加工中保证卫生质量的重要措施。工厂应制定有效的清洗、消毒方法和制度。对生产设备与工器具可使用清洗剂清洗。

清洗剂是指专用于清洗食品工具、设备上各种有机、无机污染物和有害物质的洗涤剂。清洗剂的种类很多，食品工厂使用较多的清洗剂包括酸、碱清洗剂和以十二烷基磺酸钠为主要成分的合成洗涤剂。使用清洗剂时应彻底湿润被清洗物的表面，清除表面的污染物，使消除的污物处于悬浮状态，易于冲洗。

消毒剂是指为杀灭食品工具、设备上的微生物而使用的杀菌剂，通常制成兼有洗涤作用的洗涤消毒剂。消毒剂基本的卫生要求包括：①消毒剂本身无毒或低毒，安全无害；②使用后对食品质量没有影响或影响较小；③使用后不遗留或尽可能少遗留使人不悦的气味。国家卫生健康委员会规定消毒剂的残留量，游离性余氯不得超过 0.3mg/L，食品工具表面烷基磺酸钠的残留量不超过 0.1mg/100cm^2。

食品行业常用的消毒剂有含氯消毒剂（主要有漂白粉、次氯酸钠、二氯异氰尿酸钠等）及二氧化氯、含碘消毒剂、过氧乙酸（又名过乙酸）。清洗、消毒食品工器具、设备的程序：先在常温或 60℃以下温水加清洗剂洗涤 3～5min，然后用消毒剂配成一定的比例，对工器具、设备杀菌 10～20min，最后用净水清洗 3～5 次。对油污较多的工器具、设备可增加使用 1%～2%硝酸溶液和 1%～3%氢氧化钠溶液，杀菌及洗净效果更好。

第六节　人 体 环 境

一、人体环境与食品质量安全

在食品加工的环节中，原料的验收、贮存、运输、加工、销售等各个环节都需要具有良好个人卫生的健康员工进行操作。事实上，食品加工过程中的污染主要来自人们通过手、呼吸、头发及汗液等途径污染食品，咳嗽和打喷嚏也能传播致病性微生物。此外，员工在清理身体和动物粪便时很容易使食物受到细菌的污染。人体环境主要是指食品加工人员的健康和卫生状况。为提高食品的质量安全，必须使每位从业人员养成良好的卫生习惯，避免对食品造成污染，从而避免引发食源性疾病。

二、人体环境中的微生物

人的机体会给微生物的生长繁殖创造良好的环境，在人的体表、鼻孔、喉咙、口腔及肠道里面生长着各类微生物，如表 7-3 所示。

表 7-3　人体各部位常见的菌群

部位	常见微生物种类
皮肤	葡萄球菌、丙酸杆菌、链球菌、类白喉棒状杆菌、非致病性分枝杆菌、铜绿假单胞菌、真菌、白假丝酵母
口腔	葡萄球菌、甲型和丙型链球菌、乳酸杆菌、类白喉棒状杆菌、白假丝酵母、放线菌、螺旋体、梭形杆菌、白色念珠菌
鼻咽腔	葡萄球菌、甲型和丙型链球菌、奈瑟菌、类杆菌、铜绿假单胞菌、变形杆菌

续表

部位	常见微生物种类
外耳道	葡萄球菌、类白喉棒状杆菌、铜绿假单胞菌、非致病性分枝杆菌
眼结膜	葡萄球菌、结膜干燥杆菌、非致病性奈瑟菌
肠道	大肠杆菌、产气肠杆菌、变形杆菌、葡萄球菌、双歧杆菌、铜绿假单胞菌、乳酸杆菌、产气荚膜梭菌、破伤风梭菌、类白喉棒状杆菌
尿道	葡萄球菌、类白喉棒状杆菌
阴道	葡萄球菌、乳杆菌、大肠杆菌、类白喉棒状杆菌、类杆菌、双歧杆菌、支原体、白假丝酵母

（一）皮肤微生物

皮肤上的正常微生物群主要有葡萄球菌、丙酸杆菌、类白喉棒状杆菌和铜绿假单胞菌等，其中丙酸杆菌和表皮葡萄球菌为优势种群，是最重要的常住菌。

（二）呼吸道微生物

呼吸系统包括鼻、咽、喉、气道、肺等器官，以环状软骨为界分为上呼吸道和下呼吸道。口咽部是连接口腔、鼻咽与下呼吸道、食道的枢纽，与外界环境相接触。上呼吸道、下呼吸道及其黏膜上皮细胞的微生物存在量的区别，在口咽部有葡萄球菌、奈瑟菌、乳酸杆菌、白色念珠菌，偶尔见到革兰氏阴性杆菌和原虫；鼻咽部主要有葡萄球菌（包括金黄色葡萄球菌）、链球菌（包括肺炎链球菌）、奈瑟菌等。

（三）消化道微生物

消化道微生物主要包括肠道正常微生物群，为共生性微生物群，以专性厌氧菌为主，包括双歧杆菌、拟杆菌、优杆菌和消化球菌等。

（四）泌尿、生殖道微生物

人阴道主要的微生物有乳杆菌、葡萄球菌、大肠杆菌等。主要的过路菌有金黄色葡萄球菌、肠杆菌、丙酸杆菌、消化链球菌、韦荣球菌等。

三、人体环境控制

1）食品加工人员上岗前要进行健康检查，经检查身体健康的人员才能上岗，并且接受卫生培训。

2）食品生产企业应制订合理的体检计划，并建立体检档案，凡是患有危害食品健康疾病的人，如病毒性肝炎患者、活动性肺结核患者、肠伤寒及其带菌者、细菌性痢疾及其带菌者、化脓性或渗出性脱屑皮肤病患者、手外伤未愈合者，一律不准从事食品加工，痊愈后经体检合格方可重新上岗。

3）生产人员要养成良好的个人卫生习惯，严格遵守卫生规定从事食品加工，进入加工车间要更换干净的工作服、帽子、口罩、鞋等，不得化妆、佩戴首饰和手表等；不得携带或存放与食品生产无关的个人用品。

4）食品生产企业应制订卫生培训计划，定期对加工人员进行培训，记录存档。

5）非食品加工人员不得进入食品生产场所，特殊情况下进入时应遵守和食品加工人员同样的卫生要求。

四、个人卫生设施要求

1. 洗手、消毒设施

在污染手指的细菌中与食品安全卫生有关的主要是金黄色葡萄球菌和肠道病原菌。健康人的鼻腔分布有较多的金黄色葡萄球菌，手指接触鼻部或擤鼻涕时会受到污染。据调查，食品从业人员皮肤受此菌污染的占30%～40%。痢疾杆菌、伤寒杆菌、沙门菌等肠道病原菌存在对手指污染的可能。有试验表明，食品从业人员的手指大肠菌群检出率高达50%以上。因此，食品工厂设置洗手消毒设施十分重要。我国在食品企业卫生规范中对洗手、消毒设施的设置地点、数量、配备等均有明确要求。

2. 更衣室

生产场所或生产车间入口处应设置更衣室，必要时特定的作业区入口处可按需要设置更衣室。更衣室应保证工作服与个人服装及其他物品分开放置。食品从业人员平时所穿的衣服因与外界环境有广泛接触，其上附着尘埃和大量的细菌，在进入生产车间前必须在更衣室换上清洁的隔离服，戴上帽子以防头发上的灰尘及脱落的头发污染食品。更衣室应设置在便于操作人员进入各生产车间的位置。

更衣室应设储衣柜或衣架、鞋箱（架），衣柜之间要保持一定距离，离地面20cm以上，如采用衣架应另设个人物品存放柜。更衣室还应备有穿衣镜，供工作人员自检。更衣室内应通风、采光良好，安装紫外线灯。

3. 淋浴室

食品工厂设置淋浴设施对保证从业人员个人卫生十分必要。淋浴室可分散或集中设置，一般设置在卫生通过室的男、女更衣室旁边，用小门相通。淋浴器龙头数按每班工作人员计至少每20人设置一个。

淋浴室应设置在通风、采光较好的位置，装备通风排气设施时也可以设置天窗。为便于冬季使用，必须有采暖设备。

4. 厕所

工厂厕所的位置、卫生条件直接影响食品安全和卫生，厕所的地面常被带大肠菌群和杂菌的脏水污染，工作人员进出不使用专门的鞋子或穿工作服去厕所，都可将污染物带到食品上。

厕所的设置应根据工厂大小等具体情况确定，厂区公厕应设置在生产车间的下风侧，不得与食品生产、包装或贮存等区域直接连通。车间的厕所应设置在车间外，其出入口不宜正对车间门，可以将其设置在淋浴室旁边的专用房内。厕所数量和便池坑位应根据生产需要与人员情况适当设置。

便池坑应采用不透水的陶瓷卫生器具，也可贴瓷砖，地面用防滑的地砖铺设，有排水明沟和地漏。厕所内还应设洗污池，便于清扫和保洁。便池应为水冲式。厕所的排水管道与车间排水管道分开，避免污水溢出或倒流造成车间污染。厕所的排水管不得位于操作台或设备的上方，以防滴漏。

【案例 7-5】“土坑酸菜”事件

厕所要安装防蚊防蝇设施，并采取消杀措施，指定专人对厕所每天每班定期清洗消毒。

第七节　食品加工微环境交叉

一、微环境交叉的定义和原因

食品加工微环境交叉是指在食品生产过程中，由于气流、水流、人流和物流等因素的相互影响，各种环境因素产生交汇融合。微环境交叉是由于环境中的各种物质进行迁移和转化，并与其他环境因素和物质进行化学、物理等方面的相互作用，从而使环境中的食品受到污染。

二、微环境交叉的种类

导致食品污染的常见微环境交叉可以分为直接交叉和间接交叉两种。微环境直接交叉是指在没有中间保护措施的情况下，来自微环境的污染物直接污染食品，从而造成食品生产过程中的严重危害；微环境间接交叉是指在食品生产中某一微环境的污染源通过对其他微环境的影响，从而间接地导致食物污染。

三、常见微环境交叉造成的食品污染

（一）工厂选址、设计、车间工艺布局不合理

由于选址、设计上的失误，将食品厂建在有污染源（如化工厂、医院附近）的地方，或车间工艺布局不合理，使清洁区与非清洁区的界限不明确，造成产品交叉污染。

（二）原料和成品交叉污染

原料和成品未隔离可能会导致产品之间交叉污染，生食和熟食需要分开放置。

（三）加工人员不良卫生习惯

事实上人类是食品污染的主要来源，可以通过手、呼吸、头发和汗液污染食品，不留神时咳嗽和打喷嚏也能传播致病性微生物。同样，员工的不良卫生习惯如随地吐痰，在车间进食，如厕后进车间不按规定程序洗手、消毒，接触生的产品的手去摸熟的产品，清洁区与非清洁区的人员来回串岗等，都可能对产品造成交叉污染。

四、防止微环境交叉造成食品污染的措施

（一）工厂选址、设计和建筑应符合食品加工企业的要求

食品厂应选择在环境卫生状况较好的区域建造，注意远离粉尘、有害气体、放射性物质和其他扩散性污染源，也不宜建在闹市区或人口稠密的居民区；厂区的道路应该为水泥或沥青铺制的硬质路面，路面平坦、不积水、无尘土飞扬，厂区植树种草进行立体绿化；锅炉房设在厂区下风处，厕所、垃圾箱远离车间；并按照规定提前请有关部门审核设计图纸。

生产车间地面一般为1°～1.5°的斜坡以便于废水排放；案台、下脚料盒和清洗消毒槽的废水直接排放入沟，废水应由清洁区向非清洁区流动，明地沟加不锈钢箅子，地沟与外界接口处应有水封防虫装置。排出的生产污水应符合国家环保部门和卫生防疫部门的要求，污水处理池地点应远离生产车间。

（二）车间工艺流程布局要合理

食品加工过程基本上是原料从半成品到成品的过程，即从非清洁到清洁的过程。因此，加工车间的生产应该按照产品的加工进程顺序进行布局，不允许在加工流程中出现交叉和倒流；清洁区与非清洁区之间要采取相应的隔离措施，以便控制彼此间的人流和物流及气流，从而避免产生交叉污染；加工品的传递通过传递窗或专用滑道进行；初加工、精加工、成品包装车间应分开；清洗、消毒与加工车间分开。

（三）加强对加工人员的个人卫生要求

1）加工人员进入车间前要穿着专用的清洁工作服，更换工作鞋靴，戴好工作帽，头发不得外露。加工直接食用产品的人员，尤其是在成品工段的工作人员要戴口罩。

2）与工作无关的个人物品不得带入车间，不得戴首饰和手表，不得化妆。

3）加工人员进入车间前用消毒剂消毒手和鞋靴。

4）如厕后，处理废料和其他污染材料，处理生肉制品、蛋制品或乳制品，接触货币，吸烟、咳嗽、打喷嚏后，开工前或离开车间后都应该清洗消毒双手。

5）禁止在加工场所吃东西、嚼口香糖、喝饮料或吸烟，工作期间不得随意串岗。

6）勤洗澡、勤洗头（每周至少洗两次），勤剪指甲，勤洗内衣和工作服。

第八节　食品工厂清洁生产

一、清洁生产的概念

联合国环境规划署在 1989 年总结了世界各国清洁生产工作，给清洁生产做出初步的定义："清洁生产的目的是降低生产过程对环境和人类的风险，它是一种对产品、工艺持续运用的预防性和综合性环境战略"。从本质上来说，就是对生产过程与产品采取整体预防的环境策略，尽可能减少或者消除产品生产过程对人类及环境的危害，同时还可以充分满足人类需要，使社会经济效益最大化的一种生产模式。

2021 年，经国务院同意，国家发展改革委联合生态环境部、工业和信息化部、科技部、财政部、住房和城乡建设部、交通运输部、农业农村部、商务部、市场监管总局印发了《"十四五"全国清洁生产推行方案》（发改环资〔2021〕1524 号，以下简称"《方案》"），提出加快推行清洁生产的总体要求，部署工业、农业和其他领域推动清洁生产的重点任务和重大工程，明确了清洁生产科技创新、产业培育、模式创新、组织保障等重大措施，是"十四五"我国推行清洁生产、部署相关工作、制定相关政策的重要依据和行动指引。

清洁生产包括三个方面：清洁生产工艺、清洁产品和服务。对于生产过程中所采用的技术和生产设备，必须通过减少资源、能源和废物回收的方式提高资源利用率，减少废物的产生。就产品和服务而言，它要求对整个产品生命周期的工艺管理实行全面控制。不仅要考虑生产产品、生产工艺、经营管理、有毒产品及原材料、能源和资源的替代品，还要考虑设计、制造、包装及消费方式、资源回收等，在当下严苛的环保形势下，环境因素必须和生产、服务结合，以实现社会与环境协调发展。

二、清洁生产的评价方法

清洁生产是一个相对性的概念，是与现有生产技术相比较而言的，因此在评价一项清洁生产技术时需要与它所替代的生产技术进行比较来评价其效果。一般可以从技术、经济和环境三个方面来评价，评价标准则需要按照不同行业现有的技术改造及新产品开发的评价方法，根据具体情况来确定。

（一）技术评价

2012 年修正的《中华人民共和国清洁生产促进法》中规定："有下列情形之一的企业，应当实施强制性清洁生产审核：（一）污染物排放超过国家或者地方规定的排放标准，或者虽未超过国家或者地方规定的排放标准，但超过重点污染物排放总量控制指标的；（二）超过单位产品能源消耗限额标准构成高耗能的；（三）使用有毒、有害原料进行生产或者在生产中排放有毒、有害物质的。"为便于管理企业的污染排放状况，对其生产过程中的技术进行评价就显得尤为重要。

由于生产技术的复杂性，不同行业所生产的产品多种多样，并且不同产品的生产工艺也不相同。因此其清洁生产的评价指标也不相同。

清洁生产技术的评价方法可分为以下 5 个步骤。

（1）*设置具体的技术指标*　企业中所设置的清洁生产指标通常在一定程度上体现出企业的经济效益与环境效益，主要从原材料的消耗、产品质量、环境污染源、综合利用及健康安全这几个方面来考虑。设置的指标应具有以下几个特点：系统性、独立性、实用性、通用性和灵活性。

（2）*确定不同技术指标所占权重*　在技术评价时，不同技术指标的重要性互不相同，因此需要对工艺技术的环境、经济和技术等指标赋予不同的权重数值。指标权重具体数值的确定应当由指标的数量和企业中的重要程度所决定，所有的权重总值应为 100。

（3）*确定技术指标最大值和最小值*　构建好技术指标之后，对该指标体系中的各项因子数值与其标准数值进行评价。最优数值可以是最大数值，也可以是最小数值。

（4）*对清洁技术指标数据进行标准化处理*　根据得出的指标的最大数值和最小数值，对某一具体指标进行标准化无因次处理，将该指标最优值标准化处理结果设为 1，最差数值处理结果设为 0，优于最优数值者标准化处理后为 1，差于最差数值者标准化处理后为 0。介于最优数值和最差数值之间的数值计算公式如下：

$$C_{ij} = [X_{ij} - X_{\min(j)}] / [X_{\max(j)} - X_{\min(j)}]$$

式中，C_{ij} 为 i 清洁技术指标 j 的标准化数据；X_{ij} 为 i 清洁技术指标 j 的数据；$X_{\max(j)}$ 为整个行业技术指标 j 的最大值；$X_{\min(j)}$ 为整个行业技术指标 j 的最小值。

（5）*对技术指标进行求和*　将所评价的每一个技术指标相加，得出该技术的指数和，计算公式如下：

$$P_i = \sum_{i=1}^{n} \left(C_{ij} W_j \right)$$

式中，P_i 为 i 清洁技术指标的评价指数之和；n 为评价指标的个数；C_{ij} 为 i 清洁技术指标 j 的标准化数据；W_j 为 j 指标的权重。

（二）经济评价

经济评价在于开发和应用清洁生产技术过程中各种投入费用和节约费用及获得的各种附

加效益，以确定该项技术在经济上的可营利性或可承受性。经济评价原则上可按照国家发展和改革委员会、建设部 2006 年公布的《关于建设项目经济评价工作的若干规定》执行。经济评价包括财务评价（也称财务分析）和国民经济评价（也称经济分析）。前者是在国家现行财税制度和价格体系的前提下，从项目角度出发计算项目范围内的财务效益和费用，分析项目的盈利能力和清偿能力，评价项目在财务上的可行性；后者是在合理配置社会资源的前提下，从国家经济整体利益的角度出发计算项目对国民经济的贡献，分析项目的经济效率、效果和对社会的影响，评价项目在宏观经济上的合理性。

1. 国内经济评价指标

我国进行项目经济评价时主要采用的指标有投资利润率、投资利税率、财务内部收益率和投资回收期。

（1）*投资利润率*　投资利润率是指项目在正常生产年份内所获得的正常年份利润总额与总投资的比率。

$$投资利润率=\frac{年利润总额或年平均利润总额}{总投资}\times 100\%$$

（2）*投资利税率*　投资利税率是指项目达到设计生产能力后的一个正常生产年份的年利税总额或项目生产经营期内的年平均利税总额与总投资的比率。当投资利税率高于或等于行业基准投资利税率时，证明项目可以采纳。

$$投资利税率=\frac{年利税总额或年平均利税总额}{总投资}\times 100\%$$

（3）*财务内部收益率*　财务内部收益率（FIRR）是指项目在计算期内各年净现金流量现值等于零时的折现率，即

$$\sum_{t=1}^{n}(\mathrm{CI}-\mathrm{CO})_t\times(1+\mathrm{FIRR})^{-t}=0$$

式中，CI 为现金流入量；CO 为现金流出量；$(\mathrm{CI}-\mathrm{CO})_t$ 为第 t 年的净现金流量；n 为计算期。

（4）*投资回收期*　投资回收期（P_t）是以项目的净收益抵偿全部投资（包括固定资产投资和流动资金）所需的时间，以年来表示：

$$\sum_{t=1}^{P_t}(\mathrm{CI}-\mathrm{CO})_t=0$$

项目评价求出的投资回收期与部门或行业的基准投资回收期（P_e）比较，若 $P_t\leqslant P_\mathrm{e}$ 则认为该项目在财务上是可以考虑接受的。

2. 国外经济评价指标

国外在企业层次上进行经济评价时，一般采用投资偿还期、净现值（NPV）和内部投资收益率（IRR）作为赢利性分析指标。

（1）*投资偿还期*　投资偿还期就是使累计的经济效益等于最初的投资费用所需的时间，其计算公式如下：

$$投资偿还期=\frac{总投资费用}{年增现金总量}$$

（2）*净现值*　净现值是在装置使用年限之内，考虑年利率的情况下累计年现金收入的总和与总投资费用的差值，若其为正值，即表示盈利，相反则表示亏损。计算公式如下：

$$\mathrm{NPV}=\sum_{j=1}^{n}\frac{F}{(1+i)j}-I$$

式中，F 为增加的现金收入；n 为装置的使用年限；i 为利率（%）；j 为年份；I 为总投资费用。

（3）内部投资收益率　内部投资收益率表征的是利率波动时的投资风险，当其值高于利率时，则表示该项投资会有盈利。内部投资收益率是指在净现值为 0 的情况下的利率水平，也就是

$$\mathrm{NPV}=0=\sum_{j=1}^{n}\frac{F}{(1+\mathrm{IRR})j}-I$$

那么 IRR 的近似求解见下式：

$$\mathrm{IRR}=i_1+\frac{\mathrm{PV}(i_2-i_1)}{\mathrm{PV}+\mathrm{NV}}\times 100\%$$

式中，i_1 为较低时的利率，此时的净现值为正值，即 PV；i_2 为较高时的利率，此时的净现值为负值，即 NV，式中的 NV 取绝对值；i_1 和 i_2 相差不应超过 1%～2%。

3. 涉及外汇的评价指标

涉及外汇时主要的评价指标是财务外汇净现值（$\mathrm{FNPV_f}$），是指把项目寿命期内各年的净外汇流量用设定的折现率（一般取外汇借款综合利率）折算到第 0 年的现值之和。它是分析、评估项目实施后对国家外汇状况影响的重要指标，用以衡量项目对国家外汇的净贡献，计算方法如下：

$$\mathrm{FNPV_f}=\sum_{t=1}^{n}(\mathrm{FI}-\mathrm{FO})_t(1+i_\mathrm{s})^{-t}$$

式中，FI 为外汇流入量；FO 为外汇流出量；$(\mathrm{FI}-\mathrm{FO})_t$ 为第 t 年的净外汇流量；n 为计算期；i_s 为折现率，一般取外汇借款综合利率。

（三）环境评价

1. 清洁生产评价与环境影响评价

清洁生产评价是指与清洁生产项目立项时设置的计划指标相比，重新审查该项目环境影响的实际结果和项目环境管理的决策、规定、规范、参数可靠性。该评价方法不仅是一项技术，还是正确处理经济发展和强化环境管理的有效途径之一。

环境影响评价是指在建设一些工程项目后对环境可能会造成的影响进行评估，分析建设项目对环境的影响程度来针对性地提出减轻环境影响的有益措施，按照时间段跟踪环境方案，查看项目建设是否可行，是否会对生态环境产生较大的影响，以进行综合考量。有效的环境影响评价是指导工程环保设计、实现城市合理布局的重要依据，同时还为该区域的发展方向和规模提供决策依据。

尽管环境影响评价是预防污染物排放对环境的污染，清洁生产是预防污染物的产生，但两者之间有着密不可分的关系。首先，两者最终目标是一致的，都是为了预防生产过程对环境的污染，促进经济与环境的可持续发展。其次，二者之间的表现内容相同，清洁生产与环境影响评价都是为促进整个生产项目顺利进行，降低能源消耗、保护环境、促进资源合理运用。除此之外，二者的实施过程也具有互通性。环境影响评价可以采纳清洁生产的理念，对整个生产过程进行深层次分析；清洁生产也可以从环境影响评价中创新方法与思路，从而提

高企业的技术水平。

将清洁生产引入环境影响评价中有以下几点益处。

（1）*增强环境影响评价的实用性*　将清洁生产引入环境影响评价中，对污染物产生的分析不仅包括其在生产过程中的分析，还涉及企业的生产管理，这就将以往根据企业提供信息进行的被动分析转变为主动的全过程分析，使得环境影响评价内容更加丰富，增强环境影响评价的实用性。

（2）*提升污染防治措施的有效性*　传统的环境影响评价工作只能凭借有限的评价方式来分析污染物防治措施的可行性，而清洁生产可以通过采用清洁型原料及改进生产工艺和生产设备来减少或者消除生产过程中污染物的产生，进而提升污染防治措施的有效性。

（3）*提升生产项目的可行性*　清洁生产不仅可以提高生产过程中资源的利用率，在保证产品质量的情况下降低项目的生产成本，增强产品的市场竞争力，还可以减少生产过程中污染物的产生和排放，进而提升项目的可行性。

（4）*缓解污染物末端处理压力*　清洁生产可以直接优化产品的设计和生产工艺，将污染性较强的生产原料替换成清洁型原料，从根源上减少污染物的产生，降低污染物的防治成本，缓解项目污染物末端处理的压力。

2. 环境影响评价的原则

（1）*科学公正原则*　科学公正原则是指在进行环境影响评价工作时，必须科学、客观、公正地评价开发活动对环境的影响及其环境对策，从国家的长远利益出发，公平得出结论。

（2）*整体性原则*　整体性原则是指在环境影响评价工作中，不仅要注意建设项目对单个环境要素和过程的影响，还要注意其对整个环境的影响（如大气、水、生物、社会等）。此外，环境是一个整体，各环境要素之间存在着紧密的相互联系和相互作用，在评价过程中还要考虑各环境要素之间的密切联系。

（3）*可行性原则*　可行性原则是指在评价过程中必须按照实际要求确定环境影响评价工作的内容和深度，力求将工作内容精炼、所需资金减少、工作周期缩短，从而在开发决策中及时发挥环境影响评价工作的作用。应当尽可能选择简单、实用、经过实践检验可行的评价方法，评价结论应具有可操作性。

（4）*公众参与原则*　环境影响评价应广泛吸收相关学科和行业的专家、有关单位和个人及当地环境保护管理部门的意见。

3. 环境影响评价方法

（1）*定性分析法*　定性分析法主要用在不能得到定量结果的情况下，是环境影响评价工作中应用最为广泛的方法。该方法相对简单，可用于无法进行定量预测和分析的情况，无法给出精确的分析结果，评价结果的可靠程度受评价者的主观因素所限制。

（2）*数学模型法*　数学模型法是指把环境要素或过程的规律用不同的数学形式来表示出来，进而得到反映规律的不同数学模型，由此可以得到所研究的要素和过程中各因素之间的定量关系。此方法可以得到定量的结果，有利于对策分析的进行，但是只能用于可以建立各影响因素之间定量关系的情况之下。

（3）*综合评价*　综合评价是指对开发活动中各要素造成的影响做总体评估和比较，反映了开发活动对环境影响的整体轮廓和关系。

4. 环境影响评价内容

从环境影响评价所包含的项目看，要实现环境影响评价的最佳化，需要满足以下几方面的要求：①环境影响评价的工作对象应能够明显影响环境的项目，并对该项目做到所有可能的评估及分析。②在环境影响评价进程当中，需要对所研究出的各类方案及所运用的技术进行反复对比，最终进行实施。③在环境影响评价当中应及时生成环境影响报告书，从而有利于专家及时掌握该项目所带来的环境影响特征及重要性。④在环境影响评价当中，公众也应参与到行政审查的过程当中。⑤在环境影响评价结束之后，应随时得出相应结论，为后续的决策提供理论支撑。另外，在环境影响评价的整个流程当中，评价还应涉及做评价的对象，并且在评价之后还应在规定时间内复查及检测实施情况。

三、清洁生产的主要实施措施

清洁生产是一个系统的体系，它的实施主体是企业。任何产品的生产都可以将其分为若干个生产程序，包括产品原材料的准备、加工程序及产品的最终成型包装程序等。企业可以改变生产过程中涉及的相关加工步骤（如革除、修正、改变、重组）以达到削减废料、预防污染的目标。

（一）资源的综合利用

清洁生产的最高目标是指通过生产过程将所需的资源全部转化为产品的物能构成，因此资源的综合利用是企业实施清洁生产的首要方向。“综合利用”是指将并未转化为废料的物质通过综合利用生产不同产品，使资源和能源得到充分利用，最大限度地减少废料的产生和环境负荷。

（二）不断改革与优化工艺和设备

工业生产过程中产生废物、造成污染主要还是由于生产工艺和设备的不完善。要想不断提高资源和能源的利用率，就必须不断利用新的科学技术改进生产工艺和生产设备。主要措施包括简化生产工艺流程和设备，生产过程连续化、集约化和规模化，改善生产环境和条件，改善和优化原料性能，提高自动化程度，改善设备功效，开发利用新科技和新工艺等。

（三）加强生产过程中厂内的物料循环

在生产过程中最大限度地利用物质资源，主要是在生产过程中加强生产物料的循环利用，以实现废料的最少化。主要措施有生产过程中废料的回收、中间过程废料的循环利用、过程废料的低功能或其他功能的利用，如水的循环使用和重复利用等。

（四）加强企业管理

企业管理中应以清洁生产为首要目标，加强污染的全过程控制，并将其落实到企业管理的各个层次，包括计划、生产、建设及财务等。

（五）严格落实末端治理

在产品的生产过程中，必然会产生一定量的废物，若想降低这些废料对环境和人体的危害，就必须对其进行严格的防治性处理和安全处置，如废原料的回收、废水的处理和资源化利用等措施。

（六）实施区域性清洁生产

仅在企业层次上实施清洁生产是不够的，在区域范围内全面减除废料的产生和防治环境污染才是清洁生产的最终目标。主要措施有区域优势资源的开发利用和优势产业结构体系的建立；开发利用清洁能源，建立区域水资源的统一管理和资源化利用与处置；合理规划和保护利用区域环境容量，建立有效的区域环境监测和管理系统等。

【案例 7-6】再生造纸企业实施清洁生产

思　考　题

1. 与食品质量有关的食品工厂微环境有哪些？
2. 食品工厂对外部环境有哪些卫生要求？
3. 食品生产加工车间内部的设计和布局有哪些基本要求？
4. 食品工厂设备有哪些卫生要求？
5. 如何控制人体环境来保证食品质量安全？
6. 食品工厂清洁生产的评价方法有哪些？

参考答案

第八章 食品生产环境标准与认证管理

内容摘要：本章在环境标准概述的基础上，依据食品生产环境状况提出食品生产环境标准与认证管理，包括无公害农产品、有机食品和绿色食品的认证及管理。并介绍了 ISO 14000 环境质量管理标准及认证的一般程序。

教学目标：掌握不同食品的认证及管理，理解食品生产过程中产地环境的认证管理。

关键词：国家标准　环境标准　质量要求　食用农产品合格证制度　绿色食品环境标准　有机食品环境标准　ISO 14000 系列标准

第一节　环境标准概述

一、环境标准的概念、特点及分类

（一）环境标准的概念

环境标准是为了防治环境污染，维护生态平衡，保护人体健康，对环境保护工作中需要统一的各项技术规范和技术要求所做的统一规定。具体来讲，环境标准是国家为了保护人民健康，促进生态良性循环，实现社会经济发展目标，根据国家的环境政策和法规，在综合考虑本国自然环境特征、社会经济条件和科学技术水平的基础上规定环境中污染物的允许含量和污染源排放污染物的数量、浓度、时间和速率及其他有关技术规范。如果环境标准过于严格，不符合实际，将会限制社会和经济的发展；过于宽松又不能达到保护环境的基本要求，造成对人体的危害和生态破坏，因此环境标准的制定应严格按照科学方法和程序，同时还需参考国家和地区在一定时期的自然环境特征、科学技术水平和社会经济发展状况。

环境标准是国家环境政策与法律法规在技术方面的具体体现，是行使环境监督管理和进行环境规划的主要依据，是推动环境科技进步的动力。由此可见，环境标准是随环境问题的产生而出现的，随科技进步和环境科学的发展而发展，表现在标准种类（国家环境标准分为 5 类）和数量上越来越多。环境标准为社会生产力的发展创造良好的条件，又受到社会生产力发展水平的制约。

（二）环境标准的产生与特点

1. 环境标准的产生

环境标准是随着环境问题的产生而产生的。英国是工业化开始最早的国家，环境公害问题在世界各国中也发生得最早。早在 1863 年，英国《碱业法》中对工厂排放的 H_2SO_4、SO_2、HCl 等污染物的排放量就作了明确规定，这是世界上第一个附有污染物排放限制的法律。此后，美国、苏联、德国等一些发达国家在 19 世纪末 20 世纪初为控制大气和河流污染也作了类似的规定。

20 世纪 30～60 年代，现代化工业的形成极大地促进了社会生产力的发展，各种污染物的排放量也相应地大大增加，由此导致了许多公害事件的发生，多数工业发达国家的环境质量状况日趋恶化。在这种情况下，人类为了保护自身的健康和赖以生存的自然与生活环境，更加迫切希望政府或有关部门制定控制环境污染的法规和标准。例如，苏联于1951年颁布了居住区大气中有害物质最高容许浓度标准，英国制定了《空气清洁法》和《河流防污法》，美国于1955年开始着手制定大气污染控制计划，德国于20世纪50年代后期也制定了各种推荐性的环境质量标准。20世纪60年代以后，环境保护工作已越来越受到全世界各国的关注，在污染治理方面也由最初的治标变为治本，由消极的治理环境污染物转为预防为主、防治结合，从局部地区制定排放标准开始发展到全国性的环境标准，标准的形式也由单一的环境污染物浓度控制逐步发展到总量控制等多种形式。之后，英、美等发达国家还对已有的环境标准进行了进一步的补充和完善，日本、法国、比利时、捷克斯洛伐克、意大利、波兰、西班牙、瑞典、南斯拉夫等许多国家及世界卫生组织（WHO）也相继制定了各自的环境标准。这一时期，环境标准得到了迅猛发展，各国的环境污染状况也得到了一定的控制。

自1973年我国颁布第一个环境标准《工业“三废”排放试行标准》起，我国开展专门的环境标准化工作已有50多年。环保标准已从单一的排放标准发展成为包括环境质量标准、污染物排放标准和监测方法、基础标准等的环境标准体系。

2. 环境标准的特点

环境标准是具有法规性质的技术规范，按照规定程序制定、发布与实施。其主要特点如下。

（1）*具有规范性*　环境标准是调整人们行为的规则和尺度，通过定量性的数据、指标和技术规范来表示行为准则的界限，以调整人们的行为。

（2）*具有法律约束力*　环境标准是环境立法的一个主要组成部分，也是执行环境保护法规和实施环境管理的重要依据。一个地区或一个城市的发展规划、一个企业的建设乃至部门规章制度的建立，很重要的依据就是环境标准。它在一定程度上反映一个国家的法制状况、经济水平、环境质量和文明程度。例如，在处理环境问题时，环境质量标准是制定环境目标和环境规划的依据，是判断环境是否被污染的依据，污染排放标准是判断排污是否违法的依据。环境标准是评价环境状况和一切环保工作的法定依据。

（三）环境标准的分类

按标准的性质和内容可将环境标准分成5类，即环境质量标准、污染物排放标准（或控制标准）、环境监测方法标准、环境标准样品标准和环境基础标准。

按其所具有的法律性质，环境标准又可以分为强制性标准和推荐性标准两种。环境质量标准、污染物排放标准和法律、法规规定必须执行的其他环境标准均为强制性标准，必须强制执行。国家强制性标准编码为“GB ××—××××”，环保行业强制性标准编码为“HJ ××—××××”。强制性标准以外的环境标准均属于推荐性标准，国家鼓励采用推荐性标准，但推荐性标准被强制性标准引用后则变为强制性标准，必须强制执行。国家推荐性标准编码为“GB/T ××—××××”，环保行业推荐性标准编码为“HJ/T ××—××××”。

按发布权限，我国环境标准又分为国家环境标准、国家环境保护行业标准和地方环境标准。

1. 国家环境标准

国务院标准化行政主管部门组织制定国家环境标准，主要包括环境质量标准、污染物排放（或控制）标准、环境监测方法标准、环境标准样品标准和环境基础标准。国家环境标准在全国范围内执行。

2. 国家环境保护行业标准

除国家环境标准外，将在环境保护工作中为统一技术性能、环境保护仪器设备等技术要求所制定的标准称为环境保护行业标准。环境保护行业标准包括执行环境管理制度的技术要求、规范、导则及环境污染治理设备、环境保护仪器和设备的环境保护性能要求。国家环境保护行业标准由国家环境保护行政主管部门制定，在全国范围内执行。目前国家环境保护行业标准有 22 类。

3. 地方环境标准

地方环境标准包括环境质量标准和污染物排放标准。省、自治区、直辖市人民政府对国家环境质量标准中未作规定的项目，可以制定地方环境质量标准。对于国家污染物排放标准中未作规定的项目，也可以制定地方污染物排放标准；对国家污染物排放标准中已作规定的项目，可以制定严于国家污染物排放标准的地方污染物排放标准。地方污染物排放标准在本省、自治区、直辖市所辖地区内强制执行。

截至 2017 年 5 月 24 日，我国累计发布国家环境保护标准 2038 项，其中现行标准 1753 项，依法备案的现行强制性地方环境保护标准达到 167 项。目前，我国环境保护标准工作还存在以下问题。

（1）*部分标准制修订项目进展滞后*　为满足环境保护工作对标准的需求，“十一五”以来，启动了 1800 余项环境保护标准制修订项目，完成并发布 1128 项，另有 600 多项尚未完成。环境管理精细化水平的不断提高对环境保护标准的科学性和可操作性提出了更高要求，制约标准制修订工作的瓶颈问题突出。

（2）*与排污许可等新型制度的协同配套亟待加强*　以改善环境质量为核心，我国正逐步建立以排污许可制为基础的新型环境管理制度体系。新体系下，国家、地方环境保护标准与排污许可、环境影响评价、总量控制、排污收费等制度的衔接配套需系统梳理，明确标准的定位与作用。同时，质量标准和污染物排放（或控制）标准中有关达标排放量核算、达标判定、监测频次等方面的技术内容尚不全面，不能完全满足排污许可管理的要求。此外，《大气十条》《水十条》《土十条》针对改善环境质量提出了明确的国家目标和具体行动措施，环境质量标准、污染物排放（或控制）标准、环境监测类标准等各类环境保护标准与重点工作的支撑配套、同步发布实施的技术及管理保障措施尚不健全。

（3）*标准制修订的科学基础需夯实强化*　环境保护标准的修订需要大量实际数据作为基础和支撑，但目前部分标准制修订过程中，实地调研不够充分，数据收集不够全面，同时环境质量日常监测、监督性执法监测数据及相关科研项目积累的成果等数据的共享程度不够，导致一些标准缺乏有力的数据作为支撑，基础不牢。此外，对于基础数据如何在污染物筛选、限值确定、达标判定及达标率测算中应用，还缺乏系统的方法学总结与提炼。在污染物排放（或控制）标准制修订方面，对达标技术的评估、标准实施经济成本及环境效益预测分析的科学支撑不足。在环境监测类标准制修订方面，重实验室分析，轻样品采样、保存、干扰消除及前处理方法研究的现象较为突出，导致环境监测类标准与环境质量标准、污染物排放标准配套实施的适用性不强。

（4）*标准工作的效率和质量需着力提升*　新型环境管理制度的实施，以及环境保护部（现生态环境部）对标准管理职能的调整均对环境保护标准工作提出了新要求。目前标准制修订项目仍然存在立项环节把关不严，时间节点管理不够严格，项目审查缺乏更为客观、公正的评审机制，专家技术把关作用未能充分发挥，标准技术支持单位与项目承担单位职责不清晰，标准技术支持人员力量不足等问题，影响和制约标准工作的效率与质量。

“十三五”时期是我国生态环境质量改善最大的 5 年，也是生态环境保护事业发展最好的 5 年。党的十九届五中全会将“生态文明建设实现新进步”作为“十四五”时期经济社会发展的主要目标之一，将“广泛形成绿色生产生活方式，碳排放达峰后稳中有降，生态环境根本好转，国土空间开发保护新格局全面形成，生态系统多样性稳定性持续性显著提升，国家生态安全更加稳固，生态环境治理体系和治理能力现代化基本实现，美丽中国建设目标基本实现”作为到 2035 年基本实现社会主义现代化的远景目标之一，设专章对“推动绿色发展，促进人与自然和谐共生”作出具体部署和安排，明确要求深入实施可持续发展战略，促进经济社会发展全面绿色转型，建设人与自然和谐共生的现代化。

二、环境标准体系

环境标准体系是指根据环境标准的特点和要求，按照其性质功能和内在联系进行分级、分类，构成一个有机的整体。体系内的各种标准互相联系、互相依存、互相补充，具有良好的配套性和协调性。

我国的环境标准体系由主体结构和支持系统两大部分组成。环境标准的主体结构含环境质量标准和污染物排放标准。支持系统包括环境基础标准、方法标准和样品标准等，污染物排放标准是根据环境质量标准，污染治理的技术、经济条件，对排入环境的有害物质和产生危害的各种因素所作的限制性规定，是对污染源进行控制的标准。显然，由环境质量标准和污染物排放标准构成的环境标准体系是进行环境监督管理的重要依据。而环境质量标准是环境标准体系的核心，支持系统标准是环境标准体系的支撑。国家环境标准体系的结构如图 8-1 所示。从标准的层次来看，我国现行的环境标准体系由三级构成，即国家环境标准、环境保护行业标准和地方环境标准。

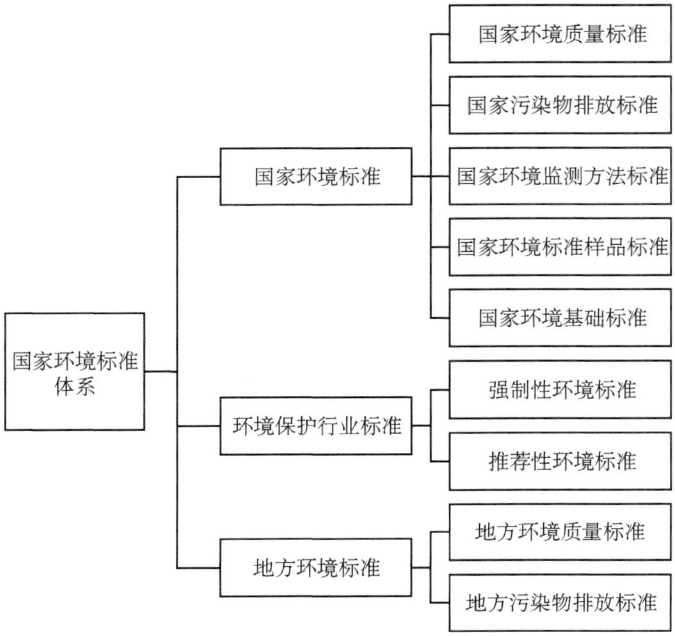

图 8-1　国家环境标准体系的结构

（一）国家环境标准

国家环境标准可以分成 5 类，即国家环境质量标准、国家污染物排放标准、国家环境监测方法标准、国家环境标准样品标准和国家环境基础标准。

1. 国家环境质量标准

国家环境质量标准是为保障人群健康、维护生态环境和保障社会物质财富，并留有一定安全余量，对环境中有害物质和因素所作的限制性规定。它是衡量环境质量和环境管理的依据、环保政策的目标，也是制定污染物排放标准的基础。

2. 国家污染物排放标准

国家污染物排放标准是根据国家环境质量标准，以及适用的污染控制技术，并考虑经济承受能力，对排入环境的有害物质和产生污染的各种因素所作的限制性规定，是对污染源进行控制的标准。

3. 国家环境监测方法标准

国家环境监测方法标准为监测环境质量和污染物排放，规范采样、分析测试、数据处理等所作的统一规定。环境中最常见的监测方法是分析方法、测定方法和采样方法。

4. 国家环境标准样品标准

国家环境标准样品标准为保证环境监测数据的准确、可靠，对用于量值传递或质量控制的材料、实物样品而制定的标准。标准样品在环境管理中起着甄别的作用，可用来评价分析仪器、鉴别其灵敏度；评价分析者的技术，使操作技术规范化。

5. 国家环境基础标准

国家环境基础标准是在环境保护工作中，对技术术语、符号、代号（代码）、图形、指南、导则、量纲单位及信息编码等所作的统一规定。

除上述环境标准外，在环境保护工作中，对还需要统一的技术要求也制定了一些标准，包括：执行各项环境管理制度、检测技术、环境区划、规划的技术要求、规范、导则等。例如，环保仪器、设备标准等是为了保证污染治理设备的效率和环境监测数据的可靠性与可比性，对环保仪器、设备的技术要求所作的规定。

（二）地方环境标准

中国幅员辽阔，自然条件、环境基本状况、经济基础、产业分布、主要污染因子差异较大，有时一项标准很难覆盖和适应全国。制定地方环境标准是对国家环境标准的补充和完善。但应注意，拥有地方环境标准制定权限的单位为省、自治区、直辖市人民政府。地方环境标准包括地方环境质量标准和地方污染物排放标准。环境标准样品标准、环境基础标准等不制定相应的地方标准；地方标准通常增加国家标准中未作规定的污染物项目，或制定“严于”国家污染物排放标准中的污染物浓度限值。

近年来为控制环境质量的恶化趋势，一些地方已将总量控制指标纳入地方环境保护标准。

（三）环境保护行业标准

环境保护行业标准是除上述环境标准外，在环境保护工作中对还需要统一的技术要求所制定的标准（包括执行各项环境管理制度、监测技术、环境区划、规划的技术要求、规范、导则等）。

环境保护行业标准分为强制性环境标准和推荐性环境标准。环境质量标准、污染物排放标准和法律、法规规定必须执行的其他标准为强制性标准。强制性环境标准必须执行，超标即违法。强制性环境标准以外的环境标准属于推荐性环境标准。国家鼓励采用推荐性环境标准，推荐性环境标准被强制性环境标准引用，也必须强制执行。

（四）环境标准之间的关系

国家环境标准与地方环境标准的关系：执行上，地方环境标准优先于国家环境标准。

国家污染物排放标准之间的关系：国家污染物排放标准又分为跨行业综合性排放标准（如味精工业污染物排放标准、柠檬酸工业污染物排放标准、污水综合排放标准、大气污染物综合排放标准、锅炉大气污染物排放标准）和行业性排放标准（如火电厂大气污染物排放标准、合成氨工业水污染物排放标准、造纸工业水污染物排放标准等）。综合性排放标准与行业性排放标准不交叉执行，即有行业性排放标准的执行行业性排放标准，没有行业性排放标准的执行综合性排放标准。

三、环境标准的地位和作用

环境标准是为了保护人群健康，防治环境污染和维护生态平衡，对有关技术要求所作的统一规定，它在我国环保工作中有着极其重要的地位和不可替代的作用。

（一）环境标准是国家环境保护法规的重要组成部分

我国环境标准具有的法规约束性是我国环境保护法规所赋予的。在《中华人民共和国环境保护法》《中华人民共和国大气污染防治法》《中华人民共和国水污染防治法》《中华人民共和国海洋环境保护法》《中华人民共和国噪声污染防治法》《中华人民共和国固体废物污染环境防治法》等法规中，都规定了实施环境标准的条款，使环境标准成为执法必不可少的依据和环境保护法规的重要组成部分。我国环境标准本身所具有的法规特征是：国家环境标准绝大多数是法律规定必须严格贯彻执行的强制性标准，国家环境标准由生态环境部组织制定、审批、发布，地方环境标准由省级人民政府组织制定、审批、发布，这就使我国环境标准具有行政法规的效力。国家环境标准明确规定了适用范围及企事业单位在排放污染物时必须达到、可以达到的各项技术指标要求，规定了监测分析的方法及违反要求所应承担的经济后果等，同时我国环境标准从制（修）订到发布实施有严格的工作程序，使环境标准具有规范性特征。国家环境标准又是国家有关环境政策在技术方面的具体体现，如我国环境质量标准兼顾了我国环境保护的区域性和阶段性特征，体现了我国经济建设和环境建设协调发展的战略政策。我国污染物排放标准综合体现了国家关于资源综合利用的能源政策、淘劣奖优的产业政策、鼓励科技进步的科技政策等，其中行业污染物排放标准又着重体现了我国行业环境保护政策。

（二）环境标准是环境保护规划的体现

环境规划主要就是指制定标准，规划的目标主要是用标准来表示的。我国环境质量标准就是将环境规划总目标依据环境组成要素和控制项目在规划时间与空间内予以分解并定量化的产物。因而环境质量标准是具有鲜明的阶段性和区域性特征的规划指标，是环境规划的定量描述。污染物排放标准则是根据环境质量目标要求，根据我国的技术、经济水平及行业生产特征，将规划措施按污染控制项目进行分解和定量化，它是具有阶段性和区域性特征的控制措施指标。

环境规划通俗地讲，是指在什么地方到什么时候达到什么标准，也就是通过环境规划来实施环境标准。环境标准提供了可列入国民经济和社会发展计划中的具体环境保护指标，为环境保护计划切实纳入各级国民经济和社会发展计划创造了条件；环境标准为其他行业部门提出了环境保护具体指标，有利于其他行业部门在制定和实施行业发展计划时协调行业发展与环境保护工作；环境标准提供了检验环境保护工作的尺度，有利于环保部门对环保工作的监督管理，对于加强人民群众对环保工作的监督和参与，提高全民族的环境意识也有积极意义。

（三）环境标准是环境保护行政主管部门依法行政的依据

多年来逐步形成的环境管理制度，是环境监督管理职能制度化的体现。但是这些制度只有在各自进行技术规范化之后，才能保证监督管理职能科学有效地发挥。环境管理制度和措施的一个基本特征是定量管理，定量管理就要求在污染源控制与环境目标管理之间建立定量评价关系，并进行综合分析。因而就需要通过环境保护标准统一技术方法，作为环境管理制度实施的技术依据。目标管理的核心是对不同时间、空间、污染类型，确定相应要达到的环境标准，以便落实目标管理责任制的对象，有的放矢地进行城市环境综合整治定量考核。

污染源监督管理，一方面需要从目标管理确定的环境质量要求中落实重点控制目标，另一方面需要从污染物排放标准和区域总量控制指标出发，确定建设项目环境影响评价指标和“三同时”（建设项目与污染管理项目同时设计、同时施工、同时投产）验收指标，确定集中控制工程与限期治理项目对污染源的不同控制要求，确定工业点源执行排放标准和总量指标的负荷分配量，以及相应的排污收费额度。

总之，环境标准是强化环境管理的核心，环境质量标准提供了衡量环境质量状况的尺度，污染物排放标准为判别污染源是否违法提供了依据。同时，环境监测方法标准、环境标准样品标准和环境基础标准统一了环境质量标准和污染物排放标准实施的技术要求，为环境质量标准和污染物排放标准的正确实施提供了技术保障，并相应提高了环境监督管理的科学水平和可比程度。

（四）环境标准是推动环境保护科技进步的一个动力

环境标准与其他任何标准一样，是以科学技术与实践的综合成果为依据制定的，具有科学性和先进性，代表了今后一段时期内科学技术的发展方向，使标准在某种程度上成为判断污染防治技术、生产工艺与设备是否先进的可行依据，成为筛选、评价环保科技成果的一个重要尺度，对技术进步起到导向作用。同时，环境方法、样品、基础标准统一了采样、分析、测试、统计计算等技术方法，规范了环保有关技术名词、术语等，保证了环境信息的可比性，使环境科学各学科之间、环境监督管理各部门之间及环境科研和环境管理部门之间有效的信息交流和相互促进成为可能。标准的实施还可以起到强制推广先进科技成果的作用，加速科技成果转化及促进污染治理新技术、新工艺、新设备尽快得到推广应用。

（五）环境标准是进行环境评价的准绳

无论进行环境质量现状评价，编制环境质量报告书，还是进行环境影响评价，编制环境影响报告书，都需要环境标准。只有依靠环境标准，方能做出定量化的比较和评价，正确判断环境质量的好坏，从而为控制环境质量，进行环境污染综合整治，以及为设计切实可行的治理方案提供科学依据。

（六）环境标准具有投资导向作用

环境标准中指标值的高低是确定污染源治理资金投入的技术依据。在基本建设和技术改造项目中也是根据标准值来确定治理程度，提前安排污染防治资金。环境标准对环境投资的这种导向作用是十分明显的。

（七）环境标准对国际贸易产生影响

在贸易自由化进程中，环境标准关系到国际贸易中的市场准入和出口产品的市场竞争力，环境标准对国际贸易既有积极的作用，又有消极的影响。

1. 环境标准可能对国际贸易产生积极的影响

在国际贸易中，世界各国通过对杀虫剂残量标准的限定，通过对发动机废气排放量的控制，通过对商品包装规定等来保护生态环境。制定严格的生产和加工方法标准，可以刺激企业的技术创新，有利于清洁技术的推广和使用，从长期来看，不仅会节约成本，增强企业的国际竞争力，而且会使企业转变那种不可持续的生产方式。因此，严格的环境标准将有利于国际贸易，可能会给企业营销带来新的市场机遇。

2. 环境标准可能对国际贸易产生消极的影响

环境标准对生产成本可能发生影响，一个国家自身环境标准的提高将减少其生产量和利润。发达国家不断要求发展中国家提高环境标准，增加了发展中国家公司企业的生产成本，从而使其在国际经济竞争中处于更加不利的地位。环境标准容易成为新的非关税壁垒的工具，环境标准是贸易与环境中涉及环境的一项基础性指标，它的高低直接影响着经济的发展和贸易的竞争力，某些国家出于保护本国工业或阻止别国商品进口，有针对性、有意识地制定高于国际公认或绝大多数国家目前难以接受的环境标准或对进口商品实行高于本国产品环境保护指标的双重标准，强行要别的国家接受，否则不予进口，从而出现了贸易壁垒。

四、食品卫生标准

食品卫生标准是指为保护人体健康，政府主管部门根据卫生法律法规和有关卫生政策，为控制与消除食品及其生产过程中和食源性疾病相关的各种因素所作出的技术规定，包括安全、营养和保健三个方面。

按《食品安全法》的规定，食品卫生标准虽然是一种政令，但它一经《食品安全法》所认可就有了法律性质，食品卫生质量不符合食品卫生标准就是违法。我国食品卫生标准是国家授权国家卫生健康委员会统一制定的各种食品都必须达到的统一的卫生质量要求。它反映食品卫生科学技术的成就，符合我国当前食品卫生现状，同时又采纳国外先进食品卫生标准，尤其是国际食品法典委员会标准。采用政令和法令的形式，保证把食品卫生科学应用于社会生活实践，应用于保护人民健康。因此，食品卫生标准具有科学性、法规性、安全性、强制性的特点。在食品环境质量评价中，食品卫生标准对有毒、有害限量等规定是环境安全评价的主要依据。

第二节　安全农产品认证及管理

一、无公害农产品

无公害农产品是指按照无公害农产品生产标准和操作技术规程进行生产或加工，农药、重金属、硝酸盐、亚硝酸盐及激素等有毒、有害物质含量（残留量）控制在安全允许的范围内，符合国家农产品质量安全要求标准的农产品（包括蔬菜、水果、畜禽和水产品四大类）。

1. 无公害农产品生产技术的标准和要求

无公害农产品认证由产地认定和产品认证两个环节组成。产地认定由省级农业行政主管部门组织实施，产品认证由农业农村部农产品质量安全中心组织实施。但按照农办质〔2017〕41 号精神，无公害农产品认证和产地认定将合二为一，并统一下放由省级农业部门工作机构承担。无公害农产品主要是指种植全过程没有任何污染与危害的优质产品，在所有健康食品中，无公害农产品属于所有健康食品的基础，因此无公害农产品的生产技术有很多标准和要求。

1）环境要求：环境对于无公害农产品生产而言属于核心要素，因此，必须根据无公害农产品生产标准挑选地点，保证环境周围不存在任何污染源，土壤蕴含大量天然养分。在确定种植环境后，相关人员还需要以种植现场为中心，对周围环境展开进一步排查、确定及处理，保证种植环境达到无公害农产品生产要求。

2）施肥要求：在无公害农产品生产种植中，所用肥料主要为有机肥料，也可以在其中适当添加其他肥料用作辅助。比如，在生产种植环节主料为复合肥，便可将单元素肥作为辅料，其中主料主要用在基肥环节，辅料主要用在后期追肥环节。但在整个生产环节最好控制化肥使用量与次数，如果农产品对于化肥有所需求，可以适当加入微量化肥，如果农产品对于化肥没有需求，尽可能杜绝使用所有化肥。

3）防治要求：病虫害对于无公害农产品的危害较大，因此，从开始生产就需要将病虫害当作重点展开全面预防，但绝不可在病虫害预防环节施加大量农药，最好不使用任何带有化学成分的药剂开展病虫害预防与治理。如果必须通过农药才能彻底解决病虫害，必须是实时确定农药在农产品中的残留情况，保证农药残留量在国家标准之内，而且不可使用任何毒素或危害过于严重的农药，如百草枯、毒鼠强及六六六等。

2. 无公害农产品质量安全监管存在的问题

无公害农产品认证实际上可看成是管理农产品质量安全的重要手段，因其在扩大出口率、促进结构调整、提高农产品市场竞争力、推动农业产业发展及推行农业品牌战略等方面优势明显。目前无公害农产品质量安全监管存在的问题如下。

1）监管体系不完善。因我国农业监管人员及整个农业部门在无公害农产品认证等方面累积的经验较少，时至今日还没有一个相对完善的监管体系构建出来，而没有专业体系作支撑的无公害农产品认证工作，就有可能出现监督管理不善等问题，紧接着便会对消费者对无公害农产品认证的信赖度及认识程度造成影响，简单地说就是不利于无公害农产品发展的持续与稳定。

2）生产者安全意识不强。这里所提及的生产者主要是指中小规模生产者。据了解，因为生产者缺乏安全意识，加之无公害农产品认证的成本及最低规模标准偏高，便在一定程度上遏制了中小规模生产者参与无公害农产品认证的积极性，进而便会影响到无公害农产品认证工作的推广与普及，即对无公害农产品认证在国内的发展带来非常不利的影响。

3）监管队伍素质参差不齐。无公害农产品认证牵涉到非常多的专业知识，因而在认证推广及受理工作中对监管人员的专业性要求较高，即需要具备高素质。但是从多方了解到的情况看，在国内无公害农产品认证工作中存在着非常明显的监管队伍素质参差不齐的问题。此问题表现在除难以满足认证受理需求外，还无法为生产者认证工作提供必要的技术指导。

3. 合格证制度推行要重点抓好的工作

2018 年 11 月 20 日，农业农村部农产品质量安全监管司组织召开无公害农产品认证制度改革座谈会，会上宣布全面停止无公害农产品认证工作，正式启动全国范围农产品合格证制度试行工作，并就制度的衔接与实施提出以下 5 项重点任务。

1）停止无公害农产品认证工作。无公害认证“停止而非取消”，需解决法律衔接问题，确保平稳过渡。各地监管部门需对接市场部门，落实配套措施。

2）在全国范围启动合格证制度试行工作。2019 年推广 6 省试点经验，统一合格证形式，明确“三品一标”（无公害农产品、绿色食品、有机农产品和农产品地理标志）产品可直接作为合格凭证，衔接无公害认证有效期。

3）加强宣传引导。普及制度意义，推动形成“开具、查验”合格证的社会共识，严控绿色/有机标准不降低。

4）加强监督管理。联合市场监管部门调研，出台指导意见；强化“监管第一责任”，落实主体责任，严把产地准出和市场准入。

5）将合格证制度纳入法律规定。2018 年修正的《中华人民共和国农产品质量安全法》，将合格证制度、产地与市场衔接机制纳入立法，明确主体责任。

二、食用农产品合格证制度

2019 年 12 月 17 日，农业农村部印发了《全国试行食用农产品合格证制度实施方案》，为推动种植养殖生产者落实质量安全主体责任，牢固树立质量安全意识，决定在全国试行食用农产品合格证制度。

（一）食用农产品合格证制度的概念

食用农产品合格证制度是农产品种植养殖生产者在自我管理、自控自检的基础上，自我承诺农产品安全合格上市的一种新型农产品质量安全治理制度。农产品种植养殖生产者在交易时主动出具合格证，实现农产品合格上市、带证销售。通过食用农产品合格证制度，可以把生产主体管理、种养过程管控、农药兽药残留自检、产品带证上市、问题产品溯源等措施集成起来，强化生产者主体责任，提升农产品质量安全治理能力，更加有效地保障质量安全。

（二）食用农产品合格证的主要内容

1）合格证的开具主体为食用农产品生产企业、农民专业合作社、家庭农场。

2）合格证的开具方式为种植养殖生产者自行开具，一式两联，一联出具给交易对象，一联留存一年备查。

3）合格证的开具依据为食用农产品生产者提供的食用农产品必须符合农兽药残留食品安全国家标准，对其销售的食用农产品的质量安全及合格证的真实性负责。

4）合格证的基本样式全国统一，大小尺寸自定。合格证的内容至少应包含产品名称、数量（重量）、种植养殖生产者信息（名称、产地、联系方式）、开具日期、承诺声明等。有条件的主体可以附带电子合格证、追溯二维码等。

5）合格证的开具单元分两种，有包装的食用农产品应以包装为单元，散装食用农产品应以运输车辆、收购批次或收购品类为单元，实行一车一证、一批一证或一品一证，随附同车、同批次或同品类使用。

（三）食用农产品合格证的开具使用环节

1. 生产环节

列入试行范围的食用农产品生产者，在其生产的农产品上市时要开具合格证。

2. 收购环节

食用农产品收购者要查验并留存合格证，如实登记合格证信息。收购的食用农产品进入市场时，要出具合格证。

3. 入市环节

食用农产品市场经营者要实施索证索票制度，查验食用农产品合格证（图 8-2）。

食用农产品合格证

食用农产品名称：

数量（重量）：

生产者盖章或签名：

联系方式：

产地：

开具日期：

我承诺对产品质量安全以及合格证真实性负责：

□不使用禁限用农药兽药

□不使用非法添加物

□遵守农药安全间隔期、兽药休药期规定

□销售的食用农产品符合农药兽药残留食品安全国家标准

图 8-2　食用农产品合格证基本样式

就监管部门而言，要求生产主体开具“农产品合格证”的一个显著转变就是把事后危机应对转向事前预防，从产后控制转向过程控制。例如，河南省长垣市农业农村局整合现有的涉农数据系统平台，完善覆盖食用农产品生产企业、农民专业合作社和家庭农场等生产主体及试行小农户的监管对象数据库，完善生产者类型、名称、产地和联系方式，确保试行食用农产品合格证范围规定的主体全覆盖，逐步形成以安全等级为基础的分类管理制度。组织分批开展食用农产品合格证的业务培训，指导各类生产经营主体正确开具合格证，确保合格证填写规范、信息完整、真实有效，指导生产者主动开具合格证，让合格证都能达标上市。长垣市惠民蔬菜有限公司成立于2008年12月，主要经营蔬菜、水果种植与推广，占地面积800余亩，建有日光温室80座，双拱塑料大棚250亩，设施农业面积达570亩，同时设有节水滴灌系统等相关配套设施，实行标准化育苗，年产出绿色蔬菜600万kg。该公司在长垣市农业农村局的指导下，开具了长垣市第一张食用农产品合格证。目前，该公司共计开具食用农产品合格证8020张，食用农产品合格证已经成为长垣市惠民蔬菜有限公司农产品入市的“身份证”、农产品质量安全的“新名片”。河南卫华农场有限公司位于长垣市西郊，南靠省道308线，西邻大广高速公路，地理位置优越，土地资源丰富。该公司始终本着“关注健康，关爱生命”的企业愿景和“打造绿色餐桌，保障舌尖安全”的企业宗旨，坚持以“生态、营养、健康”为目标，大力发展五谷果蔬的科学种植、林下家禽的绿色养殖、米面粮油的食品加工，致力于打造现代农业三产融合发展示范园。该公司自收到政府部门发布的《河南省试行食用农产品合格证制度工作方案》的通知后，立即响应，召开专题会议、采购配套物资。同时，配合长垣市农业农村局积极参加在线学习培训，试行并积极宣传推广食用农产品合格证制度。目前，食用农产品合格证已成为河南卫华农场有限公司品牌形象的又一张名片，让大家吃着放心、用着安心，真正做到了“打造绿色餐桌，保障舌尖安全”。

三、绿色食品认证及管理

（一）绿色食品概述

绿色食品是指产自优良环境，按照规定的技术规范生产，实行全程质量控制，产品安全、优质，并使用专用标志的食用农产品及加工品。绿色食品分为AA级和A级两类。与普通食品相比，绿色食品具有“产地环境优良”“全程监控”和“依法实行标志管理”三个显著特征。绿色食品标准是应用科学技术原理，结合绿色食品生产实践，借鉴国内外相关标准所制定的，在绿色食品生产中必须遵守，在绿色食品质量认证时必须依据的技术性文件。绿色食品标准体系有绿色食品产地环境质量标准、绿色食品生产技术标准、绿色食品产地标准及其相关标准、绿色食品包装与标签标准、绿色食品贮藏运输标准等。

绿色食品产品日益丰富，现有的产品门类包括农林产品及其加工产品、畜禽、水产品及其加工产品、饮品类产品和其他产品5个大类，包括57个小类近150个品种，基本上覆盖了全国主要大宗农产品及其加工产品。全国已创建665个绿色食品原料标准化生产基地，分布在25个省、自治区、直辖市，基地种植面积0.12亿hm^2，产品总产量达到1亿t。绿色食品生产资料企业总数发展到102家，产品达244个。绿色食品作为证明商标已在美国、俄罗斯、法国、澳大利亚、日本及世界知识产权组织等11个国家/地区和国际组织注册。

2020年，我国绿色食品生产企业总数已达到19 321家，产品总数达到42 739个。创建绿色食品原料标准化生产基地742个，基地面积1.7亿亩。绿色食品总量超过2亿t。绿色食品销售额超过5000亿元，出口额超过36亿美元。我国已建立省级绿色食品工作机构36个，地（市）级绿色食品工作机构308个，县（市）级绿色食品工作机构1558个，覆盖了全国88%的地（市）、56%的县（市）。我国共有专职工作人员6000多人；还发展了绿色食品企业内检员1.8万人，实现了所有获证企业的全覆盖。同时，审核确定了绿色食品定点环境监测机构57家、产品质量检测机构58家。

中国绿色食品发展中心成立于1992年，是负责绿色食品标志许可、有机农产品认证及农产品地理标志登记审查的专门机构，承担绿色食品、有机农产品标志授权管理和产品质量跟踪检查，开展绿色食品、有机农产品和地理标志农产品的生产基地创建、技术推广和宣传培训，承办农产品品牌培育、市场发展和展示推介，协调指导名优农产品品牌培育、认定和推广等工作。中国绿色食品发展中心的职责有：①参与绿色食品、有机农产品和地理标志农产品发展有关规章制度、规划计划、政策措施的拟订及实施。②负责绿色食品、有机农产品认证及农产品地理标志登记审查。③承担绿色食品、有机农产品标志授权管理和产品质量跟踪检查的具体工作。④参与拟订绿色食品、有机农产品和地理标志农产品相关质量标准、技术规范并组织实施，开展有关国际交流与技术合作。⑤开展绿色食品、有机农产品和地理标志农产品的生产基地创建、技术推广和宣传培训，承办农产品品牌培育、市场发展和展示推介等工作。⑥组织实施绿色食品、有机农产品和农产品地理标志登记相关检验检测工作。⑦组织开展农产品品质规格、营养功能评价鉴定等相关工作。⑧协调指导名优农产品品牌培育、认定和推广等工作。⑨协调和指导地方无公害农产品认证相关工作。⑩承担农业农村部交办的其他工作。

2021 年 11 月，中国绿色食品发展中心印发了《绿色食品产业“十四五”发展规划纲要》，明确“十四五”时期绿色食品产业发展的目标为：产业规模稳步扩大，绿色食品企业总数达到 2.5 万家，产品总数达到 6.5 万个，绿色食品原料标准化生产基地达到 800 个；产品质量稳定可靠，绿色食品产品质量抽检合格率达到 99%；产业结构不断优化，畜禽、水产品及加工产品比例明显提升；标准化生产能力明显提升，绿色生态、品质营养特色更加突出；品牌影响力进一步扩大，品牌知晓率达到 80%；产业效益显著提升，示范带动作用进一步增强。

（二）绿色食品标志管理

为了与一般的普通食品相区别，绿色食品实行标志管理。绿色食品标志（图 8-3）由特定的图形来表示。绿色食品标志图形由三部分构成：上方的太阳、下方的叶片和中心的蓓蕾。标志图形为正圆形，意为保护、安全。整个图形描绘了一幅明媚阳光照耀下的和谐生机，告诉人们绿色食品是出自纯净、良好生态环境的安全、无污染食品，能给人们带来蓬勃的生命力。绿色食品标志还提醒人们要保护环境和防止污染，通过改善人与环境的关系，创造自然界新的和谐。

图 8-3　绿色食品标志商标

绿色食品标志商标作为特定的产品质量证明商标，1996 年已由中国绿色食品发展中心在国家工商行政管理局注册，从而使绿色食品标志商标专用权受《中华人民共和国商标法》保护，这样既有利于约束和规范企业的经济行为，又有利于保护广大消费者的利益。

2019 年，绿色食品标志图形及绿色食品中、英文组合著作权于 2019 年 4 月 17 日在国家版权局登记保护成功，有效期为 50 年。

绿色食品实施商标使用许可制度，使用有效期为三年。在有效使用期内，绿色食品管理机构每年对用标企业实施年检，组织绿色食品产品质量定点检测机构对产品质量进行抽检，并进行综合考核评定，合格者继续许可使用绿色食品标志，不合格者限期整改或取消绿色食品标志使用权。同时，加强对用标产品的监督检查，配合工商和技术监督等部门清理、整顿和规范绿色食品市场，打击假冒绿色食品，纠正企业不规范用标行为，维护绿色食品生产经营者和消费者合法权益。定期在指定的国家级新闻媒体和官方网站上公告新认证的和被取消的绿色食品产品。绿色食品管理机构和企业自觉接受新闻媒体和社会各界的监督，做到公正、公平、公开。

（三）绿色产品产地环境监测申报

产地环境质量是影响绿色食品产品质量最基础的因素之一。判断环境质量的好坏时，必须按有关规定选取具有代表实际环境质量状况的各种数据，即各种污染因素在一定范围内的时空分布。环境监测是用科学方法监测和检测代表环境质量及发展变化趋势的各种数据的全过程。环境监测及环境质量评价是绿色食品申报材料的重要组成部分。只有环境通过了认证，才能申报产品认证。

1. 申报产品产地环境监测

产地是指申报产品或产品主原料的生长地。申报产品产地环境监测主要监测申报产品或产品主原料产地土壤、大气和水三个环境因子。监测工作由省绿色食品委托管理机构指定的环境监测机构（必须是在中国绿色食品发展中心备案的）承担。监测费用由环境监测单位收取。

2. 有关绿色食品产地环境监测的几点规定

（1）监测时间　绿色食品产地环境监测时间要求安排在生物生长期。

（2）布点数　布点数原则上按《绿色食品产地环境质量现状评价纲要（试行）》的有关规定执行，强调现场调查研究（必须出具环境监测单位的调查研究报告），坚持优化布点。

（3）特殊产品监测　依据产品生产工艺特点，某些环境因子如土壤、大气、水可以不进行监测，但需事先报中国绿色食品发展中心正式文字批准。根据几年来的监测实践经验及产品的特点，对以下几种产品的环境监测作如下规定：矿泉水环境监测只要求对水源进行水质监测，土壤、大气不必监测；深海产品只要求对加工水进行监测；野生产品的环境监测可以适当减少布点；深山野生产品及深山蜂产品，水质及大气不要求监测；蘑菇等特殊产品监测要依据具体原料来源情况，经监测单位与中国绿色食品发展中心商量后再确定。

（4）续报产品环境监测　在第一个使用周期有效期满前提出续报的产品，如申报规模没变，可以不作环境监测。该产品在第二个使用周期满前仍继续申报时，需作环境监测，但经监测单位和省绿色食品办公室考察后，如果没有新的污染源，可以适当减少布点。自第三个使用周期起，环境监测的有效期为6年。

（5）仲裁　如果企业在申报时，认为监测单位出具的监测结果有疑问，经企业与监测单位协商后，可以请求中国绿色食品发展中心进行仲裁。

（6）任务书　各省（自治区、直辖市）、市绿色食品办公室要对所辖范围内申报产品的环境监测实行统一编号，对监测单位下发委托任务书。监测单位只有接到当地省级绿色食品办公室的委托任务书后，才能进行环境监测。环境质量现状评价报告中要求附报当地省级绿色食品办公室委托任务书的复印件。

（7）**出具报告时间**　监测单位自接到省级绿色食品办公室的委托任务书后，须于45d内出具环境监测及环境质量现状评价报告。

（四）绿色食品基地标志使用权的申报与认证

1. 申请条件

申请人必须是企业法人，社会团体、民间组织、政府和行政机构等不可作为绿色食品的申请人。同时，还要求申请人具备以下条件：①能够独立承担民事责任；②具有绿色食品生产的环境条件和生产技术；③具有完善的质量管理和质量保证体系；④具有与生产规模相适应的生产技术人员和质量控制人员；⑤具有稳定的生产基地；⑥申请前三年内无质量安全事故和不良诚信记录。

2. 申请程序

1）申请人向所在省级绿色食品委托管理机构提出申请，领取《绿色食品基地申请书》，并按要求规范填写。

2）申请人组织本单位直接从事绿色食品管理、生产的人员参加培训，并经绿色食品管理机构考核、确认。

3）省级绿色食品管理机构派专人到申报单位实地考察、核实生产规模、管理、环境及质量控制情况，写出正式考察报告。

4）以上材料一式两份，由省级绿色食品管理机构初审后，写出推荐意见，报国家绿色食品管理机构审核。

5）国家绿色食品管理机构根据需要，派专人到申请材料合格的单位实地考察。

6）由国家绿色食品管理机构与符合绿色食品基地标准的申请人签订《绿色食品基地协议书》，并向其颁发《绿色食品基地建设通知书》。

7）申请单位按基地实施细则要求，建立完整的管理体系、生产服务体系和制度。实施一年后，由国家和省绿色食品与专职管理人员进行评估和确认。对符合要求的单位发给正式的绿色食品基地证书和铭牌，同时公告。对不合格的单位，适当延长建设时间。

8）绿色食品基地自批准之日起6年有效。到期要求继续作为绿色食品基地的，须在有效期满前半年内重新提出申请，否则，视为自动放弃“绿色食品基地”名称。

3. 申报材料

1）申请人向所在省级绿色食品管理机构提交的申请报告。

2）省级绿色食品管理机构的考察报告。

3）绿色食品产品证书及有关基地建设材料复印件。

4）基地绿色食品生产操作规程。

5）基地示意图（图中注明绿色食品地块与非绿色食品地块）。

6）基地专职管理机构及人员组成名单。

7）基地专职技术管理人员及培训合格证书复印件。

8）基地各种档案制度（田间生产管理档案、收购记录、贮藏记录、销售记录、生资购买及使用登记记录等）。

9）基地各项检查管理制度等。

（五）绿色食品基地的管理

国家绿色食品管理机构在全国指定了一批经国家技术部门认定的，具有一定权威性的环境监测机构负责绿色食品环境质量监测、评价工作。定点的环境监测机构是独立于国家绿色食品管理机构，处于第三方公正地位的权威技术机构。

根据绿色食品委托管理机构的委托，按《绿色食品产地环境质量现状评价纲要（试行）》及有关规定对申报产品或产品原料产地进行环境监测与评价；根据国家绿色食品机构的抽检计划，对获得绿色食品标志的产品或产品原料产地生态环境进行抽检；根据国家绿色食品管理机构的安排，对提出仲裁监测申请的进行复检；根据国家绿色食品管理机构的布置，专题研究绿色食品环境监测与评价工作中的技术问题等。

国家绿色食品管理机构根据对使用单位的年审情况，于每年初下达年检任务，指定定点的环境监测机构对使用绿色产品标志的产地生态环境质量进行抽检。抽检不合格者，取消其标志使用权，并公告于众。

（六）绿色食品申报产品检测与发证

1. 抽样

为规范绿色食品产品抽样工作，保证样品的代表性、真实性和一致性，必须按《绿色食品产品抽样技术规范》进行抽样。

（1）管理　中国绿色食品发展中心对全国绿色食品抽样工作实施统一监督管理，省级绿色食品办公室（中心）负责本区域内绿色食品抽样工作的实施。

（2）抽样程序　①省级绿色食品委托管理机构接到中心的抽样单后，将委派 2 名或 2 名以上绿色食品标志专职管理人员赴申报企业进行抽样。②抽样人员应持“绿色食品检查员证书”和《绿色食品产品抽样单》。③抽样人员应佩戴随机抽样工具、封条，与被抽样单位当事人共同抽样。④样品一般应在申请人的产品成品库中抽取，抽取的产品应已经出厂检验合格或交收检验合格。⑤遇有下列情况之一的，不能进行抽样：抽样人员少于 2 人；抽样人员无“绿色食品检查员证书”；提供的抽样产品与申请认证产品名称或规格不符；产品未经被抽样单位出厂检验合格或交收检验合格。

（3）抽样方法　抽样应遵循以下几条原则：根据《随机数的产生及其在产品质量抽样检验中的应用程序》（GB/T 10111—2008）的规定进行；总体数应包括所有出厂检验合格或交收检验合格的欲进入流通市场的产品，而非特制或特备的样品；抽取的样品应在保质期内。

成品库抽样步骤：①确定样品质量、样品净含量应不超过 3000g。价格昂贵的产品，按分析要求样量的 3 倍取样，即分析样、复验样及副样各 1 份。需测净含量的小包装样品应取 10 个包装进行净含量测定。大包装样品可不必测净含量。②样本个体数（n）由以上样品质量决定，若在 1 箱中则 n=1，若在 2 箱中则 n=2，依次类推。③总体数（N）应包括成品库中所有出厂检验合格或交收检验合格的产品。④确定随机数 R_1、R_2 及 R_3。R_1 表示成品库中存放各堆中该取堆的序数，R_2 表示取样堆的层数中该取层的序数，R_3 表示从取样层中该取箱的序数。

非包装产品抽样方法按照有关规定和标准执行。

（4）填单封样　抽样结束时应如实填写《绿色食品产品抽样单》，双方签字，加盖公章。抽样单一式四联，被抽单位、绿色食品定点检测机构、中国绿色食品发展中心认证处、抽样单位各持一联。抽取的样品应立即装箱，贴上抽样单位封条。被抽样单位应在 2 个工作日内将样品寄/送至绿色食品定点检测机构。抽样人员根据现场检查和国内外贸易的需要，有权提出执行标准规定项目以外的加测项目。

2. 检测

（1）检测单位　绿色食品的检测由绿色食品定点检测机构完成。

（2）接受检测任务的条件　绿色食品定点检测机构须收到样品、产品执行标准、绿色食品产品抽样单、检测费，才接受检测任务。

（3）检测程序　根据相关产品标准，确定检测项目；根据相关检测规范进行各项目检测。20 个工作日内完成检测工作，出具产品检测报告，连同填写的绿色食品产品检测情况表，报送中心认证处，同时抄送省级工作机构。承担绿色食品产品和产地环境检测工作的技术机构伪造检测结果的，除依法予以处罚外，还会由中国绿色食品发展中心取消指定，永久不得再承担绿色食品产品和产地环境检测工作。

四、有机食品认证及管理

（一）有机食品概述

有机食品是有机产品的一类，有机产品还包括棉、麻、竹、服装、化妆品、饲料（有机标准包括动物饲料）等“非食品”。有机食品也叫生态或生物食品等。有机食品是国际上对无污染天然食品比较统一的提法。有机食品通常来自有机农业生产体系，是根据国际有机农业生产要求和相应的标准生产加工的。

为了推动农业环境保护事业的发展，减少和防止农药、化肥等农用化学品对环境的影响，提高我国有机农业的生产水平，保证有机食品生产和加工的质量，向社会提供纯天然、无污染、高品位的食品，满足市场的需求，中华人民共和国生态环境部委托生态环境部有机食品发展中心根据国际有机农业运动联盟（IFOAM）有机农业生产和食品加工的基本标准，参照国际有机作物改良协会（OCIA）、美国加利福尼亚州有机农民协会（CCOF）及其他国家（德国、日本等）有机农业和食品生产、加工标准，结合我国具体情况制定了《有机（天然）食品生产和加工技术规范》。之后，中国农业科学院的研究人员开展了有机基层认证工作，中国华夏认证中心也开展了农产品方面的有机认证工作，参加国际有机农业运动联盟的单位就有 20 多家。其中对有机食品的生产环境作出了具体要求。具体标准见本章第三节中“有机食品环境标准”。

北京中绿华夏有机产品认证中心有限责任公司（China Organic Food Certification Center，COFCC）是农业农村部推动有机农业运动发展的专门机构，是中国国家认证认可监督管理委员会批准设立的全国第一家有机产品认证机构，也是中国认证认可协会确认的全国有机产品注册检查员培训机构。COFCC 下设综合部、境内认证部、境外事务部、评审颁证部、质量管理部和市场信息部等 6 个部门。主要职责包括：有机产品的认证和管理；有机产品检查员和内检员培训；有机农业技术理论研究；有机产品国内外市场培育；国际交流与合作；提供有机产品信息服务。

（二）有机食品生产基地认证的基本要求

1）生产基地在最近 2 年（一年生作物）或 3 年（多年生作物）内未使用过农用化学品等禁用物质。

2）从常规生产系统转向有机生产过程为有机农业转换期，即从有机管理开始至作物或畜禽养殖获得有机认证的时期。转换时间一般一年生作物为 2 年，多年生作物为 3 年，新开荒地及撂荒多年的土地也需经至少 12 个月的转换期才有可能获得有机认证。中国有机产品认证标志及中国有机转换产品认证标志如图 8-4 所示。

图 8-4　中国有机产品认证标志及中国有机转换产品认证标志

3）随着各国有机认证标准的完善，对有机生产体系使用的种子要求越来越高，因此，我国的有机认证标准已建议尽可能使用有机种子和种苗。在得不到认证的有机种子和种苗的情况下（如有机种植初始阶段），可以使用未经处理的常规种子。但从 2005 年 1 月 1 日开始，禁止使用非有机种子。除非生产者有证据证明，至少在两家种子销售商处无法购得有机种子，才可以例外使用。

4）有机生产体系中禁止使用任何转基因作物品种。

5）生产基地应建立长期的土壤培肥、植物保护、作物轮作和畜禽养殖计划。

6）生产基地应制定生态环境保护的可持续发展管理措施，并无明显水土流失、风蚀及其他环境问题。

7）作物在收获、清洁、干燥、贮存和运输过程中必须避免污染。

8）在生产和流通过程中，必须有完善的质量控制和跟踪审查体系，包括生产批号的设置，并建有完整的土壤培肥、病虫草害防治农机具的清洁、作物收获、仓储、运输和销售等记录档案。

自有机农业在国际上出现以来，有机生产一直注重的是生产过程，并强调通过有机耕作改善环境质量，提高农产品的安全性。例如，在其生产过程中禁止使用农药、化肥等化学合成物质和污水污泥。另外，有机农业强调转换期，通过转换来恢复农业生态系统的活力，降低土壤的农残含量。

（三）有机食品生产基地的申报与认证

1）申请者可采用电话或传真的方式向有机食品（产品）认证机构索取申请表和该机构的有机认证简介，也可直接从认证机构的网站上下载相关的认证信息，包括认证标准等。

2）申请人按照申请表的要求将填好的申请表传回认证机构的相关部门后，认证机构根据申请表所反映的情况进行审核，并决定是否受理。若同意受理，则通知申请人，并将详细的调查表及有关资料等寄给申请人。

3）申请者将填好的调查表和准备申请认证的材料寄回认证机构，认证机构将对申请者返回的调查表和相关的材料进行审查，通过初步审核，与申请者签署有机认证检查合同。一旦合同生效并确认申请人已支付合同中的相关费用后，认证机构将尽快确定检查员人选。

4）认证机构将检查员委派通知书传真给申请者，并在收到申请者对检查人选的确认函后，尽快派出检查员。

5）检查员将严格遵照认证机构的《有机认证标准》《检查员管理办法》《检查员工作手册》和检查程序及检查员检查委托书的内容实施相关的认证检查（包括采集样品），将现场检查情况根据认证机构的要求完成书面报告，并经申请人或申请契约单位负责人确认签字后，由检查员报送认证机构的相关部门。

6）认证机构的相关部门负责检查报告的预审，并定期由认证机构的颁证委员会成员对检查员提交的检查报告及相关检查资料依照有关标准程序和规范进行审核，提出申请单位今后在有机认证管理方面需改进的要求和建议，并作出审核决议。其审核决议通常有以下几种形式：

a. 同意颁证。申请者已经满足认证机构标准中的转换期要求，并履行了认证机构颁证委员会提出的整改意见，申请者的农场已完全符合认证机构的《有机认证标准》。在此情况下，申请者可以获得该认证机构颁发的“有机农场证书”。

b. 有条件颁证。申请者的某些生产条件和质量控制措施还需要进一步改进或完善，只有申请者在规定的时限内完成了颁证委员会提出的整改意见，并向颁证委员会书面报告其改进措施，在得到认证机构颁证委员会确认后，才能获得颁证。

c. 同意颁发有机转换证或证明。如果申请人的生产基地以前曾使用过禁用物质，但在接受检查时已按《有机认证标准》中的转换要求转换满 12 个月，并且计划继续按照有机认证标准进行生产，则可颁发“有机转换农场证书”。从该基地收获的产品，可作为有机转换产品销售。若转换期不满 12 个月，则由该认证机构出具“有机转换农场证明”，但从该农场收获的产品，不可作为有机转换产品销售。

d. 不予颁证。生产者的某些重要生产环节和质量控制措施不符合认证机构的《有机认证标准》，不能通过有机或有机转换认证。在此情况下，认证机构的颁证委员会将书面通知申请者不能获得颁证的原因。申请者再继续进行有机转换，采取整改措施，使生产和质量控制措施完全满足有机认证标准后，方可重新申请有机或有机转换认证。

7）有机认证机构与获证单位签订认证机构的标志使用协议。

8）在有机农场认证书有效期到期前三个月，由认证机构的相关负责颁证部门通知申请者，确认是否继续申请认证。

9）若有机农场认证书有效期已满，此时还未获得认证机构有机农场认证书的申请者，经认证机构确认已办理了继续申请认证手续，并经检查的情况下，有效期满的有机农场认证书可延长使用三个月。

（四）有机食品生产基地的认证检查与管理

有机食品生产基地的认证检查是通过有机认证机构委派其检查员根据《有机认证标准》《检查员工作手册》和检查程序对申请有机或有机转换认证生产基地进行检查和审核，并采集必要的土壤、作物、水甚至大气样本进行质量控制的检测。在正常情况下，申请认证的生产者、加工者必须每年至少接受一次一个独立的有机认证机构的全面检查。

有机食品生产基地经认证合格的，由有机食品认证机构颁发“有机食品基地生产证书”，

“有机食品基地生产证书”必须在限定的范围内使用。任何单位和个人不得伪造、涂改、转让有机食品认证证书。

“有机食品基地生产证书”有效期为两年。若生产经营单位或个人在“有机食品基地生产证书”有效期届满后需要继续使用认证证书的，必须在期满前一个月内向原有机食品认证机构重新提出申请；未获得重新认证的单位或个人，不得继续使用“有机食品基地生产证书”。

（五）有机产品申报与认证

为促进有机产品生产、加工和贸易的发展，加强有机产品认证管理，维护生产者、销售者和消费者的合法权益，促进生态环境保护和可持续发展，根据《中华人民共和国产品质量法》、《中华人民共和国进出口商品检验法》及其实施条例、《中华人民共和国认证认可条例》等法律、行政法规的规定，制定了《有机产品认证管理办法》。

国家认证认可监督管理委员会负责全国有机产品认证的统一管理、监督和综合协调工作。地方各级市场监督管理部门和各地出入境检验检疫机构按照职责分工，依法负责所辖区域内有机产品认证活动的监督检查和执法查处工作。国家推行统一的有机产品认证制度，实行统一的认证目录、统一的标准和认证实施规则、统一的认证标志，即“四统一”的认证管理。国家市场监督管理总局负责制定和调整有机产品认证目录、认证实施规则，并对外公布。关键认证程序如下，认证流程见图 8-5。

1. 申报人提交的材料

1）申请人的合法经营资质文件，如土地使用证、营业执照、租赁合同等，当申请人不是有机产品的直接生产或加工者时，申请人还需要提交与各方签订的书面合同。

2）申请人及有机生产、加工的基本情况，包括申请人/生产者名称、地址、联系方式、产地（基地）及加工场所的名称、情况；过去三年间的生产历史，包括对农事、病虫草害防治、投入物使用及收获情况的描述；生产、加工规模，包括品种、面积、产量、加工量等描述；申请和获得其他有机产品认证情况。

3）产地（基地）区域范围描述，包括地理位置图、地块分布图、地块图、面积、缓冲带、周围邻近地块使用情况的说明等；加工场所周边环境描述、厂区平面图、工艺流程图等。

4）申请认证的有机产品生产、加工、销售计划，包括品种、面积、预计产量、加工产品品种、预计加工量、销售产品品种和计划销售量、销售去向等。

5）产地（基地）、加工场所有关环境质量的证明材料。

6）有关专业技术和管理人员的资质证明材料。

7）保证执行有机产品标准的声明。

8）有机生产、加工的管理体系文件。

9）其他相关材料。

2. 受理

认证机构应当自收到申请人书面申请之日起 10 个工作日内，完成对申请材料的评审，并做出是否受理的决定。同意受理的，认证机构与申请人签订认证合同；不予受理的，应当书面通知申请人，并说明理由。

认证机构的评审过程应确保：认证要求规定明确、形成文件并得到理解；与申请人之间在理解上的差异得到解决；对于申请的认证范围、申请人的工作场所和特殊要求有能力开展认证服务。

认证机构应当保证认证过程的完整、客观、真实，并对认证过程做出完整记录，归档留存，保证认证过程和结果具有可追溯性。记录保存期为 5 年。

3. 检查准备与实施

（1）*下达检查任务*　认证机构在检查前应下达检查任务书，内容包括但不限于：申请人的联系方式、地址等；检查依据，包括认证标准和其他相关法律法规；检查范围，包括检查产品种类和产地（基地）、加工场所等；检查要点，包括管理体系、追踪体系和投入物的使用等；对于上一年度获得认证的单位或者个人，本次认证应侧重于检查认证机构提出的整改要求的执行情况等。

（2）*认证机构*　根据检查类别，委派具有相应资质和能力的检查员，并应征得申请人同意，但申请人不得指定检查员。对同一申请人或生产者、加工者不能连续 3 年或 3 年以上委派同一检查员实施检查。

（3）*文件评审*　认证机构在现场检查前，应对申请人、生产者的管理体系等文件进行评审，确定其适宜性和充分性及与标准的符合性，并保存评审记录。

（4）*检查计划*　认证机构应制订检查计划并在现场检查前与申请人进行确认。检查计划应包括：检查依据、检查内容、访谈人员、检查场所及时间安排等。检查的时间应当安排在申请认证的产品生产过程的适当阶段，在生长期、产品加工期间至少需进行一次检查；对于产地（基地）的首次检查，检查范围应不少于 2/3 的生产活动范围。对于多农户参加的有机生产，访问的农户数不少于农户总数的平方根。

（5）*检查实施*　根据认证依据标准的要求对申请人的管理体系进行评估，核实生产、加工过程与申请人提交的文件的一致性，确认生产、加工过程与认证依据标准的符合性。

检查过程至少应包括：对生产地块、加工、贮藏场所等的检查；对生产管理人员、内部检查人员、生产者的访谈；对《有机产品　第 4 部分：管理体系》（GB/T 19630.7—2019）所规定的生产、加工记录的检查；对追踪体系的评价；对内部检查和持续改进的评估；对产地环境质量状况及其对有机生产可能产生污染的风险的确认和评估；必要时，对样品的采集与分析；适用时，对上一年度认证机构提出的整改要求执行情况进行的检查等。

（6）*产地环境质量状况的评估和确认*　认证机构在实施检查时应确保产地（基地）的环境质量状况符合《有机产品　生产、加工、标识与管理体系要求》（GB/T 19630—2019）规定的要求。当申请人不能提供对于产地环境质量状况有效的监测报告（证明），认证机构无法确定产地环境质量是否符合 GB/T 19630—2019 规定的要求时，认证机构应要申请人委托有资质的监测机构对产地环境质量进行监测并提供有效的监测报告（证明）。

（7）*样品采集与分析*　认证机构应按照相应的国家标准，制定样品采集与分析程序（包括残留物和转基因分析等）。如果检查员怀疑申请人使用了认证标准中禁止使用的物质，或者产地环境、产品可能受到污染等情况，应在现场采集样品；采集的样品应交给具有相关资质的检测机构进行分析。

（8）*检查报告*　检查报告应采用认证机构规定的格式。检查报告和检查记录等书面文件应提供充分的信息以使认证机构有能力做出客观的认证决定。检查报告应含有风险评估和检查员对生产者的生产、加工活动与认证标准符合性的判断，对检查过程中收集的信息和不符合项的说明等相关方面进行描述。检查报告应得到申请人的书面确认。

4. 认证决定

1）当生产过程检查完成后，认证机构根据认证过程中收集的所有信息进行评价，做出认证决定并及时通知申请人。

2）申请人、生产者符合下列条件之一，予以批准认证：①生产活动及管理体系符合认证标准的要求。②生产活动、管理体系及其他相关信息不完全符合认证标准的要求，认证机构应提出整改要求，申请人已经在规定的期限内完成整改或已经提交整改措施并有能力在规定的期限内完成整改以满足认证要求的，认证机构经过验证后可批准认证。

3）申请人、生产者的生产活动存在以下情况之一，不予批准认证：①未建立管理体系，或建立的管理体系未有效实施。②使用禁用物质。③生产过程不具有可追溯性。④未按照认证机构规定的时间完成整改或提交整改措施；所提交的整改措施未满足认证要求。⑤其他严重不符合有机标准要求的事项。

5. 颁发证书与标志

1）认证机构应对批准认证的申请人及时颁发认证证书，准许其使用认证标志、标识。

2）认证机构应当与获得认证的单位或者个人签订有机产品标志、标识使用合同，明确标志、标识使用的条件和要求。

3）认证证书、标志。

a. 国家认证认可监督管理委员会负责制定有机产品认证证书的基本格式、编号规则和认证标志的式样、编号规则。中国有机产品认证标志标有中文“中国有机产品”字样和其英文（ORGANIC）。

b. 有机产品认证证书应当包括以下内容：认证委托人的名称、地址；获证产品的生产者、加工者及产地（基地）的名称、地址；获证产品的数量、产地（基地）面积和产品种类；认证类别；依据的国家标准或者技术规范；认证机构名称及其负责人签字、颁证日期、有效期。在有机产品转换期内生产的产品或者以转换期内生产的产品为原料的加工产品，应当注明“转换”字样和转换期限。

c. 有机产品认证证书有效期为一年。

d. 获得有机产品认证证书的单位或者个人，在有机产品认证证书有效期内，发生下列情形之一的，应当在 15 日内向认证机构办理变更手续：获证单位或者个人发生变更的；有机产品生产、加工单位或者个人发生变更的；产品种类变更的；有机产品转换期满，需要变更的。

e. 获得有机产品认证证书的单位或者个人，在有机产品认证证书有效期内，发生下列情形之一的，认证机构应当暂停其认证证书：未按规定使用认证证书或者认证标志的；获证产品的生产、加工、销售等活动或者管理体系不符合认证要求，且经认证机构评估在暂停期限内能够采取有效纠正或者纠正措施的。认证证书暂停期为 1～3 个月。

f. 获得有机产品认证证书的单位或者个人，发生下列情形之一的，认证机构应当在 7 日内撤销认证证书：获证产品质量不符合国家相关法规、标准强制要求或者被检出有机产品国家标准禁用物质；使用了有机产品国家标准禁用物质或者受到禁用物质污染；虚报、瞒报获证所需信息；超范围使用认证标志；环境质量不符合认证要求；生产、加工、销售等活动或者管理体系不符合认证要求，且在认证证书暂停期间，未采取有效纠正或者纠正措施；在认证证书标明的生产、加工场所外进行了再次加工、分装、分割；认证委托人对相关方重大投诉未能采取有效处理措施；认证委托人因违反国家农产品、食品安全管理相关法律法规，受到相关行政处罚；认证委托人拒不接受认证监管部门或者认证机构对其实施监督等。

g. 有机配料含量（指质量或者液体体积，不包括水和盐）等于或高于 95%的产品，获得有机产品认证后，方可在产品包装及标签上加施“有机”字样，使用有机产品认证标志。认证机构不得对有机配料含量低于 95%的产品进行有机认证。有机配料含量低于 95%且等于或者高于 70%的产品只能加施“有机配料生产”字样；有机配料含量低于 70%的产品只能注明某种配料为“有机”字样。

2019 年 11 月 6 日，国家认证认可监督管理委员会修订公布了新的《有机产品认证目录》，产品类别 46 个，共涉及 1136 种产品。使用者可自行查询。

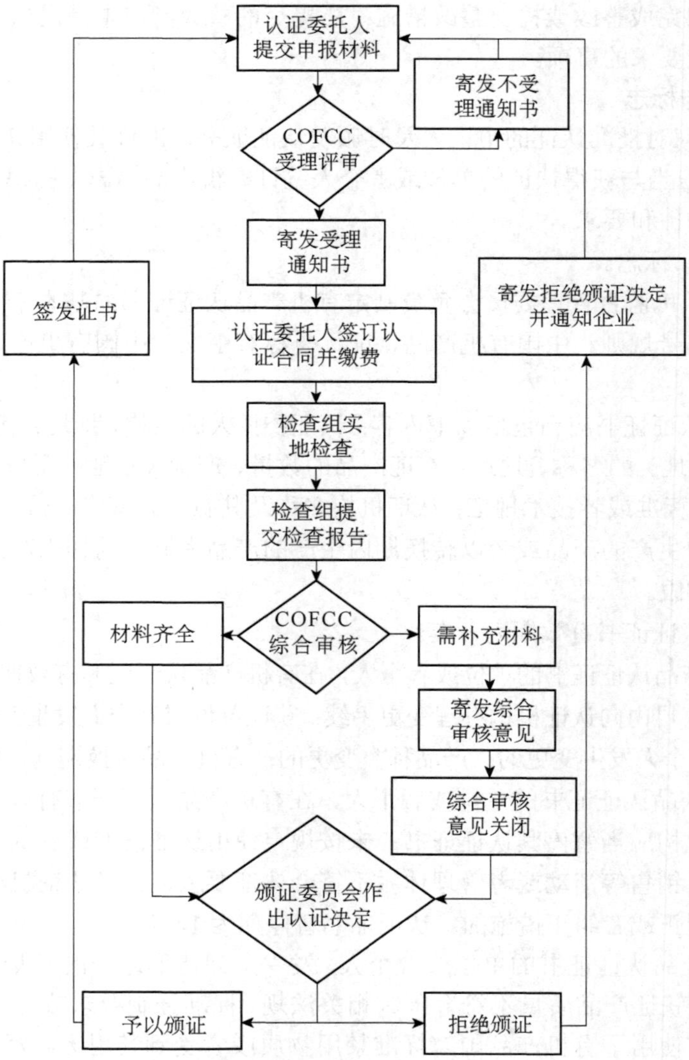

图 8-5　有机食品认证流程

第三节　安全农产品环境标准

农产品的生产环境是指农产品在生产过程中所处的空间及大气因素、土壤因素等环境因素的综合。在农产品生长过程中，经常会受到来自内部和外界因素的影响。比如，放射性物质、人类喷洒的农药、化肥施用和矿山开采等造成对环境的破坏，可能会影响到农产品的生长，进而威胁到人类的健康。因此，安全的产地和生态环境是目前生产农产品所必需的，换句话讲，要生产安全农产品，其生产环境应符合相应的环境标准，这也是保证食品安全性的最主要措施之一。

一、绿色食品环境标准

农业部行业标准《绿色食品　产地环境质量》（NY/T 391—2021）规定了绿色食品产地的环境空气质量、农田灌溉水质、渔业水质、畜禽养殖水质和土壤环境质量的各项指标及浓度限值、监测和评价方法。提出了绿色食品产地土壤肥力分级和土壤质量综合评价方法。该标准适用于绿色食品（AA 级和 A 级）生产的农田、蔬菜地、果园、茶园、饲养场、放牧场和水产养殖场。A 级绿色食品标准要求生产地的环境质量符合《绿色食品　产地环境质量》标准，生产过程中严格按绿色食品生产资料使用准则和生产操作规程要求，限量使用限定的化学合成生产资料，并积极采用生物学技术和物理方法，保证产品质量符合绿色食品产品标准要求。AA 级绿色食品标准要求生产地的环境质量符合生产过程中不使用化学合成的农药、肥料、食品添加剂、饲料添加剂、兽药及有害于环境和人体健康的生产资料，而是通过使用有机肥、种植绿肥、作物轮作、生物或物理方法等技术，培肥土壤、控制病虫草害、保护或提高产品品质，从而保证产品质量符合绿色食品产品标准要求。

（一）绿色食品生产基地的生态环境

绿色食品生产基地应选择在无污染和生态条件良好的地区。基地选点应远离工矿区和公路铁路干线，避开工业和城市污染源的影响，同时绿色食品生产基地应具有可持续的生产能力。

（二）空气环境质量要求

除畜禽养殖业外，绿色食品产地空气中各项污染物含量应符合表 8-1 的规定要求。

表 8-1　空气中各项污染物的指标（标准状态）

项目		指标	
		日平均	1h
总悬浮颗粒物/（mg/m^3）	≤	0.30	—
二氧化硫/（mg/m^3）	≤	0.15	0.50
二氧化氮/（mg/m^3）	≤	0.08	0.20
氟化物/（$\mu g/m^3$）	≤	7	20

注：“日平均”是指任何一日的平均指标；“1h ”是指任何一小时的指标。

畜禽养殖业空气质量应符合表 8-2 的要求。

表 8-2　畜禽养殖业空气质量要求（标准状态）　（单位：mg/m^3）

项目		禽舍区（日平均）		畜舍区（日平均）
		雏	成	
总悬浮颗粒物	≤	8		3
二氧化碳	≤	1500		1500
硫化氢	≤	2	10	8
氨气	≤	10	15	20
恶臭（稀释倍数，无量纲）	≤	70		70

（三）农田灌溉水质要求

农田灌溉水包括用以农田灌溉的地表水、地下水，以及水培蔬菜、水生植物生产用水和食用菌生产用水等，应符合表 8-3 的规定要求。

表 8-3　农田灌溉水水质要求

项目		指标
pH		5.5～8.5
总汞浓度/（mg/L）	≤	0.001
总镉浓度/（mg/L）	≤	0.005
总砷浓度/（mg/L）	≤	0.05
总铅浓度/（mg/L）	≤	0.1
六价铬浓度/（mg/L）	≤	0.1
氟化物浓度/（mg/L）	≤	2.0
化学需氧量（COD_{Cr}）/（mg/L）	≤	60
石油类浓度/（mg/L）	≤	1.0
粪大肠杆菌*/（个/L）	≤	10 000

*仅适用于灌溉蔬菜、瓜果和草木水果的地表水。

（四）渔业用水水质要求

绿色食品产地渔业用水水质应符合表 8-4 所列的指标要求。

表 8-4　渔业用水水质要求

项目		指标	
		淡水	海水
色、臭、味		不应有异色、异臭、异味	
pH		6.5～9.0	
生化需氧量（BOD_5）/（mg/L）	≤	5	3
总大肠菌群/（MPN/100mL）	≤	500（贝类 50）	
总汞浓度/（mg/L）	≤	0.0005	0.0002
总镉浓度/（mg/L）	≤	0.005	
总铅浓度/（mg/L）	≤	0.05	0.005
总铜浓度/（mg/L）	≤	0.01	
总砷浓度/（mg/L）	≤	0.05	0.03

续表

项目		指标	
		淡水	海水
六价铬浓度/（mg/L）	≤	0.1	0.01
挥发酚浓度/（mg/L）	≤	0.005	
石油类浓度/（mg/L）	≤	0.05	
活性磷酸盐浓度（以P计）/（mg/L）	≤	—	0.03
高锰酸盐指数浓度/（mg/L）	≤	6	—
氨氮（NH_3-N）浓度/（mg/L）	≤	1.0	—
漂浮物质		应满足水面不出现油膜或浮沫的要求	

（五）畜牧养殖用水水质要求

畜牧养殖用水包括畜禽养殖用水和养蜂用水，应符合表8-5中的指标规定。

表8-5 畜牧养殖用水水质要求

项目		指标
色度*/（°）	≤	15，并不得呈现其他异色
浑浊度（散射浑浊度单位）/NTU	≤	3
臭和味		不得有异臭、异味
肉眼可见物*		不应含有
pH		6.5～8.5
氟化物浓度/（mg/L）	≤	1.0
氰化物浓度/（mg/L）	≤	0.05
总砷浓度/（mg/L）	≤	0.05
总汞浓度/（mg/L）	≤	0.001
总镉浓度/（mg/L）	≤	0.01
六价铬浓度/（mg/L）	≤	0.05
总铅浓度/（mg/L）	≤	0.05
细菌总数*/（CFU/mL）	≤	100
总大肠菌群/（MPN/100mL）		不得检出

*散养模式免测该指标。

（六）加工用水水质要求

加工用水（含食用盐生产用水等）应符合表8-6的要求。

表8-6 加工用水水质要求

项目		指标
pH		6.5～8.5
总汞浓度/（mg/L）	≤	0.001
总砷浓度/（mg/L）	≤	0.01
总镉浓度/（mg/L）	≤	0.005
总铅浓度/（mg/L）	≤	0.01
六价铬浓度/（mg/L）	≤	0.05

续表

项目		指标
氰化物浓度/（mg/L）	≤	0.05
氟化物浓度/（mg/L）	≤	1.0
菌落总数/（CFU/mL）	≤	100
总大肠菌群/（MPN/100mL）		不得检出

食用盐原料水包括海水、湖盐或井矿盐天然卤水，应符合表 8-7 的要求。

表 8-7　食用盐原料水水质要求　（单位：mg/L）

项目		指标
总汞浓度	≤	0.001
总砷浓度	≤	0.03
总镉浓度	≤	0.005
总铅浓度	≤	0.01

（七）土壤环境质量要求

《绿色食品 产地环境质量》（NY/T 391—2021）行业标准将土壤按照耕作方式的不同分为旱田和水田两大类，每类又根据土壤 pH 的高低分为三种情况，即 pH＜6.5、6.5≤pH≤7.5 和 pH>7.5。土壤质量应符合表 8-8 的要求。

表 8-8　土壤质量要求　（单位：mg/kg）

项目		耕作方式					
		旱田			水田		
		<6.5	6.5～7. 5	>7.5	<6.5	6.5～7.5	>7.5
总镉浓度	≤	0.30	0.30	0.40	0.30	0.30	0.40
总汞浓度	≤	0.25	0.30	0.35	0.30	0.40	0.40
总砷浓度	≤	25	20	20	20	20	15
总铅浓度	≤	50	50	50	50	50	50
总铬浓度	≤	120	120	120	120	120	120
总铜浓度	≤	50	60	60	50	60	60

注：1）果园土壤中的铜限量为旱田中铜限量的 2 倍。
2）水旱轮作用的标准值取严不取宽。
3）底泥按照水田标准执行。

应持续保持土壤地力水平，土壤肥力应维持在同一等级或不断提升。土壤肥力分级参考指标见表 8-9。

表 8-9　绿色食品土壤肥力分级参考指标

项目	级别	旱地	水田	菜地	园地
有机质浓度/（g/kg）	I	>15	>25	>30	>20
	II	10～15	20～25	20～30	15～20
	III	<10	<20	<20	<15
全氮浓度/（g/kg）	I	>1.0	>1.2	>1.2	>1.0
	II	0.8～1.0	1.0～1.2	1.0～1.2	0.8～1.0
	III	<0.8	<1.0	<1.0	<0.8

续表

项目	级别	旱地	水田	菜地	园地
有效磷浓度/（mg/kg）	I	>10	>15	>40	>10
	II	5～10	10～15	20～40	5～10
	III	<5	<10	<20	<5
速效钾浓度/（mg/kg）	I	>120	>100	>150	>100
	II	80～120	50～100	100～150	50～100
	III	<80	<50	<100	<50

注：底泥、食用菌栽培基质不做土壤肥力检测。

为了种植出高产、优质的食用菌，栽培者应该选择疏松、肥沃的土壤作为培养基质。食用菌栽培基质要求见表 8-10。

表 8-10　食用菌栽培基质要求　（单位：mg/kg）

项目		指标
总汞浓度	≤	0.1
总砷浓度	≤	0.8
总镉浓度	≤	0.3
总铅浓度	≤	35

二、有机食品环境标准

为了统一规范有机产品包括有机食品的认证管理，2013 年 11 月国家质量检验检疫总局更新了《有机产品认证管理办法》，并于 2014 年 4 月 1 日开始施行。该办法共 7 章 63 条，并规定由国家认证认可监督管理委员会负责有机产品的统一管理，综合协调和监督工作。国家市场监督管理总局、国家标准化管理委员会于 2019 年 9 月批准发布《有机产品　生产、加工、标识与管理体系要求》（GB/T 19630—2019），代替了 GB/T 19630.1—2011、GB/T 19630.2—2011、GB/T 19630.3—2011、GB/T 19630.4—2011，规定了有机产品的生产、加工、标识与管理体系的要求。现将有关有机食品环境标准介绍如下。

（一）空气环境质量要求

有机食品产地空气中各项污染物含量应符合国家大气环境质量一级标准 GB 3095—2012（表 8-11）规定的要求。

表 8-11　有机食品生产的空气环境指标

污染物项目	平均时间	浓度限值	单位
总悬浮颗粒物	年平均	80	$\mu g/m^3$
	24h 平均	120	
铅	年平均	0.5	$\mu g/m^3$
	季平均	1	
二氧化氮	年平均	40	$\mu g/m^3$
	24h 平均	80	
	1h 平均	200	
一氧化碳	24h 平均	4	mg/m^3
	1h 平均	10	

续表

污染物项目	平均时间	浓度限值	单位
臭氧	8h 平均	100	μg/m³
	1h 平均	160	
颗粒物（粒径≤ 10μm）	年平均	40	μg/m³
	24h 平均	50	
颗粒物（粒径≤ 2.5μm）	年平均	15	μg/m³
	24h 平均	35	
氮氧化物	年平均	50	μg/m³
	24h 平均	100	
	1h 平均	250	
苯并[a]芘	年平均	0.001	μg/m³
	24h 平均	0.0025	
二氧化硫	年平均	20	μg/m³
	24h 平均	50	
	1h 平均	150	

注：1）1h 平均指任何 1h 污染物浓度的算术平均值。
　　2）8h 平均指连续 8h 平均浓度的算术平均值，也称 8h 滑动平均。
　　3）24h 平均指一个自然日 24h 平均浓度的算术平均值，也称为日平均。
　　4）季平均指一个日历季内各日平均浓度的算术平均值。
　　5）年平均指一个日历年内各日平均浓度的算术平均值。

（二）生产用水质量要求

有机食品生产用水包括农田灌溉用水、渔业用水、畜禽饮用水及食品加工用水等。

1）农田灌溉用水质量指标应符合表 8-12 的要求。

表 8-12　农田灌溉用水中各项污染物的指标要求

项目		指标
pH		5.5～8.5
汞浓度/（mg/L）	≤	0.001
砷浓度/（mg/L）	≤	0.05（水田、蔬菜），0.1（旱田）
铅浓度/（mg/L）	≤	0.1
镉浓度/（mg/L）	≤	0.005
六价铬浓度/（mg/L）	≤	0.1
氯化物浓度/（mg/L）	≤	250
硫酸盐浓度/（mg/L）	≤	250
硫化物浓度/（mg/L）	≤	1.0
氟化物浓度/（mg/L）	≤	2.0
氰化物浓度/（mg/L）	≤	0.5
石油类浓度/（mg/L）	≤	5.0
有机硫农残		不得检出
八八八		不得检出
六六六		不得检出
滴滴涕		不得检出
大肠菌群/（MPN/L）	≤	10 000（生吃瓜果收获前一星期）

2）渔业用水质量指标应符合表 8-13 的要求。

表 8-13　渔业用水中各项污染物的指标要求

项目		指标
色、臭、味		不得使鱼、虾、贝、藻类有异色、异臭、异味
漂浮物质		水面不得出现明显油膜或浮沫
pH		淡水 6.5～8.5，海水 7.0～8.5
溶解氧		连续 24h、16h 以上必须大于 5，其余任何时候不得低于 3
BOD（5d、20℃）	≤	5
总大肠菌群/（MPN/L）	≤	50 000（贝类养殖≤500）
汞浓度/（mg/L）	≤	0.000 5
砷浓度/（mg/L）	≤	0.05
铅浓度/（mg/L）	≤	0.05
镉浓度/（mg/L）	≤	0.005
六价铬浓度/（mg/L）	≤	0.1
氰化物浓度/（mg/L）	≤	0.005
氟化物浓度/（mg/L）	≤	1.0
有机硫农残		不得检出
六六六		不得检出
滴滴涕		不得检出

3）畜禽饮用水质量指标应符合表 8-14 的要求。

表 8-14　畜禽饮用水中各项污染物的指标要求

项目		指标
色度		色度不超过 15°，并不得呈现其他异色
臭、味		不得有异臭、异味
pH		6.5～8.5
总硬度（以碳酸钙计）/（mg/L）	≤	450
氰化物浓度/（mg/L）	≤	0.005
氟化物浓度/（mg/L）	≤	1.0
汞浓度/（mg/L）	≤	0.0001
砷浓度/（mg/L）	≤	0.05
铅浓度/（mg/L）	≤	0.05
镉浓度/（mg/L）	≤	0.005
六价铬浓度/（mg/L）	≤	0.05
有机硫农残		不得检出
六六六		不得检出
滴滴涕		不得检出
硝酸盐（以氮计）浓度/（mg/L）	≤	10
细菌总数/（CFU/mL）	≤	100
总大肠菌群/（MPN/L）	≤	3

4）有机食品加工用水质量指标应符合表 8-15 的要求。

表 8-15　有机食品加工用水中各项污染物指标要求

项目		指标
色度		色度不超过 15°，并不得呈现其他异色
臭、味		不得有异臭、异味
肉眼可见物		不得含有
pH		6.5～8.5
总硬度（以碳酸钙计）/（mg/L）	≤	450
挥发酚类（以苯酚计）浓度/（mg/L）	≤	0.002
氰化物浓度/（mg/L）	≤	0.005
氟化物浓度/（mg/L）	≤	1.0
汞浓度/（mg/L）	≤	0.0001
砷浓度/（mg/L）	≤	0.05
铅浓度/（mg/L）	≤	0.05
镉浓度/（mg/L）	≤	0.005
六价铬浓度/（mg/L）	≤	0.05
硝酸盐（以氮计）浓度/（mg/L）	≤	10
有机硫农残		不得检出
六六六		不得检出
滴滴涕		不得检出
细菌总数/（CFU/mL）	≤	100
总大肠菌群/（MPN/L）	≤	3

（三）土壤环境质量要求

有机食品生产应在土壤耕性良好、无污染、符合标准要求（表 8-16）的地区进行。

表 8-16　有机食品生产土壤标准　（单位：mg/kg）

土壤类型		铜	铅	镉	砷	汞	铬
绵土	≤	23.0	16.8	0.098	10.5	0.016	57.5
篓土	≤	24.9	21.8	0.123	11.2	0.055	57.5
黑垆土	≤	20.5	18.5	0.112	12.2	0.016	61.8
褐土	≤	24.3	21.3	0.100	11.6	0.040	64.8
灰褐土	≤	23.6	21.2	0.139	11.4	0.024	65.1
黑土	≤	20.8	26.7	0.078	10.2	0.037	80.1
白浆土	≤	20.1	27.7	0.106	11.1	0.036	57.9
黑钙土	≤	22.1	19.6	0.110	9.8	0.026	52.2
灰色森林土	≤	15.9	15.6	0.066	8.0	0.052	46.4
潮土	≤	24.1	21.9	0.103	9.7	0.047	66.6
绿洲土	≤	26.9	21.8	0.118	12.5	0.023	56.5
水稻土	≤	25.3	34.4	0.142	10.0	0.183	65.8
砖红壤	≤	20.0	28.7	0.058	6.7	0.040	64.6
赤红壤	≤	17.1	35.0	0.048	9.7	0.056	41.5
红壤	≤	24.4	29.1	0.065	13.6	0.078	62.6
黄壤	≤	21.4	29.4	0.080	12.4	0.102	55.5
燥红土	≤	32.5	41.2	0.125	11.2	0.027	45.0

续表

土壤类型		铜	铅	镉	砷	汞	铬
黄棕壤	≤	23.4	29.2	0.105	11.8	0.071	66.9
棕壤	≤	22.4	25.1	0.092	10.8	0.053	64.5
暗棕壤	≤	17.8	23.9	0.103	6.4	0.049	54.9
棕色针叶林土	≤	13.8	20.2	0.108	5.4	0.070	46.3
栗钙土	≤	18.9	21.2	0.069	10.8	0.027	54.0
棕钙土	≤	21.6	22.0	0.102	10.2	0.016	47.0
灰钙土	≤	20.3	18.2	0.088	11.5	0.017	59.3
灰漠土	≤	20.2	19.8	0.101	8.8	0.011	47.6
灰棕漠土	≤	25.6	18.1	0.110	9.8	0.018	56.4
棕漠土	≤	23.5	17.6	0.094	10.0	0.013	48.0
草甸土	≤	19.8	22.4	0.080	8.8	0.039	51.1
沼泽土	≤	20.8	22.1	0.092	9.6	0.041	58.3
盐土	≤	23.3	23.0	0.100	10.6	0.041	62.7
碱土	≤	18.7	17.5	0.088	10.7	0.025	53.3
磷质石灰土	≤	19.5	1.7	0.751	2.9	0.046	17.4
石灰（岩）土	≤	33.0	38.7	1.115	29.3	0.191	108.6
紫色土	≤	26.3	27.7	0.094	9.4	0.047	64.8
风沙土	≤	8.8	13.8	0.044	4.3	0.016	24.8
黑毡土	≤	27.3	31.4	0.094	9.4	0.047	64.8
草毡土	≤	24.3	27.0	0.114	17.2	0.024	87.8
巴嘎土	≤	25.9	25.8	0.116	20.0	0.022	76.6
莎嘎土	≤	20.0	25.0	0.116	20.5	0.019	80.6
寒漠土	≤	24.5	37.3	0.083	17.1	0.019	80.6
高山漠土	≤	26.3	23.7	0.124	16.6	0.022	55.4

注：有机磷农药残留、六六六、滴滴涕均不能检出。

除了上述要求，有机食品生产用地还应符合以下要求。

1）有机食品生产应避免在废水污染源的固体废弃物周围进行，包括废水排放口、污水处理池、排污渠、重金属含量高的污灌区和被污染的河流、湖泊、水库，以及冶炼废渣、化工废渣、废化学药品、废溶剂、尾矿粉、煤矸石、炉渣、粉煤渣、污泥、废油及其他工业废料、生活垃圾等。

2）严禁未经处理的工业废水、废渣、城市生活垃圾和污水等废弃物进入有机食品生产用地，采取严格措施防止可能来自系统外的污染。

第四节　ISO 14000 环境质量管理标准及认证

一、ISO 14000 系列标准简介

（一）ISO 14000 系列标准的产生

随着全球环保意识的增强和可持续发展战略思想的提出，各国推行清洁生产、合理利用

自然资源、减少污染物排放、加强环境管理势在必行。20 世纪 80 年代，西欧的一些企业开始制定企业内部的环境管理体系。1992 年，世界第一个环境管理体系标准诞生于英国，其编号为 BS7750，它是自愿性的标准，企业组织可自愿实施并寻求认证。BS7750 的制定和实施在世界范围内，尤其是在欧盟各国引起了极大的反响。1993 年 7 月 10 日，欧盟公布《工业企业自愿参加环境管理和环境审核联合体系的规则》（EMAS），并规定于 1995 年 6 月开始实施。

各个国家和地区的环境质量管理标准体系的出台，无疑对提高组织的环境管理起到积极的作用。但因其缺乏统一性，容易给国际贸易带来不便。随着乌拉圭回合的结束、关税的降低和非关税的约束，国际贸易壁垒逐渐转向苛刻的技术标准和环境标准，如何既促进国际贸易又保护生态环境，实现人类的可持续发展，成为摆在世人面前重大的课题和严峻的挑战。

为此，国际上需要一种既能统一又能考虑不同国家和地区的差异、不对贸易产生壁垒的标准，而国际标准化组织正是在这样的形式和需要下制定 ISO 14000 系列环境管理标准的。

国际标准化组织（International Organization for Standardization，ISO）是一个全球性的非政府组织，是国际标准化领域中一个十分重要的组织。ISO 一词来源于希腊语“ISOS”，即“equal”，有平等之意。主要任务是制定国际标准，协调世界范围内的标准化工作，与其他国际性组织合作研究有关标准化问题。ISO 成立于 1946 年，中国是 ISO 的正式成员，代表中国参加 ISO 的国家机构是国家市场监督管理总局（SAMR）。

1993 年 6 月，国际标准化组织正式成立了 ISO/TC207 环境管理技术委员会，着手制定 ISO 14000 系列环境管理标准（以下简称 ISO 14000 系列标准）。在总结其他国家、地区的环境管理标准和 ISO 9000 系列质量管理体系标准的基础上，于 1996 年 9 月正式制定并颁发了 ISO 14001 和 ISO 14004 标准，随后陆续颁布了其他标准。国际标准化组织已对 ISO 14001：1996 版环境管理体系标准作了修订，修订后的 ISO 14001：2004 版标准已于 2004 年 11 月 15 日公布。同时，新版 ISO 14004 环境管理体系的通用指南也于 2004 年 11 月 15 日公布。从新版 ISO 14004 环境管理体系内容上看，新版标准不是对 1996 版标准的全面修改，其修订的内容主要集中在与 ISO 9000 系列标准的兼容性、标准要求和内容的更趋清晰与明确、易于理解等方面。ISO 14000 系列标准的核心是 ISO 14001 标准，它是目前已颁布的和正在制定的标准中唯一可供认证的标准，其他标准可以说是其技术支持标准。

（二）实施 ISO 14000 系列标准的意义

ISO 14000 系列标准的产生受到世界各国政府和企业的广泛欢迎，在欧洲，获得环境管理体系认证（含 EMAS 与 ISO 14001 标准）的组织数量占全球第一，而 ISO 14001 标准认证增长速度已超过环境管理体系认证注册的增长速度。在亚洲，尽管受金融风暴的冲击，认证速度曾放慢，但为消除贸易壁垒，提高企业管理水平，东南亚各国大力推行 ISO 14000 系列标准，在韩国及印度尼西亚，政府甚至强制要求企业通过 ISO 14001 认证。我国早在 ISO 14000 系列标准颁布前，即成立国家环境保护局环境管理体系审核中心，进行 ISO 14000 系列标准的宣传、推广与实施工作。而为加强认证市场的统一管理，经国务院办公厅批准，于 1997 年 5 月成立了中国环境管理体系认证指导委员会（简称指导委员会），下设中国环境管理体系认证机构认可委员会（简称环认委）和中国认证人员国家注册委员会环境管理专业委员会（简称环注委），负责开展日常工作。目前 ISO 14001 标准认证在快速发展。

各个国家和地区不同类型的组织实施 ISO 14001 的经验和体会，反映出 ISO 14001 标准具有以下几方面的意义。

1. 有利于消除贸易壁垒，加强国际交流与合作

世界各国之所以对 ISO 14000 系列标准热切关注，一个重要的原因是来自国际贸易市场的强大压力。不少工业化国家采取单方面的行动限制进口。例如，轰动世界的美国禁止进口墨西哥的金枪鱼案；丹麦要求所有进口啤酒、矿泉水和软饮料一律使用可再罐装容器案；美国能源部要求其供应商必须建立并实施环境管理体系，并提供第三方认证证明等，更把环境与贸易联系起来，而取得 ISO 14000 证书则成为消除绿色壁垒的重要举措。可以说，在 21 世纪，企业是否拥有 ISO 14000 证书将是进入国际市场的先决条件。

2. 有利于改变企业的环境形象和市场占有率，增强市场竞争力

ISO 14000 系列标准和 ISO 9000 质量体系标准遵循共同的管理体系原则，但 ISO 9000 针对的是顾客的需要，向顾客和广大的产品消费者提供产品与服务质量的承诺。而 ISO 14000 则服务于众多相关方和社会对环境保护不断发展的需要。企业通过了 ISO 14000 系列标准的第三方认证，从一个侧面表明企业具有社会责任感，有助于提高企业的信誉，增强市场竞争力，也如同获得了打入国际市场的“绿色通行证”，这是宣传企业产品和形象最好的广告。

3. 有助于提高企业的环境管理水平

标准提供了一个机制，就是将社会环境宏观管理与企业微观管理结合起来，使企业可自觉地将环境保护纳入企业目标。通过 ISO 14000 系列标准的实施，能保证企业对遵守国家法律、法规及其他要求作出承诺，并实行对污染的预防和持续改进。

4. 有利于企业加强科学管理，采用集约型生产方式

开展 ISO 14000 贯标与认证，要求企业从产品开发设计、生产、流通、使用、报废处理到再利用的全过程进行环境管理与控制，以最小的投入取得最大的环境效益和经济效益。

5. 可减少环境风险和各项环境费用，改善企业与社会的公共关系

近些年来，环境事故时有发生，如有毒原材料的泄漏、爆炸，造成人们生命、财产的损失，社会影响极坏，妨碍了人们正常的生产、生活。ISO 14000 系列标准中对各种环境问题加以全面管理，包括产品、原材料的贮存、运输及各种潜在紧急事故的预防和处理措施，尽可能减少环境风险。企业的第三方认证，实质上是通过对企业的环境管理体系进行客观、公正的评价，帮助企业建立自我约束机制的科学的管理体系，实现企业增长方式从粗放型向集约型转变，形成有利于节约资源、降低消耗、保证质量、控制污染、增加效益的经营机制，提高企业在市场竞争中的有利地位。

（三）制定 ISO 14000 系列标准的指导思想和关键原则

1. 指导思想

全国环境管理标准化技术委员会（ISO/TC207）在起草 ISO 14000 系列标准时确定了以下指导思想。

1）ISO 14000 系列标准不应增加而应消除贸易壁垒；

2）ISO 14000 系列标准可用于各国对内对外认证、注册；

3）ISO 14000 系列标准必须摒弃对改善环境无帮助的任何行政干预。

2. 关键原则

根据以上指导思想，并考虑到发展中国家和发达国家之间的差异，ISO/TC207 在制定 ISO

14000 系列标准时确定了以下 7 条原则，以确保标准公正、合理和实用。

1）ISO 14000 系列标准应具有真实性和非欺骗性；

2）产品和服务的环境影响评价方法和信息应有意义、准确且是可以检验的；

3）评价方法、试验方法不能采用非标准方法，而必须采用 ISO 标准、地区标准、国家标准或其他技术上能保证再现性的试验方法；

4）应具有公正性和透明度，但不应损害商业机密信息；

5）非歧视性；

6）能进行特殊的、有效的信息传递和教育培训；

7）应不产生贸易壁垒，对国内、国外具有一致性。

从以上的指导思想和原则可以看出，ISO/TC207 努力使 ISO 14000 系列标准具有公正性、合理性和广泛的适应性，目的是使这套标准能真正地帮助和促进改善环境。

（四）ISO 14000 系列标准的构成及特点

1. ISO 14000 系列标准的构成

ISO 14000 是一个系列的环境管理标准，它包括环境管理体系、环境审核、环境标志、生命周期评估等国际环境管理领域内的许多焦点问题，旨在指导各类组织（企业、公司）取得表现正确的环境行为。ISO 给 ISO 14000 系列标准预留了 100 个标准号，编号为 ISO 14001～ISO 14100。1993 年，根据 ISO/TC207 的各种分技术委员会的分工，将这 100 个标准号分配如表 8-17 所示。

表 8-17　ISO 14000 系列标准标准号分配表

分技术委员会	名称	标准号
SC1	环境管理体系（EMS）	14001～14009
SC2	环境审核（EA）	14010～14019
SC3	环境标志（EL）	14020～14029
SC4	环境行为评价（EPE）	14030～14039
SC5	生命周期评估（LCA）	14040～14049
SC6	术语和定义（T&D）	14050～14059
WG1	产品标准中的环境指标	14060
	备用	14061～14100

这一系列标准是以 ISO 14001 为核心，针对组织的活动、产品、服务展开，形成全面、完整的管理和评价方法。可以说，这一系列标准向各国及组织的环境管理部门提供了一整套实现科学管理、体现市场条件下环境管理的思路和方法。

2. ISO 14000 系列标准的特点

ISO 14000 系列标准以其极广泛的内涵和普遍的适用性，在国际上引起了极大的反响。它同以往的环境排放标准和产品的技术标准等不同，其特点如下。

（1）全员参与　　ISO 14000 系列标准的基本思路是引导建立起环境管理的自我约束机制，从最高领导到每个职工都以主动、自觉的精神处理好与改善环境绩效有关的活动，并进行持续改进。

（2）广泛的适用性　　ISO 14000 系列标准在许多方面借鉴了 ISO 9000 系列标准的成功

经验。ISO 14001 标准适用于任何类型与规模的组织，并适用于各种地理、文化和社会条件，既可用于内部审核或对外的认证、注册，也可用于自我管理。

（3）灵活性　ISO 14001 标准除了要求组织对遵守环境法规、坚持污染预防和持续改进作出承诺，再无硬性规定。标准仅提出建立体系，以实现方针、目标的框架要求，没有规定必须达到的环境绩效，而把建立绩效目标和指标的工作留给组织，既调动组织的积极性，又允许组织从实际出发量力而行。标准的这种灵活性体现出合理性，使各种类型的组织都有可能通过实施这套标准达到改进环境绩效的目的。

（4）兼容性　在 ISO 14000 系列标准中，针对兼容问题有许多说明和规定，如 ISO 14000 系列标准的引言中指出："本标准与 ISO 9000 系列质量体系标准遵循共同的体系原则，组织可选取一个与 ISO 9000 系列相符的现行管理体系，作为其环境管理体系的基础。"这表明，对体系的兼容性或一体化的考虑是 ISO 14000 系列标准的突出特点，是 ISO/TC207 的重大决策，也是正确实施这一标准的关键问题。

（5）全过程预防　"预防为主"是贯穿 ISO 14000 系列标准的主导思想。在环境管理体系框架要求中，最重要的环节便是制定环境方针，要求组织领导在方针中必须承诺污染预防，并且还要把该承诺在环境管理体系中加以具体化和落实，体系中的许多要素都有预防功能。

（6）持续改进原则　持续改进是 ISO 14000 系列标准的灵魂。ISO 14000 系列标准总的目的是要通过各个组织实施这套标准才能实现。就每个组织来说，无论是污染预防还是环境绩效的改善，都不可能一经实施这个标准就能得到圆满解决。一个组织建立了自己的环境管理体系，并不能表明其环境绩效如何，只是表明这个组织决心通过实施这套标准，建立起能够不断改进的机制，通过坚持不懈地改进，实现自己的环境方针和承诺，最终达到改善环境绩效的目的。

二、ISO 14000 系列标准的分类、内容与运行模式

（一）ISO 14000 系列标准的分类

1. 按性质分类

ISO 14000 作为一个多标准组合系统，按标准性质分为三类：①基础标准——术语标准。②基础标准——环境管理体系、规范、原则、应用指南。③支持技术类标准（工具），包括环境审核、环境标志、环境行为评价、生命周期评估。

2. 按功能分类

按标准的功能，可以分为两类：①评价组织，包括环境管理体系、环境行为评价、环境审核。②评价产品，包括生命周期评估、环境标志、产品标准中的环境指标。

（二）ISO 14000 系列标准的内容

国际贸易中需要一种既能实现统一规范，又能兼顾不同国家和地区差异且不构成贸易壁垒的标准。为此，ISO 于 1993 年正式启动 ISO 14000 系列环境管理标准的制定工作，并为该系列预留了 100 个标准号，以覆盖环境管理体系的各类需求。经过三年的研究与协调，ISO 于 1996 年正式颁布了核心标准 ISO 14001 和 ISO 14004。ISO 14001 的中文名称是环境管理体系——规范及使用指南，ISO 14001 是组织规划、实施、检查、评审环境管理运作系统

的规范性标准（表 8-18），该系统包括 5 大部分、17 个要素。

表 8-18　环境管理体系的一级要素和二级要素表

一级要素名称	二级要素名称
环境方案	环境方针
策划	环境因素、法律和其他要求，目标和指标，环境管理方案
实施与运行	机构和职责，培训、意识和能力，信息交流，环境管理体系文件，文件控制，运行控制，应急准备和响应控制文件，文件管理
检查与纠正措施	检测和测量，不符合、纠正与预防措施，记录，环境管理体系审核
管理评审	管理评审

这 5 个基本部分包括了环境管理体系的建立过程和建立后有计划地评审及持续改进的循环，以保证组织内部环境管理体系的不断完善和提高，共 17 个要素。

在 ISO 14001 环境管理体系模式中，根据环境管理的特点及持续改进的要求，管理体系要求可分为上述 5 个部分，各自的功能如下。

1. 环境方案

环境方案是环境管理体系的宗旨与核心，是由组织的最高管理者确定的环境管理体系的意图与原则，包括组织持续改进其环境绩效的方向。

2. 策划

策划是从组织环境管理现状出发，明确管理重点。识别并评价出重要环境因素；准确获取组织应遵守的法律法规和其他要求；根据组织所确定的重要环境因素和技术经济可行性，确定组织的环境目标和指标要求；并提出明确的措施与方法和实现组织目标的时间安排，即环境管理方案。

3. 实施与运行

实施与运行包括明确组织机构与职责，任命环境管理者代表；实施培训，提高员工环境保护意识和工作技能；及时有效的信息沟通与交流，注重相关方所关注的环境问题；形成环境管理体系文件并纳入严格文件管理；确保与重大因素有关的运行与活动均能按文件规定的要求进行，使组织的各类环境因素得到有效控制；对于潜在的紧急事件和事故采取有效的预防措施与应急响应。

4. 检查与纠正措施

监测对环境有重大影响的活动和运行中的关键特性，及时发现问题并及时采取纠正与预防措施解决问题，防止问题的再次发生，检测的内容包括组织的环境绩效、运行控制和目标指标的符合情况等；对组织的守法性进行评价；环境管理活动应有相应的记录以追溯环境管理体系实施与运行情况，对产生的记录也应进行良好的管理。组织还要定期进行环境管理体系的内部审核，从整体上了解组织环境管理体系的实施情况，判断其有效性。

5. 管理评审

管理评审是由组织的最高管理者进行的评审活动，以确保环境管理体系的持续适用性、有效性和充分性，并为组织实现持续改进，持续满足 ISO 14001 标准的要求，提出可能的需修改的环境方针、目标及其他要素。

图 8-6 给出了建立环境管理体系的程序。

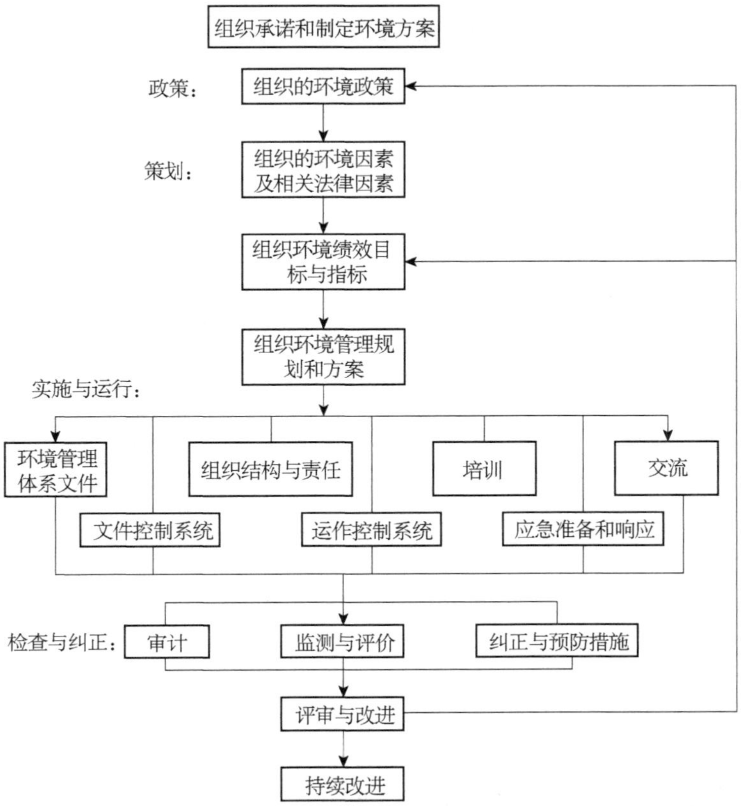

图 8-6　建立环境管理体系的程序图

（三）ISO 14000 系列标准要素之间的关系

ISO 14001 标准中的 17 个要素有其特有的独立的管理功能，但这些要素之间并不是孤立存在的，而是相互联系、相互作用以支持整个环境管理体系（EMS），就像政府或企业内诸多部门彼此间协调、互助的关系一样，详见图 8-7 的要素关系图。

要素关系图并非是绝对的标准答案，不排除其他关系图同样能说明问题，图中的箭头表示相互关系和作用。从图 8-7 中可知，体系是以环境因素为源头深入的，环境因素导致各种环境影响；环境管理体系实际就是围绕控制环境因素而进行的法律、法规和其他要求，为评价环境因素和指定目标、指标提供依据，管理方案是实现目标、指标的措施。

环境管理体系有赖于运行控制、应急准备和响应控制来实现对环境因素的控制，要实现有效的运行控制需要明确组织机构、培训和信息沟通这些举措来支持，也需要建立环境管理体系文件和实施有效文件管理来维护。对于运行的种种情况，需要监测其是否满足要求，如发现有不符合项，就要采取纠正与预防措施，要对体系运行的各种信息进行记录。环境管理体系审核是对全部要素和整个体系运行情况的全面深入的审核，以发现体系存在的问题。管理评审则是对整项工作进行高度的评估、总结，指出体系要持续改进的方向。

从以上叙述可以发现，环境因素居核心地位。围绕它的要素可分为两类：一类直接作用于环境因素，对其加以控制和管理；另一类不与环境因素发生作用，而是对上述要素起辅助作用。但不管是哪类要素，对环境管理体系来讲都是缺一不可的，体系的作用和功能靠它们

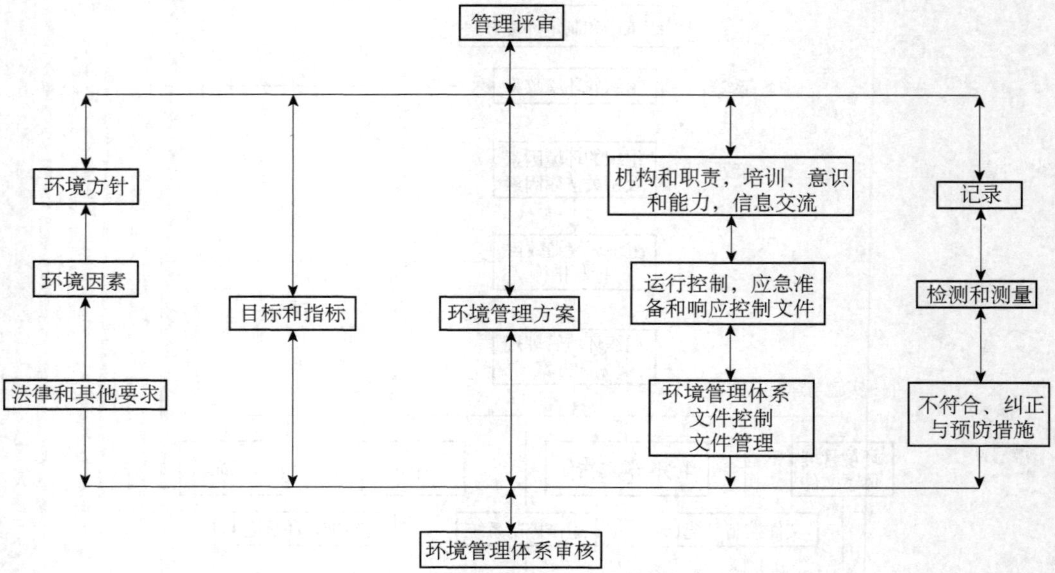

图 8-7　IOS 14000 标准要素关系图

共同完成。

（四）环境管理体系运行模式

环境管理体系围绕环境方针的要求展开环境管理，管理的内容包括制定环境方针、组织实施并实现环境方针所要求的相关内容、对环境方针的实施情况与实现程度进行评审并予以保持的各个过程。

环境管理体系所涉及的管理要素包括组织结构、计划活动、职责、惯例、程序、过程和资源等，这些管理要求与一般的企业生产管理、人事管理、财务管理并没有本质的区别。ISO 14001 标准则将它们系统化、结构化，提出了环境管理体系运行模式。

环境管理体系运行模式遵循了传统的管理模式：策划—实施—检查—改进（PDCA）。

1. 策划（plan）

建立所需的目标和过程，以实现组织的环境方针所期望的结果。

2. 实施（do）

对过程予以实施。

3. 检查（check）

根据环境方针、目标、指标及法律法规和其他要求，对过程进行检测和测量，并报告其结果。

4. 改进（action）

采取措施，以持续改进环境管理体系的绩效。

许多组织通过由过程组成的体系及过程之间的相互作用对运行进行管理，这种方式称为“过程方法”。GB/T 19001—2016 提倡使用过程方法。由于 PDCA 可以应用于所有的过程，因此这两种方式可以看作是兼容的。

ISO 14001 环境管理体系运行图如图 8-8 所示。该体系包含 5 大部分、17 个体系要素，从环境方针的制定开始，到管理评审完成，构成一次完整的环境管理体系运行过程，每一次完整的运行都将涉及所有的环境管理体系要素，体系要素缺一不可。环境管理体系的 PDCA 循环不是封闭的，而是一个开环系统，不能在原有的水平上停滞不前，而应通过管理评审等手段提出新的要求和目标，实现环境绩效的持续改进。

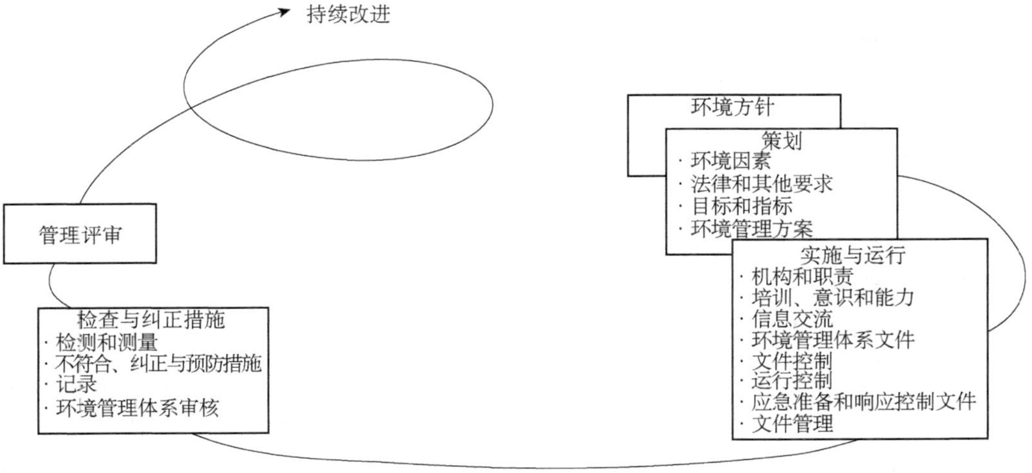

图 8-8　ISO 14001 环境管理体系运行图

三、实施 ISO 14001 审核与认证的一般程序

环境管理体系认证程序大致分为以下 5 个阶段。

（一）受理申请方的申请

申请认证的组织首先要综合考虑各认证机构的权威性、信誉和费用等方面的因素，然后选择合适的认证机构，并与其取得联系，提出环境管理体系认证申请。认证机构接到申请方的正式申请书之后，将对申请方的申请文件进行初步的审查，如果符合申请要求，与其签订管理体系审核/注册合同，确定受理其申请。

（二）环境管理体系审核

在整个认证过程中，对申请方的环境管理体系的审核是最关键的环节。认证机构正式受理申请方的申请之后，迅速组成一个审核小组，并任命一个审核组长，审核组中至少有一名具有该审核范围专业项目种类的专业审核人员或技术专家，协助审核组进行审核工作。审核工作大致分为以下三步。

1. 文件审核

对申请方提交的准备文件进行详细的审查，这是实施现场审核的基础工作。申请方需要编写好其环境管理体系文件，在审核过程中，若发现申请方的环境管理体系手册不符合要求，则由其采取有效纠正措施直至符合要求。认证机构对这些文件进行认真审核之后，如果认为合格，就准备进入现场审核阶段。

2. 现场审核

在完成对申请方文件审查和预审的基础上，审核组组长要制订一个审核计划，告知申请方并征求申请方的意见，申请方接到审核计划之后，如果对审核计划的某些条款或安排有不同意见，立即通知审核组组长或认证机构，并在现场审核前解决好这些问题。问题解决好之后，审核组正式实施现场审核，主要目的就是通过对申请方进行现场实地考察，验证环境管理体系手册、程序文件和作业指导书等一系列文件的实际执行情况，从而来评价该环境管理体系运行的有效性，判别申请方建立的环境管理体系和 ISO 14001 标准是否相符合。

在实施现场审核过程中，审核组每天都要进行内部讨论，由审核组组长主持，全体审核员参加，对本次审核的结果进行全面的评定，确定现场审核中发现的哪些不符合情况需写成不符合项报告并评定其严重程度。

3. 跟踪审核

申请方按照审核计划与认证机构商定时间纠正发现的不符合项，纠正措施完成之后递交认证机构。认证机构收到材料后，组织原来的审核组成员对纠正措施的效果进行跟踪审核。如果审核结果表明被审核方报来的材料详细确实，则可以进行注册阶段的工作。

（三）报批并颁发证书

根据注册材料上报清单的要求，审核组组长对上报材料进行整理并填写注册推荐表，该表最后上交认证机构进行复审，如果合格，认证机构将编制并发放证书，将该申请方列入获证目录，申请方可以通过各种媒介来宣传，并可以在产品上加贴注册标识。ISO 14001 认证证书有效期为三年。

（四）监督检查及复审、换证

在证书有效期限内，认证机构对获证企业在第一年内进行两次、以后每年进行一次监督审核，以保证该环境管理体系符合 ISO 14001 标准要求，并能够切实、有效地运行。证书有效期满后，或者企业的认证范围、模式、机构名称等发生重大变化后，该认证机构受理企业的换证申请，以保证企业不断改进和完善其环境管理体系。

（五）实施 ISO 14001 新版标准的审核和认证转换

国际标准化组织于 2015 年 9 月发布了 ISO 9001:2015 及 ISO 14001:2015，并确定两项标准的发布日期为 2015 年 9 月 15 日。针对 ISO 9001 及 ISO 14001 换版，IAF 通过 2013-15 号决议和 2014-11 号决议分别规定了 ISO 9001 及 ISO 14001 的转换期为新标准发布后的三年，即在 2018 年 9 月 15 日前分别完成 ISO 9001:2015 和 ISO 14001:2015 代替旧版认证标准的转换工作。

四、中国的环境标志与实施

1994 年 5 月 17 日，中国环境标志产品认证委员会（CCEL）正式成立，中国的绿色产业道路走入了一个崭新的纪元。

中国环境标志产品认证委员会是国家环境标志产品认证机构，由生态环境部、国家市场监督管理总局等 11 个部委的代表和知名专家组成，委员会下设秘书处为办事机构。委员会及其秘书处由国家环境保护总局代为管理。

（一）我国环境标志计划的实施

为了保护环境和促进公众爱护环境的积极性，引导消费市场向有益于环境的方向发展，一些国家的政府相继实行了环境标志计划。1978 年，德国首先实行环境标志，之后，加拿大、美国、日本、法国、瑞典、丹麦、芬兰等许多国家都开展了这一工作。

环境标志是一种证明性商标，它表明商品在生产、使用及报废后处置的过程中符合环境保护的要求，与同类产品相比，具有低毒少害、节约资源的特点。有了环境标志，消费者就能知道哪些产品有益于环境，以便购买，同时也促进企业在生产过程中节约资源，降低污染，开发对环境有益的产品。

中国环境标志产品认证委员会是我国对产品的环境行为进行认证，授予环境标志的唯一机构；是由生态环境部、国家质量技术监督局、海关总署的领导和知名专家组成的国家最高规格的认证委员会。鉴于环境标志产品质量优、环境行为优的双优特性，该委员会对每一种申请认证的产品均执行严格的审批程序，因此获得环境标志的产品就意味着获得了政府和专家的双重认可。

早在中国环境标志产品认证委员会成立之初，首批通过的 7 个环境标志产品认证标准之一的《水性涂料》就涉及建材行业的产品认证，此后相继出台了《黏合剂》《磷石膏制品》《无石棉板材》《人造木质板材》《建筑用塑料管材》等建材产品标准。但由于种种原因，中国环境标志产品认证委员会在过去一段时间对建材行业重视不够，投入的力度不大。近年来，中国环境标志产品认证委员会对各标准不断进行修订。其中《水性涂料》率先在国内解决挥发性有机化合物（VOC）检测问题并将其引入技术指标，被公认为是具有国际一流水平的认证标准。至今为止，共有上海博罗石膏板有限公司和立邦涂料（中国）有限公司等几十家建材行业的企业通过了环境标志产品的认证。1998 年，在建材行业中推行环境标志计划被中国环境标志产品认证委员会列入正式议程，并作为今后工作的重点之一。2006 年 10 月 24 日，财政部、国家环境保护总局联合发布了《关于环境标志产品政府采购实施的意见》和《环境标志产品政府采购清单》，即中国第一份“绿色采购清单”。2007 年 3 月 19 日发布了调整后的《环境标志产品政府采购清单》，包括汽车、打印机、复印机、涂料、板材等 14 大类产品 444 家企业。

我国在 1993 年推出了《中国环境标志计划》，当时的国家环境保护局按照“一国一标一机构”的国际惯例，建立了中国环境标志的管理模式，设计了“十环”的标志，寓意为全民联合起来共同保护人类赖以生存的环境。经过 30 多年的不断探索和发展，中国环境标志制度已日臻成熟完善、成效显著、成果丰硕，其积极作用体现在以下几个方面。

1. 为市场提供大批绿色产品，有力地推动了供给侧结构性改革

环境标志通过建立与国际接轨的高质量产品标准，给市场提供了大量的节能、环保、低碳和高质量产品。这些优质绿色产品供给，会对那些污染重、能耗高的产品构成压力，挤压其市场空间，有利于良币驱逐劣币，促进供给侧结构性改革。30 多年来，中国环境标志形成了标准制定、认证检查、质量保证、国际接轨等完整的认证体系，产品涉及汽车、建材、纺织、电子、日化、家具、包装等多个行业，共形成 99 大类产品标准，有 4000 多家企业、40 多万种型号的产品获得认证。环境标志产品的年产值已达到 3 万多亿元。

中国环境标志已成为我国最具权威的绿色产品认证制度。从 2006 年开始，环境标志产品进入政府采购清单，截至 2018 年，共发布了 20 批《环境标志产品政府采购清单》，产品种类涉及 60 类产品的 2500 多家企业，有 286 620 多个产品形式。2016 年，环境标志产品的政府采购规模达到 1360 亿元，占政府采购同类产品的 81.5%。

2. 积极促进了污染物减排和资源能源节约利用

环境标志将污染减排和节能降耗放在首位，不断严格认证标准，有力地促进了挥发性有机物、氮氧化物、二氧化硫等多种污染物的污染减排，并有效地节约了能源、资源，降低了二氧化碳的排放，有很大的协同效益。据不完全统计，2014 年企业通过环境标志产品认证减排了挥发性有机物 24.5 万 t，约占 2014 年我国挥发性有机物排放总量的 1.1%，减排了总磷 7000 多吨，减少了难降解的塑料包装物近 5000t。

3. 从消费端倒逼企业绿色创新和转型升级

2010 年，当时的国家新闻出版总署和环境保护部签署了《实施绿色印刷战略合作协议》，着力推动环境标志绿色印刷工作。截至 2016 年底，全国超过一半的印刷企业采取了环保节能措施，1013 家企业通过了环境标志绿色印刷认证，211 家企业通过了清洁生产审核，12 亿册中小学教科书和 1 亿册青少年读物实现了绿色印刷，采用绿色印刷的出版物涉及全国 40%的出版社，京东、当当等电商设立了绿色印刷出版物专区，60%的票据实现了绿色印刷。

4. 在政府、企业、公众之间搭起绿色桥梁

环境问题的产生与产业结构、生产方式、消费行为及资源能源消费等密切相关。中国环境标志通过对终端产品设计、采购、生产、分销和使用过程中严格的节能环保要求，被政府绿色采购所采用，在政府、企业、公众之间搭建了绿色桥梁，为推动大协同提供了重要平台。环境标志认证标准包括能耗、物耗、资源回收率、污染排放量等多类指标。在臭氧层保护、防治水源地富营养化、综合治理白色污染、生态纺织品、保障居室空气质量、降低二氧化碳排放量、减少 PM2.5 排放量等方面都发挥了积极作用。中国环境标志还与 13 个国家和地区签署了环境标志互认的战略合作协议，促进了对外贸易的发展。可以预见，中国环境标志在促进低碳、减排、资源循环利用及保障人类健康等方面将继续发挥更大的作用。

（二）环境标志产品认证程序

1）申请认证的企业向所在省级生态环境厅或中国环境标志产品认证委员会秘书处（以下简称秘书处）领取并填写《环境标志产品认证申请书》，连同有关材料报省级生态环境厅初审。

2）省级生态环境厅对申请书进行审核并提出初审意见，然后将审核后的申请书及必要的材料报秘书处，境外企业认证程序另行规定。

3）秘书处收到申请书及全部认证材料后计算认证费用，并向认证企业下达收费通知。秘书处收到企业的认证费后，即与省级生态环境厅组成现场检查组，到企业进行现场检查工作。检查组人员一般 2～4 名，在企业检查时间一般为 1～2d。

4）对需进行检验的产品，由现场检查组负责对申请认证的产品抽样并送指定的检验机构检验。

5）秘书处根据企业申请材料、检查报告、产品检验报告撰写环境标志产品综合评价意见，提交技术检查组审查并提出审查意见。

6）秘书处收到技术审查组认证审查意见后，汇总意见，填写意见汇总处理表，报认证委员会主任或常务副主任批准。

7）秘书处与认证合格的企业签订环境标志使用合同，向认证企业颁发环境标志产品认证证书。

8）对未通过认证的产品，由秘书处向企业发出认证不合格通知，并说明理由。

9）企业办理环境标志增项认证，经省级环保行政主管部门对《环境标志产品增项认证申请表》进行初审，连同省级以上检验机构出具的一年内产品质量合格证明报秘书处，秘书处会同有关部门办理相应审核后报中国环境标志产品认证委员会批准。

（三）几种常见的环境标志

20 世纪 70 年代以来，在各国的商品上，除了人们早已熟知的各种生产厂家商标、产品注册商标，又增加了一种新的标志。最早是德国，1978 年开始使用如图 8-9 所示的标志。德国的环境标志是以联合国环境规划署（ONEP）的蓝色天使表示的，蓝色天使标志上面伴有字样“蓝色天使”（DER BLAUE ENGEL），以及“JURY UMWELTZEICHEN”，原来的题词读作“Umweltfreundlin”（环境友好）。

1998 年，加拿大开始使用如图 8-10 所示的标志。加拿大的环境标志图形称作“环境选择”商标，图形上一片枫叶代表加拿大的环境，由三只鸽子组成，象征三个主要的环境保护参加者：政府、产业、商业，商标伴随着一个简短的解释性说明，解释商标为什么被认证。

图 8-9　德国蓝色天使标志

图 8-10　加拿大环境选择标志

同年，日本使用如图 8-11 所示的标志。日本“生态标志”符号是两只手环抱世界，符号的含义是“用我们的双手保护地球”。手臂的形状围成“e”字，为“earth”“environment”“ecology”三个英文单词的词头，意味着对地球、环境、生态的保护。

1989 年，丹麦、芬兰、冰岛、挪威、瑞典等北欧国家统一实施了如图 8-12 所示的北欧环境标志——北欧白天鹅标章（environmentally-labeled）。北欧委员会以白色天鹅为象征，语言表达“环境标志”，下部是选择理由的简短描述，解释性描述使用每一个国家的各种语言文字。

图 8-11　日本生态标签

图 8-12　北欧委员会环境标志

1993 年 8 月，中国国家环境保护局正式颁布了中国的环境标志，如图 8-13 所示。中国环境标志由青山、绿水、太阳及 10 个环组成。环境标志图形的中心结构表示人类赖以生存的环境；外围的 10 个环紧密结合，环环紧扣，表示公众参与，共同保护环境；同时 10 个环的“环”字与环境的“环”同字，其寓意为“全民联合起来，共同保护人类赖以生存的环境”。

图 8-13　中国环境标志

思　考　题

1. 简述环境标准的重要性及我国实施环境标准的现状。
2. 简述食用农产品合格证制度实施的意义。
3. 试对绿色食品和有机农产品的环境标准进行比较。
4. 简述 ISO 14001 标准的基本内容和运行模式。

参考答案

第九章 食品环境质量评价体系

内容摘要：本章在环境质量评价概述的基础上，依据食品生产状况提出食品环境质量评价体系，包括食品环境评价因子、质量检测方法及质量评价，并对食品中具代表性的化学、生物污染物进行危险性分析。

教学目标：认识到环境质量与人类生存发展的关系；了解食品环境质量评价体系所包含的内容；掌握食品中化学、生物污染物的危险性分析。

关键词：环境质量　环境质量的价值　食品环境质量评价程序　危险性分析　丙烯酰胺　亚硝胺　酚类抗氧化剂　农药残留　真菌毒素

第一节　环境质量评价概述

环境质量是环境科学的基本概念之一。环境质量评价是环境科学的一个主要分支学科，同时也是环境保护工作的重要组成部分。由于环境质量与人类的生存和发展息息相关，得到了政府和社会的普遍关注，尤其是食品安全问题，对食品环境质量的评价应建立科学的体系。我们将在环境质量评价体系的基础上，依据食品生产状况，提出食品环境质量评价体系。

一、环境质量与价值

（一）环境质量的概念

环境质量是指在某一具体的环境内，环境的总体或环境的某些要素对人的生存和繁衍及社会经济发展的适宜程度。常用环境质量的好坏来表示环境遭遇污染的程度。环境质量代表着人类与环境相互协调的程度，通常包括环境综合质量和环境要素质量，如大气环境质量、水体环境质量、土壤环境质量、生物环境质量、城市环境质量、生产环境质量、投资环境质量和文化环境质量及食品环境质量等。

（二）环境质量的价值

1. 价值

价值是客体与主体需要之间特定（肯定或否定）关系的主体性描述。在环境科学中的主体是指个人、人群或人类社会。在人类的历史长河中，真正认识到环境质量的价值还是在近几十年。人们以往认为环境是“天赐”的资源，可以无止境地利用和无代价地使用。如今，世界上大部分国家和地区已遇到严重的环境问题，如森林覆盖率急剧下降、水土大量流失、沙漠化迅速扩大及空气和水体质量极端恶化等。在环境不留情面的“报复”下，人类的生存和发展受到严重威胁。因此人们开始反省，逐步认识到环境质量与人类需求之间客观存在一种特定的关系——环境质量的价值。

早在 1972 年，联合国人类环境会议发表的《人类环境宣言》中就宣告“保护和改善人类环境已经成为人类的迫切任务”，并提到“现在已达到历史上这样一个时刻：我们在决定世界各地行动的时候，必须更加审慎地考虑它们对环境产生的后果。由于无知和不关心，我们可能给生活环境造成巨大且无法挽回的损害。反之，有了比较充分的知识和采取比较明智的行动，就可能使我们自己和后代在比较符合人类需要和希望的环境中过着美好的生活”。这是人类对环境认识的一个飞跃，是人类思想、意识和价值观念的一次重大转变。它表明人类已在思想中建立起新的环境观念，并重新认识到环境质量对人类的价值。从《人类环境宣言》的发表到党的十八大报告将生态文明写入《中国共产党章程》，人们越来越重视对环境质量的保护。环境质量的价值受到了前所未有的关注。

2. 环境质量价值的特点

（1）环境质量价值的多维性　环境质量价值的第一个特点是多维性，主要表现在人类社会生存发展的需要是多方面、多层次的，包括：①人类健康生存的需要；②人类生活条件提高的需要；③人类发展生产的需要；④维持自然生态系统良性循环的需要。环境质量价值的取向在不同地方和不同历史时期是不相同的。例如，一个贫穷落后国家的百姓食不果腹，衣不蔽体，他们对环境最迫切的需要必然是为解决温饱问题提供物质生产的条件，因此名山大川的清新空气和秀丽景色对他们来说是没有价值的，而发达富饶国家里的百姓会更注重精神层面的享受，追求山明水秀、鸟语花香的生活环境。

（2）环境质量价值的动态性　环境质量价值的第二个特点是其动态性，人类的社会行为会影响环境质量的价值。人类的文明程度越高，环境就建设得越好，环境质量的价值也会迅速提高。反之，人类的文明程度越低，环境就可能被破坏得越严重，山清水秀的环境可能在短短的几年内变成乌烟瘴气的穷山恶水，导致环境质量的价值急剧降低。人类社会和环境质量之间协调发展的水平和程度是人类文明进步的一个重要标尺。

二、环境质量评价

（一）价值与评价

正确认识价值与评价的关系，是准确把握环境质量评价实质的关键，是做好环境质量评价工作的前提。

1. 价值是一种客观存在的关系

价值是客体与主体需要之间的特定关系。客体是客观存在的事物，如阳光、海洋、房屋、食品等。主体需要是指人的需要（物质需要和精神需要），是由社会历史所客观决定的。因此，作为客体和主体需要之间的关系——价值，是一种客观存在的关系。

2. 评价是主体对价值进行的判断

价值是客观的，但对任何一个具体的客体而言，它与主体需要之间究竟有无关系，或有什么样的关系，是需要判断的。评价就是主体对这一价值关系进行判断。

为真正把握住评价的实质，须注意下述问题。

（1）对客体要有透彻的了解　要对客体本身的结构、特征、特性及其运动变化规律进行研究并把握。比如，当要评价某一具体的食品和人类需要之间的关系时，首先要了解食品营养物质含量、安全性等，这是对食品本身进行的研究和了解，然后才能进一步考虑这样的食品能否满足或多大程度上满足人类的需要。

（2）正确把握主体的需要　主体需要是指社会的需要或人的需要。不同的人有不同的需要，即使同一个人在不同条件下也会有不同的需要，所以绝不能用个体人的需要来代替人类的主体需要。然而，人类的主体需要又不能脱离个体人的需要，因此正确把握人类的主体需要是极为重要又困难的事情。

人类的需要是多方面的。例如，在食品的生产过程中，人类希望食物美味可口，于是出现了食品添加剂，但同时又需要食物对人体健康无影响甚至具有促进作用。因此，确定人类对食品添加剂的主体需要十分重要，我们要把握的是食品添加剂使用的量和种类。

（3）*评价是价值在人类意识中的反映*　价值是一种客观存在，评价则是人类对这一客观存在的判断和评定，是客体与主体需要的关系在人类意识中的主观反映。因此，评价的结论可能是对的，也可能是错的，需要我们随着社会文明的推进不断地审视、纠正，以求更好的发展。

（二）目的和对象

环境质量评价的对象是环境质量的价值而不是环境质量本身。环境质量是因为存在人类对其的需要，所以有了评判标尺。具体地说，环境质量评价的对象是环境质量与人类生存发展需要之间的关系。

人们之所以要对环境质量进行评价，是由人类的社会实践需要所决定的。人类无意识的行为，如燃烧垃圾、用水用电等超出一定的限度后，对环境质量所造成的破坏远比有意识的作恶所造成的破坏更严重。人类对环境质量进行评价的目的是能够合理地生存，因此应该对环境质量进行评价。

（三）本质和特点

环境质量评价是环境质量价值的反映，这就是环境质量评价的本质，包含：①它是环境质量这一客观存在的反映；②它是人类对环境质量的需要和追求的反映；③它是环境质量和人类需要之间关系的反映。环境质量的价值是客观的，而人对这一价值的评价则是主观的。

正确把握环境质量评价的本质是建立环境质量评价体系的基础，创建环境质量评价的方法是做好环境质量评价实际工作的前提和关键。社会实践的主体是人类，这一主体出于自身生存发展的需要，研究环境这一客体的客观属性，揭示了其可以满足主体需要的可能性，并在此基础上修正自己的需要、调整行为的目的，从而进行实践，追求需要的满足。由此可见，认识客体的自然属性、认识自己的需要、判断客体特性能否满足自己的需要从而调整需要，选择恰当的行为去改变客体等，都在社会实践中得到统一。

环境质量评价的本质，决定了环境质量评价的基本特点。

1. 环境质量评价随评价主体的变化而变化

环境质量评价的结果是以环境质量对人类生活、工作及健康的适应程度为依据的。因此，在评价的过程中必然要折射出人的态度、意志和选择。而人属于社会，是具体的、历史的、不断变化着的，因此环境质量评价的一大特点是将一定的或变化的环境状态同不断发展着的人及其需要联系起来加以判断。

2. 环境质量评价随道德准则的不同而不同

环境质量评价的结果受到道德准则的制约和影响。比如，某地的环境质量对一部分人来说不能满足其生活和工作需要，而对另外一部分人来说则相反，于是就出现了以哪些人的需要作为主体需要的问题，这在本质上是道德准则的选取问题。

（四）作用和地位

环境质量评价可从不同角度被分成许多类型，如从时间域上可以分为环境质量回顾评价、环境质量现状评价、环境质量影响评价等；从空间域上可以分为项目环境影响评价、区域（流域）环境质量评价、全球环境评价等；从要素上可以分为大气环境评价、水体环境评价、土壤环境评价等；从内容上可以分为健康影响评价、经济影响评价、生态影响评价、风险评价、美学景观评价等。随着环境质量评价工作的广泛开展及环境质量评价理论的完善、充实和提高，今后还会有许多新的类型出现。不同类型的环境质量评价因不同的目的而有不同的内容和侧重点，也就起着不同的作用和具有不同的地位。

总的来说，环境质量评价是环境管理工作的一个重要组成部分，或者说是环境管理工作的基础。环境质量评价为环境管理工作决策提供科学依据。只有明确环境质量的价值，即其与社会发展需要之间的关系，才可制定出恰当的管理对策，选用合适的管理技术，以及衡量管理的效果。

（五）评价标准的选择

评价因子是反映环境质量优劣程度的参数，通常分为容易直接测定的因子和不易直接测定的因子。进行环境质量评价一般选择能反映环境质量状况，并且容易直接测定的因子。

1. 大气环境质量评价因子

选择评价因子的依据：本地区大气污染源评价的结果、大气例行监测的结果，以及生态和人群健康的环境效应。凡是主要大气污染物，当地已造成严重污染的污染物，列入国家主要污染物总量控制指标的污染物，均应选作污染监测的评价因子。

目前，我国各地大气污染监测的评价因子可归纳为以下 4 类。

1）颗粒物：降尘、飘尘、悬浮微粒等。

2）有害气体类：SO_2、NO_x、CO、O_3 等。

3）有害元素类：F、Pb、Hg、Cd 等。

4）有机物类：碳氢化合物、苯并[a]芘、有机磷、有机氯、石油类等。

2. 水体环境质量评价因子

（1）河流水体环境质量评价因子　地表水（河流）环境质量评价包括水体底质和水生生物。一般选择在河流水体中起主要作用的，对环境生物、人体及社会经济危害大的参数作为主要评价因子。确定水体环境质量评价因子有三条原则：一是根据水体功能，二是根据评价目的，三要考虑沿途水污染源的排放特点。可将河流水体环境质量评价因子分为以下几种。

1）感官因子：味、臭、颜色、透明度、浑浊度、悬浮物、总固体含量等。

2）氧平衡因子：DO（溶解氧）、COD（化学需氧量）、BOD（生化需氧量）、TOC（总有机碳）、TOD（总需氧量）等。

3）营养盐类因子：氨盐（NH_4^+）、硝酸盐（NO_3^-）、磷酸盐（PO_4^{3-}）等。

4）毒物因子：酚类、氰化物、汞、铬、砷、镉、铅、有机氯等。

5）微生物因子：大肠杆菌等。

（2）海水环境质量评价因子　海水环境质量评价因子可分为以下几种。

1）有机物、生物污染指标：DO、BOD、大肠杆菌、氨盐等。

2）偏重毒物指标：重金属如汞、砷、铅等。

3）氧平衡指标：与毒物指标同时考虑。

（3）地下水环境质量评价因子　地下水环境质量评价因子的选择要根据评价区域的具

体情况而定。环境中影响地下水质量的有害物质很多，无机化合物有几十种，有机化合物有上百种，其中能溶解于水中的有70多种，不同地区污染物组成不同。一般情况下，地下水环境质量评价因子可分为以下几类。

1）无机盐因子：如矿化物、硫酸盐、氟化物、氯化物等。

2）重金属及类金属因子：常见的有锰、砷、铬、铅、汞等重金属。

3）有机有害物因子：酚、石油、有机磷、有机氯等。

4）生物因子：如病菌、病毒、寄生虫等。

3. 土壤环境质量评价因子

首先确定土壤是哪种污染类型或以哪种污染物为主，称为某某污染型，确定相应的土壤评价因子，一般包括重金属、农药、石油、酚类、土壤酸碱度、致病菌等。

4. 评价标准的选择原则

优先使用国家标准、行业标准，使其在较大范围内有可比性；无国家标准和行业标准时，可选用地方标准；若对特定环境评价时无国家标准、行业标准和地方标准，可参考国外有关标准。

（六）评价方法

污染指数评价法是指对所选择的评价因子进行分析监测，并在此基础上将实测值、环境标准转化为同量纲的指数进行比较，分为单指数评价和综合指数评价。单指数评价是对单个环境要素进行评价，而综合指数评价是对总体环境的综合评价。

第二节　食品环境质量评价

一、食品环境

在影响人类生存和发展的环境系统中，除空气、水、土壤等自然环境因素外，还有一个十分重要的因素，即食品环境。食品环境包括天然食品、食品原料生产和食品加工的环境。食品安全环境是指食品质量状况能充分保障食用者的健康安全，用于消费者最终消费的食品是营养且卫生的，不会出现因食品原料或生产加工、包装、运输过程而存在质量安全问题，确保人体健康和生命安全。

（一）食品环境安全形势严峻

我国食品供应历经了食品供应紧张阶段、逐步实现温饱阶段、稳步迈入小康阶段，食品安全监管也从萌芽期经过发展期到如今的成长期。虽然目前食品供应充足，食品卫生检测、食品检验检测、食品科技及食品认证工作有不同程度的提高，可是食品的安全现状却不容乐观，如由致病微生物造成的食源性疾病、农产品中化学品的滥用、产地环境遭到破坏及食品加工环节存在隐患等。另外，虽然食品安全监管法律制度、监管机构、监管标准和监管环境有一定程度的完善和发展，但相关部门的监管力度和监管水平仍需提高。

世界卫生组织2017年10月公布，估计每年全世界有6亿人因食用受污染的食品而患病，包括有害细菌、病毒、寄生虫或化学物质导致从腹泻到癌症等200多种疾病。我国人民遭受食源性疾病危害的案例屡见不鲜，近年来接连发生的食品安全事件让人触目惊心。国家卫生健康委员会发布的公报显示，2019年第二季度全国食物中毒类突发公共卫生事件报告57起，中毒 2658 人，其中死亡 29 人。

（二）食品污染威胁人的健康和生命

化肥、农药和环境激素严重污染了食品，危害食品环境的安全，产生严重的“餐桌污染”现象，降低人们的生活质量，威胁人们的身体健康和生命安全。滥用碳胺、尿素等含氮化肥会造成亚硝酸盐的污染。含磷化肥中含有的砷、汞、镉等有毒重金属杂质都是强致癌物。敌百虫、氧化乐果、甲胺磷、对硫磷、万灵、快灵等农药的毒性大、残留期长，有些剧毒农药残留甚至长达数百年也不会被分解。农药被农作物吸收进入植物体并通过食物链最终在人体内，尤其在肝、肾、心脏、脂肪、大脑、骨骼等处富集，使人体产生病变、癌变。食品中含有的过量农药残留会使人猝死。此外，不育症、胎儿畸变及死胎等疾病的增多也与食品的农药残留污染密切相关。催生素、催熟剂、膨大剂和雌激素等环境激素不仅可以诱发癌症和各种相关疾病，而且会干扰人体的内分泌活动，如引起精子减少使男性生育功能丧失，女性青春期提前，胎儿发育不正常和精神疾患等。

用甲醛等防腐剂浸泡的水产品、猪蹄筋、牛百叶、猪肚和花肠的表面固化变白，表面白净光鲜，吃起来生脆可口，但其营养已遭破坏，对人体危害极大。急性中毒时会引起鼻炎、支气管炎及皮肤炎，严重时导致肝炎、肺炎，并损害肾；慢性中毒时可影响消化系统和视力，甚至导致咽喉癌。瘦肉精会引起人体肌肉震颤、心慌、战栗、头疼、恶心和呕吐等不良反应，尤其对高血压、心脏病、甲亢和前列腺肥大等疾病患者的危险性更大。过量使用增白剂会引发多种疾病，如牙龈出血、皮肤紫斑等症。增白剂会破坏食品中的营养成分，减少人体对维生素的吸收，因而容易导致口角炎、神经炎和角膜炎的发生。另外，增白剂还会对中枢神经系统造成积累性损害，导致大脑失聪、四肢麻木或颤抖。

【案例 9-1】山东潍坊农户使用“神农丹”种植生姜

食品原料产地生态环境主要包括大气、水、土壤等因子。其主要污染物如图 9-1 所示。

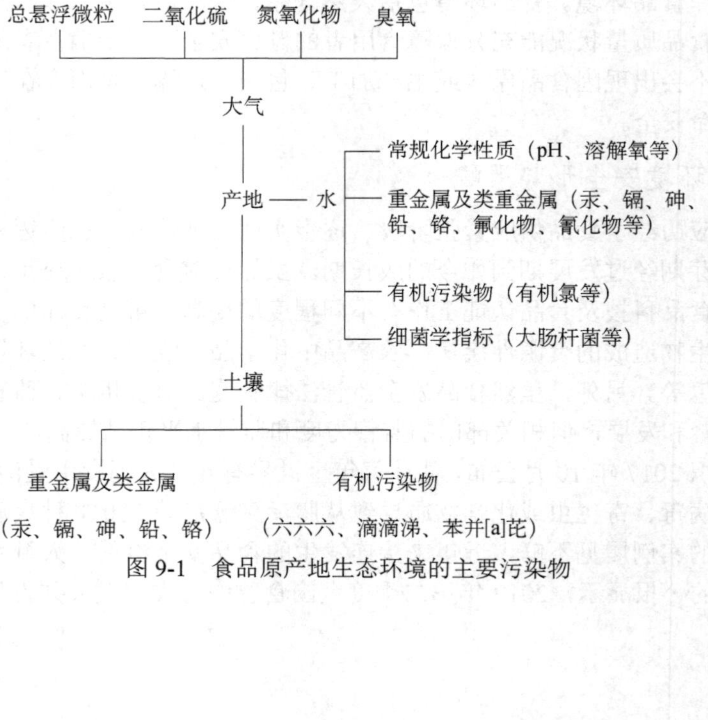

图 9-1　食品原产地生态环境的主要污染物

二、食品环境质量

食品与空气、水、土壤等共同组成了人类生活的环境。人体从环境中摄取空气、水和食物，经过消化和吸收变成了人体细胞和组织的成分，并产生能量维持生命活动。食物链是人类同周围环境进行物质交换与能量传递的重要途径。食品从作物栽培、收获、贮存、加工、运输、销售和烹调直至食用，经过环节多、周期长，在此过程中对人体健康有害的化学毒物和病菌都有可能污染食品。食品环境应符合以下要求。

（一）对大气的要求

要求产地周围不得有大气污染源，特别是上风口不允许有污染源；有害气体不得排放，生产生活用的燃煤锅炉需要有除尘除硫装置。大气质量要求稳定，符合绿色食品大气环境质量标准。大气质量评价采用国家大气《环境空气质量标准》（GB 3095—2012）的一级标准。主要评价因子包括总悬浮微粒（TSP）、二氧化硫、氮氧化物、臭氧等。

（二）对水环境的要求

要求生产用水质量要有所保证。产地应选择在地表水、地下水水质清洁无污染的地区；水域、水域上游没有对该产地构成威胁的污染源；生产用水质量符合绿色食品水质环境质量标准。其中农田灌溉用水评价采用国家标准《农田灌溉水质标准》（GB 5084—2021）；渔业用水评价采用国家标准《渔业水质标准》（GB 11607—1989）；畜禽饮用水评价采用国家标准《地表水环境质量标准》（GB 3838—2002）；加工用水评价采用国家标准《生活饮用水卫生标准》（GB 5749—2022）。主要评价因子包括常规化学性质（pH、溶解氧等）、重金属及类重金属（Hg、Cd、Pb、As、Cr、F、CN^-等）、有机污染物（有机氯等）和细菌学指标（大肠杆菌等）。

（三）对土壤的要求

要求产地土壤元素位于背景值正常区域，周围没有金属或非金属矿山，没有农药残留污染，并且要求有较高的土壤肥力，评价采用《土壤环境质量 农用地土壤污染风险管控标准（试行）》（GB 15618—2018）。要求土壤质量符合绿色食品土壤质量标准。土壤评价采用该土壤类型背景值的算术平均值加 2 倍的标准差。主要评价因子包括重金属（Hg、Cd、Pb、Cr、As）和有机污染物（六六六、滴滴涕、苯并[a]芘）。

三、食品环境评价

（一）食品环境评价因子

食品原料产地环境质量评价工作主要选择毒性大、作物易积累的物质作为评价因子，包括上述食品环境中所涉及的大气、水体和土壤中的污染物。

（二）食品环境质量监测

食品产地环境质量监测的主要对象包括大气、土壤和水体三部分，另外需要对农作物所施用肥料的种类、数量和品质及虫害的防治措施、药剂种类和数量进行调查。

食品产地环境的监测时间原则上要求安排在作物生长期。

1. 基地自然环境条件调查

（1）调查方法　通常采用查、观、听、访 4 种方法进行。

1）查：查阅该区域水文、气象、地质、卫生、环保和农业等有关资料。

2）观：现场考查产地生态环境现状及外部污染情况。

3）听：通过现场座谈等形式，了解产地生产区域保障其生态环境及农产品（或原料）的质量控制措施，以及生产单位有关产品生产、加工各环节的质量保证措施。

4）访：访问了解各方面代表对区域目前环境质量状况的意见，以及生产基地的环境保护建议。

通过以上工作，实现对农产品生产基地生态环境概况的初步了解，为评价准备基本资料。

（2）调查内容

1）收集有关农产品生产地的概况信息，包括生产地及原料产地地理位置图，当地社会经济和自然条件概况、自然本底状况及周围污染源状况等。

生产地的地理位置图应包括生产地块分布位置、村镇、居民点、工业企业分布、道路、河流和灌溉井位等。社会经济概况主要包括土地面积、人口、经济结构、生产体制、发展方向（规划）、管理水平和技术水平等。如果是生产企业，还应包括企业性质、规模、发展简史、管理水平、技术水平、产品种类、产量、产值和年利润等资料。自然条件概况主要包括地形地貌、地质土壤、水文、气象、植被、生物资源、绿化情况、防护林、水土流失、沙漠化和盐渍化问题等。自然本底状况主要针对是否有自然本底缺陷或个别元素过高过低的问题。例如，是否存在高氟区、缺碘区、放射性本底高区等。污染源状况一般要注意主风向和次风向，以及水源上游约 10km 范围内是否有污染源，其他方向和下游方向控制在 5km 左右范围内，同时应调查清楚污染源的污染物种类、性质和污染物量等。

2）调查了解农业生产结构布局、种植制度和农作物栽培过程中农药、化肥的施用及农业废弃物的排放（畜禽粪便、秸秆、废水及其他初加工废物等）等生产性污染源和污染物对基地本身及其周围环境产生的直接影响和间接影响。

2. 样品的采集与污染物监测分析

样品的采集与污染物监测分析包括以下步骤：采样点布设→样品的采集→样品的运输→样品的保存→样品的测定→数据处理。

（三）食品环境质量评价

1. 食品环境质量评价程序

（1）大气环境质量评价程序

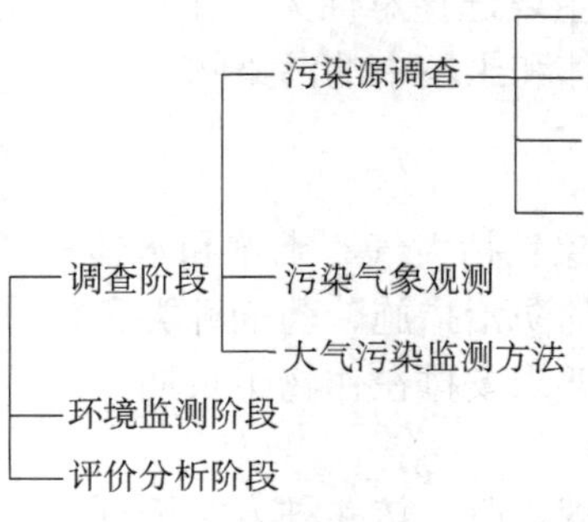

（2）水体环境质量评价程序

水体环境背景调查
↓
污染源调查与评价
↓
监测项目的确定和数据获得
↓
水体污染现状评价

（3）土壤环境质量评价程序

土壤类型及环境特征
↓
土壤环境背景值调查
↓
污染源调查与评价
↓
土壤质量现状评价
↓　↓　↓
监测布点　采样分析
评价模式　现状分级
评价因子选择　评价标准确定
↓
土壤质量预测

2. 食品环境质量评价实例

（1）富岗苹果产地的环境质量评价　　富岗苹果是河北省内丘县的特产，因生长于富岗山庄而得名，果肉硬度大、纤维少、质地细。富岗山庄日照丰富，昼夜温差大，极利于水分的有效积累；土壤为中性偏碱的砂壤土质，含有较丰富的磷、钾、钙和镁等元素。因此，富岗苹果具有优良品质，多项指标均高于全国平均值。以富岗苹果为例进行产地环境质量评价如下。

1）农田灌溉水质量状况监测及评价：富岗苹果产地农田灌溉水质量连续三年的监测结果如表 9-1 所示。按污染指数 $P_i=C_i/S_i$（式中，P_i 为环境要素中污染物 i 的污染指数；C_i 为污染物 i 的实测数据；S_i 为污染物 i 的评价标准）的评价方法计算，若 $P_i\leqslant 1$，表示水质未受污染；若 $P_i>1$，表明污染物 i 超过规定的标准，该水质已不能满足使用要求。由表 9-1 可见，各项污染物的污染指数值远小于 1。因此认为，该生产基地农田灌溉水质量极优，符合生产苹果的要求。

表 9-1　富岗苹果产地农田灌溉水质量监测结果（郭素平和李保国，2003）

项目	国标	实测平均值	实测最高值	污染指数
氯化物/（mg/L）	≤250	20.10	24.72	0.08
氰化物/（mg/L）	≤0.5	0.002	0.002	0.004
氟化物/（mg/L）	≤3.0	0.15	0.28	0.05
总汞/（mg/L）	≤0.001	0.000 012	0.000 015	0.012
总砷/（mg/L）	≤0.1	0.012	0.015	0.010
总铅/（mg/L）	≤0.1	0.005	0.005	0.05
总镉/（mg/L）	≤0.005	0.000 5	0.000 5	0.1
六价铬/（mg/L）	≤0.1	0.002	0.2	0.2
石油类/（mg/L）	≤10	—	—	—
pH	5.5～8.5	7.5	7.8	—

2）土壤环境质量状况监测和评价：富岗苹果产地土壤质量连续三年的监测结果如表 9-2 所示。各项指标当中以总镉污染指数最高，但也远小于国标要求。因此认为，富岗苹果产地土壤质量良好，污染轻微，符合苹果生产的要求。

表 9-2　富岗苹果产地土壤质量测定结果（郭素平和李保国，2003）

项目	国标			实测平均值	实测最高值	污染指数
	pH<6.5	pH6.5～7.5	pH>7.5			
总汞/（mg/kg）	≤0.3	≤0.5	≤1.0	0.020	0.036	0.04
总镉/（mg/kg）	≤0.3	≤0.3	≤0.6	0.171	0.210	0.57
总铅/（mg/kg）	≤250	≤300	≤350	6.99	10.0	0.02
总砷/（mg/kg）	≤40	≤30	≤25	12.1	17.3	0.40
六价铬/（mg/kg）	≤150	≤200	≤250	84.11	92.3	0.42
六六六/（mg/kg）	≤0.5	≤0.5	≤0.5	0.009	0.02	0.018
滴滴涕/（mg/kg）	≤0.5	≤0.5	≤0.5	0.007	0.013	0.014
pH	—	—	—	7.04	7.2	—

3）大气环境质量状况监测及评价：富岗苹果产地大气质量连续三年的监测结果如表 9-3 所示。总悬浮颗粒物污染指数为 0.24，二氧化硫污染指数为 0.024，氮氧化物污染指数为 0.042，氟化物污染指数为 0.123，大气综合质量为一级，符合苹果生产的要求。

表 9-3　富岗苹果产地大气质量测定结果（郭素平和李保国，2003）

项目	国标		实测	污染指数
	日平均	1h 平均		
总悬浮颗粒物（TSP）（标准状态）/（mg/m^3）	0.3	—	日平均 0.071	0.24
二氧化硫（标准状态）/（mg/m^3）	0.15	0.50	1h 平均 0.012	0.024
氮氧化物（标准状态）/（mg/m^3）	0.12	0.24	1h 平均 0.01	0.042
铅（标准状态）/（$\mu g/m^3$）	季平均 1.5	—	0	0

（2）辽南地区蔬菜地环境质量评价　采用中国绿色食品生态环境质量标准，对辽宁省辽南地区瓦房店市老虎屯经济开发区蔬菜生产基地进行产地环境质量评价，结果如下。

1）水体质量状况监测及评价：农田灌溉水和井水作为水质采样对象，根据食品灌溉水质标准，确定了 7 项指标，包括 pH 、汞、镉、铅、砷、铬（六价）、氟化物。其项目的评价标准同表 9-4。根据水质采样监测结果计算的单项污染指数列于表 9-4。可以看出，该区灌溉水所测 7 项指标单项污染指数均小于等于 1，表明基地水质良好，可以作为食品农田灌溉用水。

表 9-4　辽南地区蔬菜地农田灌溉水污染指数（刘玉萍等，2001）

监测点	pH	汞	铅	镉	砷	六价铬	氟化物
1	0.8	<0.5	0.09	<0.004	<0.2	<0.04	<0.13
2	0.8	<0.5	0.024	<0.004	<0.2	<0.04	<0.13
3	1.0	<0.5	0.040	<0.004	<0.2	<0.04	<0.13
4	0.8	<0.5	0.033	<0.004	<0.2	<0.04	<0.13

2）土壤环境质量状况监测和评价：对土壤环境质量状况的评价采用单项污染指数法进行，

监测结果如表 9-5 所示，表中所列各项污染指数均小于 1，表明该区属于未污染类型，符合食品生产基地土壤环境质量标准。

表 9-5　辽南地区蔬菜地土壤污染物指数（刘玉萍等，2001）

监测点	镉	汞	铅	砷	六价铬	pH
1	0.44	0.1092	0.35	0.17	0.37	5.7
2	0.47	<0.0004	0.64	0.15	0.36	6.2
3	0.42	<0.0004	0.54	0.22	0.30	6.4
4	0.71	0.0110	0.87	0.14	0.30	6.8
5	0.75	<0.0004	0.75	0.19	0.30	5.5
6	0.78	0.0932	0.66	0.20	0.36	5.5
7	0.75	0.0422	0.62	0.25	0.29	6.2
8	0.56	0.0511	0.74	0.19	0.33	6.2

3）大气环境质量状况监测及评价：根据食品生产基地大气环境质量监测的要求，监测项目选择总悬浮颗粒物、二氧化硫、氮氧化物和氟化物 4 个项目，采用单项污染指数法对产地污染物进行评价。检测统计结果及其评价如表 9-6 所示，三个监测点大气中总悬浮颗粒物、二氧化硫、氮氧化物和氟化物 4 个项目污染物的污染指数均小于 1，其指标符合食品生产环境大气质量标准。

表 9-6　辽南地区蔬菜地大气污染物指数（刘玉萍等，2001）

监测点		大气污染物/（mg/m^3）			
		总悬浮颗粒物	二氧化硫	氮氧化物	氟化物
日平均污染浓度范围	区域 A	0.086～0.092	0.012～0.018	0.023～0.026	2.05～2.60
	区域 B	0.088～0.093	0.013～0.016	0.024～0.028	1.91～2.17
	区域 C	0.081～0.093	0.011～0.014	0.023～0.024	2.04～2.28
污染指数范围	区域 A	0.29～0.31	0.08～0.12	0.23～0.26	0.29～0.37
	区域 B	0.29～0.31	0.09～0.11	0.24～0.28	0.27～0.31
	区域 C	0.27～0.31	0.07～0.09	0.23～0.24	0.29～0.33

4）综合评价：综上所述，辽南地区蔬菜生产基地自然环境良好，无废弃物污染源。水体、土壤、大气各项污染检测结果显示，其所有单项污染指数均小于 1，符合食品生态环境质量标准，因此该地区作为蔬菜生产基地符合环境质量要求。

第三节　危险性分析

社会的进步使得人们对自身健康予以更多的关注，科学技术的发展使得人们对食品安全问题有更多的了解。人们希望食品安全具有切实的保障，所消费的食品不会对人体健康产生危害。危险性分析的概念首先出现在环境科学的危害控制中，20 世纪 80 年代末被应用到食品安全领域，进而通过一系列的国际协议确立其在食品安全领域中的权威性地位。

一、危险性分析的基本概念及意义

（一）危险性分析的基本概念

由于项目实施过程中环境、条件等有关因素的变化和主观预测能力的局限，一个方案的实施不一定完全符合人们事先所作的预测。危险与不确定性是密切相连的，危险由两个因素组合而成：危险发生的概率和危险事件产生的后果。危害（hazard）是指食品中存在的有害于健康的生物、化学或物理因素。危险（risk）是指产生有害于健康的可能及这种有害作用的严重程度，相当于食物中的一种“危害”。危险分析（risk analysis）包含三部分，即危险评估、危险控制及危险方面的信息交流。危险评估（risk assessment）包含危害确定、危害鉴定、暴露量评估及危险鉴定 4 个步骤的科学研究过程。危害确定（hazard identification）是指确定各种对健康造成的有害影响，并且在某种或某类食品中存在的生物、化学和物理因素。危害鉴定（hazard characterization）是指对可能存在于食品中的生物、化学及物理因素会造成的健康危害进行定性和定量的评估。例如，对于化学性因素应进行剂量反应关系的评价，对于生物或物理因素如可获得相关资料也应进行剂量反应关系的研究。剂量反应关系评估（dose-response assessment）是指确定某种化学、生物或物理因子的暴露水平（剂量）与相应的健康危害（反应）的严重性和频度的关系。暴露量评估（exposure assessment）是危险评估的重要内容，评估内容包括接触食源性健康危害物质的含量、频率和时间长度及暴露途径。危险鉴定（risk characterization）是危险评估的最后一步，将危害确定、危害鉴定和暴露量评估过程中进行的分析和所得结论综合在一起，对人体摄入某化学物质对健康产生不良效应的可能性和严重程度进行估计，也包括对伴随的不确定性进行评估。

（二）危险性分析的意义

建立一整套科学系统的食源性危害评估和管理理论，为制定统一协调的食品卫生标准体系奠定基础。危险性分析将贯穿食物链各环节的食源性危害均列入评估的内容，考虑评估过程中的不确定性、普通人群和特殊人群的暴露量，权衡危险性与管理措施的成本效益，连续监测管理措施（包括制定的标准法规）的效果并及时利用各种信息交流进行调整。因此，该方法一经国际食品法典委员会应用就得到世界各国的认可。采用此全面系统的理论有助于各国在国际食品安全管理领域取得一致性的意见，从而有助于建立国际统一协调的食品卫生标准体系。

将科研、政府、消费者、生产企业及媒体等有关各方有机结合在一起，共同促进食品安全体系的完善和发展。危险性分析三要素的实施者涉及科研、政府、消费者、企业及媒体等有关各方，即学术界进行危险性评估，政府在其评估的基础上倾听各方意见、权衡各种影响因素并最终提出危险性管理的决策。学术界、政府、消费者组织、企业和媒体各方的信息交流贯穿于整个决策产生的过程中，各方相互关联而又相对独立，其工作的有机结合避免了以往部门割据造成主观片面的决策产生。

有效保护本国贸易利益的非关税贸易，促进公平食品贸易。食品法典标准的一项重要宗旨是促进国际上公平的食品贸易，这也是世界贸易组织将食品法典作为解决贸易争端的依据的主要原因。在世界贸易组织管辖的《实施动植物卫生检疫措施的协议》第 5 条中规定各国须根据危险性评估结果确定合适本国的卫生和植物卫生措施保护水平，各国不得主观、武断地以保护本国国民健康为理由，设立过于严格的卫生和植物卫生措施，从而阻碍贸易的公平进行。换言之，各国采纳的食品标准法规若严于食品法典标准，必须有危险性评估的科学依据，否则就被视为贸易的技术壁垒。

有助于确定不同的食品管理措施是否具有等同性，以促进国际上食品贸易的发展。食品进出口国之间食品管理措施是否具有等同性，其评判原则同样依据食品法典的危险性分析理论。为达到同等的食品安全目标，各国可采用不同的管理措施，但只要出口国向进口国客观地表现其卫生和植物卫生措施符合进口国相应的卫生和植物卫生保护水平，即使这些措施与本国或与进行相同产品贸易的其他国家存在差别，该成员国（进口国）都应承认出口国的卫生和植物卫生措施与其具有等同性。等同性的确立有助于简化食品进出口的检验程序，促进双边和多边的相互承认，从而有利于食品贸易的快速发展。

二、食品中化学物质的危险性分析

（一）食品中丙烯酰胺的危险性分析

1. 丙烯酰胺的基本性质及其应用

丙烯酰胺（$CH_2=CH-CONH_2$）是一种白色晶体物质，分子量为70.08，是一种不饱和酰胺，其单体为无色透明片状结晶，沸点125℃，熔点84～85℃，能溶于水、乙醇、乙醚、丙酮和氯仿，不溶于苯及庚烷中。丙烯酰胺单体在室温下很稳定，但当其处于熔点或以上温度、氧化条件及在紫外线的作用下很容易发生聚合反应。当加热使丙烯酰胺溶解时会释放出强烈的腐蚀性气体和氮的氧化物类化合物。丙烯酰胺是1950年以来广泛用于生产化工产品聚丙烯酰胺的前体物质。聚丙烯酰胺主要用于水净化处理、纸浆加工及管道内涂层等。

2002年，欧洲的部分专家就已开始关注丙烯酰胺带来的食品风险。由于丙烯酰胺具有潜在的神经毒性、遗传毒性和致癌性，因此食品中丙烯酰胺的污染引起国际社会和各国政府的高度关注。2005年，食品添加剂联合专家委员会（JECFA）第64次会议根据资料对食品中的丙烯酰胺进行系统性危险性评估。2009年，JECFA为国际食品法典委员会编制《减低食品中丙烯酰胺的操作规范》。2011年，美国专家也提出丙烯酰胺存在致癌风险。2015年，欧洲食品安全局发布关于食品中丙烯酰胺第一次全面风险评估结果，认为食品中丙烯酰胺可能增加所有年龄段消费者的患癌风险。2016年，美国食品药品监督管理局建议企业了解其生产食品中丙烯酰胺含量，并考虑采取措施降低其含量。美国加利福尼亚州第65号提案要求对含有与癌症相关的有毒物质（包括丙烯酰胺）消费品发出警告，故2018年3月的一项案例中，法院判定咖啡卖家必须在其产品中附上致癌警告标签。2018年，欧盟委员会的新法规要求食品公司制定相应措施，并采用一切可行手段将其产品中丙烯酰胺的含量降至基准水平。新欧盟法规明确规定，降低丙烯酰胺含量的责任在于食品经营者，该法规自2018年4月11日开始实施。

2. 丙烯酰胺的毒性

（1）丙烯酰胺的神经毒性　丙烯酰胺是一种中等毒性的亲神经毒物，可通过未破损的皮肤黏膜、肺和消化道吸收进入人体，分布于体液中。丙烯酰胺的神经毒性是许多学者所公认的，大量的中毒事件发生也是因其神经毒性，但丙烯酰胺导致周围神经和中枢神经系统损伤的机制尚未研究透彻。现场劳动卫生学研究和体格检查表明长期接触丙烯酰胺的工人主要表现为四肢麻木、乏力、手足多汗、头痛头晕和远端触觉减退等，累及小脑时还会出现步履蹒跚、四肢震颤觉和深反射减退等行为，外周神经损害多表现为通向胞体的长纤维末端首先受损，逐渐向胞体方向发展，呈“返死现象”。

相关学者发现丙烯酰胺能使脑能量代谢受到影响，脑组织供能代偿潜能损伤，并认为这种对脑能量代谢的影响是丙烯酰胺产生神经元损伤的生化基础。丙烯酰胺中毒致周围神经疾病时轴突首先受累，当轴突变性时神经元胞质呈持续的逆行改变，故其神经元多可恢复，神经末梢可再生。

从已报道关于丙烯酰胺中毒的案例中可以看出，丙烯酰胺的中毒不仅会带来神经性伤害，甚至还会导致人体某些脏器发生实质性病变，从而造成严重的后遗症。

（2）丙烯酰胺的致癌性

1）丙烯酰胺致癌性的评估状况：大量的动物实验数据证实丙烯酰胺具有一定的致癌作用。例如，在实验动物的饮用水中每天加入剂量为2.0mg/kg的丙烯酰胺，一段时间后就会在脑部、脊髓或其他组织中发现肿瘤细胞。以6.25mg/kg、2.5mg/kg、25mg/kg的丙烯酰胺经口染毒A/J小鼠，可诱发小鼠皮肤肿瘤，促肺腺瘤发展。以每天0.1mg/kg、0.5mg/kg、2.0mg/kg的丙烯酰胺对大鼠进行104周慢性染毒，发现大鼠睾丸鞘膜肿瘤增加，从而认为丙烯酰胺具有一定的多巴胺拮抗作用，该机制可能会导致多种组织细胞异常增生，是引发癌症的原因之一。

2）食品中丙烯酰胺的致癌性：食品中存在的丙烯酰胺是否存在致癌作用、多大的剂量会引起癌症，各国的科学家和研究人员存在不同的看法。

评估丙烯酰胺对人体的危险是很重要的。基于一些动物实验的结果，将丙烯酰胺的无可见不良作用水平（NOAEL）定为0.1mg/kg体重。根据新西兰国家营养机构对具有代表性的西方饮食的调查，计算了消费者食用热的油炸薯条或油炸薯片，即经常食用的可能产生丙烯酰胺最多的食品，其中每日平均摄入丙烯酰胺的剂量为0.3μg/kg体重，是NOAEL所规定0.1mg/kg体重的1/3。

虽然现在对丙烯酰胺已经进行了大量的研究，但是关于它的致癌性仍然是各国争论的焦点之一，现有数据并不足以说明食品中的丙烯酰胺可以导致某种癌症，这就需要我们通过多种实验手段、先进的科学技术来进一步深入研究食品中丙烯酰胺的问题，希望在不久的将来能够彻底解决食品中的丙烯酰胺问题。

（3）丙烯酰胺的其他不良影响

1）丙烯酰胺对小鼠抗氧化能力和免疫功能的影响：小鼠经口给予不同剂量（50mg/kg、100mg/kg、150mg/kg）的丙烯酰胺，每周5次，42d后断头取血检测指标。结果显示，染毒小鼠体重明显下降，血清脂质过氧化代谢产物（MDA）含量增高（$p<0.001$），超氧化物歧化酶（SOD）及全血谷胱甘肽氧化酶活性于150mg/kg染毒组降低非常明显（$p<0.001$），150mg/kg染毒组小鼠血中胶体炭粒清除速度明显降低，胸腺相对质量明显增加。这说明丙烯酰胺有抑制机体抗氧化能力和降低机体网状内皮系统吞噬功能的作用。

2）丙烯酰胺的基因毒性及DNA损伤作用：丙烯酰胺不能诱导细菌基因突变，但是丙烯酰胺代谢的环氧化物——环氧丙酰胺在代谢停滞时却能诱导基因突变。在诱导哺乳动物细胞基因突变试验中，丙烯酰胺能表现一种不确定的、很弱的基因突变作用。丙烯酰胺在哺乳动物细胞中可以诱导染色体失常、姐妹染色体互换、染色体倍增、染色体非整倍体形成及其他有丝分裂等异常现象。丙烯酰胺不能在小鼠肝细胞中诱导非常规DNA合成，环氧丙酰胺却能诱导人体乳腺细胞的非常规DNA合成，但环氧丙酰胺在小鼠肝细胞中的作用不明显。

我国研究人员对丙烯酰胺单体的细胞染色体进行实验观察，目的是通过对不同梯度丙烯酰胺进行诱变性实验，观察丙烯酰胺对哺乳动物细胞遗传毒性的影响。采用细胞培养染色体畸变技术进行实验观察，结果表明丙烯酰胺单体既能诱导染色体结构畸变，又能诱导非整倍体形成。这一研究结果与国际卫生组织提出的关于丙烯酰胺的基因毒性一致，同时丙烯酰胺致畸作用有剂量反应关系，高浓度诱发大量非整倍体形成及结构变异，低浓度无诱发中国仓鼠肺细胞染色体畸变的作用。

3）丙烯酰胺的生殖毒性：研究表明，丙烯酰胺的生殖毒性机制与其神经毒性机制相似。丙烯酰胺可抑制驱动蛋白样物质的活性，导致细胞有丝分裂和减数分裂障碍，引起生殖损伤。

有研究证据表明，丙烯酰胺可以影响雄性动物的生育能力。给予雄性大鼠 15mg/kg 的丙烯酰胺连续 5d，或者给予小鼠 12mg/kg 连续 28d，均可发现其生育能力受到损害，具体表现为精子计数减少和精子活动能力减弱。这说明丙烯酰胺对动物的生殖系统有一定的损伤作用，但目前在人类中却未发现有此危害。

虽然动物实验证实丙烯酰胺具有一定的毒害作用，但对于人体的作用还不清楚，是否会对人体产生致癌作用也尚未可知。因此，食品中丙烯酰胺对人体的毒性问题还有待进一步深入研究。但是不管怎样，丙烯酰胺是有害物质，要尽量减少它在食品中产生，并通过改善烹调方法，均衡膳食，多食用蔬菜和水果，减少油炸焙烤类食品的摄入量等多种方法和技术减少食品中丙烯酰胺的产生才是根本之道。

3. 丙烯酰胺进入人体的途径

（1）人体接触途径　人体可通过消化道、呼吸道、皮肤黏膜等多种途径接触丙烯酰胺，饮水是其中一种重要的接触途径，饮用水中丙烯酰胺的污染主要是由于在水处理过程中使用聚丙烯酰胺絮凝剂，其本身没有毒性，毒性主要由残留在聚丙烯酰胺絮凝剂中的丙烯酰胺单体引起。研究指出，通过检测使用聚丙烯酰胺絮凝剂处理饮用水的河水及自来水，发现水中丙烯酰胺的含量均超过饮用水中丙烯酰胺的含量标准。因此，世界各国对水进行处理时使用聚丙烯酰胺絮凝剂后残留丙烯酰胺的毒性问题越来越重视，并分别针对其毒性问题对残留丙烯酰胺的含量问题制定严格的控制标准。通过控制聚丙烯酰胺生产技术及其在使用中采用的投加量来控制残留丙烯酰胺单体在饮用水中的浓度。我国饮用水处理用聚丙烯酰胺标准规定：饮用水用聚丙烯酰胺中丙烯酰胺单体的含量必须小于 0.05%。欧洲饮用水处理用聚丙烯酰胺标准规定：饮用水用聚丙烯酰胺中丙烯酰胺单体的含量小于 0.25%，投加量低于 0.4mg/L。美国饮用水处理用聚丙烯酰胺标准中规定：供水企业必须书面向政府保证，饮用水用聚丙烯酰胺中丙烯酰胺单体的含量小于 0.05%，投加量低于 1mg/L。

（2）吸收、分布及代谢　丙烯酰胺可通过多种途径被人体吸收，其中经消化道吸收最快，在体内各组织广泛分布，包括母乳。经口给予大鼠 0.1 mg/kg 的丙烯酰胺，其绝对生物利用率为 23%～48%。进入人体内的丙烯酰胺约 90%被代谢，仅少量以原型经尿液排出。丙烯酰胺进入体内后在细胞色素 P4502E1 的作用下，生成活性环氧丙酰胺。该环氧丙酰胺比丙烯酰胺更易与 DNA 上的鸟嘌呤结合形成加合物，导致遗传物质损伤和基因突变，被认为是丙烯酰胺的主要致癌活性代谢产物。研究报道，给予大小鼠丙烯酰胺后在小鼠肝、肺、睾丸、白细胞、肾及大鼠肝、甲状腺、睾丸、乳腺、骨髓、白细胞和脑等组织中均检出环氧丙酰胺鸟嘌呤加合物。目前，尚未见人体丙烯酰胺暴露后形成 DNA 加合物的报道。

此外，丙烯酰胺和环氧丙酰胺还可与血红蛋白形成加合物，在给予动物丙烯酰胺和摄入含有丙烯酰胺食品的人群体内均检出血红蛋白加合物，建议用该血红蛋白加合物作为接触性生物标志物来推测人群丙烯酰胺的暴露水平。

4. 食品中丙烯酰胺的形成、含量和人体可能暴露量

（1）食品中丙烯酰胺的形成　丙烯酰胺主要在高碳水化合物、低蛋白质的植物性食物加热（120℃以上）烹调过程中形成，140～180℃为生成的最佳温度；在加工温度较低，如用水煮时，丙烯酰胺的水平相当低；在食品加工前检测不到丙烯酰胺。水含量也是影响其形成的重要因素，特别是烘烤、油炸食品最后阶段水分减少、表面温度升高后，其丙烯酰胺形成量更高。丙烯酰胺的主要前体物为游离天冬氨酸（马铃薯和谷类中的代表性氨基酸）与还原糖，二者发生美拉德反应生成丙烯酰胺。

（2）食品中丙烯酰胺含量　丙烯酰胺的形成与加工烹调方式、温度、时间和水分等有关，因此不同食品加工方式和条件不同，其形成丙烯酰胺的量有很大不同，即使不同批次生产出的相同食品，其丙烯酰胺含量也有很大差异。2002 年 4 月瑞典研究人员率先报道，从油炸薯条和薯片、饼干等食品中检出了高浓度可疑致癌物丙烯酰胺。2015 年欧洲食品安全局收集 2010 年以来 24 个欧洲国家和 6 个食品协会提供的食品分析结果共 43 419 份，发现丙烯酰胺含量最高的为咖啡替代品（干）、咖啡（干）和马铃薯片三种食品，每千克食品中丙烯酰胺平均质量分别为 1499μg、522μg 和 389μg。近年来我国多个城市对食品中的丙烯酰胺含量进行了检测，结果显示以薯片含量最高，每千克食品中平均质量最高达 898μg，而常吃的油条、油饼、焦圈、薄脆、排叉等油炸米面类食品中的丙烯酰胺含量也较高，见表 9-7。第四次中国总膳食研究（Chinese Total Diet Studies，CTDS）从广西抽样发现每千克某红糖中的丙烯酰胺质量高达 526.6μg。JECFA 也报告了类似的结果，丙烯酰胺在每千克精制和未精制的糖中分别为 86μg 和 445μg。红糖是未精制的产品，含有天冬酰胺等杂质，这或可解释为什么红糖中丙烯酰胺含量高。

表 9-7　中国各地检测的食品丙烯酰胺的含量

检测地区	丙烯酰胺含量最高的三种食物	食品中丙烯酰胺酯类平均质量/（μg/kg）
北京	焦圈、薄脆、排叉、炸馒头片	550
	油条、油饼、麻花、麻球	272
	糖耳朵、糖火烧	120
广东	薯条	586
	油条	486
	油饼	446
苏州	薯片	559
	麻花	104
	锅巴	67
咸阳	薯片	898
	薯条	471
	油条	395

（3）食品中丙烯酰胺人体可能暴露量　2015 年，EFSA 公布了 24 个欧洲国家和 6 个食品协会提供的数据，结果显示儿童的慢性膳食每日暴露量均值为 0.50～1.91μg/kg，慢性膳食每日暴露量第 95 百分位数为 1.4～3.4μg/kg；青少年、成人和老年人的慢性膳食每日暴露量均值为 0.4～0.9μg/kg，慢性膳食每日暴露量第 95 百分位数为 0.6～20μg/kg。2002～2013 年进行的第三次至第五次中国总膳食研究结果，得出我国总膳食研究普通人群丙烯酰胺膳食暴露状

况（表 9-8），我国总人群来自膳食的丙烯酰胺日均暴露水平为每人每日 0.319μg/kg，虽然低于 JECFA 2011 年报告的日均暴露水平 1.0μg/kg，但近 3 次中国总膳食研究表明来自膳食的丙烯酰胺日均暴露水平由 2002 年的 0.188μg/kg 上升到 2013 年的 0.319μg/kg，上升显著，这可能与国人的饮食习惯改变有关，有必要进行持续监测。国家食品安全风险评估中心于 2019 年 5 月重启丙烯酰胺评估项目，且将其纳入 2020 年食品安全风险监测计划的监测对象中。

表 9-8　2002—2013 年中国总膳食研究普通人群丙烯酰胺膳食暴露状况（周萍萍，2018）

食品类别	第三次总膳食（2002 年）	第四次总膳食（2007 年）	第五次总膳食（2009～2013 年）
谷类	0.049	0.076	0.109
豆类及坚果	0.013	0.016	0.018
薯类	0.023	0.023	0.050
肉类	0.001	0.019	0.015
蛋类	0.000	0.000	0.002
水产类	0.001	0.006	0.007
奶类	0.000	0.000	0.001
蔬菜类	0.101	0.136	0.112
水果类	0.001	0.001	0.000
糖类	0.000	0.002	0.001
饮料及水	0.000	0.001	0.002
酒类	0.002	0.000	0.000
合计	0.191	0.280	0.317

5. 危险性评估

对非遗传毒性物质和非致癌物的危险性评估方法通常是在无可见不良作用水平的基础上再加上安全系数，产生出每日容许摄入量（ADI）或暂定每周耐受摄入量（PTWI），用人群实际摄入水平与每日容许摄入量或暂定每周耐受摄入量进行比较，可评估该物质对人群的危险性。而对于遗传毒性致癌物，应尽可能避免接触，没有考虑这类物质摄入量和致癌作用强度的关系，没有可接受的耐受阈剂量，因此管理者不能以此来确定监管污染物预防措施，而管理者又需要评估者提供不同摄入量可能造成的不同健康危险度的信息。因此，目前国际上在对该类物质进行危险性评估时建议用剂量反应模型可信限低水平（BMDL）和暴露边界值（MOE）进行评估。BMDL 为诱发 5%或 10%肿瘤发生率的可信限，BMDL 除以人群估计摄入量，则为暴露边界值。暴露边界值越小，该物质致癌的危险性也就越大，反之就越小。

对丙烯酰胺的非致癌效应进行评估，动物实验结果引起神经病理性改变的无可见不良作用水平为 0.2mg/（kg 体重·d）。根据人类平均摄入量为 1μg/（kg 体重·d），高消费者为 4μg/（kg 体重·d）进行计算，则人群平均摄入和高摄入的暴露边界值分别为 200 和 50。丙烯酰胺引起生殖毒性的无可见不良作用水平为 2mg/（kg 体重·d），则人群平均摄入和高摄入的暴露边界值分别为 2000 和 500。JECFA 认为按估计摄入量来考虑，此类副作用的危险性可以忽略，但是对于摄入量很高的人群，不排除能引起神经病理性改变的可能。

对丙烯酰胺的危险性评估重点为致癌效应的评估。由于流行病学资料及动物和人的生物学标志物数据不足以进行评价，因此根据动物致癌性试验结果用 8 种数学模型对其致癌作用进行分析。最保守的估计推算，引起动物乳腺瘤的 BMDL 为 0.3mg/（kg 体重·d），根据人类平均摄入量为 1μg/（kg 体重 · d）、高消费者为 4μg/（kg 体重 · d）计算，平均摄入量和高摄入量人群的暴露边界值分别为 300 和 75。JECFA 认为对于具有遗传毒性的致癌物来说，其暴露边界值较低，也就是诱发动物的致癌剂量与人的可能最大摄入量之间比较接近，其对人类健康的潜在危害应给予关注，并采取合理的措施来降低食品中丙烯酰胺的含量。目前，欧洲有些食品生产企业在减少食品加工过程中丙烯酰胺的产生方面已取得很好的效果。

在对丙烯酰胺的危险性评估中，由于用动物实验来推导 BMDL 数据，对人群摄入量进行评估，加之人与动物代谢活化强度的差别，因此存在不确定性。因此，需要在进行的几项丙烯酰胺长期动物实验结束后进行再次评价，并需要考虑丙烯酰胺在体内转化为环氧丙酰胺的情况，以及发展中国家丙烯酰胺摄入量的数据，并将人体生物学标志物与摄入量和毒性终点结果相联系进行评估。

6. 控制与预防

由于煎炸食品是我国居民的主要食物，为减少丙烯酰胺对人体健康的危害，我国应加强膳食中丙烯酰胺的监测与控制，开展我国人群丙烯酰胺的暴露评估，减少加工食品中丙烯酰胺形成的可能方法。为预防丙烯酰胺中毒，应注意：①尽量避免过度烹饪食品（如温度过高或加热时间太长），但应保证做熟，以确保杀灭食品中的微生物，避免导致食源性疾病。②提倡平衡膳食，减少油炸和高脂肪食品的摄入，多吃水果和蔬菜。③食品生产加工企业改进食品加工工艺和条件，研究减少食品中丙烯酰胺的可能途径，探讨优化我国工业生产、家庭食品制作中食品配料、加工烹饪条件，探索降低乃至消除食品中丙烯酰胺的可能方法。

（二）食品中亚硝胺的危险性分析

亚硝胺化合物根据结构的不同可分为亚硝胺类和亚硝酰胺类，自然条件下亚硝酰胺易于分解，而亚硝胺则因其较为稳定且具有生物毒性而被人们重点研究。亚硝胺在食品和饮用水中广泛存在，特别是在腌制蔬菜、肉类、水产、啤酒及霉变食品中浓度较高，局部区域的饮用水中亚硝胺风险也较高，对人体健康构成较大威胁。

1. 分类

现在人们已发现 300 多种 *N*-亚硝基化合物可对 40 多种动物引发癌症。目前主要有 *N*-二甲基亚硝胺（NDMA）、*N*-甲基乙基亚硝胺（NMEA）、*N*-二乙基亚硝胺（NDEA）、*N*-二丙基亚硝胺（NDPA）、*N*-二丁基亚硝胺（NDBA）、*N*-亚硝基三苯胺（NDPhA）、*N*-亚硝基吡咯烷（NPyr）、*N*-亚硝基吗啉（NMorPh）和 *N*-亚硝基哌啶（NPIP）9 种常见的亚硝胺类有毒物质。

2. 食品中亚硝胺最大残留量

1987 年，国际癌症研究机构（IARC）将亚硝胺归类为具有强致癌性的物质。其中，*N*-亚硝基二甲胺和 *N*-亚硝基二乙胺被列为 2A 类致癌物。*N*-二甲基亚硝胺对眼睛、皮肤具有刺激作用，即使较小剂量，只要长期接触也能增加人体患癌风险。食用含有 *N*-二甲基亚硝胺超标的食品会存在诱发癌症的风险。2017 年，世界卫生组织发布的致癌物清单中，多种 *N*-亚硝胺类化合物位列一类、二类致癌物，亚硝胺类化合物是 *N*-亚硝基化合物中最重要的一类，共有 200 多种，是国内外公认的最重要的化学致癌物之一。

食物中的亚硝胺多是由蛋白质分解的产物，由胺类物质亚硝基化形成，NDMA 为食物中检出率最高的亚硝胺化合物。鉴于亚硝胺的毒性和分布情况，世界上不同国家和地区已在推动建立食品和饮用水中亚硝胺的标准与指导值。我国曾经在已废止的《食品中 *N*-亚硝胺限量卫生标准》（GB 9677—1998）和《食品安全国家标准 食品中污染物限量》（GB 2762—2022）中对肉制品、海产品中的NDEA分别设立了5μg/kg和7μg/kg的限值； GB 2762—2022标准中规定肉及肉制品*N*-二甲基亚硝胺的限量为3μg/kg。不同国家对食品中亚硝胺的限量标准见表9-9。

表9-9　各国对食品中亚硝胺最大残留限量标准（李晓等，2018）

国家及组织	化合物名称	食品种类及最大残留限量
中国	NDMA	肉制品，3μg/kg；水产制品，4μg/kg
世界卫生组织	NDMA	饮用水，0.1μg/L
英国	NDMA	啤酒，0.5μg/L
美国	NDMA	啤酒，5μg/L
日本	NDMA	肉类，10～25μg/kg；啤酒，5μg/L
俄罗斯	总亚硝胺	肉类，2μg/kg；海产品，3μg/kg

3. 危险性评价

（1）*食品中亚硝胺的危险性描述*　亚硝胺类物质具有强烈的致癌性。对称亚硝胺主要易诱发肝癌，不对称亚硝胺易诱发食管癌，环状亚硝胺可诱发肝癌或食管癌，酰基、烷基亚硝胺可引起各部位的癌症，如胃、肺、脑、脊髓和外围神经系统癌变。亚硝胺因结构（对称、非对称及环状）和代谢特征的差异，其致癌性可表现出明显的组织特异性，但一般认为其共同的作用机制通常包括三个生物学过程：亚硝胺在靶器官或组织中代谢活化生成烷基化阳离子；DNA烷基化造成遗传损伤并诱导修复；DNA修复无效导致基因突变及细胞恶性转化。例如，甲基苄基亚硝胺（NMBA）能够特异性诱导大鼠产生食管鳞癌，它在动物体内经代谢活化后最终形成甲基正碳离子（CH_3^+），与DNA作用后形成加合物O^6-甲基鸟嘌呤和7-甲基鸟嘌呤。当DNA甲基化加合物无法被甲基转移酶（MGMT）有效清除时，造成*RAS*、*P53*等基因突变并最终诱发癌症。少量样本的人体研究表明，胃癌组织中O^6-甲基鸟嘌呤含量显著高于正常组织，而且与患者的硝酸盐和亚硝胺膳食摄入量密切相关。

虽然传统观念认为亚硝胺的致突变性是其致癌效应的重要分子机制，但这一细胞内反应并非其诱发肿瘤的唯一决定因素。近年来，越来越多的研究证明慢性炎症反应在肿瘤发展的不同阶段均起关键作用。炎症反应源于机体免疫应答，组织微环境中浸润的免疫细胞与肿瘤细胞产生动态、广泛而长久的相互影响，共同塑造炎症微环境并最终决定癌症结局。炎症微环境已被证实为肿瘤形成的必要条件，在亚硝胺致消化道肿瘤的有害结局路径（AOP）中，起始分子事件（MIE）除正碳离子导致的DNA烷基化外，还包含氧自由基（ROS）、氮自由基（RNS）产生的DNA氧化损伤和蛋白质氧化修饰。氧化应激信号途径的激活促使细胞分泌趋化因子、启动免疫应答，诱发机体产生有利（组织修复）或有害（炎症损伤）反应。利用体外肠细胞模型进行的转录组学分析表明，不同种类的亚硝胺暴露使氧化应激和炎症反应信号通路显著激活。炎性细胞浸润可产生ROS、RNS进而增加DNA损伤，导致细胞生存或抗凋亡信号通路激活和癌基因转录表达，促进上皮细胞转化。另外，炎症微环境中免疫细胞分泌的白细胞介素（IL-1、IL-6、IL-17、IL-23）、肿瘤坏死因子（TNF-α）、肿瘤生长因子（TGF-β）、内皮细胞生长因子（VEGF）等细胞因子能够进入基质细胞并激活某些核转录因子（NF-κB、STAT3、AP-1等），促进局部血管生成，以及肿瘤细胞增殖、迁移或侵袭。

同时，某些膳食营养元素缺乏可能促进亚硝胺的致癌效应。研究表明，膳食中锌缺乏可能会促进 NMBA 对大鼠食管的致癌效应，而补充锌则可促进癌细胞凋亡，延缓肿瘤进展。人体维生素 E 和硒营养的缺乏会促进 NMBA 诱发食管癌，而膳食补充维生素 E 和硒具有化学预防作用。由此可见，食物与营养对于亚硝胺的致癌风险具有重要影响，而补充微量营养元素可能是预防消化道肿瘤的有效方法。

（2）食品中亚硝胺的暴露评估　机体内的亚硝胺主要来源于外源性暴露及内源性合成，亚硝酸盐作为食物添加剂可引起亚硝胺含量增加。食品的生产加工过程，如添加防腐剂、熏制、腌制等是亚硝胺食品污染的主要来源。硝酸盐和亚硝酸盐是广泛使用的防腐剂、护色剂，常用于加工肉类食品的制作和保藏，是亚硝胺的主要前体化合物。常见的烹调方式如油炸、煎制、烟熏等易使食物中的胺类化合物发生亚硝基化作用产生亚硝胺。例如，油炸和煎制可使干腌香肠中亚硝胺的含量增加 30%；熏肉尤其是培根经烹调后亚硝基化合物可达到 10～100μg/kg，日本烟熏鱼肉中 NDMA 甚至超过 100μg/kg。使用燃烧烟气干燥麦芽、香辛料时也可产生亚硝胺，用麦芽发酵的啤酒中 NDMA 含量可高达 70μg/L。有调查显示，我国广东地区 2016 年市售腊肠总挥发性亚硝胺含量为 1.85～15.32μg/kg。此外，腌制和盐制蔬菜或肉制品等贮存不当时，天然食材中的硝酸盐会经微生物还原为亚硝酸盐，继而可能促进亚硝胺的形成。

此外，膳食摄入的硝酸盐和亚硝酸盐能够在体内转变为亚硝胺。除食品添加剂外，在蔬菜、奶类、鱼类、肉类等食物中存在较多天然的硝酸盐、亚硝酸盐、氮类等亚硝胺前体化合物。这些前体化合物在人体胃酸环境中可与蛋白质代谢产生的胺类化合物作用形成 NDMA 等亚硝基化合物。因此，硝酸盐、亚硝酸盐的膳食摄入可能导致亚硝胺的人体内暴露水平增加。体外模拟胃肠道生理条件的动态模型研究显示，人体摄入 10 倍每日容许摄入量（ADI）的硝酸盐和 100g 的鱼肉，即使胃液 pH 缓慢变化，内源性 NDMA 水平仍可达到 43μg/kg，远高于外源性摄入水平。

【案例 9-2】亚硝酸盐中毒事件

（3）食品中亚硝胺的风险控制　首先，要提高人们对亚硝胺危害性的认识，加强有关亚硝胺危险性的宣传，让人们认识其危害。其次，加强对熟肉制品、腌肉制品企业和使用亚硝酸盐的化工厂员工的教育和培训，严格按照国际标准使用食品添加剂，亚硝酸盐等应有专人保管，并建立领取登记的使用制度，防止流入社会以免误食。

新鲜蔬菜应妥善保存，防止出现腐烂的蔬菜，不吃存放过久的熟菜。做菜时保持锅和容器干净，不食用过夜的温锅水。

（三）酚类抗氧化剂的危险性分析

用于食品添加剂、功能食品及药品等方面的天然抗氧化剂的开发与应用，其抗氧化高效性和食用安全性一直受到关注。天然抗氧化物质主要存在于食物和药材中，其中大多数原料经历了人类饮食生活历史性的筛选，安全性效果是经自然认同而形成的。近年来，人们对食品安全有了新的认识和要求，无论是现代食品还是传统食品都面临着安全性的质询和验证。1983 年提出用于抗氧化食品添加剂的丁基羟基茴香醚（BHA）、咖啡酸、4-甲氧基酚等有诱发动物前胃癌变的可能性。此后，从多角度提出了有关抗氧化性物质的安全性和危险性问题。以下对抗氧化性物质的安全性评估和可能存在的危害性评价进行探讨。

抗氧化剂按来源可分为合成抗氧化剂和天然抗氧化剂。合成抗氧化剂包括丁基羟基茴香醚（BHA）、二丁基羟基甲苯（BHT）；天然抗氧化剂包括儿茶素（+）、儿茶素（−）、表儿茶素没食子酸酯（ECG）、表没食子儿茶素（EGC）、表没食子儿茶素没食子酸酯（EGCG）、杨梅素、山奈素、槲皮素、芸香苷、没食子酸、对香豆酸、绿原酸、咖啡酸等。

1. 抗氧化剂的安全性评价要求

抗氧化剂抑制生物分子氧化是在捕获自由基的过程中形成的，作用多样、结构复杂。因而对于抗氧化剂的安全性评价不仅要评估其自身是否存在危害性，还要评估其与氧化物反应产物的危害性。对抗氧化剂安全性的评价分析可以归纳为：①致突变性；②致癌性或在癌变三个阶段的修饰作用；③致畸变；④抗氧化剂作用后的稳定性与安全性；⑤抗原性；⑥毒理性；⑦体内吸收部位和代谢周期等若干方面综合评价。其中，致突变、致癌和致畸变的“三致”试验目前已有较为成熟的短期、中期筛检方法，④中的内容是抗氧化剂特有的，尤其是作为抗氧化食品添加剂，作用后的危险性与否是评价其安全性的一个重要内容。

2. 酚类抗氧化剂的安全性评价

实验结果及文献资料显示出天然的酚型抗氧化剂具有防止食品的氧化变质，保护和延缓体内脂蛋白氧化的效果，对亲电子型的致突变物质活性有抑制作用。对于BHA和BHT自身的安全性疑问，联合国粮食及农业组织和世界卫生组织已经作过有关说明。茶多酚在1996年被列为我国允许使用的抗氧化剂，推荐性国家标准《茶制品 第2部分：茶多酚》(GB/T 31740.2—2015）规定了茶多酚的分类与规格、技术要求、试验方法、检验规则、标志标签、包装、运输和贮存。但对茶多酚使用的安全性问题仍然存有不同的议论。

（1）*抗氧化剂与其他化合物复合投喂的毒性及致癌修饰作用* 在癌症发生过程的初始、促进和癌变三个阶段中，大多数酚类抗氧化剂在初始阶段对致突变或致癌物有抑制作用。但也有例外，酚类抗氧化剂对亚硝基吡咯烷有促进肺癌的趋势，与1-硝基芘（1-NP）混合后有间接致突变性；美国对密西西比河下游的新奥尔良居民由饮用水中的三氯甲烷含量高引起的各种癌症高发率，以及挪威、日本等国的饮用水含氯消毒剂造成每年1万多人患膀胱癌和直肠癌的患病率等流行病学进行研究，在经历20多年后发现，氯化物可以与水体中的儿茶素混合物、橙皮素、橘皮苷、槲皮素、芸香苷等黄酮类生成3-氯-4氯甲基-5-羟基-2（5H）-呋喃酮（MX）这一直接致突变物。以上种种证据表明，抗氧化剂对亚硝基化合物、亚硝酸盐、强得电子能力的直接致突变剂等几类化合物有增强致突变和致癌的作用。其主要机制是抗氧化过程中对有关化学基团进行修饰，形成致突变或致癌性。

（2）*抗氧化剂对DNA的修复和对突变细胞增殖的促进* 细胞的DNA损伤如果能够正确修复，突变就不会发生；如果修复错误或未经修复导致带有DNA损伤的细胞不经DNA复制，损伤也不会转化为突变。抗氧化剂是否对细胞DNA的正确修复、错误修复或不修复等表现出作用，也是分析评价抗氧化剂安全性的因素之一。EGCG可在一定程度上减少突变细胞的菌落数，表现出对DNA损伤的正确修复功能，这是EGCG的细胞内抗突变作用形式。这方面的相关报道尚不多见，因为这种修复作用的机制较为复杂且修复作用表现微弱。其他实验的抗氧化剂没有修复作用和促进突变细胞增殖作用，从这一点可以认为试验的抗氧化剂对突变细胞或肿瘤细胞没有促进作用。

天然酚类抗氧化剂与合成抗氧化剂相比具有较强的抗氧化效果，就其危险性分析结果来看，单体天然酚类抗氧化剂对人体有很多有用的生物学功能，也是安全的。但是在使用中仍然存在一些不确定的安全因素和危险的可能性，对其最大限量和作用的靶器官等方面的研究需要经过进一步的实验验证。目前的实验结果和文献资料表明，抗氧化剂在含有亚硝酸盐、亚硝基化合物的食品中应慎用；含有高氯等强氧化性的食物原材料中应严格规定其保存期限和最大限量标准；含有活性较高抗氧化剂的食品要求有限制保存时期。

（四）食品中农药残留的危险性分析

为规范食品中农药残留限量标准制定的程序和技术要求，确保农药残留标准制定的科学性，根据《中华人民共和国食品安全法》《中华人民共和国农产品质量安全法》《农药管理条例》有关规定，2015 年我国农业部制定了《食品中农药残留风险评估指南》《食品中农药最大残留限量制定指南》。自 2009 年《中华人民共和国食品安全法》实施以来，《食品安全国家标准 食品中农药最大残留限量》（GB 2763）先后发布 2012 版、2014 版、2016 版、2018 增补版、2019 版、2021 版。与 2019 版相比，新版标准中农药品种增加 81 种，增幅为 16.7%；农药残留限量增加 2985 项，增幅为 42%；农药品种和限量数量达到国际食品法典委员会（CAC）相关标准的近 2 倍，全面覆盖我国批准使用的农药品种和主要植物源性农产品。设定了 29 种禁用农药 792 项限量值、20 种限用农药 345 项限量值；针对社会关注度高的蔬菜、水果等鲜食农产品，制修订了 5766 项残留限量，占目前限量总数的 57.1%；为加强进口农产品监管，制定了 87 种未在我国登记使用农药的 1742 项残留限量。标准规定了 564 种农药在 376 种（类）食品中 10 092 项最大残留限量，完成了国务院批准的《加快完善我国农药残留标准体系的工作方案（2015—2020 年）》中农药残留标准达到 1 万项的目标任务。

【案例 9-3】食用农药残留果蔬中毒事件

1. 食品中农药残留风险评估

（1）毒理学评估　农药毒理学评估是对农药的危害及其危害特征进行描述。通过评价毒物代谢动力学试验和毒理学试验结果推荐每日容许摄入量（ADI）和（或）急性参考剂量（ARfD）。

1）毒物代谢动力学评价：对农药在实验动物体内的吸收、分布、生物转化过程、排泄和蓄积等进行评价。

2）毒理学评价：对农药及其有毒代谢产物的急性毒性、短期毒性、长期毒性、致癌性、致畸性、遗传毒性和生殖毒性等进行评价。

3）推荐每日容许摄入量和急性参考剂量：根据毒物代谢动力学和毒理学评价结果，确定无可见不良作用水平（NOAEL），采用适当的不确定系数，制定每日容许摄入量（ADI），GB 2763—2021 中详细规定农药的 ADI 值，见表 9-10。对于有急性毒性作用的农药，制定急性参考剂量。

表 9-10　若干农药的 ADI 值

农药名称	ADI 值/[mg/（kg 体重）]	农药名称	ADI 值/[mg/（kg 体重）]
保棉磷	0.03	克百威	0.001
矮壮素	0.05	乐果	0.002
百草枯	0.005	联苯菊酯	0.01
倍硫磷	0.007	磷胺	0.0005
二嗪磷	0.005	硫丹	0.006
氟胺氰菊酯	0.005	螺虫乙酯	0.05
禾草敌	0.001	氯吡脲	0.07
氟氰戊菊酯	0.02	氯化苦	0.001
甲胺磷	0.004	麦草畏	0.3
甲基对硫磷	0.003	灭多威	0.02
腈菌唑	0.03	杀虫单	0.01

（2）残留化学评估　残留化学评估是对农药及其有毒代谢物在食品和环境中的残留行为的评价。通过评价动植物代谢试验、田间残留试验、饲喂试验、加工过程和环境行为试验等试验结果，推荐规范残留试验中值（STMR）和最高残留值（HR）。

1）动植物代谢试验和残留物确定：参考毒理学评估结果进行动植物代谢试验，对农药代谢规律、最终产物进行评价，确定残留物。

2）残留行为评价。

a. 残留分析方法：对残留分析方法的有效性进行评价，主要包括正确度和精密度等。

b. 样品贮藏稳定性：对试验样品贮藏稳定性进行评价；必要时，包括提取、净化后待测试样的贮藏稳定性。

规范残留试验：对试验设计中的农药使用范围、使用方法、施药剂量、使用次数和安全间隔期、样品采集、运输和预处理及试验结果等进行评价，提出 STMR 和 HR。必要时，包括对后茬作物农药残留进行评价。

3）加工过程评价：对食品加工前后农药残留量变化进行评价，计算加工因子。必要时，包括对加工过程中农药性质变化的评价。

4）动物饲喂试验评价：对动物饲喂造成动物产品中农药残留结果进行评价，主要处理方式包括饲料、直接给药和外用。

（3）膳食摄入评估　膳食摄入评估是在毒理学和残留化学评估的基础上，根据我国居民膳食消费量，估算农药的膳食摄入量，包括长期和短期膳食摄入。

1）长期膳食摄入评估：长期膳食摄入评估是依据国家卫生行政部门发布的中国居民营养与健康状况监测调查，或相关参考资料的数据，结合残留化学评估推荐的 STMR，计算国家估算每日摄入量（NEDI）。

根据规范残留试验中值（STMR/STMR-P）或最大残留限量（MRL）计算某种农药的 NEDI 值，计算公式如下：

$$\mathrm{NEDI}=\sum(\mathrm{STMR}_i\times \mathrm{F}_i)$$

$$\mathrm{NEDI}=\sum\left[(\mathrm{STMR}\text{-}P_i)\times F_i\right]$$

式中，STMR_i 为农药在某一食品中的规范残留试验中值；$\mathrm{STMR}\text{-}P_i$ 为用加工因子校正的规范残留试验中值；F_i 为一般人群某一食品的消费量。

计算 NEDI 时，如果没有合适的 STMR 或 STMR-P，可以使用相应的 MRL。

2）短期膳食摄入评估：短期膳食摄入评估是依据国家卫生行政部门发布的中国居民营养与健康状况监测调查，或相关参考资料的数据，基于每餐或一日内膳食结构和具体食品特征，结合残留化学评估推荐的 STMR 或 HR，计算国家估算短期摄入量（NESTI）。

（4）评估结论　根据毒理学、残留化学和膳食摄入评估结果（ADI、ARfD、NEDI 或 NESTI）进行分析评价。一般情况下，当 NEDI 值低于 ADI、NESTI 值低于 ARfD，则认为基于推荐最大残留限量值的农药残留不会产生不可接受的健康风险。可向风险管理机构推荐 MRL 值或风险管理建议。

2. 食品中农药最大残留限量

为保证农药最大残留限量制定的科学、规范、合理，依据《中华人民共和国食品安全法》《中华人民共和国农产品质量安全法》《农药管理条例》《农药登记资料规定》制定评估程序。食品（包括食用农产品）中农药最大残留限量制定是指根据农药使用的良好农业规范（GAP）

和规范农药残留试验，推荐农药最大残留水平，参考农药残留风险评估结果，推荐 MRL。

（1）一般程序

1）确定 STMR 和 HR 值：按照《农药登记资料规定》和《农作物中农药残留试验准则》（NY/T 788—2018）的要求，在农药使用的良好农业规范（GAP）条件下进行规范残留试验，根据残留试验结果，确定 STMR 和 HR 值。

2）确定 ADI 和（或）ARfD 值：根据毒物代谢动力学和毒理学评价结果，制定 ADI。对于有急性毒性作用的农药，制定 ARfD。

3）推荐农药 MRL 值：根据规范残留试验数据，确定最大残留水平，依据我国膳食消费数据，计算国家估算每日摄入量或短期膳食摄入量，进行膳食摄入风险评估，推荐食品安全国家标准农药 MRL。推荐的 MRL 值，低于 10mg/kg 的保留一位有效数字，高于 10mg/kg、低于 99mg/kg 的保留两位有效数字，高于 100mg/kg 的用 10 的倍数表示，最大残留限量通常设置为 0.01mg/kg、0.02mg/kg、0.03mg/kg、0.05mg/kg、0.07mg/kg、0.1mg/kg、0.2mg/kg、0.3mg/kg、0.5mg/kg、0.7mg/kg、1mg/kg、2mg/kg、3mg/kg、5mg/kg、7mg/kg、10mg/kg、15mg/kg、20mg/kg、25mg/kg、30mg/kg、40mg/kg 和 50mg/kg。依据《用于农药残留限量标准制定的作物分类》，可制定适用于同组作物上的最大残留限量。

（2）再评估　发生以下情况时，应对制定的农药最大残留限量进行再评估。

1）批准农药的良好农业规范（GAP）变化较大时；

2）毒理学研究证明有新的潜在风险时；

3）残留试验监测数据显示有新的摄入风险时；

4）国家农药残留标准审评委员会认定的其他情况。

再评估应遵从农药最大残留限量标准制定程序进行。

（3）周期评估　为保证农药最大残留限量的时效性和有效性，实行农药最大残留限量周期评估制度，评估周期为 15 年，临时限量和再残留限量的评估周期为 5 年。

（4）特殊情况

1）临时限量：当下述情形发生时，可以制定临时限量标准。

a. 每日允许摄入量是临时值时；

b. 没有完善或可靠的膳食数据时；

c. 没有符合要求的残留检验方法标准时；

d. 农药或农药/作物组合在我国没有登记，当存在国际贸易和进口检验需求时；

e. 在紧急情况下，农药被批准在未登记作物上使用时，制定紧急限量标准，并对其适用范围和时间进行限定；

f. 其他资料不完全满足评估程序要求时。

临时限量标准的制定应参照农药最大残留限量标准制定程序进行。当获得新的数据时，应及时进行修订。

2）再残留限量：对已经禁止使用且不易降解的农药，因在环境中长期稳定存在而引起在作物上的残留，需要制定再残留限量（EMRL）。再残留限量是通过实施国家监测计划获得的残留数据进行风险评估制修订的。

3）豁免制定残留限量：当存在下述情形时，豁免制定残留限量。

a. 当农药毒性很低，按照标签规定使用后，食品中农药残留不会对健康产生不可接受的风险时；

b. 当农药的使用仅带来微小的膳食摄入风险时。

豁免制定残留限量的农药需要根据具体农药的毒性和使用方法逐个进行风险评估确定。

4）香料/调味品产品中最大残留限量：在没有规范残留试验数据的条件下，可以使用监测数据，但需要提供详细的种植和生产情况及足够的监测数据，制定程序要参照农药最大残留限量标准。

3. 农药对婴儿和儿童的食品摄入危险性分析

婴儿和儿童的食品摄入安全性问题越来越受到国际上的关注。因为婴儿和儿童对农药更敏感，所以成人的结果和标准用于婴儿和儿童显然是不适当的。目前多数国家对婴儿和儿童接触较多的食品（如香蕉和苹果）中的农药都投入较多的研究。例如，有的国家专门制定了婴儿和儿童的 ADI 值及婴儿和儿童食品的 MRL 值。欧盟对主要供婴儿和儿童食用的食品和快速食品制定了通用标准 0.01mg/kg，并对婴儿和儿童可能有潜在毒性的农药专门设定一个安全系数。有的国家建议今后制定农药的 MRL 标准时分设一般人群、婴儿和儿童两个标准。婴儿和儿童一天内通过香蕉摄入的涕灭威的量达到 ARfD 值的 330%，通过马铃薯摄入的量可达到急性 ARfD 值的 550%，都比成人高一倍以上。婴儿和儿童通过菠菜摄入的灭多威量为制定的 ARfD 值的 72 倍。

4. 农药残留中的有毒杂质和代谢物

随着人们对食品安全意识的提高和科学技术水平的发展，对农药残留的分析已不只限于农药的母体化合物，对农药残留中的有毒杂质和代谢物的分析也应引起注意。一般含量≥1%的杂质必须说明其特性。

（1）杂质

1）三氯杀螨醇中的滴滴涕（DDT）：三氯杀螨醇的生产中常会含有 DDT，欧盟规定三氯杀螨醇产品中 DDT 含量在 0.1%～0.7%。我国从 1982 年起停止生产 DDT，但茶叶中的 DDT 残留至今仍然存在，其主要来源就是三氯杀螨醇中含有的 DDT。我们曾分析过全国几个生产三氯杀螨醇的工厂的产品，其中 DDT 最低含量为 2%～3%，最高的超出 10%。由于欧盟对食品中 DDT 残留量有规定，因此在 1999 年提出在茶叶生产中禁止使用三氯杀螨醇。2,4-二氯苯氧乙酸和 2,4,5-三氯苯氧乙酸中的二噁英是一种急性毒性和慢性毒性都非常高的化合物，它对雌鼠的半数致死剂量（LD_{50}）为 0.0006mg/kg，而且具有致癌性，农药中最高的含量报道为 55mg/kg。

2）有机磷农药中的氧化物：马拉硫磷是一种低毒的化合物，纯马拉硫磷对大鼠的 LD_{50} 为 12 500mg/kg，但马拉氧磷的 LD_{50} 为 90mg/kg，相差 139 倍。此外，喹硫磷中的喹硫氧磷，辛硫磷中的辛硫氧磷，杀螟硫磷中的杀螟氧磷，其氧化物的毒性都有明显的提高。

3）毒死蜱中的硫特普：硫特普的毒性很高，对大鼠的 LD_{50} 为 5mg/kg，有的国家的产品中硫特普含量最高可达 17%。FAO/WHO 的专家委员会报道了毒死蜱在食品中残留引起的儿童中毒事例，因此对毒死蜱在食品中的残留限制很严。

4）代森类杀菌剂中的乙撑硫脲：乙撑硫脲具有致癌毒性，工业品中规定含量不得超过 0.5%。在测定代森类杀菌剂的残留时要同时测定乙撑硫脲的残留。

（2）代谢产物　农药喷施到植物上后在植物体内酶类的影响下会代谢生成一些代谢物。这些代谢物有的毒性下降，也有的毒性增强，所以在一些残留测定中要求同时测定其代谢产物。在部分残留检测标准中把农药的母体化合物和代谢产物同时列上。例如，乐果的 MRL 标准中包括氧化乐果，乙酰甲胺磷的残留测定中包括甲胺磷，三唑酮的残留中包括羟基三唑酮（三唑醇），涕灭威残留测定时要将砜和亚砜包括在内。

5. 手性农药中的对映体问题

手性是指化合物本身与其镜像不能完全重合的一种特性。从化学上讲，当分子中碳、磷或硫等原子与不同基团相连或分子结构由于立体因素而不对称时，分子即具有手性。分子的一对异构体称为对映体，当两个对映体以等摩尔比混合时称为外消旋体。据统计，大约有 25%的农药具有手性特性。过去对一种农药进行残留测定时都按一个化合物对待，但实际上同一化合物的不同对映体具有不同的生物活性和毒性。最著名的例子是酞酰亚胺基哌啶，它是一种孕妇服用的药，具有两种不同的对映体：R-构型有强镇定作用，S-构型则有强致畸作用。海豹受 S-构型的污染后出现 10 000 多头海豹畸形儿。在医药和农药中也都有不同对映体在生物活性上有很大差异的例子。例如，右旋哈洛和左旋哈洛是治疗前列腺肥大的两个手性异构体药物，但右旋哈洛的药效是左旋哈洛的 320 倍。又如，麻醉药氯胺酮具有麻醉作用，而右旋氯胺酮却具有兴奋作用，甚至有导致心律失常的毒副作用。在农药中也不乏这样的例子：除草剂异丙甲草胺的 S-构型可以除草，R-构型不但不能杀草，还有致突变作用。苯氧羧酸类除草剂的 R-型除草效果普遍要比 S-型对映体高。在降解速率上，同一化合物的不同对映体也同样表现有不同的速率。目前许多国家已规定手性药物的登记必须同时申报其所有对映体的生物活性和降解的资料，这也为我们农药的登记管理提供了先例。因此，在研究农药残留时应开始注意同一化合物的不同对映体的毒性和降解差异。

6. 加工因素与农药残留

FAO/WHO 认为在考虑食品中的农药残留问题时应该考虑加工因素，因为不少农产品在进食前都会有一个加工过程。特别是当农产品或经过加工的农产品的农药残留出现“明显残留”（significant residue）时（“明显残留”是指残留水平在 0.1mg/kg 以上），要进行特别考虑。FAO/WHO 认为，当农药的 ADI 值和 ARfD 值都很低时，要进行加工因素对农药残留影响的实验。所谓加工食品，就是包括磨细的谷物、其他粮食制品、油料种子的油、干果、果汁、干茶等。对这些加工过的农产品也制定 MRL 值。一般而言，农产品经过加工（如磨粉、榨汁、去皮、烘干）后，其残留水平通常会有下降，但也有经过加工后残留水平上升的。例如，油料种子和橄榄榨油后农药残留水平上升。加工因素的计算方法如下：

加工因素=加工后农产品的农药残留（mg）/[原始农产品中的农药残留（kg）]

据在美国进行的葡萄、豆荚和茶叶的加工实验结果表明，经过加工后农药残留水平有明显下降。例如，在试验样品中有 28%的鲜葡萄中含有克菌丹，残留水平在 0.013～0.75mg/kg，而在葡萄汁中未发现有农药残留。类似的，在试验样品中有 20%的鲜葡萄中检出有腈菌唑农药残留，但在葡萄汁中均未检出有腈菌唑农药残留。在鲜豆中 α-硫丹、β-硫丹和硫丹硫酸酯的残留检出率分别为 19%、13%和 27%，在加工成罐头豆后未发现有硫丹残留。干茶是由茶叶鲜叶加工而成的，实验表明，茶叶中的农药残留在加工后有明显下降，一方面是高温引起的农药分解，另一方面是农药挥发引起的，下降率在 40%～80%，不同农药在茶叶加工过程中的降解率取决于农药的蒸汽压。蒸汽压越高，农药在加工时的损失率越大。

三、食品中生物因素的危险性分析

食品安全之所以受到广泛关注，是因为其与人类的健康、疾病及经济发展密切相关。随着贸易规模的扩大，食品原料也可作为载体传播各类食源性病原，增加某些食源性疾病暴发的危险性。一般情况下，生物污染载体主要为细菌、病毒等微生物，肉眼无法直接察觉。如果食品生产加工厂在生产环节中缺乏对食品生物污染的检测与管理，加之其他方面的疏忽，很容易在无形中造成食品生物污染。

我国引起食物中毒的高危食品为肉类、粮食、海产品、水果蔬菜、鸡蛋、豆类、乳类。这一排序是基于国家食源性疾病监测网部分资料分析的动态情况。我国目前的食物中毒特点与工业化国家有所不同，多是由于食品原料污染或加工交叉污染、保存不当等。结合我国的资料，已建立苍蝇传播大肠杆菌引发疾病的评估模型、鸡蛋消费人群暴露沙门菌，以及生食海产品暴露副溶血性弧菌的评估模型。为更好地评估微生物危险性，目前正通过监测网收集资料，包括沙门菌、大肠杆菌、单核细胞增生李斯特菌、副溶血性弧菌等致病微生物。

（一）食品中真菌毒素的危险性分析

真菌毒素是某些真菌产生的二级代谢产物。在目前发现的真菌毒素中与食品安全相关的真菌毒素主要包括黄曲霉毒素、赭曲霉毒素、展青霉素、玉米赤霉烯酮、伏马菌素、脱氧雪腐镰刀菌烯醇、单端孢霉烯族化合物和杂色曲霉素等。对食品中真菌毒素进行危险性分析具有重要的公共卫生意义。

【案例 9-4】液体乳产品检出黄曲霉毒素超标事件

1. 真菌毒素的危险性评估

真菌毒素的危险性评估是指系统、客观地评估人类暴露于真菌毒素而产生的已知或毒理学方面的影响。国际上已进行毒理学研究的真菌毒素，我国在进行危险性评估时可以利用国际或其他国家科学机构的相关毒理学资料和有关数据，以节省资源和时间。真菌毒素的暴露评估是对可能摄入人体的真菌毒素水平进行定性或定量的评估，包括确定特定食品中真菌毒素的含量水平及人类对该食品摄入量的估计。食品中真菌毒素含量水平的数据主要来自调查信息，如国家总膳食研究及污染物专题调查，也可从文献中获得。为保证数据的代表性和真实性，必须严格控制采样过程和分析过程。由于真菌毒素的污染水平可能因时间和地区而不同，因此在整个调查过程中必须从每个地区中认真选取有代表性的采样点，并从每个采样点收集足量的样品，同时需要有清楚而详细的采样方案，以收集有代表性的样品。可靠的分析方法和分析质量是保证调查数据准确的重要因素。一般经过国际组织认证和国家发布的标准方法在准确度、精密度、特异性和实用性等方面均经过协调认证，是可靠的方法。

真菌毒素危害的识别是对真菌毒素的理化特性、产生菌种产毒条件、进入人体的途径，人体内吸收、分布、代谢和排出及理化方法对其毒性作用影响等的识别和鉴定。真菌毒素危害特征的描述是对真菌毒素相关的有害健康作用进行定性和定量评价的过程。描述真菌毒素在动物身上的健康效应（生殖毒性、致癌性、致畸性和致突变性等），并考虑将这些健康效应外推到人体。如果能获得真菌毒素与人类疾病相关的资料和数据，则可较严谨地描述真菌毒素对人类健康的危害作用。值得指出的是，虽然各国均面临评估食品中真菌毒素危险性的问题，但并非所有国家都有能力和实力进行其毒理学方面的有关研究，而且各种真菌毒素的危害特征因为其在不同的国家而不同。因为食品的加工过程也许会改变终产品中真菌毒素的含量水平。关于食品摄入量的数据，一般选取高消费量（第 95 或 97 百分位）和平均消费量两种数值代表不同人群的食品摄入量。

真菌毒素危险性特征的描述是对真菌毒素发生的概率及其产生有害作用的严重性进行定

性或定量估计。一般估计某种真菌毒素平均摄入量的方法是将食物消费的平均数据与食物中真菌毒素污染水平的数据相乘，可估计某种真菌毒素的平均摄入量，但最好还要有相对危险性的概率模型，以保证对个体膳食摄入量中不确定性的估计和对特定情况下的膳食摄入量的分析。一些概率分析技术，如 Monte Carlo 风险分析和 Latin Hypercube 模拟分析，可以考虑各种食品消费中真菌毒素污染的可能性，而且可以计算摄入的可能性和摄入量大小的概率分布。将所获得的真菌毒素摄入量数值与一些健康参考标准，如暂定每周最大耐受摄入量（PMTWI）、暂定每日最大耐受摄入量（PMTDI）等作比较，可以客观估计某种真菌毒素对人类健康的危险。对于尚无健康参考标准的某些真菌毒素（如黄曲霉毒素），一般采取实际可能达到的最低水平（ALARA）。暴露评估和危险性特征描述这两部分的过程应尽量利用本地区的有关信息，如真菌毒素污染水平、食品消费量及消费模式等，对于本地区的主要食品如米、面，以及敏感人群的食品如婴幼儿、儿童、老人、孕妇食品等，一般采取较其他食品及一般成年人的食品稍保守的估计，以更好地保护人们的健康。

2. 真菌毒素危险性管理

真菌毒素危险性管理是以真菌毒素危险性评估结果为依据，为降低真菌毒素对健康的危险性而权衡政策措施的过程，有时还要选择和实行恰当的控制措施。真菌毒素危险性管理首先需要考虑的是保护人类健康，此外还要考虑其他相关因素，如食品的生产、加工、贮藏、运输、技术水平、经济承受力、可行性等。这个过程需要与有关方面沟通，形成一种政策决定，如制定食品法规、设立食品标准、评估市场准入、进行特定人群的健康宣教等，并可以通过政府、企业、社会团体及消费者执行。在进行危险性管理决策时必须意识到由于缺乏精确的信息（如样品的代表性、数据的真实性、人群的变异性等），真菌毒素危险性评估结果存在一定的不确定性。因此，如果信息资料不充分可以采取临时性的管理措施，待获得足够评估真菌毒素的毒理学和流行病学数据、采样方案、分析方法、食物消费资料、真菌毒素的防治和减毒措施等之后，再进行具体分析，并提出建议和要求。迄今为止，食品添加剂联合专家委员会（JECFA）已经对黄曲霉毒素（包括 M1）、赭曲霉毒素 A、展青霉素、玉米赤霉烯酮、伏马菌素、脱氧雪腐镰刀菌烯醇、T 毒素和 HT2 毒素等污染食品的真菌毒素进行危险性评估。JECFA 曾在第 31 次、46 次、49 次和 56 次会议上多次对黄曲霉毒素进行评估，先后得出黄曲霉毒素是可能导致人类肝癌的强致癌物，乙肝病毒可能会加强黄曲霉毒素的致癌力，以及应将膳食中黄曲霉毒素的摄入量降低到尽可能低的水平来尽可能减少黄曲霉毒素对人类的危害等结论。我国《食品安全国家标准 食品中真菌毒素限量》（GB 2761—2017）中规定黄曲霉毒素 M1 在食品中限量要求≤0.5μg/kg，展青霉素在食品中限量要求≤50μg/kg，玉米赤霉烯酮在食品中限量要求≤60μg/kg，脱氧雪腐镰刀菌烯醇在食品中限量要求≤1000μg/kg。

（二）食品中细菌的危险性分析

根据世界卫生组织掌握的资料，在食源性疾病危险因素中，微生物性食物中毒仍是首要危害，包括食源性腹泻等。沙门菌是全球报道最多的、各国公认的食源性疾病首要病原菌，广泛发生于家庭、学校、公共餐饮单位及医院。沙门菌主要感染禽类，若人们食用被沙门菌感染的禽肉则会发生食源性疾患。世界卫生组织和联合国粮食及农业组织微生物危险性评估专家根据大量资料，通过数学模型对鸡的感染与人的患病率的关系进行了预测评估，如宰杀后鸡感染率为 20%，预测每餐危险性为 1.13 人/ 10 万餐次，预测年发病的危险性为 2.94 人/ 1

万餐次。多年来，沙门菌中毒一直居我国微生物性食物中毒的前列，除此还有副溶血性弧菌、葡萄球菌和肠致病性大肠埃希菌等。副溶血性弧菌主要污染海产品，中毒事件的高发与国家经济发展、人们饮食习惯的改变有关，主要是因为当前社会食用海产品，特别是生食海产品的人群逐渐扩大。

国际食品法典委员会提出 21 种需要评估的“病原-食品”组合，确定了 5 组优先评估对象，即禽肉、蛋-沙门菌，即食食品-单核细胞增生李斯特菌，禽肉-空肠弯曲菌，发芽菜、牛肉馅-出血性大肠杆菌，贝类-副溶血性弧菌。病原组合及优先评估的理念是非常科学的，一是根据引起疾病的危险性，二是根据是否存在国际争端问题，三是根据各国提供的有价值的评估资料是否充足。再提出食品安全目标（food safety objective，FSO）能够提供合理保护水平的基础上，食品中容许危害因素的最大频率和最高浓度。例如，沙门菌的食品安全目标是不得检出，李斯特菌可能小于 100CFU/g，蜡状芽孢杆菌可能小于 10^4CFU/g。目前对制定怎样的指标还存在争议，因为微生物的不确定性比化学性的不确定性要复杂得多，不仅是菌数，还有菌株的致病力、混合感染的问题、协同作用、不同菌株的毒力基因等，这在国际上也是一个很大的挑战。我国《食品安全国家标准 散装即食食品中致病菌限量》（GB 31607—2021）中规定沙门菌、单核细胞增生李斯特菌在食品中不得检出，蜡状芽孢杆菌限量要求为小于 10^4CFU/g。

【案例 9-5】广西东兴村民哄抢榴莲食物中毒事件

思　考　题

1. 什么是环境质量？了解环境质量对环境评价有何意义？
2. 环境质量价值的实质是什么？
3. 环境质量价值的特点是什么？
4. 环境质量评价的本质和特点分别是什么？
5. 环境质量评价的主要方法有哪几种？其特点和适用范围分别是什么？
6. 食品环境质量评价主要的技术标准是什么？
7. 食品环境质量评价的程序是什么？
8. 怎样进行食品中化学物质的危害分析？
9. 怎样进行食品中生物因素的危害分析？

参考答案

主要参考文献

北京国宣环境管理培训中心有限公司. 2005. ISO 14001：2004 环境管理体系内部审核员培训教程. 北京：化学工业出版社.

卞有生. 2005. 生态农业中废弃物的处理与再生利用. 2 版. 北京：化学工业出版社.

蔡宏道. 1995. 现代环境卫生学. 北京：人民卫生出版社.

蔡丽，崔艳. 2010. 硝酸盐和亚硝酸盐对食品的污染及控制. 内蒙古农业科技，（1）：64-65.

曹湛，刘劲松，何芳，等. 2004. 异尖线虫病概述. 热带医学杂志，（4）：494-497.

常华，花群义，段纲，等. 2007. 非洲猪瘟的研究进展 III. 中国畜牧兽医，34（1）：116-118.

陈超. 2012. 大气颗粒物污染危害及控制技术. 科技创新与应用，（18）：148.

陈琳琳. 2017. 无公害农产品认证及其监督管理途径研究. 农技服务，34（22）：152.

陈泽，罗建勋，殷宏. 2011. 非洲猪瘟的生物媒介. 畜牧兽医学报，42（5）：605-612.

陈征澳，邹洪涛. 2011. 环境学概论. 广州：暨南大学出版社.

陈宗懋. 2005. 农药的残留毒性和危险性分析. 2005 中国农药发展年会——农药质量与安全专集，10：12-14.

成岳，刘媚，乔启成，等. 2012. 环境科学概论. 上海：华东理工大学出版社.

褚晨艳，杨澜，颜子晨，等. 2018. 猪肝过氧化氢酶的提取及其对脂肪的抗氧化特性. 轻工科技，34（4）：1-3.

邓红. 2002. 绿色食品发展中的环境保护问题. 陕西环境，9（3）：29-30.

董文宾. 2004. 食品工厂环境检测. 北京：化学工业出版社.

范远景，周先汉，孙汉臣. 2003. 酚型抗氧化剂的危险性分析. 食品科学，24（8）：23-26.

方敏. 2018. 发生核泄漏事故时，大家可以这样做. 生命与灾害，（3）：16-19.

付玉豪，李凤梅，郭书海，等. 2017. 沈阳张士灌区彰驿站镇土壤与水稻植株镉污染分析. 生态学杂志，36（7）：1965-1972.

高廷耀，顾国维，周琪. 2007. 水污染控制工程. 3 版. 北京：高等教育出版社.

关连珠. 2007. 普通土壤学. 北京：中国农业大学出版社.

关伟，王浩. 2021. 浅谈无公害农产品、绿色食品、有机食品生产技术要求的差别. 农家参谋，（29）：67，190.

广东创势质量技术咨询服务有限公司. 2003. ISO 14001 实施指南. 广州：广东人民出版社.

郭素平，李保国. 2003. 富岗绿色鲜苹果产地环境质量评价. 河北农业大学学报，26（3）：37-39.

国家标准化管理委员会. 2004. 农业标准化. 北京：中国计量出版社.

国家环境保护总局行政体制与人事司，国家环境保护总局宣传教育中心. 2003. 环境保护基础教程. 北京：中国环境科学出版社.

国家卫生健康委员会，国家市场监督管理总局. 2022. 食品安全国家标准 食品中污染物限量（GB 2762—2022）. https://gdgrain.gd.gov.cn/attachment/0/536/536928/4294867.pdf[2024-10-20].

韩德培. 2018. 环境保护法教程. 8 版. 北京：法律出版社.

韩剑宏. 2007. 水工艺处理技术与设计. 北京：化学工业出版社.

何强，井文涌，王亭. 1994. 环境学导论. 北京：清华大学出版社.

洪涛. 2021. 浅谈非洲猪瘟防控. 今日畜牧兽医，37（4）：13，15.

胡筱敏. 2010. 环境学概论. 武汉：华中科技大学出版社.

黄昀，李其林，李道高，等. 2004. 三峡库区柑橘生态环境质量评价. 中国生态农业学报，12（4）：160-162.
贾建丽，于妍，王晨. 2012. 环境土壤学. 北京：化学工业出版社.
蒋展鹏，杨宏伟. 2013. 环境工程学. 北京：高等教育出版社.
蒋展鹏. 2005. 环境工程学. 北京：高等教育出版社.
金瑞林. 2006. 环境与资源保护法. 2 版. 北京：北京大学出版社.
孔庆明，陆绍红. 2011. 异尖线虫病诊断与防治的相关研究. 国际流行病学传染病学杂志，（2）：140-143.
雷艾彤，苏丹，聂春超，等. 2022. 丙烯酰胺风险暴露及毒性控制研究进展. 食品研究与开发，43（6）：181-189.
李飞飞. 2021. 环境影响评价构成及相关因素探讨. 皮革制作与环保科技，（15）：58-59.
李果，吴晓莆，罗遵兰，等. 2011. 构建我国生物多样性评价的指标体系. 生物多样性，19（5）：497-504.
李克，俞顺章. 1998. 亚硝胺暴露剂量、时间与肺癌效应关系和致癌多阶段模型的探讨. 中国工业医学杂志，（5）：7-10.
李秋洪. 2004. 绿色食品产业与技术. 北京：中国农业科学技术出版社.
李莎. 2020. 食品包装材料与环境保护. 中国包装工业，（4）：50-52.
李晓，贝尔，汪隽，等. 2018. 食品和饮用水中的亚硝胺研究进展. 中国给水排水，34（22）：13-18.
李晓秀，夏智燕，施燕支. 2004. 北京市昌平区绿色食品产地生态环境质量评价. 中国农业资源与区划，2（6）：50-54.
李莹，郜飞. 2010. 食品中亚硝胺类与癌. 中国校医，24（9）：716-717.
李正明，吕林，李秋. 2004. 安全食品的开发与质量管理. 北京：中国轻工业出版社.
林金兰，陈彬，黄浩，等. 2013. 海洋生物多样性保护优先区域的确定. 生物多样性，21（1）：38-46.
林育真，赵彦修. 2013. 生态与生物多样性. 济南：山东科学技术出版社.
刘弘. 2002. 食品安全危险性分析的原理及应用. 上海预防医学杂志，14（3）：147-148.
刘景良. 2002. 大气污染控制工程. 北京：中国轻工业出版社.
刘军民，廖素冰. 2019. 不见踪影的污染事故调查报告——甘肃成县 5·27 二氧化硫逸出事件现场追踪. 环境与生活，（10）：40-49.
刘克锋，张颖. 2012. 环境学导论. 北京：中国林业出版社.
刘宁，沈明浩. 2007. 食品毒理学. 北京：中国轻工业出版社.
刘思慧，刘季科. 2002. 中国的生物多样性保护与自然保护区. 世界林业研究，4（15）：48-53.
刘延辉. 2015. 急诊救治亚硝酸盐中毒的临床分析. 临床医药文献电子杂志，2（19）：3921，3924.
刘玉兰. 1999. 植物油脂加工实用技术. 北京：中国轻工业出版社.
刘玉萍，朱晓茵，陈晓云，等. 2001. 辽南地区蔬菜生产基地环境质量评价. 辽宁城乡环境科技，（3）：61-62，34.
刘云清. 2000. 食品的环境安全性. 产业与环境，22（2）：55-56.
刘兆荣，谢曙光，王雪松，等. 2010. 环境化学教程. 2 版. 北京：化学工业出版社.
刘治国，杨俊，陈天云. 2004. 宁夏“灵农牌”鲜猪肉产地农业环境质量现状评价. 宁夏农林科技，（5）：15-18.
卢升高. 2010. 环境生态学. 杭州：浙江大学出版社.
吕大强，于波，张祖刚. 2016. 鱼类加工下脚料的综合利用. 化工设计通讯，42（3）：222.
吕小妹，王利强，李慧蓉. 2009. 玉米综合深加工应用的研究进展. 农产品加工（学刊），（8）：51-53，57.
马广大. 2010. 大气污染控制技术手册. 北京：化学工业出版社.
马建章，戎可，程鲲. 2012. 中国生物多样性就地保护的研究与实践. 生物多样性，20（5）：551-558.
马晓薇，李泳光，冯晶，等. 2021. 2006—2019 年广州市食物中毒突发公共卫生事件流行病学特征分析. 实用预防医学，28（9）：1059-1062.

马紫恒，赵鹏翔，马雪梅，等. 2021. 布鲁氏菌病的病原学、流行病学及防治研究进展. 江苏农业科学，49（1）：28-32，42.
闵安民，慕长龙，王宇，等. 2005. 四川秦巴山区绿色食品产地环境质量评价. 四川林业科技，26（2）：7-11.
闵玉涛，宋彦显，马庆一，等. 2019. 猪血蛋白酪氨酸磷酸酶（PTP1B）的提取、纯化. 食品工业，40（9）：80-84.
农业农村部. 2020. 农业农村部在全国试行食用农产品合格证制度. 农产品质量与安全，（1）：11.
潘丹云. 2021. 清洁生产在环境影响评价中的应用. 皮革制作与环保科技，2（5）：23，55.
任仁，丁志辉，陈莎，等. 2012. 化学与环境. 3 版. 北京：化学工业出版社.
邵善红. 2020. 布鲁氏菌病流行与诊断. 畜牧兽医科学，（3）：132-133.
盛连喜. 2011. 现代环境科学导论. 北京：化学工业出版社.
宋颖，高丽波. 2010. 一起由亚硝酸盐引起的食物中毒案例处理分析. 医学信息（中旬刊），5（10）：2852-2853.
孙迪. 2015. 一起因食用熏制鹌鹑蛋引起的亚硝酸盐中毒调查报告. 中国医药指南，13（17）：285.
孙枢，李晓波. 2001. 我国资源与环境科学近期发展战略刍议. 地球科学进展，16（5）：727-733.
孙有存，张萍. 2014. 一起食用羊肉串引起亚硝酸盐中毒事件的调查. 疾病监测，29（2）：152-153.
唐艺芝，孙青松，彭鹏，等. 2012. 我国异尖线虫病研究进展. 安徽农业科学，40（24）：12079-12081.
仝致琦，谷蕾，马建华. 2012. 关于环境科学基本理论问题的若干思考. 河南大学学报：自然科学版，42（2）：168-173.
王滨. 2006. 食品无机砷含量分析及其限量值研究的进展. 公共卫生与预防医学，（2）：48-49.
王昌喜，王乐涛. 2011. 一起误用亚硝酸盐引起食物中毒事件的调查和思考. 海峡预防医学杂志，17（4）：40-41.
王纯，张殿印. 2009. 除尘设备手册. 北京：化学工业出版社.
王发艳. 2020. 食品安全问题及食品检测发展方向探究. 食品安全导刊，（30）：24.
王国栋，刘书梅. 2013. 国内外牛布鲁氏菌病防治研究进展. 安徽农学通报，19（16）：134-135，137.
王红旗，刘新会，李国学，等. 2007. 土壤环境学. 北京：化学工业出版社.
王静，单爱琴. 2013. 环境学导论. 徐州：中国矿业大学出版社.
王丽哲. 2000. 水产品实用加工技术. 北京：金盾出版社.
王敏，黄滢. 2015. 中国的环境污染与经济增长. 经济学，14（2）：558-562.
王如意. 2022. 可持续发展环境影响评价方向的思考. 皮革制作与环保科技，（10）：161-163.
王淑莹，高春娣. 2004. 环境导论. 北京：中国建筑工业出版社.
王轶男，高青. 2019. 丙烯酰胺的相关法规介绍及技术解决方案. 食品安全导刊，（34）：52-54.
王仲礼. 2001. 动物性食品卫生—食物链—人体健康. 肉类研究，（1）：42-43.
吴永宁. 2005. 现代食品安全科学. 北京：化学工业出版社.
夏珊. 2021. 浅谈清洁生产在工业生产中的运用. 中国井矿盐，（6）：41-44.
夏文水. 2003. 肉制品加工原理与技术. 北京：化学工业出版社.
肖青勉，马国营，李百艳，等. 2015. 不典型亚硝酸盐中毒 16 例误诊报告. 临床误诊误治，28（8）：56-58.
徐淼，张倩男，杨辉，等. 2018. 亚硝胺及前体化合物的致癌效应及其食用安全性研究进展. 癌变・畸变・突变，30（1）：76-79.
徐勇. 2020. 食用农产品合格证制度介绍. 四川畜牧兽医，47（2）：18-19.
闫建超. 2019. 布鲁氏菌病流行特征综述. 临床医药文献电子杂志，6（29）：183-184.
杨持. 2008. 生态学. 北京：高等教育出版社.
杨春华. 2016. 食品环境学. 北京：科学出版社.

杨怀宇，武婷茹，刘俊希，等. 2015. 甲壳素-壳聚糖的生理功能及应用研究进展. 安徽农业科学，43（18）：24-25.
杨洁彬，王晶，王柏琴，等. 2016. 食品安全性. 北京：中国轻工业出版社.
杨庆，谭壮生，敬海明，等. 2021. 基于系统文献检索的副溶血性弧菌危害评估. 毒理学杂志，35（6）：451-454.
杨文晶，许泰百，冯叙桥，等. 2015. 果蔬加工副产物的利用现状及发展趋势研究进展. 食品工业科技，36（14）：379-383.
杨志峰，刘静玲. 2010. 环境科学概论. 北京：高等教育出版社.
尹康玲，王经乾，王友文，等. 2019. 一起猪食霉玉米中毒事件的验证试验及防治措施. 中国畜禽种业，15（5）：98-100.
于宗保. 2012. 环境保护基础. 北京：化学工业出版社.
余善鸣. 2002. 绿色食品有机食品和无公害食品生产的理论与应用. 北京：中国农业出版社.
袁宝君. 2001. 危险性分析在食品安全领域的应用. 江苏卫生保健，3（3）：2-3.
袁华伟，陶涛，周敏，等. 2020. 豆渣培养杏鲍菇菌丝体培养基配方的优化. 食用菌，42（6）：29-31，40.
袁莎，兰真，刘伟彬. 2005. 食品安全科学中的危险性分析. 中国卫生监督杂志，12（2）：83-86.
张传秀，宋晓铭. 2004. 浅议我国的环境标准. 化工环保，24：448-452.
张辉. 2006. 土壤环境学. 北京：化学工业出版社.
张建新，杜双奎，纳明亮. 2005. 陕西省主要蔬菜产区蔬菜重金属污染状况分析与评价. 西北植物学报，25（11）：2301-2306.
张建新，沈明浩. 2006. 食品环境学. 北京：中国轻工业出版社.
张建新，于修烛. 2020. 食品标准与技术法规. 北京：中国农业出版社.
张婧，王岸娜，吴立根，等. 2022. 大豆皂苷提取工艺优化及对胃蛋白酶抑制活性. 食品科技，47（1）：226-232.
张露娟. 2021. 畜禽骨的综合利用研究现状与发展趋势. 现代食品，（3）：86-90，94.
张望，陈秀开，李正高，等. 2014. 异尖线虫病研究进展. 动物医学进展，35（7）：93-97.
张雪梅，赵方，李婧，等. 2019. 2009-2018 年济宁市农药中毒情况调查分析. 社区医学杂志，17（17）：1042-1045.
张衍燊，马国霞，於方，等. 2013. 2013 年 1 月灰霾污染事件期间京津冀地区 PM2.5 污染的人体健康损害评估. 中华医学杂志，93（34）：2707-2710.
张艳萍. 2021. 强化食用农产品合格证制度守护“舌尖上的安全”. 农村·农业·农民 A，（12）：49-50.
张庄，陈卫红. 2019. 二噁英类化合物的健康危害. 环境与职业医学，36（11）：1007-1009.
赵丽芹. 2007. 果蔬加工工艺学. 北京：中国轻工业出版社.
赵朋. 2020. 浅析环境影响评价构成及其相关因素. 新商务周刊，（6）：259.
赵烨. 2012. 土壤环境科学与工程. 北京：北京师范大学出版社.
中国认证人员国家注册委员会（CRBA）. 2000. ISO 14000 环境管理体系国家注册审核员审核知识通用教程. 北京：中国计量出版社.
周东兴. 2009. 生态学研究方法及应用. 哈尔滨：黑龙江人民出版社.
周嘉，尚金城. 2004. 绿色食品生产基地环境质量综合评价——以黑龙江省庆安县为例. 中国生态农业学报，（3）：193-195.
周杰. 2005. 国际贸易与环境标准. 世界环境，（2）：32-33.
周鹏云. 2020. 稻米深加工及其副产品的综合利用. 粮食加工，45（5）：30-32.
周萍萍. 2018. 丙烯酰胺的膳食风险评估研究进展. 食品安全导刊，（25）：51-53.

周洋，陈家旭，蔡玉春. 2013. 异尖线虫病诊断技术研究进展. 中国人兽共患病学报，29（5）：494-498.
周印，袁兆虎，李龙根，等. 2017. 2004—2015 年镇江市突发公共卫生事件流行特征. 职业与健康，33（9）：1209-1212.
朱小山，杨炼锋. 2005. 广东柘林湾海水增养殖区环境质量评价. 海洋通报，24（1）：87-91.
朱中平. 2002. 绿色食品实用手册. 北京：中国物资出版社.
竹涛，徐东耀，于妍. 2013. 大气颗粒物控制. 北京：化学工业出版社.
左玉辉. 2010. 环境学. 2 版. 北京：高等教育出版社.